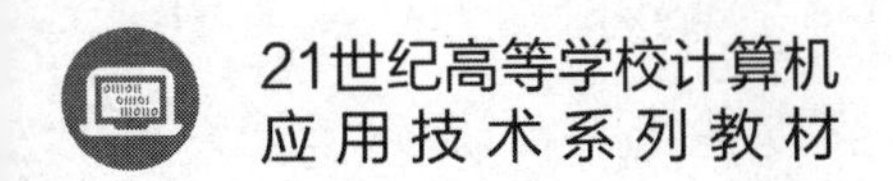

21世纪高等学校计算机
应用技术系列教材

多媒体
数据库技术及应用

◎ 江潇潇 王永琦 陈艳 编著

清华大学出版社
北京

内容简介

本书在全面介绍多媒体数据库的多媒体数据类型、多媒体数据压缩标准、多媒体数据库等基本知识的基础上，着重介绍多媒体数据压缩技术，音频、静态图像、视频编码标准和方法，各类基于多媒体数据内容的检索方法。

全书共分为11章：第1～6章介绍多媒体数据，着重介绍各类多媒体数据的编码算法，音频信号压缩编码原理和标准，静态图片压缩编码原理和标准，以及视频压缩编码技术和标准；第7～11章介绍多媒体数据库，着重讨论多媒体数据库的基础知识，包括体系结构、数据模型等，文本处理与信息检索，基于内容的音频检索，基于内容的图像检索，以及视频索引和检索。

本书适合作为高等院校计算机、广播电视工程专业高年级本科生、研究生的教材，便于读者理解和掌握多媒体数据库的理论、设计需求和最新技术进展，以及当前有影响的、有代表性的多媒体内容检索系统和商业多媒体数据库系统。

图书在版编目(CIP)数据

多媒体数据库技术及应用/江潇潇，王永琦，陈艳编著.—北京：清华大学出版社，2021.5
21世纪高等学校计算机应用技术系列教材
ISBN 978-7-302-58086-7

Ⅰ.①多…　Ⅱ.①江…②王…③陈…　Ⅲ.①多媒体数据库－高等学校－教材　Ⅳ.①TP311.134.3

中国版本图书馆CIP数据核字(2021)第080483号

责任编辑：黄　芝　薛　阳
封面设计：刘　键
责任校对：胡伟民
责任印制：丛怀宇

出版发行：清华大学出版社
　　网　　址：http://www.tup.com.cn，http://www.wqbook.com
　　地　　址：北京清华大学学研大厦A座　　**邮　　编**：100084
　　社 总 机：010-62770175　　**邮　　购**：010-83470235
　　投稿与读者服务：010-62776969，c-service@tup.tsinghua.edu.cn
　　质量反馈：010-62772015，zhiliang@tup.tsinghua.edu.cn
　　课件下载：http://www.tup.com.cn，010-83470236
印 装 者：三河市科茂嘉荣印务有限公司
经　　销：全国新华书店
开　　本：185mm×260mm　　**印　　张**：18.5　　**字　　数**：460千字
版　　次：2021年7月第1版　　**印　　次**：2021年7月第1次印刷
印　　数：1～1500
定　　价：59.80元

产品编号：078482-01

前言

多媒体技术是当今信息技术领域发展最快、最活跃的技术，是信息时代的典型代表产物之一，它极大地改变了人们获取信息的传统方法，迎合人们读取信息方式的需求。多媒体技术的迅速发展，使其作为一种信息社会的通用工具，进入了人类社会的各个领域，成为信息交流的关键方式。随着计算机技术与网络的迅速发展，传统的多媒体技术研究方向也在随之改变。从多媒体通信和多媒体制作与表现工具方面，转到了高效存储管理和多媒体信息检索领域，并逐渐向智能多媒体技术方向发展，涉及文字识别、语音识别、自然语言理解、机器翻译、图像识别理解、计算机视觉等方面，其发展潜力不可估量。

海量多媒体数据比传统数据复杂得多，多媒体的信息特征与结构化信息的特征和需求不同，传统的数据库管理系统无法有效处理复杂的多媒体数据，这就要求我们必须使用和研究新的多媒体数据管理和信息检索技术。多媒体数据库是随着多媒体技术发展产生的一种新型数据库，其数据库中的信息不仅包括字符、数字等结构化数据的表达形式，而且包括许多多媒体的非结构化数据，因此数据库管理涉及各种复杂数据对象的处理。多媒体数据库技术的综合性非常强，涉及多媒体数据的数据模型、数据存储与编码、数据索引与过滤、数据检索与查询等方面，随着人工智能技术与应用的蓬勃发展，进一步推动了多媒体数据内容管理和检索技术的发展，对多媒体数据库管理也提出了新的挑战。

目前，多媒体方面的教材和著作大多主要针对多媒体技术本身或面向某种媒体类型，而关于多媒体内容管理和检索的教材很少，且主要集中于文献资料的形式，大多针对某种特定的问题展开基于内容的检索研究。另外，关于多媒体数据库更是缺乏较为完整和系统的介绍。总体来说，关于多媒体数据库技术的研究大都只能依靠查阅相关文献来完成，很难找到合适的教材来全面了解和学习该领域的相关内容。因此，本教材旨在对多媒体数据库技术进行较为全面、综合性的叙述和覆盖，在对多媒体数据库的多媒体数据类型、多媒体数据压缩标准、多媒体数据库等基本知识的介绍基础上，重点讲述多媒体数据压缩技术、音频、静态图像和视频编码标准和方法，以及各类基于多媒体数据内容的检索方法。全书共分为 11 章：前 6 章为多媒体数据内容介绍，着重介绍各类多媒体数据的编码算法，音频信号压缩编码原理和标准，静态图片压缩编码原理和标准，以及视频压缩编码技术和标准；后 5 章为多媒体数据库内容介绍，着重讨论多媒体数据库的基础知识，包括体系结构、数据模型等，文本处理与信息检索，基于内容的音频检索，基于内容的图像检索，以及视频索引和检索。

本书适合作为高等院校计算机、广播电视工程专业高年级本科生、研究生的教材，读者通过学习本书可理解和掌握多媒体数据库的理论、设计需求和最新技术进展以及当前有影响的、有代表性的多媒体内容检索系统和商业多媒体数据库系统。此外，本书还适合用于任何想了解多媒体数据管理技术的读者。

在本书的编写过程中，作者得到了许多人的帮助，在此深表谢意。另外，感谢王珂、杨佳峰、高华金同学参与了书稿的编写与校订。

由于作者水平有限，书中难免存在疏漏和不当之处，敬请读者批评指正。

编　者

2021 年 3 月

目　录

第1章 概论

1.1 多媒体基本概念

1.1.1 多媒体概述

根据CCITT的定义,媒体有5种类型。其一是感觉媒体,是指能直接作用于人的感官,使人产生感觉的媒体。感觉媒体包括文本、图形、图像、动画、音频和视频等。其二是表示媒体,是指为传输感觉媒体而研究出来的中间手段,以便能更有效地将感觉从一地传向另一地。表示媒体包括各种文本编码、音频编码、图像编码、视频编码等。其三是显示媒体,是指用于通信中电信号和感觉媒体之间转换所用的媒体。显示媒体有两种,即输入显示媒体(包括键盘、鼠标、摄像机、扫描仪、光笔、话筒等)和输出显示媒体(包括显示器、喇叭、打印机、绘图仪等)。其四是存储媒体,是指用于存储表示的媒体,以便本机随时调用或供其他终端远程调用。存储媒体有硬盘、光盘、磁带和存储器等。其五是传输媒体,是指用于将表示媒体从一地传输到另一地的物理实体。传输媒体的种类很多,如电话线、双绞线、光纤、无线电和红外线等。

多媒体数据库中处理的媒体主要指表示媒体,其中的文字、声音、图形、图像、动画、声音及视频等是多媒体数据研究的对象。使用多媒体表示和处理信息是现代文明和技术进步的重要标志。然而,多媒体不只是指媒体的多样性,更包含着集成地交互处理多种媒体信息的手段和方法,也就是多媒体技术。可以从多媒体应用的实践中,从各种不同意见的讨论中,对多媒体做出一个虽然并非严格,但确实有价值的概括,这就是:多媒体是指综合地处理文本、图形、图像、动画、声音及视频等两种以上的媒体信息,并且能在多种媒体之间建立某种逻辑连接,集成为具有交互能力的系统。从更广义的角度,就一种发展趋势而言,多媒体是趋于人性化的多维信息处理系统。

1.1.2 信息与媒体

信息、物质与能源,同为人类的宝贵资源。信息由于能够促进物质转化和能源的生产而在未来的社会中将发挥越来越重要的作用。人们预言,信息终将取代能源成为新的战略资源。然而,信息到底是什么?其回答是各种各样的,迄今为止,至少可以列出几十种不同的答案。信息科学作为当代发展和更新最为迅速的技术科学之一，它的一些重要概念还未成熟到能得出公认的本质概念定义阶段，而是处于多定义并存的局面。作为一个多元化、多层次、多功能的复杂集合体，信息的本质定义也正处于发展、成熟的过程中。从不同的侧面会对信息做出不同的理解和解释。从产生信息的客体出发，可以定义信息的客观事物属性及其运动变化特征的表述；而对接收信息的主体而言，信息是“能够消除不确定性的东西”；从信息处理的角度出发，可以简单地理解信息是一组编码数据经过加工后得到的对某一目的的有用知识。

人类感知信息最直接的途径就是通过人们感官的视觉、听觉、触觉、味觉和嗅觉收集信息，其中，视觉收集到的信息量最大，听觉次之。信息同承载它的媒体之间的关系极为密切，从信息表示的角度考察，媒体具有以下属性。

1. 不同种类的媒体所表达的信息在程度上是不同的

每种媒体都有其承载信息的不同方式，它们表达的信息密集度就有了差别。俗话说“一幅图画胜过千言万语”，就形象地说明了图像同语言、文字载体承载的信息量有很大差别。一般地说，越是接近原始形态的表示媒体(如声音、图像)，其蕴含的信息量越大，抽象化程度越高的媒体(如语言、文字)，其表达的信息量就越少，但是抽象后的信息更加精确，使用价值会更大。

2. 多媒体交互集成的效果可以表示比各个单一媒体所蕴含的信息量总和更多的信息量

由于不同媒体作用于不同的感官，有不同的表达信息的方式，其综合集成具有“感觉相乘”的效应，所以表达的信息量可以远远地超出各个媒体单独表达的信息量之和。影视作品比画面、独白和音乐分别表现所表达的效果通常要好，就是因为多种媒体之间具有交互促进信息表达的集成效果，媒体之间的关系也蕴含着一定的信息量，甚至有比单一媒体更多的信息量，这正是多媒体最富有吸引力的特点。

3. 表示媒体还可以相互转换以利于更有效地表现和处理信息

为了某一特定目的的需要，一些媒体可以从一种形式转换为另一种形式。例如，语音识别、图像识别就是分别将声音和图像转换为字符或数字信息的技术。

1.1.3 超文本与超媒体

超文本作为一种新型的文本类别，同传统的文本文件(例如传统的印刷书籍)的主要差别在于：传统文本以一种线性有序的逻辑方式组织其内容，呈现出贯穿主题的单一路径，人们阅读传统文本时只能按照固定的、线性的顺序有序地阅读，对于相关内容要进行联想式浏览就非常不方便；超文本则把文本中遇到的相关内容使用“链接”的方式组织在一起，采用非线性的块状结构组织信息群，可以按照类似人类思维的联想方式结构组织成为网状的信息结构，没有固定的顺序，也不规定读者阅读文本的顺序，这种文本组织方式更加符合人类的思维模式和工作方式，更能适应信息化社会中人们阅读和检索呈现出爆炸式增长的信息和数据的需要。

早期的超文本的表现形式只有文本文件，所以称为 Hypertext。随着多媒体技术的发展，超文本表现信息的形式扩展到了图形、图像、动画、声音、视频等多媒体信息，人们把引入了多媒体信息的超文本称为超媒体。所以，超媒体是伴随着多媒体技术的出现而得到了进一步发展的超文本技术，它将超文本、多媒体和数据库这三种技术融合在一起，有利于多媒体信息的存储、管理和交换。多媒体技术表达信息的方式是在时间轴上对多媒体信息进行编辑和剪裁，在空间上进行合理的同步安排，以达到表现事务时有声有色、图文并茂的效果。超媒体则具有将声、图、文集成起来综合表达信息的强大功能，比较适合于多媒体信息的表达，同时，它提供了直观灵活的人-机交互手段，是多媒体使用的有效工具。超文本与超媒体的差别在于：超媒体除了使用文字和数字形式之外，还扩展了图形、图像、动画、声音、视频等多种媒体信息，建立了图形、图像、动画、声音、视频等多种媒体之间的连接关系。所以，超媒体是超文本的一个发展阶段，即多媒体超文本阶段，超媒体也将成为多媒体信息管理的主要技术之一。

当前，超文本中越来越普遍地引入多媒体技术，超媒体已经在 Internet 上将信息之间的相互关联扩展到了世界范围的众多媒体。在 Internet 的网页上，超媒体对有链接关系的文档单元通常用下画线或者颜色来标识。如无特别声明，在本书中，超文本和超媒体这两个术语将互相通用。

综上所述，超文本采用非线性网状结构，类似于人类思维的联想记忆结构。因此，可以把超文本简单地定义为：由节点和表达式节点之间相关联的链组成的具有一定逻辑结构和语义的网络。用户可以沿着这条链对超文本进行浏览、查询、注释等操作，可以访问网络上的节点，不要求固定的阅读顺序。图 1.1 是一个小型超文本结构的简单示意图。

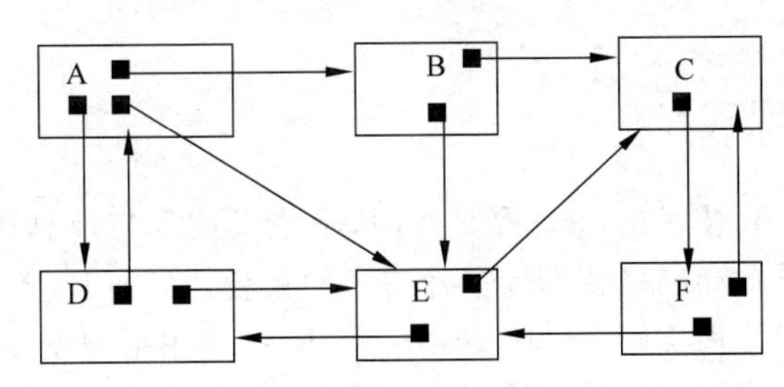

图 1.1　小型超文本结构示意图

由图 1.1 可见，超文本是由若干个内部互相链接的节点组成的。节点是超文本的基本单位，是围绕着一个特定主题组织起来的数据集合，是一种可以激活的材料，其大小由主题决定。超媒体节点中的数据不仅可以是文字、数字、计算机程序，也可以是图形、图像、动画、声音、视频等。链则是每个节点指向其他节点或者从其他节点指向该节点的指针，用于沟通节点之间的信息联系。它以某种形式将一个节点与其他节点连接起来，指针的起始节点称为源节点，末端节点称为目的节点。指针的起点通常是源节点中的某个局部区域或者是某个关键词，目的节点则是整个节点区。当用户主动单击指针的起点时，将激活相应的链，从而迁移到目的节点。超文本的网络是一个有向图，它按照信息的原始结构或者人们思维的联想方式组织节点信息，是一种非线性的网状结构，没有固定的顺序，不强调思想和概念之间必然的逻辑联系，其目标是将各种思想和概念组合到一起，便于浏览，读者可以自主决定阅读节点的顺序，这同人工智能中的语义网络有所不同。一个对超文本网络进行管理和使用的系统称为超文本系统，超文本系统主要由超文本数据库、节点与链路以及窗口显示界面等几个主要部分组成,其中数据库是最基本的成分之一。从计算机的角度看,超文本具有以下几个突出的特征。

(1) 超文本以多媒体化的节点为基本单位,用链将节点链接成复杂的非线性网络结构,能用多窗口的形式表现,具有交互式的操作界面。超媒体的数据库方式同传统的数据库方式有明显的不同,它是由"声、图、文"等类型的节点组成的网络,是超文本、多媒体和数据库三种技术的有机结合,屏幕中的窗口和数据库中的节点是一一对应的关系,数据库中的每个节点都有名字或标题显示在窗口中。但是,由于计算机显示屏幕上只能包含有限个同时打开的窗口,关闭显示窗口会使该节点的内容在屏幕上消失,然而,所做的任何修改都将存入数据库中。利用超文本技术,可以很容易地将分散在网络中不同地址的各种书籍、期刊资料、图片、视频等信息进行有效的组织,给用户的使用提供了极大的便利。

(2) 超文本采用"控制按钮"方式组织用户接口。"按钮"是节点对用户的可见提示,属于一种节点类型,用户通过"按钮"沿链访问相关的节点信息。典型的超文本系统一般都配有一个浏览器,这是一个用于浏览节点,帮助用户在网络中寻路定位,防止迷路的导航工具。它可以帮助用户在网络漫游中定向和观察信息的连接方式,具有较好的导航和浏览能力。

(3) 超文本允许用户以材料的自然联系组织文本。也就是说,可以先将其划分为节点,再把节点链接成整体,链和节点都可以动态地改变,节点中的信息可以更新,新节点可以加入到超文本的结构中,也可以添加新的链路,反映新的关系,形成新的组织结构,适应信息系统的局部变化;也允许用户有选择地阅读超文本中自己感兴趣的部分,既可以忽略当前阅读中的非主要信息,也可以暂时挂起正在阅读的部分,转去阅读辅助信息后,再返回来继续阅读。

1.1.4 虚拟现实

虚拟现实技术是仿真技术的一个重要方向,是仿真技术与计算机图形学、人机接口技术、多媒体技术、传感技术和网络技术等多种技术的集合,是一门富有挑战性的交叉技术前沿学科和研究领域。虚拟现实(Virtual Reality, VR)技术主要包括模拟环境、感知、自然技能和传感设备等方面。模拟环境是由计算机生成的、实时动态的三维立体逼真图像。感知是指理想的VR应该具有一切人所具有的感知。除计算机图形技术所生成的视觉感知外,还有听觉、触觉、力觉、运动等感知,甚至还包括嗅觉和味觉等,也称为多感知。自然技能是指人的头部转动、眼睛、手势或其他人体行为动作,由计算机来处理与参与者动作相适应的数据,对用户的输入做出实时响应,并分别反馈到用户的五官。传感设备是指三维交互设备。

虚拟现实技术演变发展史大体上可以分为四个阶段:有声形动态的模拟是虚拟现实思想的第一阶段(1963年以前);虚拟现实萌芽为第二阶段(1963—1972);虚拟现实概念的产生和理论初步形成为第三阶段(1973—1989);虚拟现实理论进一步的完善和应用为第四阶段(1990至今)。

1. 技术特点

虚拟现实技术的核心是建模与仿真技术,它以仿真技术为基础,融合了计算机图形处理、显示技术、传感技术、通信技术、控制技术等多门类高新技术的最新成果,可以生成一个视觉、听觉及触觉一体化的特定虚拟现实环境，为人们提供一个高度逼真的仿真环境。虚拟现实系统具有“沉浸”“交互”和“想象”三个方面的基本特性。用户可以借助一些先进的传感设备，如头盔、数据手套和跟踪球等新型接口设备，向计算机传送各种动作信息，运用人的自然机能与多维化的信息环境交互，身临其境，产生进入虚拟世界的幻觉，从而集中用户的注意力，获得“真实”体验。同时，又能使用户超越客观时空并驾驭其上，成为信息系统的主人，参与者可以从定性和定量的集成环境中获得感性的体验和理性的认识，可以迸发灵感，构思新的想象，产生新的创造发明，从而提高信息处理的效率。

2. 技术应用

1）医学方面

VR在医学方面的应用具有十分重要的现实意义。在虚拟环境中，可以建立虚拟的人体模型，借助于跟踪球、HMD、感觉手套，用户可以很容易了解人体内部各器官结构，这比现有的采用教科书的方式要有效得多。Pieper及Satara等研究者在20世纪90年代初基于两个SGI工作站建立了一个虚拟外科手术训练器，用于腿部及腹部外科手术模拟。这个虚拟的环境包括虚拟的手术台与手术灯、虚拟的外科工具（如手术刀、注射器、手术钳等）、虚拟的人体模型与器官等，借助于HMD及感觉手套，使用者可以对虚拟的人体模型进行手术。但该系统有待进一步改进，如需提高环境的真实感，增加网络功能，使其能同时培训多个使用者，或可在外地专家的指导下工作等。在手术效果预测及改善残疾人生活状况，乃至新型药物的研制等方面，VR技术都有十分重要的意义。用户可在虚拟实验室中，进行“尸体”解剖和各种手术练习，使用这项技术，由于不受标本、场地等的限制，所以培训费用大大降低。一些用于医学培训、实习和研究的虚拟现实系统，仿真程度非常高，其优越性和效果是不可估量和不可比拟的。例如，导管插入动脉的模拟器，可以使学生反复实践导管插入动脉时的操作；眼睛手术模拟器，根据人眼结构创造出三维立体图像，并带有实时的触觉反馈，学生利用它可以观察模拟移去晶状体的全过程，并观察到眼睛前部结构的血管、虹膜和巩膜组织及角膜的透明度等，还有麻醉虚拟现实系统、口腔手术模拟器等。

2）娱乐

丰富的感觉能力与3D显示环境使得VR成为理想的视频游戏工具。由于在娱乐方面对VR的真实感要求不是太高，故近些年来VR在该方面发展最为迅猛。如Chicago开放了世界上第一台大型可供多人使用的VR娱乐系统，其主题是关于3025年的一场未来战争；英国开发的称为“Virtuality”的VR游戏系统，配有HMD，大大增强了真实感；1992年的一台称为“Legeal Qust”的系统由于增加了人工智能功能，使计算机具备了自学习功能，大大增强了趣味性及难度，使该系统获该年度VR产品奖。2015年3月，在MWC2015上，HTC与曾制作Portal和Half-Life等独创游戏的Valve联合开发的VR虚拟现实头盔产品HTC Vive亮相。HTC Vive控制器定位系统Lighthouse采用的是Valve的专利，它不需要借助摄像头，而是靠激光和光敏传感器来确定运动物体的位置，也就是说，HTC Vive允许用户在一定范围内走动。

作为传输显示信息的媒体，VR在未来艺术领域方面所具有的潜在应用能力也不可低估。VR所具有的临场参与感与交互能力可以将静态的艺术（如油画、雕刻等）转换为动态的，可以使观赏者更好地欣赏作者的思想艺术。另外，VR提高了艺术表现能力，如一个虚拟的音乐家可以演奏各种各样的乐器，手足不便的人或远在外地的人可以在他生活的居室中去虚拟的音乐厅欣赏音乐会等。

对艺术的潜在应用价值同样适用于教育，如在解释一些复杂的系统抽象的概念，如量子物理等方面，VR是非常有力的工具。Lofin等人在1993年建立了一个“虚拟的物理实验室”，用于解释某些物理概念，如位置与速度、力量与位移等。

3）军事航天

模拟训练一直是军事与航天工业中的一个重要课题，这为VR提供了广阔的应用前景。美国国防部高级研究计划局DARPA自20世纪80年代起一直致力于研究称为SIMNET的虚拟战场系统，以提供坦克协同训练，该系统可连接二百多台模拟器。另外，利用VR技术，可模拟零重力环境，替换非标准的水下训练宇航员的方法。

4）室内设计

虚拟现实不仅是一个演示媒体，而且是一个设计工具。它以视觉形式反映了设计者的思想，例如，装修房屋之前，首先对房屋的结构、外形做细致构思，为了使之定量化，还需设计许多图纸，当然这些图纸只有内行人能读懂，虚拟现实可以把这种构思变成看得见的虚拟物体和环境，使以往只能借助传统的设计模式提升到数字化的所看即所得的完美境界，大大提高了设计和规划的质量与效率。运用虚拟现实技术，设计者可以完全按照自己的构思去构建装饰“虚拟”的房间，并可以任意变换自己在房间中的位置，去观察设计的效果，直到满意为止，既节约了时间，又节省了做模型的费用。

1.2 多媒体的主要特征

信息载体的多样性、多种媒体的集成性和交互性是多媒体技术的主要特征。

1.2.1 信息载体的多样性

多媒体信息载体的多样性指的是多媒体信息载体的多维化，多媒体信息载体的多维化包括输入和输出两个方面。

1. 输入多维化

输入的多维化指多媒体能同时综合处理数字、文字、语言、声音、图形、图像和视频等多种媒体，大大地拓展了计算机所能处理的信息空间。

2. 输出多维化

输出的多维化指的是要能同时表现声、图、文信息。例如，播放高清晰度的静态图像、全运动的视频图像、视频特技、三维实时的全电视信号以及高度真彩色图像，并伴有与画面配套的、具有高保真度的音响信息等，能构成声、图、文并茂，令人赏心悦目的用户界面。

信息载体的多样性满足了人们对动态信息的追求，比单一媒体信息具有更大的吸引力。

1.2.2 集成性

多媒体的集成性主要表现在多种信息媒体的集成和处理这些媒体的设备集成两个方面。多媒体将计算机技术、家用电器技术、网络通信技术等多种技术进行了集成和发展，全面地综合各种媒体信息的特点，集电视、音响和通信与计算机技术于一体。

1. 多种信息媒体的集成

多种信息媒体的集成包括多种媒体信息的多通道统一获取、多媒体信息的统一组织与存储、多媒体信息表现的合成等各个方面。多种媒体信息有机综合在一起，具有自身独有的集成特性。例如，并列地使用多种媒体可以避免来自通信双方以及环境噪声对通信产生的干扰。由于多媒体中的每种媒体都会对其他媒体信号的解释产生某种限制作用，所以多种媒体的同时使用可以减少信息理解上的多义性，更多关注媒体之间的关系及其蕴含的信息等。由于多媒体系统中与时间相关的媒体已经占据了统治地位，故在处理信息时有着很高的处理速度和严格的时序要求。在多媒体信息集成方面，处理好多种媒体信息时、空同步是一项必须着力解决的关键技术。

2. 多媒体设备的集成

多媒体设备的集成包括硬件集成和软件集成两个方面，多媒体系统的各种设备应该集成为一个整体。硬件集成包括高速并行处理多媒体信息的CPU、海量存储器、多通道I/O接口和外设、宽带通信网络接口等的集成，应该具有能够处理各种媒体信息的高速并行处理系统、大容量的存储器、适合多媒体的多通道输入、输出能力以及适合多媒体信息传输的多媒体通信网络。软件集成主要指集成一体化的多媒体操作系统、各系统之间的媒体交换格式、适合于多媒体信息管理的多媒体数据库系统、编辑创作工具、各类高效软件等。

多媒体的集成特性，将各种软/硬件设备集成在一个大的多媒体信息环境之下，形成一个综合处理多媒体信息的有机整体，提供了比单一媒体信息量大得多的信息量，引发了多媒体在系统级的一次飞跃。

3. 交互性

交互性指的是人与信息系统之间交换信息的过程，包括看什么、何时看、对媒体的选择与查询、命令与请求的转换等因素。多媒体在系统级面向用户实现交互，向用户提供交互性使用、加工和控制信息的手段，为用户提供更加自然的信息采集和存储手段，极大地促进了用户对信息的获取与控制，促进了系统性能的提高，为应用开辟了更加广阔的领域。

借助于多媒体的交互性能，人们可以获得更多更有用的信息：交互改善了信息系统的人-机界面环境，增强了人们对信息的注意力和理解力；交互使用户可以人为地改变信息的组织过程，延长信息的保留时间，提高信息的表现形式和人的逻辑思维与创造能力相结合的程度，可以研究人们感兴趣的某些“活动”，从而有益于对信息的主动探索，发挥其想象力和创造能力，从而获得新的感受和新的信息。

交互性是多媒体的显著特点，常规电视即使是高清晰的，尽管可以表现声、图、文等内容丰富、形式多样的信息，但由于不具备交互性，也不能称为多媒体。

多媒体的交互应用可以分为三个层次。

1）初级的交互应用

这是对数据的交互应用，是一种有限的交互。例如，为某一应用目的检索多媒体数据库，从中提取某人的照片、声音和文字介绍材料等交互应用。

2）中级的交互应用

这是一种对信息的交互应用。例如，在娱乐性的应用中，使用户介入到信息过程中（不只是提取信息），人为地改变故事的结局，以增强娱乐和观赏效果等。

3）高级的交互应用

这是一种高层次的对信息空间的交互应用。用户完全进入到一个与信息环境一体化的虚拟信息空间中，充分利用了各种感觉器官和控制能力来对空间进行控制。这种交互不仅局限于听觉和视觉，还需要引入触觉、运动跟踪和反馈，使用户的每一个动作都对他所感受到的信息（包括视觉、听觉和触觉信息）产生相应的影响，这种全方位的交互使得用户能体验到逼真的感觉，这也就是虚拟现实所提供的交互性。

作为多媒体系统，除了具有上述多媒体的主要特征外，还具有实时性和人机合作等重要特性。多媒体系统的实时性反映了应用对多媒体系统的需求，表现了传统多媒体技术向更高层次的多媒体系统技术发展的新特征。所谓人机合作，就是发挥人和计算机各自的长处，在恰当的地方划清人与计算机分工的界限，各取所长，构成人机共生、高度和谐的系统环境。

1.3 多媒体数据与数据管理

1.3.1 多媒体数据特点

随着时间的推移，多媒体信息也在激增：互联网上正在不断地产生和存储大量的图像和视频；为了便于处理、发布和保存，许多印刷形式的绘画和图片被保存成数字形式；许多电视新闻和报纸上的图片也被转换成数字形式；人们每天都在不断采集大量的医学图像；卫星探测也不断产生更多的图像等。要管理和使用这些数量不断增加的多媒体信息和数据信息，只创建一个堆积它们的“仓库”是毫无用处的。如果不对多媒体信息进行组织以便进行快速检索，就不可能有效地使用这些多媒体信息。多媒体信息现已成为信息系统的主要数据资源，如何对这些数据信息关联度大、结构复杂、媒体处理要求高的多媒体数据进行有效的管理和使用，成为多媒体信息系统的一大技术难题。

1. 数据量大

视频、音频、图像等媒体数字化之后，其编码数据量巨大。以数字图像为例，按 VGA 标准的屏幕分辨率（640×480）计算，每帧画面由 307 200 个像素点组成。如果用真彩色表示，每个像素点的色彩使用 24 位二进制数字表示，采用每秒 25 帧画面的 PAL（Phase Alternation Line By Line，逐行倒相正交平衡调幅制式）制式播放，则每秒钟需传输的数据量为 184.32Mb。相应地，要求多媒体传输系统的数据传输率也要达到 184.32Mb/s 才能实现实时播放，对于声音媒体，如 CD 质量的双声道声音，每秒钟需传输的数据量也达到 1.4112Mb。

2. 数据种类繁多

多媒体除了传统的数字、文字形式之外，还有图像、图形、动画、视频、声音、音乐等众多多媒体形式。其中许多媒体又可以细分为很多小类别，例如，图像可以细分为黑白图像、彩色图像、低分辨率图像和高分辨图像等。声音系统有单声道、双声道之分，并且有不同的采样频率和分辨率以及不同的文本格式，导致不同的数据存储量。

3. 不同类型的媒体数据差别很大

不同类型的媒体数据之间的差别反映在存储容量、处理方法和时空表现上各不相同。首先，在存储容量的要求上差别很大，传统的媒体如数字、文字的数据存储量很小，而图像、视频类的媒体数据存储量巨大；其次，不同格式和内容的媒体数据在类型管理、内容解释和处理方法上差别很大，难以用某种方法进行统一处理；另外，视频、声音等媒体数据，除了具有空间特性外，还有时间要求。

4. 各类媒体数据之间存在着多种约束关系

多媒体的不同媒体对象之间一定存在着某种约束关系，不可能是相互独立的。媒体对象的约束关系大致可以分为时域约束、空域约束和基于内容的约束关系。媒体对象之间的约束关系必然会反映到媒体数据的存储、传输和管理之中。

1.3.2　多媒体数据的管理技术

随着多媒体技术的发展，数码相机、数码摄像机、计算机动画、CD音乐、MP3等各种各样的多媒体产品和信息也越来越多，每天新产生的多媒体信息量急剧增加。与此同时，如何对越来越多的多媒体数据进行有效管理是摆在人们面前的紧迫任务。多媒体数据的管理就是对多媒体资料进行存储、编辑、检索和展示等。随着多媒体数据的管理方式和技术的不断发展，目前对计算机多媒体信息的管理主要有文件系统管理方式、扩充关系数据库方式、面向对象的数据库方式和超文本管理方式等。

1. 文件系统管理方式

文件系统管理方式是计算机对软、硬件资源统一管理的传统方式。从外部存储器出现以后，计算机对信息的管理方式主要使用文件系统管理方式。与其他进入计算机的信息一样，多媒体数据必须以二进制文件的形式存储在计算机上，所以可以用各种操作系统的文件管理功能实现对多媒体数据的存储管理。

根据不同媒体信息产生的方式不同，多媒体数据的文件格式很多，常见的多媒体数据文件格式如下。

(1) 文本文件：TXT、WRI、DOC、PPT、RTF等。

(2) 音频文件：VOC、WAV、DAT、MID、MP3等。

(3) 视频文件：AVI、DAT(MPEG)、ASF、WMV、RM、RMVB、MOV等。

(4) 矢量图形文件：DRW、PIC、WMF、WPG、CGM、CLP、DXF、HGL等。

(5) 图像文件：PCX、BMP、TIFF、JPG、GIF、IMG、DIB、PNG、ICO等。

(6) 数据库文件：DBF 等。

在目前流行的 Windows 操作系统中，利用资源管理器不仅能实现文件查询、删除、复制等存储管理功能，而且可以通过文件属性的关联，当用户双击鼠标时就能实现图文资料的编辑、显示或播放等。同时，为了便于用户管理和浏览多媒体数据，近年来出现了很多图形、图像的浏览软件，如图像浏览编辑软件 ACDSee 等。这些工具软件不仅可以浏览绝大多部分格式的图形图像文件，而且提供了常用的图形图像编辑功能，如调整图像、选取图像、复制图像、转换图像的格式等功能。

操作系统以树形目录的层次结构实现对文件的分类管理。它具有层次分明、结构性好等优点，尤其是随着软件技术的发展，在 Windows 2000 以上版本的操作系统中，提供了对主流格式多媒体文件的“缩略图”和预览方式，用户可在选取而不是打开这些文件的时候，预览音频、视频、图形和图像文件。利用文件系统管理方式的关键是建立合理的目录结构，以便于多媒体数据文件的管理。

2. 扩充关系数据库的方式

数据库技术可以实现将多种不同属性的数据置于同一个数据库文件中进行统一的管理，具有文件系统管理方式不可比拟的优越性，但传统的关系型数据库只能处理数字、文字、日期、逻辑数据等传统的文本数据，不能对音频、视频和图形图像数据进行统一管理。那么如何利用现有的数据库系统，通过改进技术实现对多媒体的有关数据类型的支持？原有的数据库系统就可以实现对相应的关系数据库的存储和统一管理。

关系数据库是在严格的关系模型基础上建立起来的，它描述的是各属性之间以及各元组间的内在的、本质的关系。但多媒体数据所表达的内在含义目前还没有一个标准的、通用的描述方法，利用关系数据库的管理方式，简单的逻辑关系无法描述复杂的多媒体信息。可以说多媒体数据的丰富内涵已经远远超出了关系模型的表示能力。所以在多媒体信息描述技术方面没有大的突破，利用关系数据技术来对多媒体信息进行妥善的处理就存在很多困难。在现阶段，比较可行的方案是对原有系统进行一些扩充，使其支持声音、图像等相对简单的多媒体数据。目前全球大型的数据库公司都已在原有的关系数据库产品中引入新的数据类型，以便存储多媒体对象字段，使之在一定程度上能支持多媒体的应用。

3. 面向对象的数据库方式

20 世纪 80 年代后期，出现了面向对象的数据库管理系统。面向对象数据库是指对象的集合、对象的行为、状态和联系是以面向对象的数据模型来定义的。面向对象的数据库技术将面向对象的程序设计语言与数据库技术相结合，是多媒体数据库研究的主要方向。

面向对象技术为新一代数据库应用所需的数据模型提供了基础，它通过类、对象、封装、继承和多态的概念和方法来描述复杂的对象，可以清楚地描述各种对象以及内部结构和联系。面向对象的数据库方式的优点如下。

(1) 多媒体数据的复杂内涵可以抽象为被类型链连接在一起的节点网络，它可以用面向对象方法描述，面向对象数据库的复杂对象管理能力正好对处理非格式多媒体数据适用。

(2) 面向对象数据库可根据对象标识符的导航功能，实现对多媒体数据的存取，有利于对相关信息的快速访问。

(3) 面向对象的编程方法为高效能软件开发提供了技术支持。

尽管面向对象的数据库方式具有很多优点,但由于面向对象概念在应用领域中尚未有统一的标准,使得面向对象数据库直接管理多媒体数据尚未达到实用水平。

4. 超文本管理方式

超文本技术是一种对文本的非线性阅读技术。它将文本信息以节点表示,并将各个节点以其内在的联系进行连接,从而构成一个非线性网状结构。这种非线性网状结构按照人脑的联想思维方式把相关信息联系起来,供人们浏览。在超文本系统中引入了多媒体后,即节点的内容可以是多媒体元素时,超文本就成为超媒体了。

超媒体方式以超文本的思想来实现对多媒体数据的存储、管理和检索。超媒体系统中的一个节点可以是文本、图形、图像、音频、动画,也可以是一段程序,其大小可以不受限制,通过链的指示提供了各节点之间信息浏览与查询功能。目前,因特网上的 Web 网页基本上都是按照超媒体的思想来实现对多媒体信息的组织。

超文本或超媒体应用系统可以使用高级语言进行编程开发,也可以用支持超文本功能的工具软件来实现。目前可用于实现超文本或超媒体的软件很多,如 HTML、Microsoft Office 组件中链接与嵌入对象技术都可以实现超媒体的功能。超文本或超媒体技术的特点决定了它适合于面向浏览的应用,特别适用于 Web 网页、多媒体课件、电子出版物等,但不适合于海量多媒体数据管理。

1.4 关系数据库管理系统

关系数据库管理系统(Relational Database Management System,RDBMS)是指包括相互联系的逻辑组织和存取这些数据的一套程序(数据库管理系统软件)。关系数据库管理系统就是管理关系数据库,并将数据逻辑组织的系统。

关系模型把世界看作是由实体和联系组成的,所谓实体就是指在现实世界中客观存在并可相互区别的事物,它可能是有形或者无形的,具体或抽象的,有生命的或无生命的。实体所具有的某一特性称为属性,实体可以通过若干属性来描述,以关系模型来创建的数据库称为关系型数据库。表是关系型数据库的核心单元,它是数据存储的地方,在表的内部数据被分成列(column)和行(row)。填入到表的每一行,代表一个实体,也就是说,表中的每一行代表真实世界的一个事物;表中的每一列,代表实体的一个属性,它说明数据的名称,同时也限定了数据的类型。

下面用一个简单的例子来说明如何使用 SQL 来创建一个表,并在表中插入和检索相关信息。假设要创建一个包括客户记录的 CUSTOMERS 表的例子:该记录包括客户的客户号(ID)、姓名(NAME)、年龄(AGE)、地址(ADDRESS)和收入(SALARY)等,可采用下面的语句描述。

```
create table CUSTOMERS(
        ID integer,
        NAME char(20),
        AGE integer,
```

```
    SALARY integer,
    ADDRESS char(100));
```

上述语句创建了一个空表，如表 1.1 所示。当向表中插入学生记录时，可以使用 SQL 插入(insert)命令：

```
insert into CUSTOMERS values(7,"Lew,Tom",30,1500, "Indore");
```

该语句将在 CUSTOMERS 表中插入一行，如表 1.2 所示。使用类似的语句可以向表中插入更多的客户记录。

表 1.1 初始的 CUSTOMERS 表

ID	NAME	AGE	SALARY	ADDRESS

表 1.2 插入一个记录后的 CUSTOMERS 表

ID	NAME	AGE	SALARY	ADDRESS
7	Lew,Tom	30	1500	Indore

用 SQL 中的 select 命令可检索表中的信息。例如，如果要对顾客 ID 为 40 的客户名字进行检索，可使用下面的查询语句。

```
select name from CUSTOMERS where ID = 40;
```

RDBMS 的属性具有固定的宽度类型。在上面的例子中，属性 ID 是一个整型变量，具有 32 位字长，因此 RDBMS 特别适合于处理数字数据和短字符串。为了在 RDBMS 中支持大的可变字段，引入二进制大型对象(BLOB)概念。BLOB 是具有可变长度的大比特字符串。例如，如果想在上面的客户记录例子中存储用户的照片，可以使用下列语句创建一个表。

```
create table CUSTOMERS(
    ID integer,
    NAME char(20),
    AGE integer,
    SALARY integer,
    ADDRESS char(100),
    PICTURE BLOB);
```

BLOB 通常只是位字符串，也就是说，RDBMS 并不知道一个 BLOB 的内容或语义，它所知道的仅是一个数据块。BLOB 和对象的概念引入使处理多媒体数据技术迈出了一大步，虽然 BLOB 包含一些简单的属性，但是仍然仅用来存储大量数据，要能够处理基于内容的多媒体检索，还应该具有更多的功能。例如：

(1) 使用一些工具，能够自动或半自动地抽取包含在多媒体数据中的内容和特征。

(2) 使用多维索引结构，用于处理多媒体特征矢量。

(3) 使用相似度量，用于多媒体检索而不是精确匹配。

(4) 对存储子系统进行重新设计以便满足大容量和高带宽要求以及实时性要求。

(5) 设计用户界面,以便允许以不同的媒体类型进行灵活的查询并提供多媒体显示。

1.5　面向对象数据库

数据库是按照一定规则组织起来的数据的集合。多媒体数据是非结构化的数据,使用数据库进行管理时,面临许多问题。利用面向对象技术对多媒体数据进行组织并实现数据库方式的管理,可以大大提高多媒体数据的管理效率。

1.5.1　面向对象数据库概要

面向对象数据库系统与传统的关系数据系统相比,具有许多共同的特点。数据库可以方便对数据进行索引、查询、维护等有效的管理,能够将数据长期保存在磁盘等存储器上以利于数据的重用、支持开发和数据恢复等。

面向对象数据库系统具有比关系数据库更优的数据存取性能。据 Sun 公司 1991 年的相关测试报告显示:对磁盘数据存取的 ODBMS 比 RDBMS 平均快 5 倍;在内存中的数据库存取要快 30 倍,在内存中对某一给定的对象访问与之相联系的所有对象方式中,ODBMS 比 RDBMS 高出 3 个数量级。

1. 面向对象数据库系统的优缺点

面向对象数据库具有传统数据库所不具备的优点,具体表现在以下几个方面。

(1) 能有效地表达客观世界和有效地查询信息。面向对象方法综合了在关系数据库中的工程原理、系统分析、软件工程和专家系统领域的内容。面向对象的方法符合一般人的思维规律,即将现实世界分解成明确的对象,这些对象具有属性和行为。系统设计人员用 ODBMS 创建的计算机模型能更直接地反映客观世界,最终用户不管是否是计算机专业人员,都可以通过这些模型理解和评述数据库系统。

工程中一些问题对关系数据库来说显得太复杂,不采取面向对象的方法很难实现。从构造复杂数据的前景看,信息不再需要手工地分解为细小的单元,ODBMS 扩展了面向对象的编程环境,该环境可以支持高度复杂数据结构的直接建模。

(2) 可维护性好。在耦合性和内聚性方面,面向对象数据库的性能尤为突出。这使得数据库设计者可在尽可能少影响现存代码和数据的条件下修改数据库结构,在发现有不能适合原始模型的特殊情况下,能增加一些特殊的类来处理这些情况而不影响现存的数据。如果数据库的基本模式或设计发生变化,为与模式变化保持一致,数据库可以建立原对象的修改版本。这种先进的耦合性和内聚性也简化了在异种硬件平台的网络上的分布式数据库的运行。

(3) 能很好地解决"阻抗不匹配"问题。面向对象数据库还解决了一个关系数据库运行中的典型问题:应用程序语言与数据库管理系统对数据类型支持的不一致问题,这一问题通常称为阻抗不匹配问题。

(4) 技术还不成熟。面向对象数据库技术的根本缺点是这项技术还不成熟,还不广为人知，与许多新技术一样，风险就在于应用。从事面向对象数据库产品和编程环境的销售活动的公司还不令人信服，因为这些公司的历史还相当短暂，就和十几年前关系数据库的情况一样。ODBMS 如今还存在着标准化问题，由于缺乏标准化，许多不同的 ODBMS 之间不能通用。此外，是否修改 SQL 以适应面向对象的程序，还是用新的对象查询语言来代替它，目前还没有解决，这些因素表明随着标准化的出现，ODBMS 还会变化。

（5）面向对象技术需要一定的训练时间。有面向对象系统开发经验的公司专业人员认为，要成功地开发这种系统的关键是正规训练，训练之所以重要，是由于面向对象数据库的开发是从关系数据库和功能分解方法转化而来的，人们还需要学习一套新的开发方法使之与现有技术相结合。此外，面向对象系统开发的有关原理才刚开始具有雏形，还需一段时间在可靠性、成本等方面令人可接受。

（6）理论还需完善。从正规的计算机科学方面看，还需要设计出坚实的演算或理论方法来支持 ODBMS 的产品。此外，既不存在一套数据库设计方法学，也没有关于面向对象分析的一套清晰的概念模型，怎样设计独立于物理存储的信息还不明确。

经过数年的开发和研究，面向对象数据库的当前状况是：对面向对象数据库的核心概念逐步取得了共同的认识，标准化的工作正在进行；随着核心技术逐步解决，外围工具正在开发，面向对象数据库系统正在走向实用阶段；对性能和形式化理论的担忧仍然存在，系统在实现中仍面临着新技术的挑战。

2. 面向对象数据库系统的主要研究内容

1）数据模型及基本概念

面向对象的方法是一种把面向对象的思想应用于软件开发过程中，指导开发活动的系统方法，简称 OO（Object-Oriented）方法，是建立在“对象”概念基础上的方法学。对象是由数据和允许的操作组成的封装体，与客观实体有直接对应关系，一个对象类定义了具有相似性质的一组对象，而继承性是对具有层次关系的类的属性和操作进行共享的一种方式。所谓面向对象就是基于对象概念，以对象为中心，以类和继承为构造机制，来认识、理解、刻画客观世界和设计、构建相应的软件系统。它包括以下主要概念：对象和对象标识符、属性与方法、封装和消息传递、类、类层次和类继承等。

（1）对象：对象是要研究的任何事物。从一本书到一家图书馆，单的整数到整数列庞大的数据库、极其复杂的自动化工厂、航天飞机都可看作对象，它不仅能表示有形的实体，也能表示无形的（抽象的）规则、计划或事件。对象由数据（描述事物的属性）和作用于数据的操作（体现事物的行为）构成一个独立整体。从程序设计者来看，对象是一个程序模块；从用户来看，对象为他们提供所希望的行为。

（2）类：类是对象的模板。即类是对一组有相同数据和相同操作的对象的定义，一个类所包含的方法和数据描述一组对象的共同属性和行为。类是在对象之上的抽象，对象则是类的具体化，是类的实例。类可有其子类，也可有其他类，形成类层次结构。

（3）消息：消息是对象之间进行通信的一种规格说明。一般它由三部分组成：接收消息的对象、消息名及实际变元。

（4）封装性：封装是一种信息隐蔽技术，它体现于类的说明，使数据更安全，是对象的重要特性。封装使数据和加工该数据的方法（函数）封装为一个整体，以实现独立性很强的模块,使得用户只能见到对象的外特性(对象能接收哪些消息,具有哪些处理能力),而对象的内特性(保存内部状态的私有数据和实现加工能力的算法)对用户是隐蔽的。封装的目的在于把对象的设计者和对象的使用者分开,使用者不必知晓行为实现的细节,只需用设计者提供的消息来访问该对象。

(5) 继承性:继承性是子类自动共享父类之间数据和方法的机制,它由类的派生功能体现。一个类直接继承其他类的全部描述,同时可修改和扩充。

2) 面向对象数据库的体系结构

面向对象数据库管理系统一般由对象子系统和存储子系统两大部分组成。对象子系统由模式管理、事务管理、查询管理、版本管理、长数据管理以及外围工具等模块组成,而存储子系统由缓冲区管理和存储管理模块组成。

(1) 模式管理:读模式源文件生成数据字典,对数据库进行初始化,建立起数据库的框架。

(2) 事务管理:一个事务是对数据库进行读和写的一个序列,事务处理系统由事务管理器、恢复管理器、锁管理器、死锁管理器、缓存管理器构成。

(3) 查询处理:查询处理负责对象的创建、查询等请求,并且处理由执行程序发送的消息。现在面向对象数据库系统能提供一般查询和索引技术。

(4) 版本管理:对对象的历史演变过程进行记录和维护,根据实际应用背景选择合适的版本间的拓扑结构,并至少应包括以下功能:新版本的生成;统一、协调管理各个版本;有效记录不同版本的演变过程及对不同版本进行有效管理,以尽可能少的数据冗余记录各版本。同时还要保证不同版本在逻辑上的一致性和相对独立性,一个版本的产生和消失不会对其余版本的内容产生影响。版本切换时,指定了新的当前版本后,必须保证对象的映像和指定的版本一致。

(5) 长数据管理:工程中有些对象如图形、图像、对象一般都较大,可达数“KB”甚至“MB”,这么大的数据需要进行特殊的管理。

(6) 外围工具:面向对象数据模型语义丰富,使对象数据库的设计变得较复杂,这给用户的应用开发带来难度。要使 ODBMS 实用化,需要在数据库核心层外开发一些工具,帮助用户进行数据库的应用。主要的工具有:模式设计工具、类图浏览工具、类图检查工具、可视化的程序设计工具及系统调试工具等。

1.5.2 面向对象的数据库设计技术

一般数据库设计方法有两种,即属性主导型和实体主导型。属性主导型从归纳数据库应用的属性出发,在归并属性集合(实体)时维持属性间的函数依赖关系。实体主导型则先从寻找对数据库应用有意义的实体入手,然后通过定义属性来定义实体。一般现实世界的实体数的属性数为 0～10 时,宜使用实体主导型设计方法。面向对象的数据库设计是从对象模型出发的,属于实体主导型设计。一般数据库应用系统都遵循以下相关开发步骤。

(1) 需求分析:对任务做深入细致的调查研究,摸清完成任务所依据的数据以及联系,使用什么规则和政策规定,对这些数据进行什么样的加工,加工结果以什么形式表现,明确说明系统将要实现的功能。

(2) 系统设计:对系统的一些问题进行规划和设计,包括设计工具和系统支撑环境的选择、如何组织数据的设计、系统界面设计、系统功能模块设计，对一些较为复杂的功能还应该进行算法设计。

(3) 系统实现：根据前两个阶段的工作，具体建立数据库和数据表，定义各种约束，并录入部分数据；具体设计系统菜单、系统表单，定义表单上各种控制对象，编写对象对不同事件的响应代码，编写报表和查询等。

(4) 测试：验证系统设计与实现中所完成的功能能否稳定准确地运行，这些功能是否全面覆盖并正确完成用户的需求，从而确认系统是否可以交付运行。测试工作一般由项目委托方或由项目委托方指定第三方进行。

(5) 系统运行和维护：将设计的数据库交付用户，并在使用中进行各种正常的维护。

1.6 多媒体数据库

多媒体数据库是为某种特殊目的组织起来的记录和文件的集合。传统的数据库管理系统在处理结构化数据、文字和数值信息等方面是很成功的。但是处理大量的存在于各种媒体的非结构化数据(如图形、图像和声音等)时，传统的数据库信息系统就难以胜任了，因此需要研究和建立能处理非结构化数据的新型数据库——多媒体数据库。

1.6.1 多媒体数据库简介

多媒体数据库需处理的信息包括数值、字符串、文本、图形、图像、声音和视频等。对这些信息进行管理、运用和共享的数据库就是多媒体数据库。多媒体数据库不是对现有的数据进行界面上的包装，而是从多媒体数据与信息本身的特性出发，考虑将其引入到数据库中之后而带来的有关问题。多媒体数据库从本质上来说，要解决三个难题。第一是信息媒体的多样化，不仅是数值数据和字符数据，还要扩大到多媒体数据的存储、组织、使用和管理。第二要解决多媒体数据集成或表现集成，实现多媒体数据之间的交叉调用和融合，集成粒度越细，多媒体一体化表现才越强，应用的价值也才越大。第三是多媒体数据与人之间的交互性，没有交互性就没有多媒体，要改变传统数据库查询的被动性，能以多媒体方式主动表现。

1. 多媒体数据库管理系统的特点

(1) 数据量大且存储媒体之间的差异也很大。多媒体应用要求对分布在不同存储媒体上的大量数据进行数据库管理。一段数秒钟的视频可能需要几兆字节的存储空间，从而影响到数据库的组织和存储方法。另一方面，我们不能指望把所有的多媒体信息都保存在一台机器上，必须通过网络加以分发，这对数据库的数据存取同样构成挑战。

(2) 实时性要求。除了需要大量的存储容量，对能处理连续数据的多媒体数据库管理系统要求具有实时性能。

(3) 不同媒体之间的特性差异很大。媒体种类的增多增加了数据处理的复杂程度。系统中不仅有声音、文字、图形、图像、视频等不同种类的媒体，而且同种媒体也会有不同的存储格式。例如，图像有 16 色、256 色、16 位色和真彩色之分；有彩色和黑白图像之分；有 BMP、GIF 和 JPG 格式之分等。不同的格式、不同的类型需要不同的数据处理方法。这要求多媒体数据库管理系统能不断地扩充新的媒体类型及其相应的处理方法，这无疑增加了数据库在处理和管理这些媒体数据时的复杂性。

(4) 多媒体改变了数据库的接口形式，而且也改变了数据库的操作形式，特别是数据库的查询机制和查询方法。由于多媒体数据的复合、分散和时序等特性，使得数据库的查询不可能只通过字符进行，而应通过基于媒体内容的语义查询。

(5) 处理长事务的能力。事务是数据库管理系统完成一项完整工作的逻辑单位，数据库管理系统保证一个事务要么被完整地完成，要么被彻底地取消。传统的数据库中事务一般都较短小，在多媒体数据管理系统中也应尽可能采用短事务。但有些场合，特别是多媒体应用场合，短事务不能满足需要，如从视频库中取出并播放一部数字化电影，数据库应保证播放过程不中断，这就不得不处理长事务。

(6) 多媒体数据库管理还要考虑版本控制问题。在具体的应用中，常常会涉及记录和处理某个处理对象的不同版本。版本包括两个概念，一是历史版本，同一处理对象在不同的时间有不同的内容；二是选择版本，同一处理对象有不同的表述。因此需要解决多版本的标识、存储、更新和查询等问题。多媒体数据库系统应提供很强的版本管理能力。

2. 多媒体数据库具备的功能

(1) 多媒体数据库系统必须能表达和处理各种媒体的数据，主要是无格式数据如图形、图像、声音、视频等。由于这些媒体可能存储在外部设备或只读介质上，系统必须按照存储媒体的特征进行存储和管理。

(2) 多媒体数据库系统必须能反映和管理各种媒体数据的特征，或各种媒体数据之间的时间和空间的关联。

(3) 基于内容的查询方法。在多媒体数据库系统中，一个实体以文本(格式数据)或图像等(无格式数据)形式给出时，可用不同的查询和相应的搜寻方法找到这个实体。对于多媒体数据的查询应该是基于内容的，但内容应当事先被描述。

(4) 多媒体数据库系统应该具有开放性，提供应用程序接口以及提供独立于外设和格式的接口。

(5) 多媒体数据库系统的数据操作功能，除了提供对无格式数据的查询搜索功能外，还应能对不同媒体提供不同的操作方法，如图形、图像的编辑处理，声音数据的剪辑等。

(6) 多媒体数据库系统的网络功能。由于多媒体应用一般以网络为中心，应解决分布在网络上的多媒体数据库中数据的定义、存储、操作等问题，并对数据的一致性、安全性进行管理。

(7) 多媒体数据库系统应提供处理长事务和版本控制的能力。

1.6.2　多媒体数据库的体系结构

多媒体数据库的体系结构分为层次结构和组织结构。多媒体数据库系统的层次结构与传统的关系数据库基本一致，同样具有物理层、概念层和表现层。多媒体数据库的组织结构可分为集中型、主从型和协作型。

1. 多媒体数据库的层次结构

(1) 物理层：物理层是多媒体数据库的物理存储描述，即描述多媒体数据在计算机的物理存储设备上是如何存放的。对多媒体数据库而言，实际的数据允许分散在不同的数据库中。例如，在多媒体的人事档案管理中，某人的声音和照片可能保存在声音数据库和图像数据库中，其他的人事记录可能保存在关系数据库中。

(2) 概念层：概念层表示的是现实世界的抽象结构，是对现实世界事物对象的描述。多媒体应用开发人员通过该层提供的数据库语言可以对存储在多媒体数据库中的各种多媒体数据进行统一的管理。

概念层由一组概念对象构成。概念对象涉及的对象可能来自几个数据库。例如，人是由人事记录、照片等描述，它们可能分别来自一般的关系数据库和图像数据库。在概念层上，模式必须按照几个数据库的概念模式来定义。

(3) 表现层：表现层可以分为视图层和用户层。用户层是多媒体数据库的外部表现形式，即用户可见到的表格、图形、画面和播放的声音等。用户层可由专门的多媒体布局规格说明语言来描述，并向用户提供使用接口。多媒体数据管理系统的表现模式在多媒体数据库系统的研究中是一个需要重视的问题。由于各种非格式数据的表现形式各不相同，同时它们之间存在一定的关联性，所以表现层在多媒体数据库系统中较之在传统的数据库中显得格外重要。

2. 多媒体数据库的组织结构

(1) 集中型：集中型多媒体数据库管理系统是指由单独一个多媒体数据库管理系统来管理和建立不同媒体的数据库，并由这个多媒体数据库管理系统来管理对象空间及目的数据的集成。

(2) 主从型：每一个数据库都由自己的管理系统管理，称为从数据库管理系统，它们各自管理自己的数据库。这些从数据库管理系统由主数据库管理系统进行控制和管理，用户在主数据库管理系统上使用多媒体数据库中的数据，是通过主数据库管理系统提供的功能来实现的，目的数据的集成也是由主数据库管理系统进行管理的。

(3) 协作型：协作型多媒体数据库管理系统也是由多个数据库管理系统组成的，每个数据库管理系统之间没有主从之分，只要求系统中每一个数据库管理系统能协调工作，但因每一个成员 MDBMS 彼此之间有差异，所以在通信中必须首先解决这个问题。为此，对每一个成员要附加一个外部处理软件模块，由它提供通信、检索和修改界面的功能。

1.6.3 多媒体数据库基于内容的检索

在数据库系统中，数据检索是一种频繁使用的任务，对多媒体数据库来说，其检索任务通常是基于媒体内容而进行的。由于多媒体数据库的数据量大，包含大量的如图像、声音、视频等非格式化数据，对它们的查询和检索比较复杂，往往需要根据媒体中表达的情节内容进行检索。

基于内容的检索作为一种信息检索技术，接入或嵌入到其他多媒体系统中，提供基于多媒体数据库的检索体系结构。提取用户感兴趣又适合于基于内容检索的特征(颜色分布情况,颜色的组成情况、纹理结构、方向对称关系、轮廓形状的大小),通过索引和过滤达到快速搜索的目的,把全部的数据通过过滤器变成新的集合再用高维特征匹配来检索。

1. 多媒体数据库基于内容的检索特点

(1) 从媒体内容中提取信息线索。突破了传统的基于关键字检索的局限,直接对图像、视频、音频等媒体数据进行分析,抽取特征,利用特征内容进行检索。

(2) 人机交互对大型多媒体数据库的快速检索。一般地,人类对于某些视听特征比较敏感,例如目标的轮廓、音乐的旋律等,并且能迅速分辨出这些特征,但是,对于大量的对象,一方面难以记住这些特征数据,另一方面如果没有计算机辅助处理,人工从大量的媒体数据中查找目标的效率非常低。因此,在使用基于内容检索的系统时,一种有效的途径是人与计算机相互配合,进行启发式检索。

(3) 基于内容检索是一种相似匹配。在检索过程中,采用相似匹配的方法,逐步求精。即每一次查询的中间结果是一个集合,不断缩小结果集合的范围,直到定位到目标。

(4) 综合利用多种相关技术。基于内容的检索可以利用图像处理、语音信号处理、模式识别和计算机视觉等多种学科和方法作为基础技术。

(5) 提取的特征多样。以图像为例,可提取的特征有颜色、形状、纹理、图像的元数据特征等。

2. 基于内容的检索中常用的媒体特征

(1) 音频:主要音频特征有基音、共振峰等音频底层特征,以及声纹、关键词等高层次特征。

(2) 静态图像:主要包括颜色直方图、纹理、轮廓等图像的底层特征和人脸部特征、表情特征和景物特征等高层次特征。

(3) 视频:包含的信息最丰富、最复杂,其底层特征包括镜头切换类型、特技效果、摄像机运动、物体运动轨迹、代表帧、全景图等,高层特征包括描述镜头内容的事件等。

(4) 文本:关键字为文本对象的内容属性。

(5) 图形:由一定空间关系的几何体构成。几何体的各种形状特征、周长、面积、位置、几何体空间关系的类型等,被称为图形内容属性。

3. 提取媒体对象内容属性的方式

对于不同的媒体信息,提取其特征的方式有所不同,大致可以分为手工方式、自动方式和混合方式 3 种类型。

(1) 手工方式。主要用于对人类敏感的媒体特征进行提取。如文本检索中的关键词特征、图像的纹理特征、边缘特征、视频镜头所含的摄像动作等特征的提取。手工方式简单但工作量大,提取的尺度因人而异,增加了不确定性。

(2) 自动方式。实现由计算机控制的对媒体信息内容属性自动提取是人们研究和应用的最终目标,如果能够实现的话,将是一种最理想的特征提取方式。自动提取过程需要十分复杂的媒体分析和识别技术,如图像理解、视频序列分析、语音识别技术等。因相关的基础算法研究还没有达到实用水平,所以目前自动提取方式远没有达到实用阶段。

(3) 混合方式。它是手工方式和自动方式的结合。对于能够通过自动方式得到的特征由计算机来完成,否则就使用手工方式。目前的应用系统中常采用这种方式。

4. 检索过程

基于内容的多媒体数据库的检索过程是非精确匹配过程,所以它具有渐进性,多数情况下,一次检索的结果一般不可能准确命中,只能逐步地逼近目标。这就要求用户参与检索的过程,不断修正检索的结果,直到满意为止。

小结

本章介绍了多媒体数据的类型,并分析其特点,结合多媒体数据的特点,对多媒体数据模型进行概述,对这些模型的基础进行简单的介绍,并详细地介绍了基于内容的多媒体数据库检索的多媒体数据库的体系结构。

习题

1. 多媒体数据和应用的主要特点是什么?
2. 为什么传统的数据库不能有效地处理多媒体数据?
3. 简单描述多媒体数据库的体系结构特点。
4. 多媒体数据库检索的方法有哪些?
5. 什么是超文本? 什么是超媒体?

第2章 多媒体信息处理概述

多媒体信息处理对象主要包括文本、图像、图形、视频和音频等数据。本章主要讲述图像、音频和视频多媒体数据信息的处理和传输技术，介绍相关的多媒体信息的基本概念和相关技术，为后续章节的多媒体信息压缩和传输技术的讨论奠定基础。

2.1 数字音频的基本概念

语音信号是携带语音信息的语音声波，如果经过声电转换就得到语音的电信号，如果经过声光转换就得到语音的光电信号。在研究学习语音信号的各种处理技术之前，首先应该了解语音信号的一些基本特性，应该知道语音是如何由一些最基本的单位所组成的，人类的发声器官是如何产生声音的，汉语语音有哪些特性。因此，本节主要介绍语音信号的一些基础知识。

2.1.1 语音的特性

语音是以声波的方式在空气中传播的。声波是一种纵波，它的振动方向和传播方向是一致的。因此，语音既有声波的一些物理意义上的描述，也有一些其他的特性。

声波从声源向四面八方传播。声波有频率和振幅两个特点。声波的频率是指单位时间内声波的周期数，人耳听得见的频率范围约为20～20 000Hz。声音的频率与声音的音调有关，振幅与声音的响度有关，声音的频率高，声音就高(音调高)；声音的频率低，声音就低(音调低)。大声呼喊必然振幅大，响度大；窃窃私语必然振幅小，响度小；而频率和振幅之间没有必然联系。

通常，声音还有复合音和纯音之分。音叉和哨子发出的音是单纯声波，笛子在低音区发出的声音，其中一部分也是单纯声波。在纯音中仅有基音而没有倍音，而倍音就是该语音的频率是基音频率的整数倍的声音成分。一般的声音是包含复合声波的声音，例如，小提琴的任何一根弦发出来的声波中除了基频外，还有许多倍音。人类发出的元音也是复合音。对于大部分声音来说，并非只有一个基频，而会有若干个倍音。

语音是人类发声器官发出的一种声波，它与其他各种声音一样也有声音的物理属性。也就是说，语音也具有一定的音色、音调、音强和音长。

音色：指一种声音区别于其他声音的基本特征，也称为音质。语音的音色主要由3个因素决定：从肺里呼出的气流通过口腔时受不受到阻碍？如果受到阻碍，在什么部位？如果没有受到阻碍,口腔的形状又是什么样的?——这些都构成不同形状的共鸣腔。碰到阻碍时用什么方法克服?——这是发音方法。声带振动不振动?——这是发音体。这几个方面只要有一个不同,就会产生不同音色的音。音色主要是由复音中不同谐音的分布和组成所决定的,影响音色的因素还有声音的时间过程。

音调：指人耳对声音的高低的感觉,在汉语语音学中又称为音高,它取决于声波的频率,而声波的频率又与声带的长短、厚薄以及松紧程度有关。除了频率,影响音调的因素还有声音的声压级和声音的持续时间。

音强：指声音的强弱,它由声波的振动幅度,即声音功率决定。

音长：指声音的长短,它取决于发音时间的长短。

2.1.2 音频的数字化

将音频信号数字化,实际上就是对其进行采样、量化和编码。声音的数字化需要回答如下两个问题：每秒钟需要采集多少个声音样本,也就是采样频率是多少；每个声音样本的位数应该是多少,也就是量化精度。经过量化,模拟信号转换为一组离散的数值,这一组数值到底代表的是何内容,需要按照一定的规则组织起来,这就是编码。为了做到无损数字化,采样频率需要满足奈奎斯特采样定理；同时为了保证声音的质量,必须提高量化精度。

1. 采样

连续时间的离散化通过采样来实现。如果是每隔相等一小段时间采样一次,则这种采样称为均匀采样,相邻两个采样点的时间间隔称为采样周期。通过量化来实现,就是把信号的强度划分成一小段一小段,在每一小段中只取一个强度的等级值(一般用二进制整数表示),如果幅度的划分是等间隔的,就称为线性量化,否则就称为非线性量化。

2. 编码

经过采样和量化处理后的声音信号已经是数字形式了,但为了便于计算机的存储、处理和传输,还必须按照一定的要求进行数据压缩和编码,即选择某一种或者几种方法对它进行数据压缩,以减少数据量,再按照某种规定的格式将数据组织成为文件。

3. 采样频率

采样频率的高低是根据奈奎斯特理论和声音信号本身的最高频率决定的。奈奎斯特采样定理指出,采样频率要大于等于声音最高频率的两倍,这样就能把以数字表达的声音无失真地还原成原来的模拟声音,这也叫无损数字化。

奈奎斯特采样定理可用公式表示为：

$$f_s \geqslant 2f_{max} \tag{2.1}$$

其中,f_s 为采样频率,f_{max} 为被采样信号的最高频率。可以这样理解奈奎斯特理论：声音信号可以看成是由许多正弦波组成的,一个振幅为 A、频率为 f 的正弦波至少需要两个采样样本表示,因此,如果一个信号中的最高频率为 f_{max},采样频率最低要选择 $2f_{max}$。例如,电话语音的信号频率约为 3.4kHz,采样频率就应该大于等于 6.8kHz,考虑到信号的衰减等因素,一般取 8kHz。

语音录音中常采用的采样频率为 8kHz、11.025kHz、22 050kHz 和 41.1kHz 等。而且人们发现频率高于 41.1kHz 时，人的耳朵已经很难分辨，而且增大了数字音频所占用的空间。一般为了达到“万分精确”，还会使用 48kHz 甚至 96kHz 的采样精度。实际上，96kHz 采样精度和 44.1kHz 采样精度的区别绝对不会像 44.1kHz 和 22kHz 那样区别如此之大，我们所使用的 CD 的采样标准就是 44.1kHz。目前，44.1kHz 还是一个最通行的标准，有些人认为 96kHz 将是未来录音界的趋势。采样精度提高应该是一件好事，但人们真的能听出 96kHz 采样精度制作的音乐与 44.1kHz 采样精度制作的音乐的区别吗？不过随着高端音响设备的大众化，我们也许就会在普通聚会时听到更高质量的音乐了。

4. 量化精度

样本大小是用每个影音样本的位数表示的，它反映了度量声音波形幅度的精度。例如，每个声音样本用 16 位表示，测得的声音样本值在 0～65 536 的范围内，它的精度就是输入信号的 1/65 536。常用的采样精度为 8b/s、16b/s、20b/s、24b/s 等。

样本位数的大小影响到声音的质量，位数越多，声音的质量越高，但需要的存储空间也越多；位数越少，声音的质量越低，所需要的存储空间也越少。样本精度的另一种表示方法是信号噪声比，简称为信噪比(Signal to Noise Ratio，SNR)，并用式 2.2 计算。

$$\mathrm{SNR}=20\lg(V_{\mathrm{s}}/V_{\mathrm{N}}) \tag{2.2}$$

其中，V_{s} 表示信号电压，V_{N} 表示噪声电压，SNR 的单位是分贝(dB)。例如，如果 $V_{\mathrm{N}}=1$，采样精度为 1 位表示 $V_{\mathrm{s}}=2^1$，它的信噪比 SNR＝6dB；如果 $V_{\mathrm{N}}=1$，采样精度为 2 位表示 $V_{\mathrm{s}}=2^2$，它的信噪比 SNR＝12dB。所以可以看出，采样位数每增加一位，信噪比会提高 6dB。

5. 声道数

声音通道的个数称为声道数，是指一次采样所记录产生的声音波形个数。声道有单声道、立体声和四声道环绕。记录声音时，如果每次生成一个声波数据，则称为单声道；如果每次生成两个声波数据，则称为双声道，也称为立体声。立体声听起来比单声道丰满优美，但需要两倍于单声道的存储空间。立体声虽然满足了人们对左右声道位置感体验的要求，但是随着技术的进一步发展，人们逐渐发现双声道已经越来越不能满足需求。由于 PCI 声卡的出现带来了许多新的技术，其中发展最为神速的当属三维音效。三维音效的主旨是为人们带来一个虚拟的声音环境，通过特殊的 HRTF 技术营造一个趋于真实的声场，从而获得更好的听觉效果和声场定位。而要达到好的效果，仅依靠两个音箱是远远不够的，所以立体声技术在三维音效面前就显得捉襟见肘了，但四声道环绕音频技术则很好地解决了这一问题。

四声道环绕规定了四个发音点：前左、前右、后左、后右，听众则被包围在这中间。同时还建议增加一个低音音箱，以加强对低频信号的回放处理。就整体效果而言，四声道系统可以为听众带来来自多个不同方向的声音环绕，可以获得身临其境的听觉感受。

2.1.3 数字音频信号的存储格式

1. 语音数据文件的基本结构

在 Windows 环境下，大部分的多媒体文件都遵循着一些通用的结构来存放，这种结构称为"资源互换文件格式（Resources Interchange File Format，RIFF）"。Windows 的 Waveform Audi——数字化波形声音的 WAV 文件、视频的 AVI 文件等均由此结构衍生而来。RIFF 可以看作是一种树状结构，其基本构成单位是块，犹如树状结构中的节点。每个块由"辨别码""数据大小"及"数据"等组成。

RIFF 文件的前 4 字节为其辨别码"RIFF"的 ASCII 字符码，紧跟其后的双字节数据则标示整个文件大小（单位为 Byte）。由于表示文件长度或块长度的"数据大小"信息占用 4B，所以，事实上一个 WAV 文件或文件中块的长度为数据大小加 8。故当在 DOS 状态下显示的 Windows 启动时正常提示的语音文件长度为 486 188B，则查看文件数据信息时，该文件长度实际为 486 180B。

RIFF 文件通常由若干块组成，典型的有 fnt-格式块和 data-数据块。一般而言，块本身并不允许其内部再包含块，但是由于此类文件中 RIFF 文件信息也是一个待处理的"块"，因此当某个块的辨别码是"RIFP"或"LIST"时，它们可以例外。而对于这两种块，RIFF 将从原先的"数据"中切出 4B，此 4B 称为"格式辨别码"，如 WAVE 等。此外，RIPF 规定文件中仅可以有一个以"RIFF"为辨别码的块。依循上述结构的文件为 RIFF 文档。

与 MS-DOS 文件系统相比，"RIFF"块就好比是一台硬盘的根目录，其格式辨别码便是此硬盘的逻辑分区代码（C：或 D：），而"LIST"块则是其下面的子目录，其他的块则为文件数据。对于 RIFF 文件的处理，微软提供有相关的支持函数。

2. WAV 文件

WAV 文件格式是 Windows 中关于声音的一种标准格式，也是 RIFF 文件格式支持的一种格式，这种格式已成为 Windows 中的基本声音格式。整个 WAV 文件可以分成两部分：前一部分为文件头，后一部分为数据块。根据其编码方式和采样位数的不同，这两部分的大小有所不同。例如，在 WAV 文件中，所采用的编码方式主要有 PCM（Pulse Code Modulation，脉冲编码调制）和 ADPCM（Adaptive Differential Pulse Code Modulation，自适应差分脉冲编码调制）两种。对于使用 PCM 脉冲编码调制的采样文件，其文件头为 44B；但有时 WAV 文件头中会增加 fact 块，此时其文件头可达 58B。而对于使用 ADPCM 编码的采样文件，若其包含 fact 块，则其文件头可达 90B。

3. AIFF 文件

AIFF 即音频交换文件格式（Audio Interchange File Format），是苹果计算机公司开发的一种声音文件格式，被 Macintosh 平台及其应用程序所支持，属于 QuickTime 技术的一部分，这一格式的特点就是格式本身与数据的意义无关。AIFF 虽然是一种很优秀的文件格式，但由于它是苹果计算机上使用的格式，因此，在 PC 平台上并没有得到很广泛的流行。不过，由于苹果计算机多用于多媒体制作出版行业，因此，几乎所有的音频编辑软件和播放软件都支持 AIFF 格式。AIFF 支持 ACE2、ACE8、MAC3 和 MAC6 压缩，支持 16 位 44.1kHz 立体声。

4. Audio 文件

Audio 文件是 Sun Microsystems 公司推出的一种经过压缩的数字音频格式，是 Internet 中常用的声音文件格式。Audio 文件原先是 UNIX 操作系统下的数字声音文件。由于早期 Internet 上的 Web 服务器主要是基于 UNIX 的，所以，AU 格式的文件在如今的 Internet 中也是常用的声音文件格式，但文件结构的灵活性比不上 WAV 和 AIFF。

5. RealAudio 音频文件

RealAudio 文件是 RealNetworks 公司开发的一种新型流式音频（Streaming Audio）文件格式，它包含在 RealNetworks 公司所制定的音频、视频压缩规范 RealMedia 中，主要用于在低速率的广域网上实时传输音频信息。网络连接速率不同，客户端所获得的声音质量也不同。

6. Windows Media 音频文件

WMA（Windows Media Audio）格式是来自微软的重量级选手，后台强硬，音质要强于 MP3 格式，更远胜于 RA 格式，它和日本 YAMAHA 公司开发的 VQF 格式一样，是以减少数据流量但保持音质的方法来达到比 MP3 压缩率更高的目的。WMA 的压缩率一般都可以达到 1∶18 左右。WMA 的另一个优点是内容提供商可以通过 DRM（Digital Rights Management）方案加入防拷贝保护。这种内置了版权保护的技术可以限制播放时间和播放次数甚至播放的机器等。另外，WMA 还支持音频流技术，适合在网络上在线播放，更方便的是不用像 MP3 那样需要安装额外的播放器。WMA 这种格式在录制时可以对音质进行调节，同一格式，音质好的可与 CD 媲美，压缩率较高的可用于网络广播。

7. MPEG 文件

MPEG（Moving Picture Experts Group，动态图像专家组）代表运动图像压缩标准，这里的音频文件格式指的是 MPEG 标准中的音频部分，即 MPEG 音频层（MPEG Audio Layer），它根据压缩质量和编码复杂度划分为三层，即 layer-1、layer-2、layer-3，且分别对应 MP1、MP2、MP3 这三种声音文件，并根据不同的用途，使用不同层次的编码。MPEG 音频编码的层次越高，编码器越复杂，压缩率也越高。MP1、MP2 的压缩率分别为 4∶1 和 6∶1～8∶1，而 MP3 的压缩率则高达 10∶1～12∶1，其音质与存储空间的性价比较高，使用最多的是 MP3 格式。

2.1.4 MIDI 系统

1. MIDI 概述

MIDI（Musical Instrument Digital Interface，乐器数字接口）是 20 世纪 80 年代初为解决电声乐器之间的通信问题而提出的。MIDI 是编曲界最广泛的音乐标准格式，可称为“计算机能理解的乐谱”。它用音符的数字控制信号来记录音乐，一首完整的 MIDI 音乐只有几十“KB”大，而能包含数十条音乐轨道。几乎所有的现代音乐都是用 MIDI 加上音色库来制作合成的。MIDI 传输的不是声音信号，而是音符、控制参数等指令，它指示 MIDI 设备要做什么，怎么做，如演奏哪个音符、多大音量等。它们被统一表示成 MIDI 消息（MIDI Message）。

为了解决不同厂商电子乐器间的通信问题，1982 年，国际乐器制造者协会的十几家厂商（其中主要是美国和日本的厂商）采用了美国 Sequential Circuits 公司的大卫・史密斯提出的“通用合成器接口”的方案，并改名为“音乐设备数字接口”，即“Musical Instrument Digital Interface”，缩写为“MIDI”，公布于世。1983 年，MIDI 协议 1.0 版正式制定出来。此后，所有的商业用电子乐器的背后都出现了几个五孔的 MIDI 插座，乐器之间不再存在“语言障碍”，它们同装上 MIDI 接口的计算机一起，构成了一个更加繁荣昌盛的计算机音乐大家庭。

将一个带有 MIDI 接口的电子乐器连接到计算机上，就可以将该乐器产生的声音转换为一组指令系列，也就是 MIDI 消息。使用专门的编辑软件，可以把多种乐器产生的声音进行组合编辑后产生一段乐章，当这些 MIDI 消息通过一个音乐或者音乐合成器进行播放时，合成器对 MIDI 消息进行解释，产生相应的音乐或声音，其效果类似于管弦乐队。MIDI 可以连接计算机、磁带录音机、灯光等，MIDI 音乐可以作为多媒体演示的背景音乐。

2. MIDI 设备的基本构成

一个乐器只要包含处理 MIDI 信息的微处理器及有关的硬件接口，就可以称为一台 MIDI 设备。两台 MIDI 设备之间可以通过接口发送信息而相互通信。最简单的 MIDI 配置由一个键盘、一个合成器和几个喇叭构成，连接这些设备的是电缆。

1）MIDI 端口

MIDI 规范规定 MIDI 设备有 1～3 个端口，它们分别是 MIDI In，MIDI Out 和 MIDI Thru。它们的作用分别如下。

MIDI In：接收从其他设备发送来的 MIDI 信息。

MIDI Out：发送本设备生成的原始的 MIDI 信息。

MIDI Thru：将从 MIDI In 端口传来的信息转发到相连的另一台 MIDI 设备上。

稍复杂一点儿的配置为一台带 MIDI 板的微机，若干台合成器以及相应的放音设备。MIDI 的输入和输出是由声霸卡 Sound Blaster Kits 编程工具 SBK，提供支持声霸卡 MIDI 接口的一些底层函数把 MIDI 代码送到 MIDI 端口，并能以千分之一秒的分辨率从端口输入 MIDI 数据。

2）音序器

音序器是为 MIDI 作曲设计的计算机程序或电子设备，可用来记录播放和编辑 MIDI 事件。多数音序器可输入、输出 MIDI 文件，它的作用相当于 MIDI 乐器的一台多轨磁带录音机。音序器可以帮助专业音乐工作者和音乐爱好者通过 MIDI 文件进行作曲，也可以帮助计算机作曲，用于乐曲修改及播放。除了物理连接外，MIDI 规范中还规定了 MIDI 设备间相互通信的标准消息。这些消息将指定用一个或几个 MIDI 设备来定义并产生音乐事件，消息的内容还定义了诸如弹奏一个音符可将乐器从长笛改换成双簧管之类的事件。

定义和产生歌曲的MIDI消息和数据组存放在MIDI文件中，每个MIDI文件最多可放16个音乐声道的信息，使音序器可建立MIDI文件，音序器能捕捉MIDI消息并将它们存入文件中。

3）MIDI合成器

它是对音乐和声音信号进行数字化处理的基本单元。作为MIDI系统的专用设备，MIDI合成器可分成两部分：基础合成器和扩展合成器。一般的多媒体计算机均安装一个基础合成器。基础合成器中仅设置6种乐音和9种音阶，而在多媒体计算机外部可自行扩展一个合成器，即为扩展合成器。它们的差别仅仅是在同时播放的乐音数目不同而已。

音调合成器可以同时对多种配器和不同音阶进行组合，并同时输出多种配器的组合音响效果。音调合成器可分为Melodic和Percussive两种形式，在旋律乐音的设置上有不同的声道匹配；而打击乐音则以键控方式将每一声道的信息显示在系统窗口上。通常打击乐显示声道以键控方式显示，MIDI系统允许用户自由选择各种乐音的匹配方式，也允许以作图方式对合成器内的乐音组合和分配声道进行编创或修改。

音色是一种乐器区别于其他乐器的声音特色。一些合成器用定义乐器音色的参数来合成音色，另一些合成器使用原乐器的数据采样记录，并在内存中修改这些声音的音量和音调变化。但合成的声音不如原乐器产生的声音的真实感强。

合成器有基本型和扩展型两种类型，所有的多媒体计算机上至少提供了一个基本型合成器。用户可以通过增加内部的基本型合成器以增强MIDI的能力。当用户增添一种合成器时，必须用MIDI的映射程序Mapper配置合成器，以使其乐器配置映射到标准的MIDI配置号。

基本型合成器与扩展型合成器的最低功能如表2.1所示。其中，每个旋律乐器位于不同的通道，Windows 8规定：MIDI中的第13～16号声道用于基本型合成器，其中13、14、15声道分配给旋律乐器，16号声道分配给打击乐器，扩展型合成器使用第1～10号声道，其中旋律乐器使用第1～9号声道，打击乐器使用10号声道。

表2.1　基本型与扩展型合成器的最低功能

合成器类型	旋律乐器		打击乐器	
	数目	复音	数目	复音
基本型	3种乐器	6个音符	3种乐器	3个音符
扩展型	9种乐器	16个音符	8种乐器	16个音符

基本型和扩展型合成器的区别仅在于可演奏的乐器和音符的数量，与它们的质量和价格无关。

MIDI合成器音色质量与合成器性能的衡量标准如下。

(1) 容量：理论上，一个音色的容量越大，还原越真实，因此，容量对于MIDI合成器的好坏是一个很重要的衡量标准。

(2) 复音数：指的是一个设备可以同时发出多少个声音，例如，Sound Blaster Live宣称它的复音数为1024，也就是可以同时发出1024种声音。

(3) 算法及其他：除了以上两条，最重要的就是算法了，可以说，一个 MIDI 合成器的好坏，采样决定 60%，算法决定 40%。看待算法的显著特征就是看它可以提供多少个参数。一般来说，参数越多，可供调节的余地越大，效果也越好。

3. MIDI 文件及制作

MIDI 文件是以数据形式的乐谱存在计算机硬盘内，它不是波形文件。因此，在对 MIDI 文件创作方面，必须安排一个 MIDI 文件数据库，以供存储 MIDI 音乐信息。每一种 MIDI 文件建立之后，存储的地址均应在 Sequencer（程序开关）上建立一个档案目录，以便于查找 MIDI 文件。Sequencer 可以供 MIDI 文件的输入输出，并给用户一种提示信息，指示某种 MIDI 文件存在哪一声道上，Sequencer 可以看作是 MIDI 音乐文件创建的程序开头和调控器。因此，凡是自编自创的 MIDI 节目，必须在 Sequencer 上设立文档，以提供查询信息，并调整 MIDI 文件存档地址。

由 Sequencer 传送的 MIDI 文件必须经过合成器方可生成波形文件，供播放之用。MIDI 音乐经过合成器 DSP 剪辑编创之后，可以直接以波形图的方式输出给音响设备模拟信号。

MIDI 音序器可用于记录和编辑 MIDI 文件，为了能建立合乎标准的 MIDI 文件，使生成的 MIDI 文件可以在所有的多媒体计算机上播放，就必须遵守一些共同的原则。

在 MIDI 标准中，共有 16 个声道，每个声道对应一种逻辑合成器。声道 1～10 用于扩展级合成器，声道 13～16 用于基本级合成器。关于合成器前面已经介绍。

在多媒体计算机上可构建标准合成器，用于构造声道和配器 Patch 的结构。通常划分声道实质上是定义 MIDI 文件的格式和 Patch 数目即设置声道容量，MIDI 文件可定义为 FORMAT0 格式或 FORMAT1 格式。MIDI 声道具体结构如下：① 1～9 声道作为 MIDI 音乐创作的扩展旋律，在每一个音调合成器内可定义 16 种音阶。②10 声道作为打击乐的扩展声道，在其音轨上可载入 16 种音阶。③11 和 12 声道中未安排音轨。④13～16 声道可安排基本旋律和打击乐器，作为一般 MIDI 音乐创作的基本合成器。

创作 MIDI 音乐，实质上是在 MIDI 标准声道上，以 MIDI 键盘去操纵和控制声道上配器的开启，这种创作不同于音乐创作那样去调动多位演奏员去演奏多种不同的乐器，而是以不同的音调，在乐谱的总体设计下，以不同的时机进入乐曲的合声系统，从而构成清澈流畅或气势辉煌的音乐作品。

MIDI Score 是 MIDI 音乐的总谱，它提供给用户一种显示 MIDI 文件全貌的结构性目录，是 MIDI 音乐创作脚本。MIDI 总谱在基于多媒体应用软件的作用下，可以分以下几个步骤设定总谱的结构和存储 MIDI 信息。

在总谱上首先划分出区间，定义每一个声轨（Track）。在声轨上设定 MIDI 文件的存储格式：单声轨 FORMAT0，复合声轨 FORMAT1。①创建每一条声轨的物理位置；②定义每一条声道的音调和配器；③总谱的结构；④分别将 MIDI 音乐的部件调入总谱，将定义之后的配器载入总谱。

例如，利用键盘和 MIDI 音序器编制 MIDI 文件的基本步骤如下。

(1) 为乐谱中每个音轨作曲。在 MIDI 文件中，把 MIDI 数据分成若干并行的音轨。通常，每个声道是一个单独的音轨。作曲家在 MIDI 键盘上演奏，通过音序器 MIDI 乐谱在每条音轨上被记录。

(2) 存储乐谱。MIDI 文件可以以三种格式存放：FORMAT0、FORMAT1、FORMAT2。大多数音序器能生成格式 0 或格式 1 的数据。多媒体 Windows 只支持格式 0(单音轨)和格式 1(多音轨)文件格式。对于 CD-ROM 中的 MIDI 文件，建议用格式 0，这样可节省内存并减少查找次数。

同多媒体技术中其他声频技术相比，MIDI 有许多优点。最重要的一点是存储量要小得多。例如，对于 8 位、22.5kHz 的波形音频数据持续 1.8s 就需要 41KB，而一个典型的 MIDI 文件播放 2min 所需的存储量还不到 8KB。因此，多媒体应用程序可以更直接地控制声音的播放。MIDI 的另一个优点表现在音乐方面。利用 MIDI 技术，当播放波形音频文件时，同时在 Windows 下播放 MIDI 文件，就实现了配乐，但不能同时播放两个波形音频文件。MIDI 也有一些不足之处，最主要的是其声音的质量依赖于 MIDI 硬件。多媒体微机的声频卡提供的声音通常不佳，一般仅适用于打击乐或一些电子乐器的声音。为了得到同真正的乐器相同的声音，需要增加 MIDI 声音生成器。另一个不足之处是 MIDI 最多可以使用 16 条声道传送或接收数据，人们可将不同乐器声音分配给不同声道，以生成类似于一个乐队的效果。但如何使这些不同声道、不同乐器或声调的音乐协调一致是一个有待解决的问题。

2.2 数字图像的基本概念

图像一般指用计算机绘制的画面，如直线、圆、圆弧、矩形、任意曲线和图表等。图像是由输入设备捕捉自然景物中物体反射的可见光的强度，也可以是其他的各类电磁波反射后的强度反映(如 X 光图像、红外图像、紫外图像和微波遥感成像等)。

图像是多媒体中携带信息的极其重要的媒体。据研究，在人类所接收到的全部信息中，有 70%以上是通过视觉得到的。和语音或文字信息相比，图像包含的信息量更大、更直观、更确切，因而具有更高的使用效率和更广泛的适应性。因此，图像信息对于人们的生活和工作是非常重要的。

2.2.1 数字图像的分类

每个图像的像素通常对应于二维空间中一个特定的“位置”，并且由一个或者多个与那个点相关的采样值组成数值。根据这些采样数目及特性的不同，数字图像可以划分为以下几种。

1. 二值图像

二值图像是指：每个像素不是黑就是白，其灰度值没有中间过渡的图像。二值图像一般用来描述文字或者图形，其优点是占用空间少，缺点是当表示人物、风景的图像时，二值图像只能描述其轮廓，不能描述细节。这时候要用更高的灰度级。图 2.1 是二值图像的结构。

1	1	1
1	1	1
1	1	1
0	1	1
0	0	1
0	0	1
0	0	0

图 2.1　二值图像示例

2. 灰度图像

灰度图像是每个像素只有一个采样颜色的图像，这类图像通常显示为从最暗的黑色到最亮的白色的灰度，尽管理论上这个采样可以是任何颜色的不同深浅，甚至可以是不同亮度上的不同颜色。灰度图像与黑白图像不同，在计算机图像领域中黑白图像只有黑色与白色两种颜色；但是，灰度图像在黑色与白色之间还有许多级的颜色深度。灰度图像经常是在单个电磁波频谱如可见光内测量每个像素的亮度得到的，用于显示的灰度图像通常用每个采样像素 8 位的非线性尺度来保存，这样就可以有 256 级灰度（如果用 16 位表示，则有 65 536 级）。图 2.2 显示了灰度图像的结构。

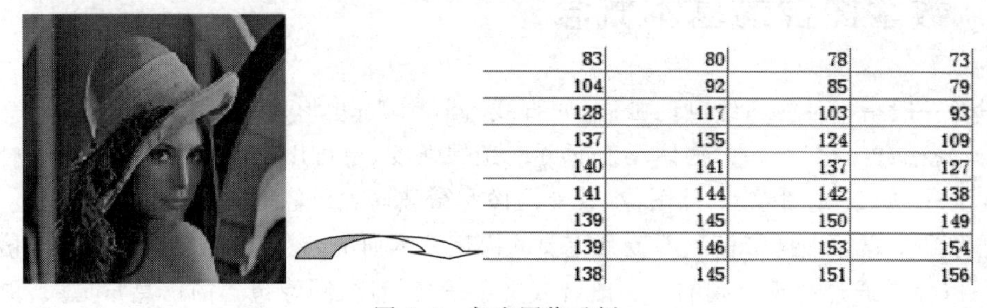

83	80	78	73
104	92	85	79
128	117	103	93
137	135	124	109
140	141	137	127
141	144	142	138
139	145	150	149
139	146	153	154
138	145	151	156

图 2.2　灰度图像示例

3. 彩色图像

彩色图像是指图像中的每个像素值都分成 R、G、B 三个基色分量，每个基色分量直接决定其基色的强度，这样产生的色彩称为真彩色。例如，图像深度为 24，用 $R:G:B=8:8:8$ 来表示色彩，则 R、G、B 各占用 8 位来表示各自基色分量的强度，每个基色分量的强度等级为 $2^8=256$ 种。图像可容纳 $2^{24}=16\text{M}$ 种色彩（24 位色）。24 位色被称为真彩色，它可以达到人眼分辨的极限，发色数是 1677 万多色，也就是 2^{24}。但 32 位色就并非是 2^{32} 的发色数，它其实也是 1677 万多色，不过它增加了 256 阶颜色的灰度，为了方便称呼，就规定它为 32 位色。少量显卡能达到 36 位色，它是 24 位发色数再加 512 阶颜色灰度。但其实自然界的色彩是不能用任何数字归纳的，这些只是相对于人眼的识别能力，这样得到的色彩可以相对人眼基本反映原图的真实色彩，故称为真彩色。

4. 索引图像

索引图像的文件结构比较复杂，除了存放图像的二维矩阵外，还包括一个称为颜色索引矩阵(MAP)的二维数组。MAP 的大小由存放图像的矩阵元素值域决定,如矩阵元素值域为[0,255],则 MAP 的大小为 256×3,用 MAP=[RGB]表示。MAP 中每一行的三个元素分别指定该行对应颜色的红、绿、蓝单色值,MAP 中每一行对应图像矩阵像素的一个灰度值,如某一像素的灰度值为 9,则该像素就与 MAP 中的第 9 行建立了映射关系,该像素在屏幕上的实际颜色由第 9 行的[RGB]组合决定。也就是说,图像在屏幕上显示时,每一像素的颜色由存放在矩阵中该像素的灰度值作为索引通过检索 MAP 得到。索引图像的数据类型一般为 8 位无符号整型(int8),相应 MAP 的大小为 256×3,因此一般索引图像只能同时显示 256 种颜色。但通过改变 MAP,颜色的类型可以调整(通常每一个索引对应的 RGB 值相同,如果不同则为伪彩色图像)。索引图像的数据类型也可采用双精度浮点型(double)。索引图像一般用于存放色彩要求比较简单的图像,如 Windows 中色彩构成比较简单的壁纸多采用索引图像存放,如果图像的色彩比较复杂,就要用到 RGB 真彩色图像。图 2.3 显示了索引图像的结构,图像矩阵用的是双精度型,数值 9 指向颜色映射表中的第 9 行。

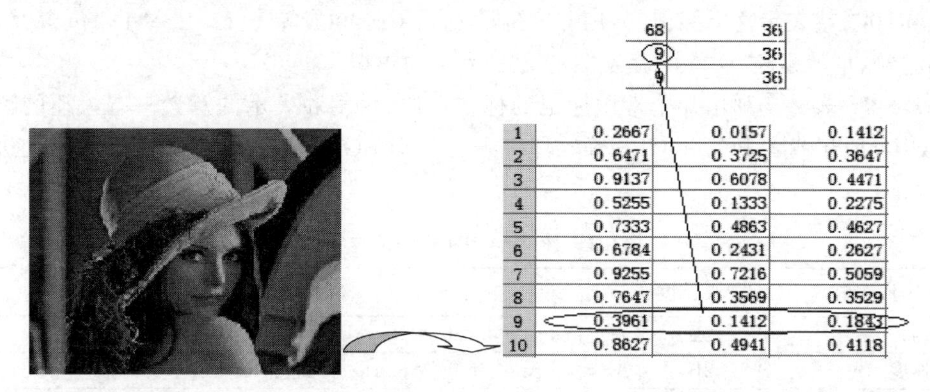

图 2.3 索引图像示例

2.2.2 常见数字图像文件格式

数字图像格式指的是数字图像存储文件的格式。不同文件格式的数字图像,其压缩方式、存储容量及色彩表现不同,在使用中也有所差异。同一幅图像可以用不同的格式存储,但不同格式之间所包含的图像信息并不完全相同,其图像质量也不同,文件大小也有很大差别。每种图像格式都有自己的特点,有的图像质量好,包含信息多,但是存储空间大;有的压缩率较高,图像完整,但占用空间较少。

1. JPEG 格式

JPEG 是 Joint Photographic Experts Group(联合图像专家小组)的缩写,是第一个国际图像压缩标准。JPEG 格式是最为常见的图像文件格式,是一种有损压缩格式,能够将图像压缩在很小的存储空间,占用磁盘空间又少,图像中重复或不重要的资料会被丢失,因此容易造成图像数据的损伤。尤其是使用过高的压缩比例,将使解压缩后恢复的图像质量明显降低,如果追求高品质图像,不宜采用过高压缩比例。但是 JPEG 压缩技术十分先进,它用有损压缩方式去除冗余的图像数据,在获得极高的压缩率的同时能展现十分丰富的图像,而且 JPEG 是一种很灵活的格式,具有调节图像质量的功能,JPEG 适合应用于互联网,可减少图像的传输时间。为此，JPEG格式是目前网络和彩色扩印最为适用的图像格式。

每一个JPEG文件的内容都开始于一个二进制的值0xFFD8，并结束于二进制值0xFFD9。在JPEG的数据中有好几种类似于二进制0xFFXX的数据，它们都统称作“标记”，代表了一段JPEG的信息数据。在JPEG格式中，最开始先是用一些标记来描述数据，然后是放置SOS数据流的起始标记。在SOS标记的后面才是存放JPEG图像的数据流，并终结于EOI标记。

0xFFD8的意思是SOI图像起始，0xFFD9则表示EOI图像结束。这两个特殊标记的后面都不跟随数据，而其他标记在后面则会附带数据。标记的基本格式如下。

(1) 0xFF＋标记号(1B)。

(2) 数据长度(2B)(值为数据长度2B＋nB)。

(3) 数据内容(nB)。

数据长度为数据长度本身的2B，加上数据内容的nB，不包含标记号的2B。例如FFC1 00 0C，就表示这个标记(0xFFC1)的数据占0x000C(等于12)B。“12”包含“数据大小”描述符，也就是在0x000C后面只有10B大小的数据。

表2.2～表2.7列出几个常用标记的标记代码、长度和表示的意义。有兴趣的读者可通过UltraEdit或者PC TOOLS等软件打开一个JPEG图像文件，对JPEG的结构进行分析和验证。

表2.2 JPEG APP0标记的详细结构

字段名称	字段长度	内　容
标记码	2B	固定值0xFF，0xE0
数据长度	2B	APP0总长度，不包括marker，但包括length本身
标识符	5B	固定的字符串“JFIF\0”
版本号	2B	一般为0x0101或者0x0102，表示JFIF的版本号1.2
像素单位	1B	坐标单位，0没有单位；1-piexl/inch；2-pixel/cm
水平像素数目	2B	取值范围未知
垂直像素数目	2B	取值范围未知
缩略图水平像素数目	1B	取值范围未知
缩略图垂直像素数目	1B	取值范围未知
缩略图RGB位图	3nB	n＝Xthumbnail×Ythumbnail，这是一个24b/piexl的RGB位图，如果没有缩略图，则字段“缩略图水平像素数目”和字段“缩略图垂直像素数目”的值均为0

表2.3 JPEG APPn标记(n＝1～15)的详细结构

字段名称	字段长度	内　容
标记码	2B	固定值0xFFE1～0xFFEF，n＝1～15
数据长度length	2B	APPn总长度，不包括marker
详细信息	(length－2)B	内容是应用特定的。例如，EXIF使用APP1来存放图片的meta data；Adobe Photoshop用APP1和APP13两个标记段分别存储了一幅图像的副本

表 2.4 量化表(Define Quantization Table,DQT)的详细结构

字段名称	子字段	字段长度	内容
标记码		2B	固定值 0xFFE1～0xFFEF,n=1～15
量化表长度		2B	APPn 总长度,不包括 marker
量化表		(length－2)B	可以重复穿,表示多个量化表,但最多只能出现 4 次
	精度及量化表 ID	1B	高 4 位:精度,只有两个可选值,0-8b,1-16b 低 4 位:量化表 ID,取值范围为 0～3
	表项	(64×(精度＋1))B	例如,8 位精度的量化表,其表项长度为 64×(0＋1)＝64B

表 2.5 帧图像开始(Start Of Frame,SOF0)的详细结构

字段名称	字段长度	内　容
标记码	2B	固定值 0xFFC0
数据长度	2B	SOF marker 长度,包括长度自身,不包括标记代码
精度	1B	每个样本数据的位数,通常是 8 位,一般软件都不支持 12 位和 16 位
图像高度	2B	图像高度,单位: px
图像宽度	2B	图像宽度,单位: px
颜色分量数	1B	3 个数值可选: 1-灰度图; 3-YCrCb 或 YIQ; 4-CMYK
颜色分量信息	颜色分量数×3	1B 颜色分量 ID; 1B 水平/垂直采样因子。高 4 位: 水平采样因子; 低 4 位: 垂直采样因子。1B 当前分量使用的量化表 ID

表 2.6 哈夫曼表(Difine Huffman Table,DHT)的详细结构

字段名称	字段长度	内　容
标记码	2B	固定值 0xFFC4
数据长度	2B	包括长度自身,不包括标记代码
哈夫曼表	数据长度-2B	出现 1～4 次
	1B	表 ID 和表类型。高 4 位: 类型,只有两个值可选,0-DC 直流; 1-AC 交流。低 4 位: 哈夫曼表 ID
	16B	不同位数的码字数量
	16 个不同位数的码字数量之和	编码内容

表 2.7 扫描开始(Start Of Scan,SOS)的详细结构

字段名称	字段长度	内　容
标记码	2B	固定值 0xFFDA
数据长度	2B	SOS 长度,包括长度自身
颜色分量数	1B	3 个数值可选,1-灰度图; 3-YCrCb 或 YIQ; 4-CMYK
颜色分量信息	颜色分量数×3	1B 颜色分量 ID; 1B 直流/交流系数表号。高 4 位: 直流分量使用的哈夫曼树编码; 低 4 位: 交流分量使用的哈夫曼树编码
压缩图像数据	3B	
	1B	谱选择开始固定为 0x00
	1B	谱选择结束固定为 0x3f
	1B	高位和低位的谱选择在基本 JPEG 中总和为 0x00

2．BMP 格式

BMP(Bitmap)是 Windows 操作系统中的标准图像文件格式,可以分成两类:设备有向量相关位图(DDB)和设备无向量相关位图(DIB),使用非常广泛。它采用位映射存储格式,除了图像深度可选以外,不使用其他任何压缩,因此,BMP 文件所占用的空间很大。BMP 文件的图像深度可选 1b、4b、8b 及 24b。BMP 文件存储数据时,图像的扫描方式是按从左到右、从下到上的顺序。由于 BMP 文件格式是 Windows 环境中交换与图有关的数据的一种标准,因此在 Windows 环境中运行的图形图像软件都支持 BMP 图像格式。

典型的 BMP 图像文件由以下四部分组成。

(1) 位图头文件数据结构,包含 BMP 图像文件的类型、显示内容等信息。

(2) 位图信息数据结构,包含 BMP 图像的宽、高、压缩方法,以及定义颜色等信息。

(3) 调色板,这个部分是可选的,有些位图需要调色板,有些位图,例如真彩色图(24 位的 BMP)就不需要调色板。

(4) 位图数据,这部分的内容根据 BMP 位图使用的位数不同而不同,在 24 位图中直接使用 RGB,而其他的小于 24 位的使用调色板中颜色索引值。

1) BMP 文件头(14B)

BMP 文件头数据结构含有 BMP 文件的类型、文件大小和位图起始位置等信息,其结构定义如下。

```
typedef struct tag BITMAPFILEHEADER{
WORD   bfType;             //位图文件的类型,必须为 BM(1～2B)
DWORD bfSize;              //位图文件的大小,以 B 为单位(3～6B,低位在前)
WORD   bfReserved1;        //位图文件保留字,必须为 0(7～8B)
WORD   bfReserved2;        //位图文件保留字,必须为 0(9～10B)
DWORD  bfOffBits;          //位图数据的起始位置,以相对于位图(11～14B,低位在前)
//文件头的偏移量表示,以 B 为单位
}__attribute__((packed))  BITMAPFILEHEADER;
```

2) 位图信息头(40B)

BMP 位图信息头数据用于说明位图的尺寸等信息。

```
Typedef struct tag BITMAPINFOHEADER{
DWORD  biSize;             //本结构所占用字节数(15～18B)
LONG  biWidth;             //位图的宽度,以 px 为单位(19～22B)
LONG  biHeight;            //位图的高度,以 px 为单位(23～26B)
WORD  biPlanes;            //目标设备的级别,必须为 1(27～28B)
WORD  biBitCount;          //每个像素所需的位数,必须是 1(双色)(29～30B)
//4(16 色),8(256 色)16(高彩色)或 24(真彩色)之一
DWORD  biCompression;      //位图压缩类型,必须是 0(不压缩)(31～34B),
//1(BI_RLE8 压缩类型)或 2(BI_RLE4 压缩类型)之一
DWORD biSizeImage;//位图的大小(其中包含为了补齐行数是 4 的倍数而添加的空字节),以 B 为单位
(35～38B)
LONG biXPelsPerMeter;      //位图水平分辨率,每米像素数(39～42B)
LONG biYPelsPerMeter;      //位图垂直分辨率,每米像素数(43～46B)
DWORD biClrUsed;           //位图实际使用的颜色表中的颜色数(47～50B)
DWORD  biClrImportant;     //位图显示过程中重要的颜色数(51～54B)
```

```
}__attribute__((packed)) BITMAPINFOHEADER;
```

3）颜色表

颜色表用于说明位图中的颜色，它有若干个表项，每一个表项是一个 RGBQUAD 类型的结构，定义一种颜色。RGBQUAD 结构的定义如下。

```
typedef struct tag RGBQUAD{
BYTE rgbBlue;                  //蓝色的亮度(值范围为 0～255)
BYTE rgbGreen;                 //绿色的亮度(值范围为 0～255)
BYTE rgbRed;                   //红色的亮度(值范围为 0～255)
BYTE rgbReserved ;             //保留，必须为 0
}__attribute__((packed)) RGBQUAD;
```

颜色表中 RGBQUAD 结构数据的个数由 biBitCount 来确定：当 biBitCount＝1，4，8 时，分别有 2，16，256 个表项；当 biBitCount＝24 时，没有颜色表项。

位图信息头和颜色表组成位图信息，BITMAPINFO 结构定义如下。

```
Typedef struct tag BITMAPINFO{
    BITMAPINFOHEADER bmiHeader;       //位图信息头
    RGBQUAD  bmiColors[1];            //颜色表
}__attribute__((packed)) BITMAPINFO;
```

4）位图数据

位图数据记录了位图的每一个像素值，记录顺序是在扫描行内从左到右，扫描行之间从下到上。位图的一个像素值所占的字节数如下。

当 biBitCount＝1 时，8 个像素占 1B；

当 biBitCount＝4 时，2 个像素占 1B；

当 biBitCount＝8 时，1 个像素占 1B；

当 biBitCount＝24 时，1 个像素占 3B，按顺序分别为 B，G，R。

Windows 规定一个扫描行所占的字节数必须是 4 的倍数（即以 long 为单位），不足的以 0 填充，biSizeImage＝((((bi. biWidth×bi. biBitCount)＋31)&～31)/8)×bi. biHeight。

3. GIF 格式

GIF（Graphics Interchange Format，图像互换格式）是 CompuServe 公司在 1987 年开发的图像文件格式。GIF 文件的数据，是一种基于 LZW 算法的连续色调的无损压缩格式，其压缩率一般在 50％左右，它不属于任何应用程序。GIF 分为静态 GIF 和动画 GIF 两种，扩展名为.gif，支持透明背景图像，适用于多种操作系统，“体型”很小，网上很多小动画都是 GIF 格式。其实 GIF 是将多幅图像保存为一个图像文件，从而形成动画，最常见的就是通过一帧帧的动画串联起来的 GIF 图，所以归根到底 GIF 仍然是图片文件格式，但 GIF 只能显示 256 色。和 JPEG 格式一样，GIF 是一种在网络上非常流行的图形文件格式。GIF 主要分为两个版本，即 GIF 89a 和 GIF 87a。

GIF 87a：是在 1987 年制定的版本。

GIF 89a：是在 1989 年制定的版本。在这个版本中，为 GIF 文档扩充了图形控制区块、备注、说明、应用程序编程接口等四个区块，并提供了对透明色和多帧动画的支持。

GIF 语法的符号定义如下。

```
<GIF 数据流>::= 头部 <; 逻辑视频> <; 数据> * 尾记录
```

这个规则将<GIF 数据流>实体定义如下：它必须以头部开始，头部后面接一个逻辑视频实体，该实体要用其他规则来定义，最后，数据实体接结束符。数据实体后面的 * 表示数据实体可以在此位置出现 0 次或多次。

```
<GIF 数据流>::= 头部 <; 逻辑视频> <; 数据> * 尾记录
<; 逻辑视屏>::= 逻辑视频描述块 [全局色表]
<; 数据>::= <; 成像块> |<; 特殊用途块>
<; 成像块>::= [图像控制扩充] <; 成像块>
<; 成像块>::= <; 基于表的图像> |纯文本扩充
<; 基于表的图像>::= 图像描述符 [局部色表] 图像数据
<; 特殊用途块>::= 应用扩充|注释扩充
```

GIF 数据流中的数据块可以分为三组：控制块、成像块和特殊用途块。

控制块，如头部、逻辑视频描述块、图像控制扩充和尾记录，包含用于控制处理数据流或设置硬件参数的信息。

成像块，如图像描述符和纯文本扩充，包含用于在显示设备上成像的信息和数据。

特殊用途块，如注释扩充和应用扩充，包含那些既不用于处理数据流也不用于在显示设备上成像的信息。

除了逻辑视频描述块和全局色表之外，特殊用途块的作用域是整个数据流，而其他控制块的作用域是有限的，仅限于对它们后面的成像块起作用。特殊用途块不对任何控制块构成限制，它对于解码过程来说是透明的。成像块及扩充用于控制块及扩充的作用域限定，块的标记分为三段：除尾记录 0x3b 之外，0x00～0x7f 用于成像块；0x80～0xf9 用于控制块；0xfa～0xff 用于特殊用途块。解码器通过识别块标记来处理块的作用域。

4. TIFF 格式

标签图像文件格式(Tag Image File Format，TIFF)是一种灵活的位图格式，主要用来存储包括照片和艺术图在内的图像。它最初由 Aldus 公司与微软公司一起为 PostScript 打印开发。TIFF 与 JPEG 和 PNG 一起成为流行的高位彩色图像格式。TIFF 格式在业界得到了广泛的支持，如 Adobe 公司的 Photoshop、The GIMP Team 的 GIMP、Ulead PhotoImpact 和 Paint Shop Pro 等图像处理应用、QuarkXPress 和 Adobe InDesign 这样的桌面印刷和页面排版应用，扫描、传真、文字处理、光学字符识别和其他一些应用等都支持这种格式。从 Aldus 获得了 PageMaker 印刷应用程序的 Adobe 公司现在控制着 TIFF 规范。

TIFF 是一个灵活适应性强的文件格式，通过文件头中的"标签"，它能够在一个文件中处理多幅图像和数据。标签能够标明图像的基本几何尺寸或者定义图像数据是如何排列的，并且是否使用了各种各样的图像压缩选项。例如，TIFF 可以包含 JPEG 和行程长度编码压缩的图像。TIFF 文件也可以包含基于矢量的裁剪区域(剪切或者构成主体图像的轮廓)。使用无损格式存储图像的能力使 TIFF 文件成为图像存档的有效方法。与 JPEG 不同，TIFF 文件可以编辑然后重新存储而不会有压缩损失。其他的一些 TIFF 文件选项包括多层或者多页。

每个 TIFF 文件都是从指示字节顺序的两字节开始的,“II”表示小字节在先,“MM”表示大字节在先。后面的两字节表示数字 42。数字 42 是“为了其深刻的哲学意义”而选择的。42 的读法取决于前两字节所表示的字节顺序,整个文件根据所指出的字节顺序进行读取。

TIFF 文件以.tif 为扩展名,其数据格式是一种三级体系结构,从高到低依次为:文件头、一个或多个称为 IFD 的包含标记指针的目录和数据。

1) 文件头

在每一个 TIFF 文件中,第一个数据结构称为图像文件头或 IFH,它是图像文件体系结构的最高层。这个结构在一个 TIFF 文件中是唯一的,有固定的位置。它位于文件的开始部分,包含正确解释 TIFF 文件的其他部分所需的必要信息。

2) 文件目录

IFD 是 TIFF 文件中第二个数据结构,它是一个名为标记(tag)的用于区分一个或多个可变长度数据块的表,标记中包含有关于图像的所有信息。IFD 提供了一系列的指针(索引),这些指针告诉我们各种有关的数据字段在文件中的开始位置,并给出每个字段的数据类型及长度。这种方法允许数据字段定位在文件的任何地方,且可以是任意长度,因此文件格式十分灵活。

3) 图像数据

根据 IFD 所指向的地址,存储相关的图像信息。

TIFF 文件的复杂性给它的应用带来了一些问题。一方面,要写一种能够识别所有不同标记的软件非常困难。另一方面,一个 TIFF 文件可以包含多个图像,每个图像都有自己的 IFD 和一系列标记,并且采用了多种压缩算法,这样也增加了程序设计的复杂度。

5. PNG 格式

便携式网络图形是一种无损压缩的位图图片格式,其设计目的是试图替代 GIF 和 TIFF 文件格式,同时增加一些 GIF 文件格式所不具备的特性。PNG 使用从 LZW 派生的无损数据压缩算法,一般应用于 Java 程序、网页程序中,原因是它压缩比高,生成文件体积小。

1) 特点

(1) 体积小:网络通信中因受带宽制约,在保证图片清晰、逼真的前提下,网页中不可能大范围地使用文件较大的 BMP 格式文件。

(2) 无损压缩:PNG 文件采用 LZ77 算法的派生算法进行压缩,其结果是获得高的压缩比,不损失数据。它利用特殊的编码方法标记重复出现的数据,因而对图像的颜色没有影响,也不可能产生颜色的损失,这样就可以重复保存而不降低图像质量。

(3) 索引彩色模式:PNG－8 格式与 GIF 图像类似,同样采用 8 位调色板将 RGB 彩色图像转换为索引彩色图像。图像中保存的不是各个像素的彩色信息,而是从图像中挑选出来的具有代表性的颜色编号,每一编号对应一种颜色,图像的数据量也因此减少,这对彩色图像的传播非常有利。

(4) 更优化的网络传输显示:PNG 图像在浏览器上采用流式浏览,即使经过交错处理的图像会在完全下载之前提供给浏览者一个基本的图像内容,然后再逐渐清晰起来。它允许连续读出和写入图像数据，这个特性很适合于在通信过程中显示和生成图像。

(5) 支持透明效果：PNG可以为原图像定义256个透明层次，使得彩色图像的边缘能与任何背景平滑地融合，从而彻底地消除锯齿边缘。这种功能是GIF和JPEG没有的。

PNG同时还支持真彩和灰度级图像的Alpha通道透明度，最高支持24位真彩色图像以及8位灰度图像。支持Alpha通道的透明/半透明特性；支持图像亮度的Gamma校准信息；支持存储附加文本信息，以保留图像名称、作者、版权、创作时间、注释等信息。

2) 数据块结构

PNG图像格式文件(或者称为数据流)由一个8B的PNG文件署名域和按照特定结构组织的3个以上的数据块组成。PNG定义了两种类型的数据块，一种称为关键数据块，这是必需的数据块；另一种叫作辅助数据块，这是可选的数据块。关键数据块定义了4个标准数据块，每个PNG文件都必须包含它们，PNG读写软件也都必须要支持这些数据块。虽然PNG文件规范没有要求PNG编译码器对可选数据块进行编码和译码，但规范提倡支持可选数据块。每个数据块都由以下4个域组成。

(1) 长度：一个4B的无符号整数，给出数据块的数据字段的长度(以B计)，长度只计算数据域。

(2) 数据块类型码：一个4B的块类型代码。为了便于描述和检查PNG文件，类型代码仅限于大写和小写的ASCII字母(A～Z和a～z，使用十进制ASCII代码表示为65～90和97～122)。然而，编码器和解码器必须把代码作为固定的二进制值而非字符串来处理。

(3) 数据域：数据块的数据域，存储按照数据块类型码指定的数据，该字段可以长度为零。

(4) 循环冗余检测：一个4B的CRC(循环冗余校验)计算，在所述块的前面的字节，包括该块类型的代码和数据块的数据字段，但是不包括长度字段。CRC始终存在，即使不包含数据块。

2.3 视频的基本概念

图像和视频是两个既有联系又有区别的概念，静止的图片称为图像，运动的图像又称为视频。一般图像的输入要靠扫描仪、数码照相机等设备，而视频的输入设备主要有摄像机、影碟机和电视接收机以及可输出连续信号的设备等。视频泛指将一系列静态影像以电信号的方式加以捕捉、记录、处理、存储、传送与重现的各种技术。连续的图像变化每秒超过24帧画面以上时，根据视觉暂留原理，人眼无法辨别单幅的静态画面，看上去是平滑连续的视觉效果。

2.3.1 视频的属性

1. 画面更新率

“画面更新率”或“帧率”，是指视频格式每秒钟播放的静态画面数量，典型的画面更新率由早期的每秒6张或8张(frame per second，fps)至现今的每秒120张不等。PAL(欧洲、亚洲、澳洲等地的电视广播格式)与SECAM(法国、俄国、部分非洲等地的电视广播格式)规定其更新率为25fps,而NTSC(美国、加拿大、日本等地的电视广播格式)则规定其更新率为29.97 fps。电影胶卷则是以稍慢的24fps在拍摄,这使得各国电视广播在播映电影时需要一些复杂的转换手续(参考Telecine转换)。要达成最基本的视觉暂留效果大约需要10fps的速度。

2. 扫描传送

视频可以用逐行扫描或隔行扫描来传送,交错扫描是早年广播技术不发达、带宽甚低时用来改善画质的方法,NTSC、PAL与SECAM皆为交错扫描格式。在视频分辨率的简写当中经常以i来代表交错扫描。例如,PAL格式的分辨率经常被写为576i50,其中,576代表垂直扫描线数量,i代表隔行扫描,50代表每秒50个field(一半的画面扫描线)。在逐行扫描系统当中,每次画面更新时都会刷新所有的扫描线,此方法较消耗带宽但是画面的闪烁与扭曲则可以减少。

为了将原本为隔行扫描的视频格式(如DVD或类比电视广播)转换为逐行扫描显示设备可以接受的格式,许多显示设备或播放设备都具备转换的程序。但是由于隔行扫描信号本身特性的限制,转换后无法达到与逐行扫描的画面同等的品质。

3. 分辨率

各种电视规格分辨率比较视频的画面大小称为“分辨率”。数位视频以像素为度量单位,而类比视频以水平扫描线数量为度量单位。

标清电视信号的分辨率为720/704/640×480i60(NTSC)或768/720×576i50(PAL/SECAM)。新的高清电视(HDTV)分辨率可达1920×1080p60,即每条水平扫描线有1920个像素,每个画面有1080条扫描线,以每秒钟60张画面的速度播放。

3D视频的分辨率以voxel(volume picture element)来表示。例如,一个512×512×512体素的分辨率用于简单的3D视频,可以被包括部分PDA在内的计算机设备播放。

4. 长宽比

长宽比是用来描述视频画面与画面元素的比例。传统的电视屏幕长宽比为4∶3(1.33∶1)。HDTV的长宽比为16∶9(1.78∶1),而35mm胶卷底片的长宽比约为1.37∶1。

虽然计算机荧幕上的像素大多为正方形,但是数字视频的像素通常并非如此。例如,使用PAL及NTSC信号的数位保存格式CCIR 601,以及其相对应的非等方宽荧幕格式。因此以720×480px记录的NTSC规格DV影像可能因为是比较“瘦”的像素格式而在放映时成为长宽比4∶3的画面,或反之由于像素格式较“胖”而变成16∶9的画面。

5. 色彩资料

U-V色盘范例,其中,Y值=0.5色彩空间或色彩模型规定了视频当中色彩的描述方式。例如,NTSC电视使用了YIQ模型,而PAL使用了YUV模型,SECAM使用了YDbDr模型。

在数位视频当中,像素资料量(bits per pixel,bpp)代表了每个像素当中可以显示多少种不同颜色的能力。由于带宽有限,所以设计者经常借由色度抽样之类的技术来降低bpp

的需求量(例如4∶4∶4,4∶2∶2,4∶2∶0)。

2.3.2 视频的采样格式

考虑到人眼对色度信号的分辨能力较低,为了降低数据量,通常对色度信号采用更低的采样率,此时仍然可以保持较好的主观图像质量。对彩色电视图像进行采样时,可以采用两种采样方法:一种是使用相同的采样频率对图像的亮度信号和色差信号进行采样,另一种是对亮度信号和色差信号分别采用不同的采样频率进行采样。如果对色差信号使用的采样频率比对亮度信号使用的采样频率低,这种采样就称为图像子采样。子采样的基本依据是人的视觉系统所具有的两条特性,一是人眼对色度信号的敏感程度比对亮度信号的敏感程度低,利用这个特性可以把图像中表达颜色的信号去掉一些而使人不察觉;二是人眼对图像细节的分辨能力有一定的限度,利用这个特性可以把图像中的高频信号去掉而使人不易察觉。子采样就是利用这个特性来达到压缩彩色电视信号的目的。

主要的采样格式有YCbCr 4∶2∶0、YCbCr 4∶2∶2、YCbCr 4∶1∶1和YCbCr 4∶4∶4。其中,YCbCr 4∶1∶1比较常用,其含义为:每个点保存一个8b的亮度值(也就是Y值),每2×2个点保存一个Cr和Cb值,图像在肉眼中的感觉不会起太大的变化。所以,原来用RGB模型,1个点需要8×3=24b,(全采样后,YUV仍各占8b)。按4∶1∶1采样后,现在平均仅需要8+(8/4)+(8/4)=12b(4个点,8×4(Y)+8(U)+8(V)=48b),平均每个点占12b,这样就把图像的数据压缩了一半。

上边仅给出了理论上的示例,在实际数据存储中有可能是不同的,下面给出几种具体的存储形式。

1. YUV 4∶4∶4

YUV三个信道的抽样率相同,在生成的图像里,每个像素的三个分量信息完整,经过8b量化之后,未经压缩的每个像素占用3B。

下面的4个像素为:[Y0 U0 V0] [Y1 U1 V1] [Y2 U2 V2] [Y3 U3 V3]

存放的码流为:Y0 U0 V0 Y1 U1 V1 Y2 U2 V2 Y3 U3 V3

2. YUV 4∶2∶2

每个色差信道的抽样率是亮度信道的一半,所以水平方向的色度抽样率只是4∶4∶4的一半。对非压缩的8b量化的图像来说,每个由两个水平方向相邻的像素组成的宏像素需要占用4B内存。

下面的4个像素为:[Y0 U0 V0] [Y1 U1 V1] [Y2 U2 V2] [Y3 U3 V3]

存放的码流为:Y0 U0 Y1 V1 Y2 U2 Y3 V3

映射出像素点为:[Y0 U0 V1] [Y1 U0 V1] [Y2 U2 V3] [Y3 U2 V3]

3. YUV 4∶1∶1

4∶1∶1的色度抽样,是在水平方向上对色度进行4∶1抽样。对于低端用户和消费类产品这仍然是可以接受的。对非压缩的8b量化的视频来说,每个由4个水平方向相邻的像素组成的宏像素需要占用6B内存。

下面的 4 个像素为：[Y0 U0 V0] [Y1 U1 V1] [Y2 U2 V2] [Y3 U3 V3]

存放的码流为：Y0 U0 Y1 Y2 V2 Y3

映射出像素点为：[Y0 U0 V2] [Y1 U0 V2] [Y2 U0 V2] [Y3 U0 V2]

4. YUV4：2：0

4：2：0 并不意味着只有 Y 和 Cb，而没有 Cr 分量。它指的是对每行扫描线来说，只有一种色度分量以 2：1 的抽样率存储。相邻的扫描行存储不同的色度分量，也就是说，如果一行是 4：2：0 的话，下一行就是 4：0：2，再下一行是 4：2：0……以此类推。对每个色度分量来说，水平方向和竖直方向的抽样率都是 2：1，所以说色度的抽样率是 4：1。对非压缩的 8b 量化的视频来说，每个由 2×2 个 2 行 2 列相邻的像素组成的宏像素需要占用 6B 内存。

下面 8 个像素为：[Y0 U0 V0] [Y1 U1 V1] [Y2 U2 V2] [Y3 U3 V3]

[Y5 U5 V5] [Y6 U6 V6] [Y7U7 V7] [Y8 U8 V8]

存放的码流为：Y0 U0 Y1 Y2 U2 Y3

Y5 V5 Y6 Y7 V7 Y8

映射出的像素点为：[Y0 U0 V5] [Y1 U0 V5] [Y2 U2 V7] [Y3 U2 V7]

[Y5 U0 V5] [Y6 U0 V5] [Y7U2 V7] [Y8 U2 V7]

2.3.3 常用的视频文件格式

1. MPEG/MPG/DAT

MPEG 是 Motion Picture Experts Group 的缩写，包括 MPEG-1，MPEG-2 和 MPEG-4 在内的多种视频格式。MPEG-1 是人们接触得最多的格式，因为其正在被广泛地应用在 VCD 的制作和一些视频片段下载的网络应用上面。大部分的 VCD 都是用 MPEG-1 格式压缩的(刻录软件自动将 MPEG-1 转换为 DAT 格式)，使用 MPEG-1 的压缩算法，可以把一部 120min 长的电影压缩到 1.2GB 左右大小。MPEG-2 则应用于 DVD 的制作，同时在一些 HDTV(高清晰电视广播)和一些高要求视频编辑、处理方面也有相当多的应用。使用 MPEG-2 的压缩算法压缩一部 120min 长的电影可将其压缩到 5～8GB 大小(MPEG-2 的图像质量是 MPEG-1 无法比拟的)。MPEG 系列标准已成为国际上影响最大的多媒体技术标准，其中，MPEG-1 和 MPEG-2 是采用相同原理为基础的预测编码、变换编码、熵编码及运动补偿等第一代数据压缩编码技术；MPEG-4(ISO/IEC 14496)则是基于第二代压缩编码技术制定的国际标准，它以视听媒体对象为基本单元，采用基于内容的压缩编码，以实现数字视音频、图形合成应用及交互式多媒体的集成。MPEG 系列标准对 VCD、DVD 等视听消费电子及数字电视和高清晰度电视(DTV&HDTV)、多媒体通信等信息产业的发展产生了巨大而深远的影响。

2. AVI 格式

AVI 格式的英文全称为 Audio Video Interleaved，即音频视频交错格式。它于 1992 年被 Microsoft 公司推出，随着 Windows 3.1 一起被人们所认识和熟知。所谓“音频视频交错”，就是可以将视频和音频交织在一起进行同步播放。这种视频格式的优点是格式调用方便、图像质量好、压缩标准可任意选择、可以跨多个平台使用；其缺点是体积过于庞大，而且压缩标准不统一，最普遍的现象就是高版本 Windows 媒体播放器播放不了采用早期编码编辑的 AVI 格式视频，而低版本 Windows 媒体播放器又播放不了采用最新编码编辑的 AVI 格式视频，所以在进行一些 AVI 格式的视频播放时，常会出现由于视频编码问题而造成的视频不能播放，或即使能够播放但存在不能调节播放进度和播放时只有声音没有图像等一些莫名其妙的问题。如果用户进行 AVI 格式的视频播放时遇到了这些问题，可以通过下载相应的解码器来解决。

AVI 文件采用的是 RIFF 文件结构方式，RIFF（Resource Interchange File Format，资源互换文件格式）是微软公司定义的一种用户管理 Windows 环境中多媒体数据的文件格式，波形音频 Wave、MIDI 和数字视频 AVI 都采用这种格式存储。RIFF 文件的实际数据中，使用了列表和块的形式来组织，列表可以嵌套列表和块。整个 RIFF 文件可以看成一个数据库，其数据块 ID 为 RIFF，称为 RIFF 块。一个 RIFF 文件中只允许存在一个 RIFF 块。RIFF 块中包含一系列的子块，其中有一种子块的 ID 为“List”，称为 LIST 块，LIST 块中可以再包含一系列的子块，但除了 LIST 块外的其他所有的子块都不能再包含子块。

RIFF 和 LIST 块分别比普通的数据块多了一个被称为形式类型（Form Type）或者列表类型（List Type）的数据域。

3. MOV

MOV 即 QuickTime 影片格式，它是 Apple 公司开发的一种音频、视频文件格式，用于存储常用数字媒体类型。当选择 QuickTime（ *. mov）作为“保存类型”时，动画将保存为 . mov 文件。QuickTime 用于保存音频和视频信息，可应用于包括 Apple Mac OS 和 Windows 在内的所有主流计算机平台。

QuickTime 文件格式支持 25 位彩色，支持领先的集成压缩技术，提供一百五十多种视频效果，并配有二百多种 MIDI 兼容音响和设备的声音装置。它无论是在本地播放还是作为视频流格式在网上传播，都是一种优良的视频编码格式。

4. ASF

ASF（Advanced Streaming Format，高级流格式）是 Microsoft 为了和 RealPlayer 竞争而发展出来的一种可以直接在网上观看视频节目的文件压缩格式。ASF 使用了 MPEG-4 的压缩算法，压缩率和图像的质量都很不错。因为 ASF 是以一个可以在网上即时观赏的视频“流”格式存在的，所以它的图像质量比 VCD 差一点点儿并不稀奇，但比同是视频“流”格式的 RAM 格式要好。

5. WMV

WMV 是一种独立于编码方式的在 Internet 上实时传播多媒体的技术标准，Microsoft 公司希望用其取代 QuickTime 之类的技术标准以及 WAV、AVI 之类的文件扩展名。WMV 的主要优点在于：可扩充的媒体类型、本地或网络回放、可伸缩的媒体类型、流的优先级化、多语言支持、扩展性等。

6. 3GP

3GP是一种3G流媒体的视频编码格式，主要是为了配合3G网络的高传输速度而开发的，也是目前手机中最为常见的一种视频格式。

简单地说，该格式是“第三代合作伙伴项目”制定的一种多媒体标准，使用户能使用手机享受高质量的视频、音频等多媒体内容。其核心由包括高级音频编码(AAC)、自适应多速率(AMR)和MPEG-4及H.263视频编码解码器等组成，目前大部分支持视频拍摄的手机都支持3GPP格式的视频播放，其特点是网速占用较少，但画质较差。

7. RealVideo

RealVideo(RA、RAM)格式一开始就是定位在视频流应用方面的，也可以说是视频流技术的始创者。它可以在用56k MODEM拨号上网的条件下实现不间断的视频播放，当然，其图像质量和MPEG-2、DIVX相比较差，毕竟要实现在网上传输不间断的视频是需要很大的频宽的，这方面是ASF的有力竞争者。

8. MKV

MKV可在一个文件中集成多条不同类型的音轨和字幕轨，而且其视频编码的自由度也非常大，是常见的DivX、XviD、3IVX，甚至可以是RealVideo、QuickTime、WMV这类流式视频。实际上，它是一种全称为Matroska的新型多媒体封装格式，这种先进的、开放的封装格式已经给人们展示出非常好的应用前景。

9. FLV

FLV是Flash Video的简称，它是一种新的视频格式。由于它形成的文件极小、加载速度极快，使得网络观看视频文件成为可能。它的出现有效地解决了视频文件导入Flash后，使导出的SWF文件体积庞大、不能在网络上很好地使用等缺点。

10. F4V

作为一种更小、更清晰、更利于在网络上传播的格式，F4V已经逐渐取代了传统的FLV，被大多数主流播放器兼容播放，而不需要通过转换等复杂的方式。F4V是Adobe公司为了迎接高清时代而推出继FLV格式后的支持H.264的流媒体格式。它和FLV主要的区别在于，FLV格式采用的是H.263编码，而F4V则支持H.264编码的高清晰视频，码率最高可达50Mb/s。也就是说，F4V和FLV在同等体积的前提下，能够实现更高的分辨率，并支持更高比特率，即更清晰、更流畅。另外，很多主流媒体网站上下载的F4V文件后缀却为FLV，这是F4V格式的另一个特点，属正常现象，观看时可明显感觉到FLV有明显更高的清晰度和流畅度。

11. RMVB

RMVB的前身为RM格式，是Real Networks公司所制定的音频视频压缩规范，根据不同的网络传输速率，而制定出不同的压缩比率，从而实现在低速率的网络上进行影像数据实时传送和播放，具有体积小、画质也还不错的优点。

早期的RM格式是为了能够实现在有限带宽的情况下进行视频在线播放而被研发出来的，并一度红遍整个互联网。而为了实现更优化的体积与画面质量，Real Networks公司不久又在RM的基础上，推出了可变比特率编码的RMVB格式。RMVB的诞生，打破了原先RM格式那种平均压缩采样的方式，在保证平均压缩比的基础上，采用浮动比特率编码的方式，将较高的比特率用于复杂的动态画面(如歌舞、飞车、战争等)，而在静态画面中则灵活地转为较低的采样率，从而合理地利用了比特率资源，使RMVB最大限度地压缩了影片的大小，最终拥有了近乎完美的接近于DVD品质的视听效果。一般而言，一部120min的DVD大小为4GB，而用RMVB格式来压缩，仅在400MB左右，而且清晰度和流畅度并不比原DVD差太多。

为了缩短视频文件在网络上进行传播的下载时间，也为了节约用户计算机硬盘宝贵的空间容量，越来越多的视频被压制成了RMVB格式，并广为流传。如今，可能每一位计算机使用者存在计算机中的视频文件，超过80%都会是RMVB格式。

RMVB由于本身的优势，已成为目前PC中最广泛存在的视频格式，但在MP4播放器中，RMVB格式却长期得不到重视。MP4发展的整整七个年头里，虽然早就可以做到完美支持AVI格式，但却没有能够完全兼容RMVB格式的机型诞生。

2.3.4 视频质量评估方法

目前，绝大多数视频压缩算法采用有损压缩方法去除视觉冗余信息，但压缩后视频牺牲了信源的部分信息，由于经过压缩编码的视频流或视频片段的质量直接反映了这些压缩算法的性能，因此视频质量评估成为一个非常值得关注的问题。数字视频质量评估对于视频处理、压缩和视频通信等领域起着十分重要的作用：它可以实时或非实时地监控视频系统的性能和各种视频传输信道的QoS(服务质量)，并给出反馈以调节编解码或信道的参数，保证视频质量在可接受的范围内；对各种不同的编解码器的输出视频质量给出易于理解的定量的量度，便于对编解码器的性能进行设计、评估和优化；视频质量评估还可以设计、优化符合人的视觉模型的图形图像显示系统。

传统的针对模拟信号的视频质量评估方法是测量诸如信号幅度、定时关系、信噪比之类的物理参数。但是随着数字视频压缩技术的引入，传统的视频质量评估方法已无法适应新的应用要求。一方面，数字视频压缩算法的设计目标与模拟算法不同，它不是尽可能地复制原始信号波形，而是在视觉效果上逼近原始图像，因而无法用波形的相似程度来衡量质量的好坏；另一个方面，由于带宽和速率上的限制，压缩后的视频去除了大量的针对人眼的冗余信息，其质量很大程度上依赖于视频本身的内容。另外，诸如方块效应边缘模糊和闪烁现象等影响因素存在，给视频质量评价造成较大的困难，因而需要针对数字视频系统的特点，设计适合视频质量评价的新方法。近年来，针对数字视频质量提出了很多评估方法，这些方法主要可以分为两类：主观评估和客观评估。

1. 主观评估

因为人眼是很多数字视频系统的接收器官，因此采用人眼直接观察视频质量的主观评价方法是最为直接的方法，此方法已被长期应用于实践，但是该方法必须有严格的测试环境，考虑大量的影响因素和可能性，实现起来步骤复杂，代价昂贵，可移植性差。

视频序列的主观评估方法即采用人作为观察者，将待评估的序列播给观察者看，并记录他们的打分，然后对所有观察者的打分进行统计，计算出其平均值作为评估结果，这个结果通常也被称为“平均评估分值”(MOS)。主观测试可分为以下三种类型：①质量测试，观察者评定视频序列的质量等级；②损伤测试，观察者评定视频序列的损伤程度；③比较测试，观察者对一给定的视频序列与另一个视频序列进行质量比较。三种类型的评估测度如表 2.8 所示。

表 2.8　主观测试评估测度

质量测试	损伤测试	比较测试
5：不能察觉	A：优	+2：好得多
4：刚能察觉，不讨厌	B：良	+1：好
3：有点儿讨厌	C：中	0：相同
2：很讨厌	D：次	−1：坏
1：不能用	E：劣	−2：坏得多

根据不同的测试环境、测试目的，目前主要有以下四种常用的视频主观质量评估方法。

1) 双激励损伤度分级法(Double Stimulus Impairment Scale，DSIS)

该方法要求观察者观看多个原始参考视频和失真视频组成的视频对，每次总是先观看原始视频，然后观看失真视频，观察者对视频的整体印象进行评判，对失真视频进行评分。评分采用 5 分制，如表 2.9 所示。

表 2.9　DSIS 的 5 分制测度

1	2	3	4	5
觉察不到的	觉察到但不令人讨厌	稍微令人讨厌	令人讨厌的	非常令人讨厌的

2) 双激励连续质量分级法(Double Stimulus Continuation Quality Scale，DSCQS)

该方法要求观察者观看多个原始参考视频和失真视频组成的视频对，但与 DSIS 不同的是，原始视频和参考视频的播放顺序是随机的，并且观察者对每个视频当中的两个序列的质量都进行打分，为了避免误差，这种方法提供了一个连续的评分制度，为了与 5 分制评分标准一致，它被分成 5 份，如图 2.4 所示。在测试过程中，首先将测试视频对显示一次或多次，使观察者得到对视频的主观认识，然后再一次或多次显示视频对并进行评分。对于静止图像，每幅图像显示 3～4s、重复 5 次比较合适；对于运动序列，每段序列显示 10s、重复两次比较合适。

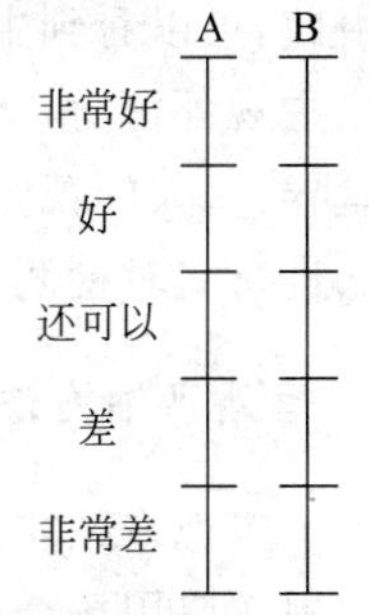

图 2.4　DSCQS 评分测度

参考、测试视频的显示以及评分过程如图 2.5 所示，要求观察者在 T1 和 T3 时间段内观看视频，T3、T4 时间段内进行评分。测试有两种形式：参考、测试视频只显示一次，如图 2.5(a)所示；参考、测试视频重复显示两次，如图 2.5(b)所示。重复显示的方法花费时间多，但对失真较小的视频评分更准确。

3) 单激励法(Single Stimulus Methods，SSM)

该方法以随机的形式显示多个测试序列，并且对于不同的

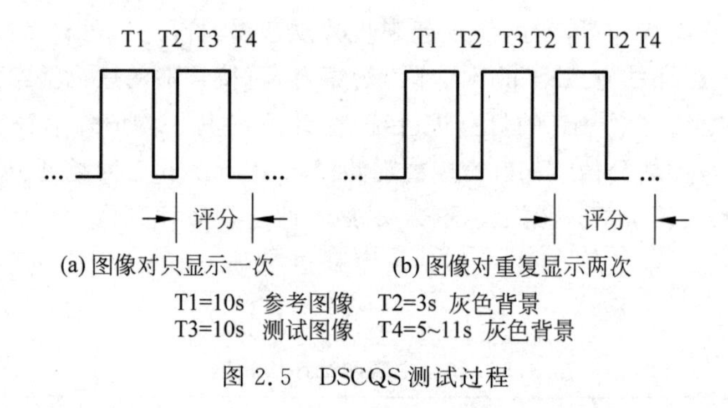

图 2.5 DSCQS 测试过程

观察者,视频序列的随机显示顺序也不同。观察者只观看测试序列,对其质量进行打分。具体实现方式有两种:一种是 SS(Single-Stimulus),即不重复播放测试序列;另外一种是 SSMR(Single Stimulus with Multiple Repetition),即把测试序列重复放映多次。最常用的是 5 分制,此外还有 9 分制和 11 分制,如图 2.6 所示,它们可以提高评分的精度。

4) 单激励连续质量分级法(Single Stimulus Continuous Quality Evaluation, SSCQE)

该方法只显示测试序列,与上述几种采用较短独立序列进行测试的方法不同,该方法选择的序列持续时间较长,最短为 5min。观察者持续对观测序列进行评分,最后从一系列的打分中得到一个统计数据,得分不仅考虑分值的大小,还要考虑打分的时间。这种方法适用于视频质量具有时变特性的压缩系统,但是测试序列的选取对实验结果有较大的影响。

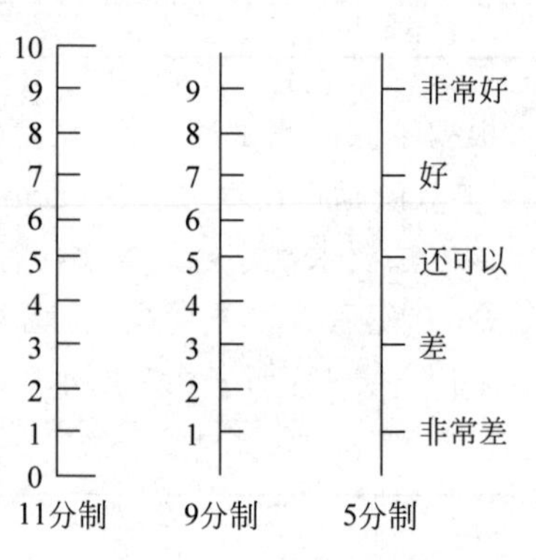

图 2.6 SSM 评分测度

因为 DSCQS 能表示视频间细微的质量差别,所以更适合用于测试视频和参考视频质量差别不大的情况。而 DSIS 更适合评估特殊效应引起的视觉失真。出于人的记忆力的限制,DSCQS 和 DSIS 的评分会倾向于依赖最后 10～20s 的视频质量,因此这两种方法不适合评估长的视频序列,这是它们共同的缺点。另外,DSCQS 中参考视频的使用、序列的重复等测试条件都不同于实际的观看环境,这给主观测试者进行准确评分带来一定的困难。SSCQE 就是针对这一问题设计的,它能够较好地评估时变质量,但 SSCQE 评分与节目的内容关系很大,并且由于缺少参考视频,无法准确地对不同 SSCQE 实验评分进行比较。

由此,可以看到主观评估的缺陷在于:①观察者一般需要一个群体,并且经过培训以准确判定主观评测分,人力和物力投入较大,时间较长;②视频内容与情节千变万化,观察者个体差异大,人的视觉反映到主观感觉上有其心理因素,容易发生主观上的偏差;③主观评估无法进行实时检测;④只有平均分,如果评测分数低,无法准确判断问题的根源。

2. 客观评估方法

由于主观视频质量评估过于复杂且结果易受多种因素影响,使得主观评估无法适应当前多数视频应用场合。客观评估方法就是利用数学模型测量视频质量,它与主观评估方法相比,具有速度快、费用低、易于实现、自动实时监控和可以嵌入到数字视频通信系统等优点，因此比较实用，是目前常用的视频质量评估方法并已成为当前视频质量评估研究的重点。大部分的视频应用当中，人是最终的视频接收者，人对视频质量的主观感受最为真实和准确，所以在相同的视频序列和相同的条件下，就要求任何客观评估的结果都应与主观评估结果具有很好的相关性。

对于一个视频质量客观评估方法来说，关键是找到一个或几个最合适的视频质量量度来衡量视频质量的好坏。根据失真视频与其相应的原始参考视频的需要程度，可以把视频客观质量评估方法分成三大类：全参考视频质量评估方法，部分参考视频质量评估方法和无参考视频质量评估方法。

1）全参考视频质量评估方法

全参考视频质量评估方法(Full-Reference)必须完整提供原始视频信息和失真视频信息。评估模型结构如图2.7所示。

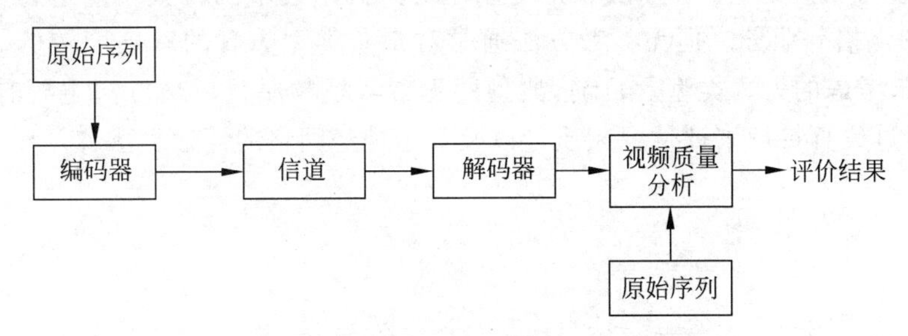

图2.7　全参考视频质量评估模型框图

这种评估方法比较适用于对视频编解码系统性能测试、比较和优化的场合，也是目前研究成果比较多的评估方法，例如，目前广泛使用的峰值信噪比等。原始参考视频序列可以提供大量的参考信息，有助于建立评估失真视频质量的客观模型，因此大多数客观的质量评估方法是基于全参考模型的，并且许多方法也取得了较好的效果。

在原始参考视频序列可用的情况下，用全参考方法对视频处理和压缩技术进行评估，有助于算法的设计和优化，还可以监测传输前压缩视频的质量，从而根据需要改变编码参数来调节视频质量。

2）部分参考视频质量评估方法

部分参考视频质量评估方法指的是在做视频质量评估时，没有原始视频的完整像素信息，只有原始视频的特征表达数据信息，因此只能将待评估视频施加同样的特征表达方式得到特征数据，然后将两者的特征数据进行比较来判断待测视频的质量状况。一般来说，当特征表达数据所允许的数据量越大时，对视频序列的表达越准确，得出的评分也就更准确一点儿；事实上，在得不到原始视频的场合中，能够允许的特征表达数据量不会很大。因此，部分参考视频质量评估方法的一个关键在于如何用尽可能少的特征数据来尽可能准确地表达视频的质量特征。图2.8为基于特征提取的视频质量评估模型的框图。

比较早提出RR方法的是Webster，他在评估视频质量时，使用了两个特征信息：局部空间运动特征信息(SI)和局部时间运动特征信息(TI)。前者度量每帧的边缘点的标准差，后者度量帧间点的标准差。另外一种非传统意义上的RR方法是由O. Sugimoto提出的。他在MPEG视频比特流中加入一些特征比特信息，这样在接收端检查这些嵌入的比特信息，用比特信息的错误率来反映视频质量的失真状况。

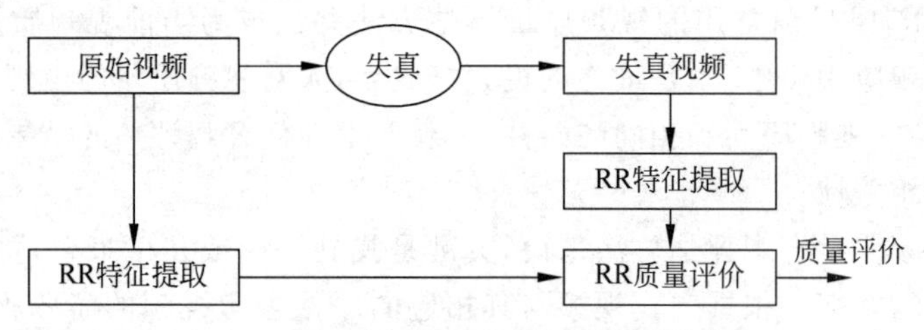

图 2.8 基于特征提取的视频质量评估模型

3）无参考视频质量评估方法

无参考方法不需要任何原始视频信息。现有的大多数无参考方法是通过对视频的处理和分析提取视频序列中出现的某些失真特征，然后根据各类失真特征来判定视频序列质量。由于不需要参考视频，无参考方法非常适用于对于网络终端的视频质量进行实时评估，如Internet 上的点播等业务。但无参考方法通常对某些类型失真的敏感度较低，特别是无法检测设计时未考虑的失真类型。目前，典型的无参考视频质量评估方法主要有：量化噪声功率方法，通过失真特征来评估视频质量以及基于神经网络的评估方法等。

小结

多媒体信息主要包括文本、图像、图形、动画、音频和视频等数据信息。本章对其中的音频、图像和视频等多媒体信息的基本概念进行了介绍，并列举了三种多媒体信息的主要文件格式，使读者深入了解了音频的数字化过程、图像和视频中的颜色和颜色模型转换，并为后续章节的学习打下较好的基础。

习题

1. 什么是图像分辨率与显示分辨率？
2. 有哪些音频文件格式？有哪些视频文件格式？
3. 请对 YUV 颜色模型做简要介绍。
4. 简述常用的视频质量评估方法的优劣性。

多媒体数据压缩技术

3.1 数据压缩工作原理

数字化音频和视频信号的数据量正常情况下都是在每秒兆位级以上，在目前的技术下，对如此巨量的数据存储和实时传输困难重重。但是，在多媒体系统中，为了取得满意的视听效果，对多媒体数据进行实时存取和传输又是必要的。因此，对多媒体数据必须进行压缩处理。音频、图像和视频等多媒体数据又确实有很大的压缩潜力。以图像为例，按照统计学分析结果，一帧图像，其画面灰度的分布具有块状结构，图像内容在整体上具有结构性，像素与像素之间在行列上有很大的相关性，因此一帧图像在整体上包含大量的冗余数据，还有一些视频数据具有时间和空间交叉的冗余度，具有分形性质，声音等媒体也有着类似的情形。因此，多媒体数据压缩技术的发展潜力十分巨大，具有广阔的应用前景。

本章主要介绍多媒体数据压缩技术的基本原理和方法，并介绍目前得到广泛应用和影响巨大的相关图像、视频压缩编码国际标准及其新技术。

3.1.1 数据压缩概述

数据压缩是指在不丢失有用信息的前提下，缩减数据量以减少存储空间，提高其传输、存储和处理效率，或按照一定的算法对数据进行重新组织，减少数据的冗余和存储空间的一种技术方法。

数据压缩分为有损压缩和无损压缩。无损压缩是指使用压缩后的数据进行重构(或者叫作还原、解压缩)，重构后的数据与原来的数据完全相同；无损压缩用于要求重构的信号与原始信号完全一致的场合。无损压缩算法一般可以把普通文件的数据压缩到原来的1/2～1/4，常用的无损压缩算法有哈夫曼(Huffman)算法和LZW(Lenpel-Ziv & Welch)压缩算法。

有损压缩是指使用压缩后的数据进行重构，重构后的数据与原来的数据有所不同，但不影响人对原始资料表达的信息造成误解。有损压缩适用于重构信号不一定非要和原始信号完全相同的场合。例如，图像和声音的压缩就可以采用有损压缩，因为其中包含的数据往往多于人们的视觉系统和听觉系统所能接收的信息，丢掉一些数据而不至于对声音或者图像所表达的意思产生误解，但可大大提高压缩比。

在多媒体计算系统中，信息从单一媒体转到多种媒体；若要表示传输和处理大量数字化了的声音、图片、影像视频信息等，数据量是非常大的。例如，一幅具有中等分辨率（640×480像素）的真彩色图像（24位/像素），它的数据量约为每帧7.37Mb。若要达到每秒25帧的全动态显示要求，每秒所需的数据量为184Mb，而且要求系统的数据传输速率必须达到184Mb/s，这在目前是无法达到的。对于声音也是如此。若用16位/样值的PCM编码，采样速率选为44.1kHz，则双声道立体声声音每秒将有176kb的数据量。由此可见，音频、视频的数据量巨大，如果不进行处理，计算机系统几乎无法对它进行存取和交换。因此，在多媒体计算机系统中，为了达到令人满意的图像、视频画面质量和听觉效果，必须解决视频、图像、音频信号数据的大容量存储和实时传输问题。解决的方法，除了提高计算机本身的性能及通信信道的带宽外，更重要的是对多媒体进行有效的压缩。

3.1.2 数据压缩的基本原理

1. 数据压缩原理概述

1948年，Shannon的经典论文——《通信的数学原理》首次用数学语言阐明了概率与信息冗余度的关系，提出并建立了信息率失真函数概念。Shannon借鉴热力学的概念，把信息中排除了冗余后的平均信息量称为“信息熵”，并给出了计算信息熵的数学表达式。1955年，Shannon进一步确立了码率失真理论，以上工作奠定了信息编码的理论基础。Shannon创立的信息论正是经典数据压缩技术的理论基础，既给出了数据压缩的理论极限，同时又指出了数据压缩技术的实现途径。从本质上讲，数据压缩的目的就是要消除信息中的冗余，而信息熵及相关的定理恰好用数学手段精确地描述了信息冗余的程度。利用信息熵公式，人们可以计算出信息编码的极限，即在一定的概率模型下，无损压缩的编码长度不可能小于信息熵公式给出的结果。本节对信息论中与数据压缩原理相关的一些相关概念简要介绍如下。

1）信息量

只考虑连续型随机变量的情况。设p为随机变量X的概率分布，即$p(x)$为随机变量X在$X=x$处的概率密度函数值，随机变量X在x处的Shannon信息量定义为：

$$I=\log_2(1/p(x))=-\log_2 p(x) \tag{3.1}$$

单位为b。由于在计算机上是二进制，一般都采用b，也就是编码x所需要的位数。Shannon信息量用于刻画消除随机变量X在x处的不确定性所需的信息量的大小。如随机事件“中国足球进不了世界杯”不需要多少信息量（例如，多观察几场球赛的表现）就可以消除不确定性，因此该随机事件的Shannon信息量就少。再例如“抛一个硬币出现正面”，要消除它的不确定性，通过简单计算，需要1b的信息量，这意味着随机实验完成后才能消除不确定性。可以近似地将不确定性视为信息量，一个消息带来的不确定性大，就是带来的信息量大。例如，带来一个信息x=sun raise in east，其概率$p(x)=1$，信息量视为0。带来另一个信息y=明天有一个老师要抽查作业，有很多不确定性——8个老师，其中1个要抽查，另外7个不抽查，那么就得去思索判断推理这其中的信息了，这就是高不确定性，高信息量。

2）信息熵

对于相互独立、没有相关性的离散无记忆信源 X，其符号的出现概率不受它前面符号是否出现的影响，它所携带的平均信息量 $H(X)$ 定义为：

$$H(X)=-\sum_{i} p(x_i)\log_2[p(x_i)] \tag{3.2}$$

其中，$p(x_i)$ 是符号 x_i 在信源 X 中出现的概率。

式 3.2 的平均信息量也称为信息熵(简称熵)，信息量度量的是一个具体事件发生了所带来的信息，而熵则是在结果出来之前对可能产生的信息量的期望——考虑该随机变量的所有可能取值，即所有可能发生事件所带来的信息量的期望。信息熵还可以作为一个系统复杂程度的度量，系统越复杂，出现不同情况的种类越多，那么它的信息熵是比较大的。一个系统越简单，出现情况种类很少(极端情况为 1 种情况，那么对应概率为 1，对应的信息熵为 0)，此时的信息熵较小。

对于离散无记忆信源而言，只要其源符号的熵值不等于等概率分布的熵值，就一定存在着信息冗余，也就存在着数据压缩的可能性，这就是熵编码的基本依据。

3）率失真函数

率失真函数是信息理论的基本概念之一。在信源给定时，总希望在满足一定失真 D 的情况下信息传输率 R 尽可能小。当信源符号与码字之间存在映射关系时，实际信息传输速率 R 的最小值为 $R(D)$，即信息传输速率 R 满足关系 $R \geqslant R(D)$，此时，函数 $R(D)$ 称为率失真函数，单位为 b/符号。

2. 数据压缩处理的过程

数据压缩处理一般由两个过程组成：一是编码过程，即对原始数据进行编码压缩，以便存储和传输；二是解码过程，即对压缩的数据进行解压，恢复成可用的数据。压缩处理系统的流程框图如图 3.1 所示。编码子系统的核心是源编码器，经过源编码器的压缩编码，输入的信源数据被减少到存储设备和传输介质所能支持的水平。实用系统中，在使用了源编码器之后还要进行下一层次的编码，图 3.1 中使用了通道编码器，其作用是把压缩位流翻译成一种既适合于存储又适合于传输的信号。源编码和通道编码是两种不同的编码过程，已经开发出能综合地进行源编码和通道编码的方法。由通道编码器和源解码器构成的解码子系统执行通道编码和源编码的逆过程，以便重构多媒体信号。所谓对信源数据进行编码，就是依某种数据压缩算法对原始数据进行压缩处理，形成压缩编码数据，随后对压缩编码数据进行存储与传输；解码则是对进行了压缩处理的数据进行解压缩，还原成可以使用的数据。

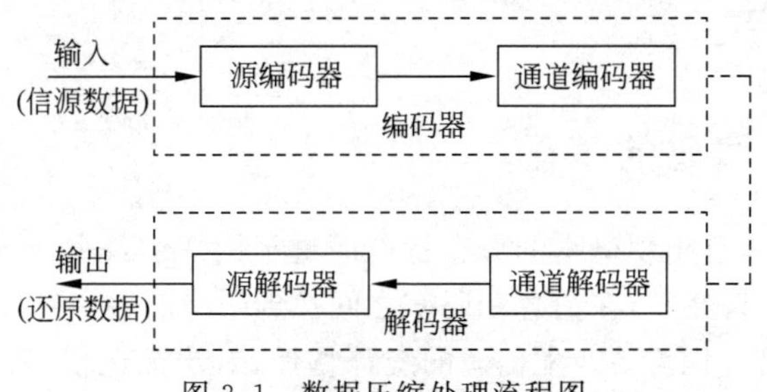

图 3.1 数据压缩处理流程图

因此,解码是编码的逆过程。

3. 有损压缩和无损压缩

目前常用的压缩编码可以分为有损压缩和无损压缩两大类。

1) 无损压缩

无损压缩是能无失真地重建信源信号的一种压缩方法,无损压缩利用数据的统计冗余进行压缩,可完全恢复原始数据而不引起任何失真,但压缩率受到数据统计冗余度理论限制,一般为2∶1～5∶1。这类方法广泛应用于文本数据、程序和特殊场合的图像数据压缩。由于压缩比的限制,仅使用无损压缩方法不可能解决多媒体数据的存储和传输问题。

2) 有损压缩

有损压缩方法利用了人类视觉或者听觉的掩盖效应,即视觉对于图像边缘部分的急剧变化不敏感和对亮度信息敏感、但对色度分辨力弱等特点,以及听觉的生理特性,在压缩一部分信息后,由压缩后端数据恢复的原数据虽然信息量减少,但仍然有满意的主观效果。这种压缩的基本特点就是压缩后减少了信息量,即减少了熵,这是一种有失真的压缩,故称为有损压缩或者熵压缩编码。它的优点就是在保留满意的主观效果的基础上,能够获得比较高的压缩比,较显著地减少了多媒体数据的存储量,提高了实时传输速度。有损压缩是不可逆的编码方法。

衡量一种压缩算法的主要技术指标有以下几个。

(1) 高压缩比,即压缩前后数据量的比值要大。

(2) 算法简单,压缩、解压速度要快,尤其是解压缩速度要快。

(3) 恢复效果好,即还原数据的失真小。

从系统设计角度看,可以把压缩处理归结为求位速率的问题,然而,这通常受到所要求的信号质量水平、算法实现复杂度以及端到端的通道时延等多种因素制约。

在多媒体应用中常用的数据压缩算法有:PCM(脉冲编码调制)、预测编码、变换编码(主成分变换或K-L变换、离散余弦变换等)、插值和外推法(空域亚采样、时域亚采样、自适应)、统计编码(哈夫曼编码、算术编码、Shannon-Fano编码、行程编码)、矢量量化和子带编码等。混合编码是近年来广泛采用的方法,新一代的数据压缩方法,如基于模型的压缩方法、分形压缩和小波变换方法等也已经接近实用化水平。

接下来,本章将分别讲解数据压缩中涉及的4大编码技术,即统计编码、量化编码、变换编码和预测编码。

3.2 统计编码

3.2.1 统计编码的基础

统计编码是根据消息出现概率的分布特性而进行的压缩编码,它有别于预测编码和变换编码,这种编码的宗旨在于,在消息和码字之间找到明确的一一对应关系。统计编码又称为匹配编码,因为编码过程需要匹配信源的统计特性,对于无记忆信源,其剩余度主要体现在各个信源符号概率分布的不均匀性上。统计编码能实现压缩的不均性在编码后得以消除，对于统计特性已知的有记忆离散信源可以采用算术码，马尔可夫信源可以按照状态采用哈夫曼编码，而对于统计特性未知的离散信源可以采用通用编码。

无论是进行等长编码还是变长编码，无失真信源压缩的理论极限值就是信源熵。对于这个极限值，就无法做到无失真编码。所以，香农第一定理对于无失真信源编码具有很重要的理论指导意义。如前所述，变长码往往在信源符号序列长度 N 不大时能编出效率很高而且无失真的信源编码，因此，统计编码通常采用变长码。

3.2.2　游程编码

游程编码又称“运行长度编码”或“行程编码”，是一种统计编码和与资料性质无关的无损数据压缩技术。该编码属于无损压缩编码，是栅格数据压缩的重要编码方法。变动长度编码法为一种“使用固定长度的码来取代连续重复出现的原始资料”的压缩技术。

1. 游程和游程序列

当信源是二元相关信源时，往往输出的信源符号序列中会连续出现多个“0”或“1”符号，为了提高编码的效率，科学家努力地寻找一种更为有效的编码方法。游程编码就是一种针对相关信源的有效编码方法，尤其适用于二元相关信源。游程编码在图文传真、图像传输等实际通信工程技术中得到应用，有时实际工程技术常常将游程编码和其他一些编码方法混合使用，能获得更好的压缩效果。

游程是指字符序列中各个字符连续重复出现而形成的字符串的长度，又称游程长度或游长。游程编码就是将这些字符序列映射成字符串的长度和串的位置的标识序列。知道了字符串的长度和串的位置的标志序列，就可以完全恢复出原来的字符序列。所以，游程编码不但适用于一维字符序列，也适用于二维字符序列。

对于二元相关信源，其输出只有两个符号，即“0”或“1”。在信源输出的一维二元序列中，连续出现“0”的这一段称为“0”游程，连续出现“1”的这一段称为“1”游程。对应段中的符号个数就是“0”游程长度和“1”游程长度。因为信源输出是随机的，所以游程长度是随机变量，其取值可为 1,2,3,…，直至无穷值。在输出的二元序列中，“0”游程和“1”游程总是交替出现的，若规定二元序列总是从“0”游程开始，那么第一个为“0”游程，接着第二个必定是“1”游程，以此类推，游程交替出现。这样，只需对串的长度（即游程长度）进行标记，然后可以将信源输出的任意二元序列一一对应地映射成交替出现的游程长度的标志序列。当然，一般游程长度都用自然数标记，所以就映射成交替出现的游程长度序列，简称游程序列两者中映射是可逆的，是无失真的。例如，某二元序列为

000 011 111 001 111 110 000 000 111 111…

对应的游程长度序列为 452676…

如果规定二元序列从“0”游程开始，那么给定上面的游程序列就很容易恢复出原来的二元序列。游程长度序列是多元序列，如果计算出各个游程长度的概率，就可以对其采用其他编码方法进行处理，从而进一步提高压缩效率。多元信源序列也存在相应的游程长度序列。R 元序列有 R 种游程，并且某游程的前后符号对应的游程是无法确定的，因此这种变换必须再加一些符号，才能使 R 元序列和其对应的游程长度序列是可逆的。

2. 游程编码

二元序列中，不同的"0"游程长度对应不同的概率，不同的"1"游程长度也对应不同的概率，这些概率叫作游程长度概率。游程编码的基本思想就是对不同的游程长度，按其不同的发生概率，分配不同的码字。游程编码可以将两种符号游程分别按其概率进行编码，也可以将两种游程长度混合起来一起编码。下面讨论游程长度编码后的平均码长的极限值。

考虑两种游程分开编码的情况。为了讨论方便，规定两种游程分别用白、黑表示。

白游程熵：

$$H_{\mathrm{W}}=-\sum_{t_{\mathrm{W}}=1}^{L} p(l_{\mathrm{W}})\lg p(l_{\mathrm{W}}) \tag{3.3}$$

式中，l_{W} 代表白游程长度；$p(l_{\mathrm{W}})$表示白游程长度概率；L 表示白游程最大长度。

根据信源编码定理可知，白游程平均码长 $\bar{L}_{\mathrm{W}}$ 应该满足式 3.4：

$$H_{\mathrm{W}} \leqslant \bar{L}_{\mathrm{W}} < H_{\mathrm{W}}+1 \tag{3.4}$$

若 $\bar{l}_{\mathrm{W}}$ 为白游程长度的平均像素值，那么：

$$\bar{l}_{\mathrm{W}}=-\sum_{l_{\mathrm{W}}}^{L} l_{\mathrm{W}} p(l_{\mathrm{W}}) \tag{3.5}$$

由式 3.4 和式 3.5 得：

$$\frac{H_{\mathrm{W}}}{\bar{l}_{\mathrm{W}}} \leqslant \frac{\bar{L}_{\mathrm{W}}}{\bar{l}_{\mathrm{W}}} < \frac{H_{\mathrm{W}}}{\bar{l}_{\mathrm{W}}}+\frac{1}{\bar{l}_{\mathrm{W}}} \tag{3.6}$$

令每个白像素的熵值为 h_{W}，则有 $h_{\mathrm{W}}=\dfrac{H_{\mathrm{W}}}{\bar{l}_{\mathrm{W}}}$，每个白像素的平均码长为 $\bar{k}_{\mathrm{W}}=\dfrac{\bar{L}_{\mathrm{W}}}{\bar{l}_{\mathrm{W}}}$，代入式 3.6：

$$h_{\mathrm{W}} \leqslant \bar{k}_{\mathrm{W}} < h_{\mathrm{W}}+\frac{1}{\bar{l}_{\mathrm{W}}} \tag{3.7}$$

同理，对黑游程可求得：

$$H_{\mathrm{B}}=-\sum_{t_{\mathrm{B}}=1}^{L} p(l_{\mathrm{B}})\lg p(l_{\mathrm{B}}) \tag{3.8}$$

$$h_{\mathrm{B}} \leqslant \bar{k}_{\mathrm{B}} < h_{\mathrm{B}}+\frac{1}{\bar{l}_{\mathrm{B}}} \tag{3.9}$$

式中，H_{B} 为黑游程熵；l_{B} 代表黑游程长度；h_{B} 代表每个黑像素的熵值；$\bar{k}_{\mathrm{B}}$ 代表每个黑像素的平均码长；$\bar{l}_{\mathrm{B}}$ 为黑游程长度的平均像素值。

经过黑白平均可得到每个像素的熵值为：

$$h_{\mathrm{WB}}=P_{\mathrm{W}} h_{\mathrm{W}}+P_{\mathrm{B}} h_{\mathrm{B}} \tag{3.10}$$

式中，P_{W} 为白像素的出现概率；P_{B} 为黑像素的出现概率。每个像素的平均码长为：

$$\bar{k}_{\mathrm{WB}}=P_{\mathrm{W}} \bar{k}_{\mathrm{W}}+P_{\mathrm{B}} \bar{k}_{\mathrm{B}} \tag{3.11}$$

将式 3.7 乘以 P_{W}，则有：

$$P_W h_W \leqslant P_W \bar{k}_W < P_W h_W + \frac{P_W}{\bar{l}_W} \tag{3.12}$$

将式 3.9 乘以 P_B，则有：

$$P_B h_B \leqslant P_B \bar{k}_B < P_B h_B + \frac{P_B}{\bar{l}_B} \tag{3.13}$$

将式 3.12 和式 3.13 相加，则有：

$$h_{WB} \leqslant \bar{k}_{WB} < h_{WB} + \frac{P_W}{\bar{l}_W} + \frac{P_B}{\bar{l}_B} \tag{3.14}$$

所以，黑白游程分别是最佳编码后的平均码长仍以信源熵为极限，此时的熵 h_{WB} 已经是考虑了信源序列中符号之间的依赖关系了，这个熵 h_{WB} 小于信源序列之间无依赖情况下的熵值，所以游程编码压缩效率较高。

3.2.3 算术编码

由信源编码定理可知，仅对信源输出的单个符号进行编码其效率比较低，对信源输出的符号序列进行编码，并且当序列长度充分长时编码效率才达到香农定理的极限。假设对于只有两个出现概率很悬殊的消息符号 $\{a_1, a_2\}$ 所组成的无记忆信源，若对单个符号进行编码，其效率很低，应该把它组成的长的消息队列来编码，如对输入长度为 n 的信源字符序列 x^n 进行不等长编码。但对长序列进行编码时必须考虑到编译码的可实现性，即编译码的复杂性、实时性和灵活性。

考虑一个离散平稳无记忆二元随机变量 X，信源字符表为 $\{a_1, a_2\}$，概率分布为 $\{p(X=a_1)=2/3, p(X=a_2)=1/3\}$，对输出序列 $x^n = x_1 x_2 \cdots x_n$ 进行编码。首先把单位区间[0,1)按 a_1, a_2 出现的概率分为子区间[0,2/3)和[2/3,1)，根据 $x_1 = a_1$ 还是 $x_2 = a_1$ 来选取这两个子区间中的一个，如此继续。对于 $n=3$，整个[0,1)区间被分为 8 个不同长度的子区间，对于信源序列对应一个子区间，例如，$x_1 x_2 x_3 = a_1 a_2 a_0$，则应选中的区间为[4/9,16/27)。

如果对信源序列 $x_1 x_2 x_3$ 进行编码，因为信源序列与子区间一一对应，所以编码也就是对这些子区间给出标号。可以把与信源序列 $x_1 x_2 x_3$ 对应的码字 $\phi(x_1 x_2 x_3)$ 选为相应子区间中的点，例如，可以选这个子区间中比特数最少的二进制小数作为码字。例如，$x_1 x_2 x_3 = a_1 a_2 a_1$ 所对应的码字 $\phi(a_1 a_2 a_1)=1$，它是相应区间[4/9,16/27)中具有最少比特数的二进制小数，因为 1/2 属于该区间，所以它的二进制表示为 0.1，其中小数点以后部分是 1。图 3.2 最右边一列表示相应的码字，这样的编码一般不是前缀码，甚至当这些码字级联成码字序列时不是非常重要的，因为算术编码采用非常长、甚至是无限长的信源序列进行编码。它根据每次信源输出数据 x_i 来更新子区间，然后选子区间中的点来代表新序列，这些子区间是不重叠的，因而子区间中的点唯一地确定了相应的码字。可以发现，这些区间的划分点实际上是某种积累概率，子区间的宽度就是相应信源序列出现的概率，人们希望得到这些概率的递归计算方法。

如果信源输出字符表 X 和编码字符表 Y 只含有两个符号 $X=Y=\{0,1\}$，对于由 n 个信源符号组成的序列 x^n 按自然字典次序排序，即两个序列 $x^n = x_1 x_2 \cdots x_n$ 和 $y^n = y_1 y_2 \cdots y_n$，

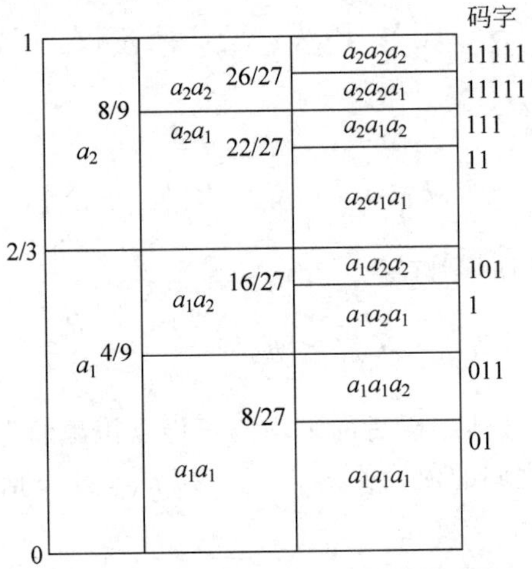

图 3.2 算术编码中信源输出序列与[0,1]中的一个子区间对应

假如 $x^n > y^n$ 是指

$$\sum_i x_i . 2^{-i} > \sum_i y_i . 2^{-i} \tag{3.15}$$

则对离散无记忆信源，有

$$p(x^n) \overset{\text{def}}{=} \prod_{i=1}^{n} p(x_i) \tag{3.16}$$

$$F(x^n) \overset{\text{def}}{=} \sum_{y^n < x^n} p(y^n) \tag{3.17}$$

信源序列 x^n 对应的子区间为$[F(x^n), F(x^n)+p(x^n))$，与 x^n 对应的码字把 $F(x^n)$ 按二进制小数展开，取其前 $l(x^n)$ 位，其中，$l(x^n)=\left\lceil \ln \frac{1}{p(x^n)} \right\rceil$，假如后面有尾数，就进位到第 $l(x^n)$ 位。这个码字记为 $C(x^n)$，即 $C(x^n) \in [F(x^n), F(x^n)+p(x^n))$，所以码字 $C(x^n)$ 与子区间$[F(x^n), F(x^n)+p(x^n))$相呼应。

算术编码的关键思想在于它有一套非常有效的计算信源序列 x^n 的出现概率 $p(x^n)$ 和累积概率 $F(x^n)$ 的递推算法。图 3.3 是高度为 n 的完整二元树，把 2^n 个长度为 n 的消息序列按照路径方式安排在 2^n 个树叶上，是按字典顺序来排列 x^n。此时，x^n 点左边的树叶上的概率和 $F(x^n)$ 可以看成是 x^n 左边所有子树的概率和。

若 $T_{x_1 x_2 \cdots x_{k-1}}$ 表示从支点 $x_1 x_2 \cdots x_{k-1}$ 长出的子树，该子树的概率为 $P(T_{x_1 x_2 \cdots x_{k-1}})=x_1 x_2 \cdots x_{k-1}$。其中，$p(x_1 x_2 \cdots x_{k-1})$代表序列 $x_1 x_2 \cdots x_{k-1}$ 出现的概率。由式 3.17 可知，其累积概率为

$$F(x^n) = \sum_{y^n < x^n} p(y^n) = \sum_{\text{在}x^n\text{左边的}T} P(T) \tag{3.18}$$

第二个求和是对一切位于 x^n 左边的子树 T 求和。

例如，若输入二元符号序列 $x^n=0111$，则

$$F(0111)=P(T_1)+P(T_2)+P(T_3)=P(00)+P(010)+P(0110)$$

若再在 $x^n=0111$ 以后输入符号“0”，则由树图得到：

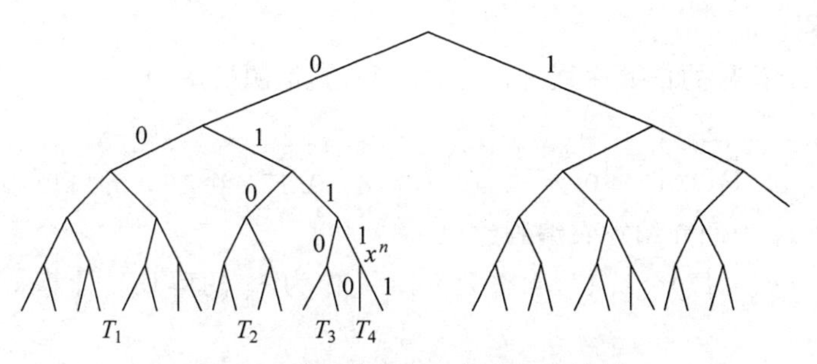

图 3.3　算术编码累积概率的计算树

$$F(x^n 0)=P(x^{n+1})=F(01110)$$

若再在 $x^n=0111$ 以后输入符号“1”,则由树图得到:

$$F(x^n 1)=P(T_1)+P(T_2)+P(T_3)+P(T_4)$$
$$=P(00)+P(010)+P(0110)+P(01110)$$

算术编码的优势就是当消息序列长度由 n 变为 $n+1$ 时,很容易计算序列概率 $p(x^n x_{n+1})$ 和累积概率 $F(x^n x_{n+1})$,所以编码可以序贯地进行,事实上

$$p(x^n x_{n+1})=p(x^n).p(x_{n+1}) \tag{3.19}$$

$$F(x^{n+1})=F(x^n x_{n+1})=\begin{cases}F(x^n), & x_{n+1}=0\\ F(x^n)+p(x^n), & x_{n+1}=1\end{cases} \tag{3.20}$$

不难看出,随着 n 的增长,子区间$[F(x^n),F(x^n)+p(x^n))$的下限单调增加,而上限单调减少,子区间长度区域为零。

3.2.4　香农编码

香农第一定理的证明过程给出了一种编码方法,称为香农编码,其编码方法是选择每个码字长度 L_i 满足

$$-\log(p_i)\leqslant L_i<-\log(p_i)+1\quad(i=1,2,\cdots,q) \tag{3.21}$$

可以证明,这样的码长一定满足 Kraft 不等式,所以一定存在这样的码长唯一可译码和即时码。

香农编码的基本思想是概率匹配原则,即概率大的信源符号用短码,概率小的信源符号用长码,以减小平均码长,提高编码效率。香农编码的步骤如下。

(1) 将信源发出的 q 个消息,按其概率递减顺序排列。

(2) 计算各个消息的 $-\log(p_i)$,确定满足式 3.21 的码字长度 L_i。

(3) 计算第 i 个消息的累积分布函数 $F_i=\sum_{k=1}^{i-1}p(s_k)$。

(4) 将累积分布函数 F_i 转换为二进制数。

(5) 取 F_i 二进制数的小数点后 L_i 位作为第 i 个符号的二进制码字 W_i。

在香农编码中,累积分布函数 F_i 将区间$[0,1)$分为许多互不相叠的小区间,每个信源符号 s_i 对应的码字 W_i 位于不同区间$[F_i,F_{i+1})$内。根据二进制小数的特性,在区间$[0,1)$,不重叠区间的二进制小数的前缀部分是不相同的,所以,这样编出来的码一定满足异前缀条

件，一定是即时码。

假如对有 6 个符号的信源序列进行香农编码，其信源概率为：

$$\begin{bmatrix} S \\ P(s) \end{bmatrix} = \begin{bmatrix} s_1 & s_2 & s_3 & s_4 & s_5 & s_6 \\ 0.2 & 0.19 & 0.18 & 0.17 & 0.15 & 0.11 \end{bmatrix}$$

下面以消息 s_3 为例介绍香农编码过程。

首先计算 $-\log(0.18)=2.47$，取整数 $L_3=3$ 作为 s_3 的码长。计算 s_1, s_2 的累积分布函数，有：

$$F_3 = \sum_{k=1}^{2} p(s_k) = 0.2 + 0.19 = 0.39$$

将 0.39 转换为二进制数 $(0.39)_{10} = (0.0110001)_2$，取小数点后面三位 011 作为 s_3 的代码。以此类推，其余符号的码字也可以通过计算得到，如表 3.1 所示。

表 3.1　香农编码结果

消息符号 s_i	消息概率 $p(s_i)$	累积分布函数 F_i	$-\log p(s_i)$	码字长度 L_i	码字 W_i
s_1	0.2	0	2.34	3	000
s_2	0.19	0.2	2.41	3	001
s_3	0.18	0.39	2.48	3	011
s_4	0.17	0.57	2.56	3	100
s_5	0.15	0.74	2.74	3	101
s_6	0.11	0.89	3.18	4	1110

香农编码是依据香农第一编码定理而来的，有着重要的理论意义。但香农编码的冗余度稍大，实用性不强。例如，信源有三个符号，概率分布分别是 0.5，0.4 和 0.1，根据香农编码方法求出的消息码长为 1，2 和 4，码字分别为 0，10 和 1110。但是同样的消息符号如果采用哈夫曼编码方法，则可以构造出平均码长更短的即时码 0，01 和 11。

3.2.5　哈夫曼编码

对于某一信源和某一码元集来说，若有一个唯一的可译码，它的平均码长不大于其他唯一可译码的平均长度，则称此码为最佳码，也称为紧致码。可以证明，最佳码具有以下性质。

(1) 若 $p_i > p_j$，则 $L_i \leqslant L_j$。即概率大的信源符号所对应的码长不大于概率小的信源符号所对应的码长。

(2) 对于二元最佳码，两个最小概率的信源符号所对应的码字具有相同的码长，而且这两个码字，除了最后一位码元不同以外，前面各位码元都相同。

1952 年，哈夫曼提出了一种构造最佳码的方法，所得的码字是即时码，且在所有的唯一可译码中，它的平均码长最短，是一种最佳变长码。

1. 二元哈夫曼

二元哈夫曼码的编码步骤如下：

(1) 将 q 个信源符号 s_i 按出现概率 $P(s_i)$ 递减次序排列起来。

(2) 取两个概率最小的符号，其中一个符号编为 0，另一个符号编为 1，并将这两个概率相加作为一个新符号的概率，从而得到包含$(q-1)$个符号的新信源，称为缩减信源。

(3) 把缩减信源中的$(q-1)$个符号重新以概率递减的次序排列，重复步骤(2)。

(4) 依次继续下去，直至所有概率相加得到1为止。

(5) 从最后一级开始，从前返回，得到各个信源符号所对应的码元序列，即相应的码字。

例如，对某包含8个消息符号离散无记忆信源编二进制哈夫曼码，其概率分别为：

S	s_1	s_2	s_3	s_4	s_5	s_6	s_7	s_8
$P(s)$	0.2	0.19	0.18	0.17	0.15	0.1	0.007	0.003

编码过程如图3.4所示，各个符号的码长和码字计算结果如表3.2所示。

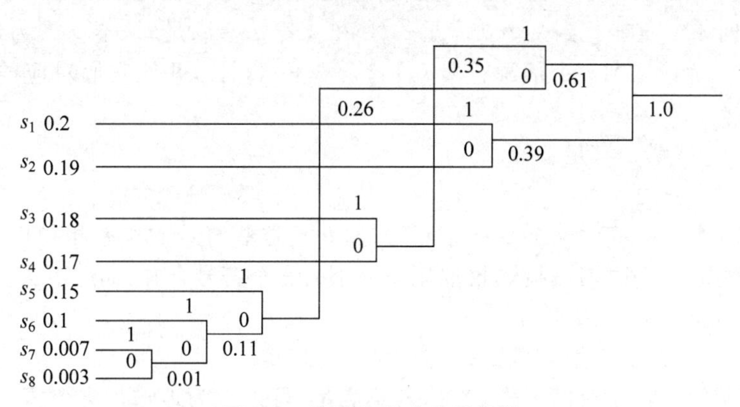

图3.4　该消息的哈夫曼编码

表3.2　哈夫曼编码结果

消息符号 s_i	码字长度 L_i	码字 W_i	消息符号 s_i	码字长度 L_i	码字 W_i
s_1	2	01	s_5	3	101
s_2	2	00	s_6	4	1001
s_3	3	111	s_7	5	10001
s_4	3	110	s_8	5	10000

从图3.4中读取码字时，一定要从后向前读，此时编出来的码字才是分离的异前置码。若从前向后读取码字，则码字不可分离。

该消息的熵：$H(S)=2.62$(比特/符号)

平均码长：$\bar{L}=2.73$(码元/符号)

编码效率：$\eta=95.8\%$

哈夫曼编码结果并不唯一。首先，由于0和1的指定是任意的，故由上述过程编出的哈夫曼码不是唯一的，但其平均长度总是一样的，故不影响编码效率。但每次排列必须严格按照大小次序，特别是最后一次只有两个概率，也要遵守相同的规则，不可以随意排列，否则会出现奇异码。其次，缩减信源时，若合并后的新符号概率与其他符号概率相等，从编码方法上来说，这几个符号的次序可任意排列，编出的码都是正确的，但得到的码字不相同，不同的编码方法得到的码字长度也不尽相同。

2. r 元哈夫曼码

上面讨论的二元哈夫曼编码方法可以推广到 r 元编码中来，不同的是每次将 r 个概率最小的符号合并成一个新的信源符号，并分别用 $0,1,\cdots,(r-1)$ 等码元表示。

为了使短码得到充分利用，平均码长最短，必须使最后一步的缩减信源有 r 个信源符号，即构造出整树。因此，对于 r 元编码，信源的符号个数 q 必须满足

$$q=(r-1)\theta+r \tag{3.22}$$

其中，θ 表示缩减的次数，$(r-1)$ 为每次缩减所减少的信源符号个数，对于二元码($r=2$)，信源符号个数 q 必须满足 $q=\theta+r$。

因此，对于二元码，q 等于任何正整数时，总能找到一个 θ 满足式 3.22。而对于 r 元码，q 为任意整数时不一定能找到一个 θ 满足式 3.22。若 q 不满足时，不妨人为地增加一些概率为 0 的符号。假设增加 t 个信源符号 $s_{q+1},s_{q+2},\cdots,s_{q+t}$，并使它们对应的概率为零，即 $P(s_{q+1})=P(s_{q+2})=\cdots=P(s_{q+t})=0$。

假设 $n=q+t$，则 n 满足

$$n=(r-1)\theta+r \tag{3.23}$$

取概率最小的 r 个符号合并成一个新符号，并把这些符号的概率相加作为该节点的概率，重新按概率由大到小顺序排队，再取概率最小的 r 个符号合并，如此下去直至树根，这样得到的 r 元哈夫曼一定是最佳码。

下面给出 r 元哈夫曼编码步骤。

(1) 验证所给的 q 是否满足式 3.22，若不满足，可以人为地增加 t 个概率为零的符号，满足式 3.22，以使最后一步有 r 个信源符号。

(2) 取概率最小的 r 个符号合并成一个新符号，并分别用 $0,1,\cdots,(r-1)$ 给各分支赋值，把这些符号的概率相加作为新符号的概率。

(3) 将新符号和剩下的符号重新排队，重复步骤(2)，如此下去直至树根。

(4) 取各树枝上的赋值，得到各符号的码字。

后来新加的概率为零的符号，虽也赋予码字，但因为概率为零，实际上并未用上，这样编成的码仍为最佳的，也就是平均码长最短。另外，等概率符号排队时应注意到顺序，以使码方差最小。

例如，对某包含 5 个消息符号离散无记忆信源编三元和四元哈夫曼码，其概率分别为

S	s_1	s_2	s_3	s_4	s_5
$P(s)$	0.4	0.3	0.2	0.05	0.05

三元哈夫曼编码过程如图 3.5 所示，各个符号的码长和码字计算结果如表 3.3 所示。四元哈夫曼编码过程如图 3.6 所示，各个符号的码长和码字计算结果如表 3.4 所示。

表 3.3 三元哈夫曼编码结果

消息符号 s_i	码字长度 L_i	码字 W_i	消息符号 s_i	码字长度 L_i	码字 W_i
s_1	1	0	s_4	2	21
s_2	1	1	s_5	2	22
s_3	2	20			

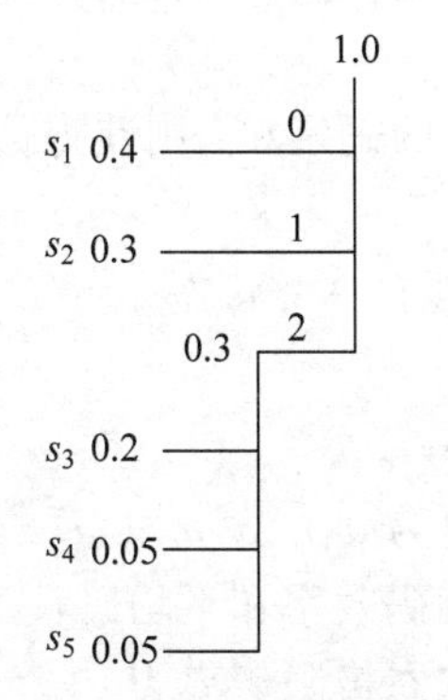

图 3.5　三元哈夫曼编码

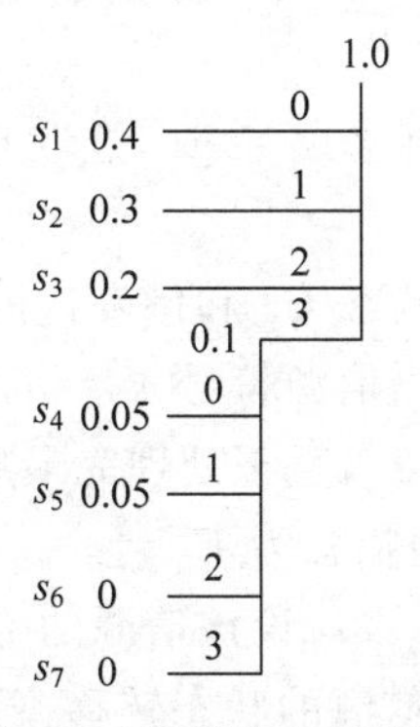

图 3.6　四元哈夫曼编码

表 3.4　四元哈夫曼编码结果

消息符号 s_i	码字长度 L_i	码字 W_i	消息符号 s_i	码字长度 L_i	码字 W_i
s_1	1	0	s_4	2	30
s_2	1	1	s_5	2	31
s_3	1	2			

要发挥哈夫曼编码的优势，一般情况下，信源符号数应远大于码元数。本例中，若编五元码，只能对每个信源符号赋予一个码元，相当于没有编码，当然无压缩可言。

3. 马尔可夫信源的哈夫曼编码

根据马尔可夫信源的特点，当前发出的符号的概率取决于当前的状态，同样的符号输出在不同状态下提供的信息量可能很大，也可能很小。如果类似于无记忆信源编码，一个信源符号对应于一个码字，将使编码效率降低。马尔可夫信源编码可以采用按状态编码。

设马尔可夫信源在 l 时刻的状态 $s_l \in E=\{E_1,E_2,\cdots,E_M\}$，输出符号 $x_l \in X=\{a_1, a_2,\cdots,a_q\}$，符号条件概率 $P(a_k/E_i)$，$k=1,2,\cdots,q$，$i=1,2,\cdots,M$。对每个状态 E_i，根据 $P(a_k/E_i)$进行哈夫曼编码。

例如，某一阶马尔可夫信源有 3 个状态，$E_1=a_1$，$E_2=a_2$，$E_3=a_3$，状态转移概率矩阵如式 3.24 所示。

$$[P(E_j/E_i)=\begin{bmatrix}1/2 & 1/4 & 1/4\\ 1/4 & 1/2 & 1/4\\ 0 & 1/2 & 1/2\end{bmatrix} \tag{3.24}$$

对三种状态 $E_1=a_1$，$E_2=a_2$，$E_3=a_3$ 进行哈夫曼编码如表 3.5 所示。

表 3.5　马尔可夫信源哈夫曼编码结果

状态	码字 $W(a_1)$	码字 $W(a_2)$	码字 $W(a_3)$
E_1	0	10	11
E_2	10	0	11
E_3		0	1

设马尔可夫信源输出的符号序列为 $x_1, x_2, \cdots, x_n$，信源的初始状态为 s_0，马尔可夫信源的编码过程如下。

(1) 给定初始状态 $s_0 = E_i$，选取与状态 E_i 对应的码字 C_i，则获得信源符号 $x_1 = a_k$ 对应的码字。

(2) 根据当前状态 E_i 和待发送的符号 a_k，得到下一个状态 $s_1 = E_j$。选取与状态 E_j 对应的码字 C_j，编出信源符号 $x_2 = a_k$ 对应的码字。

(3) 重复步骤(2)，直至处理完最后一个信源符号 x_k。

例如，信源初始状态为 $E_1 = a_1$。输出符号序列为 $a_1a_3a_3a_2a_3a_2a_2a_1$，则编码输出为 01110110010。接下来讨论该信源的哈夫曼编码的编码效率和平均码长。

根据马尔可夫信源的状态转移概率，计算得到状态极限概率为：

$$P(E_1) = 2/9, \quad P(E_2) = 4/9, \quad P(E_3) = 1/3$$

对马尔可夫信源的每个状态 E_i，根据式 3.25：

$$\bar{L}(E_i) = \sum_{k=1}^{q} p(a_k/E_i)L_k, \quad (i = 1, 2, \cdots, M; k = 1, 2, \cdots, q) \tag{3.25}$$

可以计算得它的平均码长为：

状态 E_1：$\bar{L}(E_1) = \sum_{k=1}^{3} p(a_k/E_1)L_k = \frac{1}{2}\times 1 + \frac{1}{4}\times 2 + \frac{1}{4}\times 2 = \frac{3}{2}$ 码元 / 符号

状态 E_2：$\bar{L}(E_2) = \sum_{k=1}^{3} p(a_k/E_2)L_k = \frac{1}{4}\times 2 + \frac{1}{2}\times 1 + \frac{1}{4}\times 2 = \frac{3}{2}$ 码元 / 符号

状态 E_3：$\bar{L}(E_3) = \sum_{k=1}^{3} p(a_k/E_3)L_k = \frac{1}{2}\times 1 + \frac{1}{2}\times 1 = 1$ 码元 / 符号

所以该马尔可夫信源的哈夫曼编码的平均码长为：

$$\bar{L} = \sum_{i=1}^{M} p(E_i)\bar{L}(E_i) = \frac{2}{9}\times\frac{3}{2} + \frac{4}{9}\times\frac{3}{2} + \frac{1}{3} = \frac{4}{3} \text{ 码元 / 符号}$$

而该马尔可夫信源的极限熵为：

$$H_\infty = \frac{2}{9}H\left[\frac{1}{2}, \frac{1}{4}, \frac{1}{4}\right] + \frac{4}{9}H\left[\frac{1}{4}, \frac{1}{2}, \frac{1}{4}\right] + \frac{1}{3}H\left[0, \frac{1}{2}, \frac{1}{2}\right] = \frac{4}{3} \text{ 比特 / 符号}$$

所以其编码效率为：

$$\eta = \frac{H_\infty}{\bar{L}} = 1$$

由此可见，该编码方法能使得平均码长达到理论极限值——信源熵。所以对于马尔可夫信源来讲，它是一种最佳压缩的编码方法。

3.3 预测编码

3.3.1 预测编码的基本原理

若有一个离散信号序列，序列中各离散信号之间有一定的关联性，则利用这个序列中若干个信号作为依据，对下一个信号进行预测，然后将实际的值与预测的值的差进行编码。利用过去的信号样值来预测当前值，并仅对当前样值的实际值与其预测值之差进行量化、编码后进行传输，这就是预测编码的基本原理。

1952年，Bell实验室的C. C. Cutler提出了差值脉冲编码调制系统，它是利用样本与样本之间存在的信息冗余来进行编码的一种数据压缩技术，其基本思想是：根据过去的样本去估算下一个样本信号的幅度大小，这个值称为预测值，然后对实际信号值与预测值之差进行量化编码，从而就减少了表示每个样本信号的位数。它与脉冲编码调制不同的是，PCM是直接对采样信号进行量化编码，而差分脉冲编码调制（DPCM）是对实际信号值与预测值之差进行量化编码，存储或者传送的是差值而不是幅度绝对值，这就降低了传送或存储的数据量，可适应大范围变化的输入信号。DPCM的基本出发点就是对相邻样值的差值进行量化编码。由于此差值比较小，可以为其分配较少的比特数，进而达到了压缩数码率的目的。

DPCM差分脉冲编码系统的基本原理框图如图3.7所示。

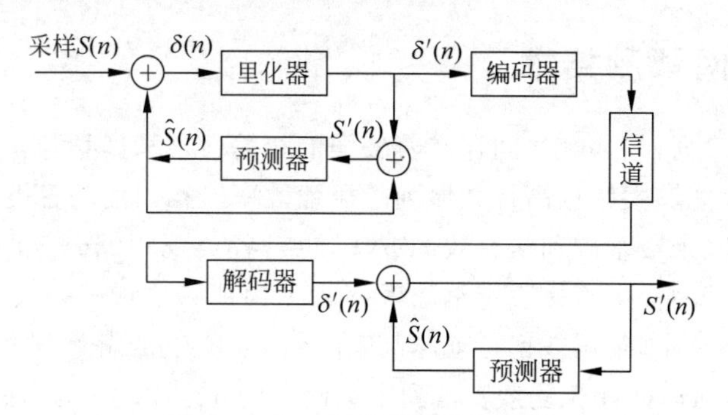

图3.7　DPCM编码系统原理图

图中，$S(n)$——信源数据；$S'(n)$——引入了量化误差的信源数据；$\hat{S}(n)$——预测器对的预测值；$\delta(n)$——量化误差；$\delta'(n)$——误差的量化值。

在DPCM系统中，发送端先发送一个初始值S，然后就只发送预测误差δ，接收端收到量化后的预测误差δ'和本地计算出的预测值$\hat{S}$相加，得到恢复后的信号S'。如果信道传输无误，则接收端重建信号S'与发送端原始信号S间的误差为$S_k-S''_{kk}=S_k-(\hat{S}_k+\delta'_k)=(S_k-\hat{S}_k)-\delta'_k=\delta_k-\delta'_k=q_k$，这就是量化误差，即预测编码系统的失真来自发送端量化器。

预测器的设计是DPCM系统的核心问题，因为预测越准确，预测误差越小，码率就能压缩得越多。常用的线性预测公式是$\hat{S}_k=\sum_{i=1}^{N}a_i(k)s'_i$，$N<k$，预测误差$q_k=s_k-\sum_{i=1}^{N}a_i(k)s'_i$，为了使预测误差在某种测度下最小，要按照一定的准则对线性预测系数进行优化，采用最小均方误差准则来设计是很经典的方法。

下面主要介绍图像和视频中的预测编码技术。

3.3.2　帧内预测技术

帧内预测技术是利用图像信号的空间相关性来压缩图像的空间冗余，根据前面已经传送的同一帧内的像素值来预测当前的像素值。

将图像分割成为相互独立的块后，图像中的物体通常位于相邻区域的数个或数十个子块中。正是由于物体对象的这种全局性，造成了当前块与其相邻块的纹理方向往往是高度一致的，且各像素值相差不大。即不但子块内部的像素具有空间冗余，子块与子块间也存在空间冗余。另一方面，自然场景图像中的前景和背景通常具有一定的纹理特征，按其方向性可以划分为水平纹理、垂直纹理和倾斜纹理等。这两个特性为空域的帧内预测创造了条件。

在 MPEG-1/2 等编码标准中，帧内编码都采用直接做离散余弦变换、量化和熵编码的方法。在 H.263＋和 MPEGE-4 中，编码 I 帧采用了基于频域的帧内预测。H.264 中使用了精度更高的帧内预测算法，该算法基于空间的像素值进行预测，对于每个 4×4 块，每个像素都用 17 个最接近的已编码的像素的加权和来预测。这种帧内预测不是在时间上，而是在空间域上进行的预测编码算法，可以除去相邻块之间的空间冗余度，取得更有效的 I 帧压缩。有关 H.264 的帧内预测技术将在后面的章节中详细介绍。

3.3.3 帧间预测技术

对于视频图像序列，相邻帧之间存在着较强的相关性，即时间冗余。如果能够降低视频信号的时间冗余，就能够大幅提高视频序列的压缩效率。在当前的各类视频编码标准中，运动估计是去除时间冗余最基础和最有效的方法，也是各类视频编码算法所普遍采用的一项核心技术。运动估计的优劣直接决定编码效率和重构视频质量。一般而言，运动估计越准确，补偿的残差图像越小，编码效率也就越高，在相同码率下的解码视频就具有更好的图像质量；另一方面，运动估计计算复杂度占到了编码器的 50%以上，为了保证视频编解码的实时性，运动估计应当具有尽可能低的计算复杂度。因此，如何提高运动估计算法的性能，使得运动估计更快速、精确和健壮也一直受到学术界和工业界的广泛关注。

运动估计算法多种多样，大体上可以分为 4 类：块匹配法、递归估计法、贝叶斯估计法和光流法。其中，块匹配运动估计因其算法简单、便于 VLSI 实现等优点已被广泛应用，它已经被许多视频编码标准所采纳，如 MPEG-1、MPEG-2、MPEG-4、H.261、H.263 和 H.261 等。块匹配算法中，首先将图像分成 $N \times N$ 的宏块，并假设块内像素做相同的运动，且只做平移运动，然后用当前图像的每一个宏块在上一帧的一定范围内搜索或者穷举，得到一个最优的运动矢量。在块匹配运动估计算法中，全搜索算法精度最高，但是因为它要对搜索区域内的每个块进行检测，所以运算量太大，软硬件实现困难。人们相继提出了许多快速搜索算法，如三步法、四步法、二维对数法、基于块的梯度下降法、交叉法、菱形法和 MVFAST 算法等。下面简单介绍块匹配算法的基本原理。

通常情况下，自然场景的视频图像只有其中的部分区域在运动，同一场景相邻的两帧图像之间差异也不会太大。因而，编码器端无须将视频序列中每帧目标的运动信息告知解码器端，解码器就可以根据运动信息和前一帧图像的内容来更新当前帧图像，获得当前帧的真实数据，这样便能够有效地降低对每帧图像进行编码所需要的数据量。从序列图像中提取有关物体运动信息的过程就是运动估计，运动估计研究的主要内容就是如何快速、有效地获得足够精度的运动矢量，而把前一帧相应的运动部分信息根据运动矢量补偿过来的过程称为运动补偿。

块匹配运动估计的思想是将视频序列的每一帧都划分为大小相同、互不重叠的子块，为简单起见，做如下假设：子块内的所有像素具有运动一致性，并且只做平移运动，不包含旋转、伸缩；在参考帧的一定范围内，按照一定的匹配准则搜索与之最接近的块。该预测块与到当前块的位移就是运动矢量，预测块和当前块之间的差值称为残差图像，因而每个原始图像宏块都可以使用残差块和一个运动矢量表示。预测越准确，意味着残差中的数值越小，编码后所占用的比特数也越少。利用搜索到的运动矢量在参考帧上进行运动补偿，补偿残差经 DCT 变换、量化、游程编码后与运动矢量共同经过熵编码，然后以比特流形式传送出去。图 3.8 显示了块匹配运动估计中当前宏块、预测块和运动矢量的关系。其中，Frame k 为当前帧，Frame $k-1$ 为参考帧，箭头所指示的即为该块的运动矢量。

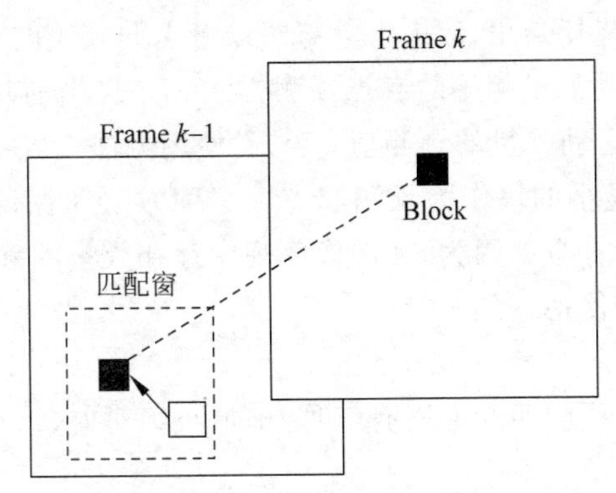

图 3.8　块匹配算法中与运动矢量的关系

匹配窗的大小通常设定为 $S=(M+2d)\times(N+2d)$，其中，M、N 是宏块的长和宽，d 为垂直和水平方向上的最大位移。例如，当宏块的最大矢量为$(-7,7)$时，则搜索范围为 15×15px。在传统的块匹配算法中，块的大小一般取为 16×16，这是一个折中的选择，因为在宏块大小的选择上存在以下两个矛盾。

(1) 宏块必须足够大，如果太小，很可能发生匹配到有相同像素值但与场景无关的块；并且因块小增加运算量，同时也增加了所需传输的运动矢量信息。

(2) 宏块必须足够小，如果在一个块里存在不同的运动矢量，匹配块就不能提供准确有效的估计。

1. 提高搜索效率的主要技术

运动估计算法的效率主要体现在图像质量、压缩码率和搜索速度三个方面。运动估计越准确，预测补偿的图像质量越高，补偿的残差就越小，补偿编码所需的位数就越少，比特率越小；运动估计速度越快，越有利于实时应用。提高图像质量、加快估计速度、减小比特率是运动估计算法研究的目标。通常，通过研究初始搜索点的选择、匹配准则、运动搜索策略来提高算法效率。

1) 初始搜索点的选择

(1) 直接选择参考帧对应的(0,0)位置。这种方法简单，但易陷入局部最优点。如果采用的算法初始步长太大，而原点又不是最优点，有可能使快速搜索跳出原点周围可能性比较大的区域而去搜索远距离的点，导致搜索方向的不确定性，故有可能陷入局部最优。

(2) 选择预测的起点。由于相邻块之间和相邻帧之间具有很强的相关性，许多算法都利用这种相关性先对初始搜索点进行预测，以预测点作为搜索起点。大量的实验证明，预测点越靠近最优匹配点，即加强了运动矢量中心偏置分布，使得搜索次数越少。

下面举例说明起点预测的几种常见方法。

方法1：基于求和绝对误差值的起点预测方法。分别求出当前块与其相邻块间的SAD值，然后选取SAD最小的块的运动矢量作为预测值。这种方法预测精度高，但计算SAD值的时间开销大。

方法2：利用相邻块和相邻帧对应块的运动矢量来预测当前块的搜索起点。序列图像的运动矢量在空间、时间上具有很强的相关性。由于保存前一帧运动矢量信息在解码端要占用大量内存，这使得系统复杂化，故大多数算法仅考虑同帧块的空间相关性来预测运动。

方法3：基于相邻运动矢量相等的起点预测方法。如果当前块的各相邻块的运动矢量相等，则以其作为当前块运动矢量的预测值；否则，使用方法1求出当前块与其相邻块间的SAD值，然后选取SAD最小的块作为预测起点。这种方法在保证精度的基础上利用运动矢量相关性大大减少了计算量。因为，在图像序列中存在大量的静止块和缓动块，而且属于同一对象的块在运动中常保持一致。

2）块匹配准则选取

运动估计算法中能够用的匹配准则有三种，即最小绝对差、最小均方误差和归一化互相关函数。

（1）最小绝对差。

$$\mathrm{MAD}(i,j)=\frac{1}{MN}\sum_{m=1}^{M}\sum_{n=1}^{N}\left|f_k(m,n)-f_{k-1}(m+i,n+j)\right| \tag{3.26}$$

其中，(i,j)是位移矢量，f_k 和 f_{k-1} 分别是当前帧和上一帧的灰度值，$M\times N$ 为宏块的大小，若在某一个点(i_0,j_0)处 $\mathrm{MAD}(i_0,j_0)$达到最小，则该点是要找的最优匹配点。

（2）最小均方误差。

$$\mathrm{MSE}(i,j)=\frac{1}{MN}\sum_{m=1}^{M}\sum_{n=1}^{N}\left[f_k(m,n)-f_{k-1}(m+i,n+j)\right]^2 \tag{3.27}$$

最小的MSE值对应的是最优匹配点。

（3）归一化互相关函数。

$$\mathrm{NCCF}(i,j)=\frac{\sum_{m=1}^{M}\sum_{n=1}^{N}f_k(m,n)f_{k-1}(m+i,n+j)}{\left[\sum_{m=1}^{M}\sum_{n=1}^{N}f_k^2(m,n)\right]^{1/2}\left[\sum_{m=1}^{M}\sum_{n=1}^{N}f_{k-1}^2(m+i,n+j)\right]^{1/2}} \tag{3.28}$$

最大的NCCF值对应的是最优匹配点。在运动估计中，匹配准则对匹配的精度影响不是很大，由于MAD准则不需作乘法运算，实现简单、方便，所以使用的最多，通常使用SAD代替MAD。SAD的定义如下。

$$\mathrm{SAD}(i,j)=\sum_{m=1}^{M}\sum_{n=1}^{N}\left|f_k(m,n)-f_{k-1}(m+i,n+j)\right| \tag{3.29}$$

3）搜索策略

搜索策略选择得恰当与否对运动估计的准确性、运动估计的速度都有很大的影响。有关搜索策略的研究主要是解决运动估计中存在的计算复杂度和搜索精度这一对矛盾。目前运动估计快速搜索算法很多，下面将重点介绍几种典型算法的原理和搜索步骤。

2. 典型运动估计算法研究

目前，搜索精度最高的是全搜索法，但它的计算复杂度高，不宜实时实现，为此，研究人员提出了各种改进的快速算法。下面将对一些典型的运动估计算法进行简单介绍并分析各自的优缺点。

1）全搜索法

(1) 算法思想：全搜索算法也称为穷尽搜索法，是对搜索范围内所有可能的候选位置计算 SAD(i,j)值，从中找出最小的 SAD(i,j)，其对应的偏移量即为所求运动矢量。此算法虽计算量大，但最简单、可靠，找到的必为全局最优点。

(2) 算法步骤。

① 从原点出发，按顺时针方向由近及远，在逐个像素处计算 SAD 值，直到遍历搜索范围内所有的点。

② 在所有的 SAD 中找到最小块误差点，该点所对应的位置即为最佳运动矢量。

(3) 算法分析。FS 算法是最简单、最原始的块匹配算法。由于该算法可靠，且能够得到全局最优的结果，通常是其他算法性能比较的标准，但它的计算量很大，这就限制了其在需要实时压缩场合下的应用，所以有必要进一步研究其他快速算法。

2）三步搜索法

三步搜索法是应用相当广泛的一种次优的运动估计搜索算法，它的搜索区间一般为[－7,7]，即在候选区中与编码块相同坐标位置处为原点，将参考块在其上下左右距离为 7 的范围内，按照一定规律移动到一个位置就做匹配计算，它总共进行三步搜索，在下一次搜索时步长减半以前一步搜索得到的最优点为中心。其算法的中心思想是，采用一种由粗到细的搜索模式，从原点开始，按一定步长取周围 8 个点构成每次搜索的点群，然后进行匹配计算，利用上一步搜索得到的最小块误差 MBD 点作为当前搜索的中心位置，每做一步，搜索的步长减 1。图 3.9 为三步法的搜索示意图。

三步搜索法搜索窗选取[－7,7]，最多要做 25 个位置的匹配计算，相对于全搜索来讲，大大减少了匹配运算的复杂度，而且数据读取比较规则。三步法是一种比较典型的快速搜索算法，所以被研究得较多，后来又相继有许多改进的新三步法出现，改进了它对小运动的估计性能。

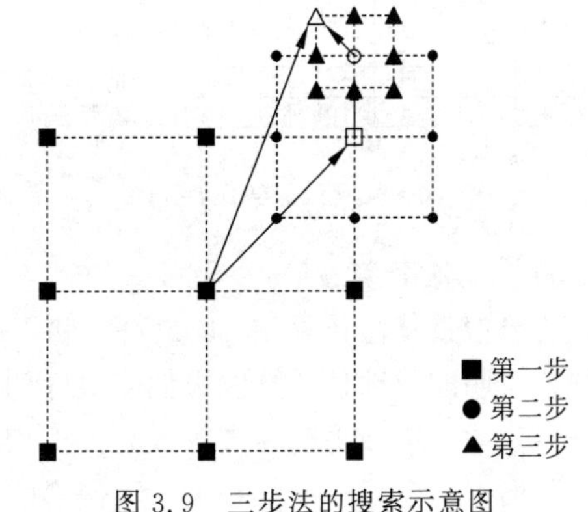

图 3.9　三步法的搜索示意图

3）新三步法

TSS 假定运动矢量分布特点是在搜索窗口中均匀分布的，但事实证明运动矢量是偏置中心的，Renxiang Lin 等人在 TSS 的基础上提出了一种增强运动矢量中心偏置搜索和减小步长误差的新三步法。

NTSS 是对 TSS 的一个改进，对运动量比较小的视频序列如可视电话序列有比较好的性能。对于绝大多数的视频序列，运动矢量的分布都是在中心位置上的概率最大，随着与中心位置的距离增大，概率会急剧地下降，这也就是前面所说的运动矢量的中心偏移特性。运动量比较小的视频序列的这一特性会更加明显。

NTSS算法在最好的情况下只需要做17个点的匹配，在最坏的情况下需要做33个点的匹配，由于运动矢量中心偏置在现实视频序列中是普遍存在的，通常情况下，NTSS算法需要做33点匹配的概率比较小，因此，在低速率视频应用中，如视频电话或视频会议中，NTSS算法的优点可以得到更好的发挥。

图3.10为新三步搜索示意图。

4）四步搜索算法

四步搜索法是由Po Lai-man Ma Wing-chung等人提出的，FSS也是基于视频序列图像的运动矢量的中心偏置特征，以原点为中心，在5×5大小的正方形中构造9个检测点的搜索模型。每一步将搜索模型的中心移向MBD点处，且后两步搜索模式取决于MBD点的位置。与NTSS一样，当运动较小时，FSS也会很快结束搜索过程，只需要2～3步即可。

四步搜索算法考虑了块的中心匹配的特性，同时兼顾了物体的大范围运动。这种改进在物体既有小范围运动又有大范围运动时可以得到较好的性能。它在搜索速度上不一定快于TSS，搜索范围为[－7,7]时，FSS最多需要进行27次块匹配。但是FSS计算复杂度比TSS低，它的搜索幅度比较平滑，不至于出现方向上的误导，所以获得了较好的搜索效果。这种效果同样出现在摄像机镜头伸缩、有快速运动物体的图像序列中，因此，这是一种吸引人的运动估值算法。

图3.11为四步搜索法示意图。

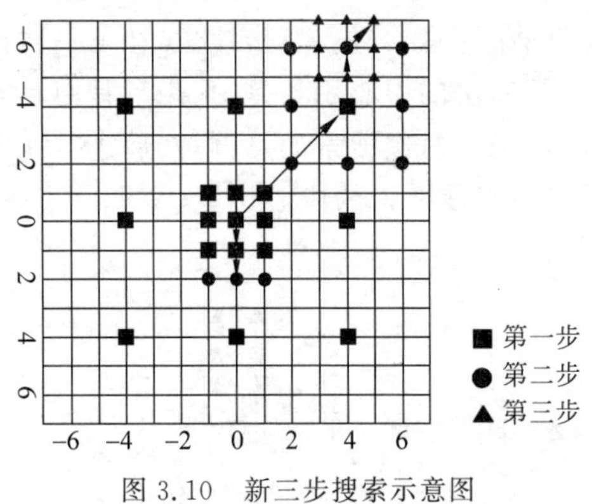

图3.10 新三步搜索示意图

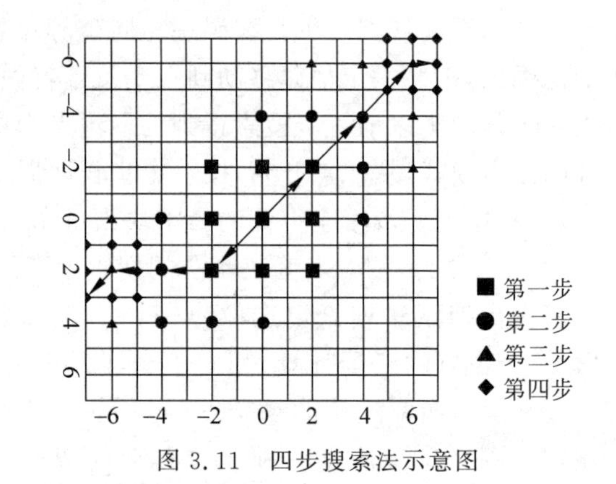

图3.11 四步搜索法示意图

5）菱形搜索算法

菱形搜索算法最早由Shan Zhu和Kai-Kuang Ma两人提出，经过多次改进，已成为目前快速块匹配运动估计算法中性能最好的算法之一。1999年10月，菱形搜索算法(DS)被MPEG-4国际标准采纳并被收入验证模型(VM)。

菱形搜索模板的形状和大小不但影响整个算法的运行速度，而且也影响它的性能。块匹配的误差实际上是在搜索范围内建立了误差表面函数，全局最小点即对应着最佳运动矢量。由于这个误差表面通常并不是单调的，所以搜索窗口太小，就容易陷入局部最优。例如，BBGDS算法，其搜索窗口仅为3×3。若搜索窗口太大，又容易产生错误的搜索路径，如TSS算法的一步。另外，统计数据表明，视频图像中进行运动估值时，最优点通常在零矢量周围(以搜索窗口中心为圆心，2px为半径的圆内)。

基于这两点事实，DS 算法采用了两种搜索模板，分别是 9 个检测点的大模板（Large Diamond Search Pattern）和有 5 个检测点的小模板（Small Diamond Search Pattern）。搜索先用大模板计算，当最小块误差 MBD 点出现时，将大模板 LDSP 换为 SDSP，再进行匹配计算，这时 5 个点中的 MBD 即为最优匹配点。图 3.12 显示了一个用 DS 算法搜索到运动矢量（−4，−2）的例子。搜索共有 5 步，MBD 点分别为（−2，0）、（−3，−1）、（−4，−2），使用了 4 次 LDSP 和 1 次 SDSP，总共搜索了 24 个点。

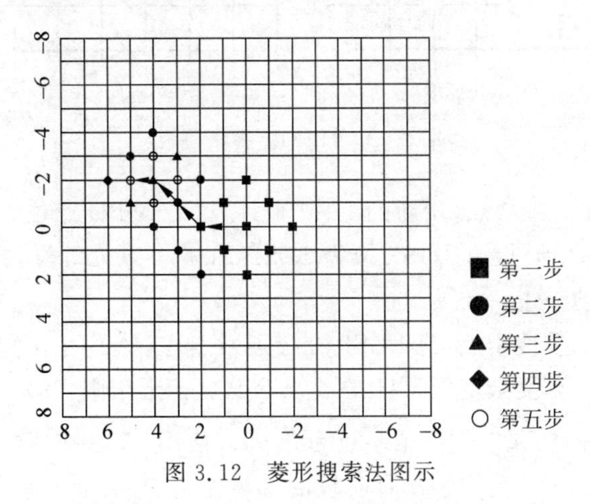

图 3.12　菱形搜索法图示

DS 算法的特点在于它分析了视频图像中运动矢量的基本规律，选用了大小两种形状的搜索模板 LDSP 和 SDSP。先用 LDSP 搜索，由于步长大，搜索范围广，可以进行粗定位，使搜索过程不会陷于局部最小；当粗定位结束后，可以认为最优点就在 LDSP 周围 8 个点所围的菱形区域中，这时再用 SDSP 来准确定位，使搜索不至于有大的起伏，所以它的性能优于其他算法。另外，DS 搜索时各步骤之间有很强的关联性，模板移动时只需要在几个新的检测点处进行匹配计算，所以也提高了搜索速度。

6）六边形搜索算法

六边形（Hexagon-based Search，HEXBS）算法于 2002 年提出，针对 DS 算法的不足，提出了六边形的大模板结构。在菱形搜索算法的大菱形模板（LDSP）中，四周的 8 个匹配点到中心点位置距离是不同的：水平和垂直方向的相邻搜索点间距为 2px，而中心点和对角方向的相邻搜索点间距为$\sqrt{2}$ px。因此，使用 LDSP 进行粗定位时，沿不同方向移动的匹配速度也是不同的，当 LDSP 的顶点为本次匹配的 MBD 点时，模板沿对角方向移动时，其速度为$\sqrt{2}$像素/步。另一方面，在大模板移动的每一步中，不同的搜索方向上只需检测 3 个新的搜索点即可。根据 LDSP 模板的问题，在 HEXBS 算法中，用六边形模板（HSP）代替 DS 算法中的 LDSP 模板，该模板在各个搜索方向都具有相同的梯度下降速度，搜索速度优于 LDSP 模板。

六边形搜索法的两个搜索模板如图 3.13 所示，其中，图 3.13(a)为六边形模板（HSP），图 3.13(b)为小菱形模板（SDSP）。搜索时先用 HSP 进行计算，当 MBD 点出现在中心处时，可认为最优点位于 HSP 所包围的六边形区域内，此时将 HSP 换为 SDSP 时，这 5 个点中的 MBD 就是最优匹配点。

用 HSP 在搜索区域中心及周围 6 个点处进行匹配计算，若 MBD 点位于中心点，则以

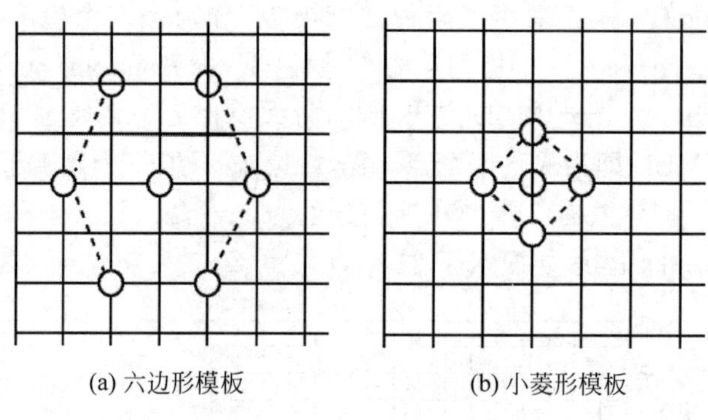

图 3.13 HEXBS 算法模板

上次找到的 MBD 点作为中心点,用新的 HSP 来计算,若 MBD 点位于中心点内,则以上一次找到的 MBD 点作为中心点,将 HSP 换为 SDSP,在 5 个点处计算,找出 MBD 点,该点所在位置即对应最佳运动矢量。

六边形模板包含 7 个搜索点,比 LDSP(9 个搜索点)减少了两个搜索点,因此,在粗定位的过程中比 LDSP 的计算复杂度低。HSP 比 LDSP 更接近于圆,其水平方向的顶点到中心点距离为 2px,对角方向的顶点距离中心点为$\sqrt{5}$ px。使用 HSP 在匹配窗内移动时,在各个方向上的移动也非常接近,沿水平方向模板的梯度下降速度为 2 像素/步,在对角方向为$\sqrt{5}$像素/步,高于 LDSP 的搜索速度,且新增搜索点数与方向无关,无论本次 MBD 点位于模板的何处位置,下次匹配只存在 3 个新匹配点需要计算。从上述分析可以看出,HEXBS 算法因为六边形模板的引入,所以其搜索速度比 DS 有所提高,但搜索精度与 DS 相比略有下降。

3. 新型运动估计技术

当前运动估计技术正在向分数像素精度、多参考帧和可变块等方向发展,在新一代视频编码标准 H.264 中充分利用了这几种运动估计技术。H.264 对一个宏块理论上的运动估计过程如下:对宏块所有允许划分下的每一子块、在所有允许的参考帧中进行分数像素精度运动估计,并根据估计结果选择最佳参考帧、最佳宏块划分以及与之对应的估计结果。这些新技术能有效地提高运动估计的精度、提高编码效率,但也增加了整个编码器的计算复杂度。下面对 H.264 中使用的这三种技术进行简略介绍。

1) 分数像素精度运动估计

一般而言,运动估计越精确,则对应的参考图像中的零值越多,因而编码后所占用的比特数就会更小,从而提高编码效率。在 H.263 中,提出了使用半像素精度的运动估计技术,H.264 中明确提出了运动估计采用亚像素运动估计的方法,并制定了 1/4px 精度和 1/8px 精度可选的运动估计方法。

下面以 1/2px 精度为例说明分数像素精度的运动估计搜索过程:首先在搜索窗内利用前面介绍的经典运动估计算法进行整像素精度的运动估计,得到整像素级的最优运动矢量;然后在整像素最优运动矢量点周围进行 1/2px 精度的插值,并对得到的 8 个 1/2px 点进行 SAD 计算,并与整像素点的 SAD 值进行比较,得到当前的最优匹配点,此最优匹配点即为 1/2px 精度的运动矢量。如果要得到更加精确的运动矢量,则在前一步的基础上继续进行插值,并进行SAD比较,得到最佳匹配点。

2) 多参考帧运动估计

多参考帧运动估计就是在进行运动估计过程中可以参考前面已经编码的多幅数据帧,在所有可能的参考帧中搜索出率失真最小的宏块和运动矢量。H.264标准中规定,对P帧和B帧编码时最多可采用5个参考帧进行帧间预测。一般多参考帧运动估计首先从距离当前编码帧最近的参考帧开始,一直搜索到距离当前编码帧最远的参考帧为止。

3) 可变块运动估计

固定块匹配算法在运动估计中遇到下面几个问题。当匹配块较小时,块匹配准确,残差数据量减小,但块的数量增加,运动矢量的数据量增加;当匹配块较大时,块的数量减小,运动矢量的数据量减小,但块匹配准确度下降,残差数据量增加。若采用16×16固定的块的大小,对于背景区域的块,可以找到较小误差的匹配,但对于运动区域的块则不能。为了解决上述问题,学者提出了可变块运动估计技术,其核心思想是,对运动不剧烈的背景区域的块使用较大的块进行运动估计,而对于运动较剧烈的前景对象则使用较小的块进行运动估计。可变块运动估计的块模式如图3.14所示。

在H.264标准中每个宏块可根据语法分为16×16,8×16,16×8和8×8的块;当采用8×8块时,还可以进一步分为更小的8×4,4×8和4×4子块进行运动估计。在对图像进行帧间编码时(P帧和B帧),编码器需要对整个预测模式集合{SKIP,16×16,8×16,16×8,8×8,8×4,4×8,4×4}的每种分割模式单独进行运动估计,得到各自的运动矢量。采用可变块进行帧间预测,使得运动估计模型能够更接近物体的实际运动,因此运动补偿精度更高,使用这种方法比单独16×16块的预测方法提高大约15%的编码效率。

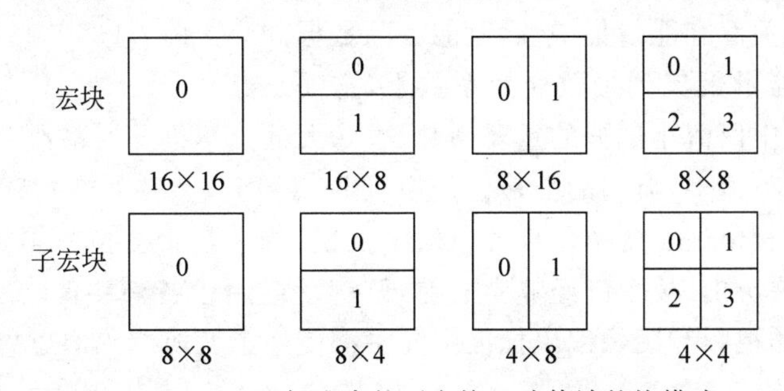

图3.14　H.264标准中的可变块运动估计的块模式

3.4　变换编码

3.4.1　变换编码工作原理

变换编码不是直接对空域图像信号进行编码,而是首先将空域图像信号映射变换到另一个正交矢量空间(变换域或频域),产生一批变换系数,然后对这些变换系数进行编码处理。变换编码是一种间接编码方法,其中关键问题是在时域或空域描述时,数据之间相关性大,数据冗余度大,经过变换在变换域中描述,数据相关性大大减少,数据冗余量减少,参数独立,数据量少,再进行量化,编码就能得到较大的压缩比。

为什么信号通过正交变换就能压缩数据量呢？下面通过一个例子来说明。

x_1、x_2为两个相邻的数据样本，每个样本有$2^3=8$个幅度等级，用3b编码。两个样本的联合事件，有$8\times8=64$种可能性，如图3.15所示。由于信号变换缓慢，x_1、x_2同时出现相近等幅等级的可能性较大，故图3.15阴影区内45°斜线$x_1=x_2$附近的联合事件出现的概率也就较大，将此阴影区的边界称为相关圈：信源的相关性越强，相关圈就越"扁长"，x_1与x_2呈现出"水涨船高"的紧密关联特性，此时编码圈内各点的位置，就要对两个差不多大的坐标值分别进行编码；信源的相关性越弱，此相关圈就越"方圆"，说明x_1处于某一幅度等级时，x_2可能出现在不相同的任意幅度等级上。

现在若对该数据进行正交变换，从几何上相当于把如图3.15所示的(x_1,x_2)坐标系旋转45°变换成(y_1,y_2)坐标系。那么此时该相关圈正好处于y_1上的投影就越大，而在y_2上的投影则越小。因而从y_2坐标来看，任凭y_1在较大范围内变换，而y_2却巍然不动或者仅仅微动，这就意味着变量y_1和y_2之间的联系，在统计上更加相互独立。经过多维坐标系中适当的旋转和变换，能够把散布在各个坐标轴上的原始数据在新的、适当的坐标系中集中到少数坐标轴上。因此可能用较少的编码维数来表示一组信号样本，实现高效率的压缩编码。

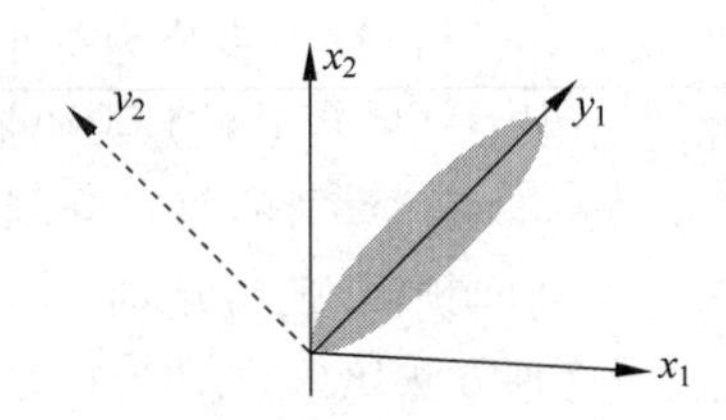

图3.15　正交变换的几何意义

预测编码和变换编码都是利用去除信号自身的相关性消除冗余，实现数据压缩，但不同的是，预测编码直接在空间域内进行，而变换编码则在变换域内进行。这是因为变换后的系数矩阵更有利于压缩，在空间域，相邻采样点具有很强的相关性，能量一般平均分布，而利用正交变换的去相关性和能量集中性，就能去除数据间的相关性，将信号能量聚集到少数变换系数上，这便于在其后的量化过程中保留小部分的重要系数，去除大部分不重要的系数。

正交变换的种类很多，典型的准最佳变换有DCT(离散余弦变换)、DFT(离散傅里叶变换)、WHT(Walsh Hadama 变换)、HrT(Haar 变换)等。基于变换的多媒体压缩编码技术已经有近40年发展历史，技术已经非常成熟，已广泛应用于各种图像、音频、视频等多媒体数据的压缩，现有的视频和图像编码标准中几乎都使用了变换编码的思想。

3.4.2　最佳的正交变换——K-L变换

K-L(Karhunen-Loeve)变换是以多媒体数据的统计特性为基础的一种正交变换，其变换核矩阵是与待处理的数据相关的，即其变换核是变化的。由于其通过分析待处理数据统计特性来设计K-L变换核，所以其变换后的数据独立性更强。K-L变换具有以下两个性质。

(1) 矢量信号的各个分量互不相关，即变换域信号的协方差矩阵为对角线型。

(2) K-L变换是在均方误差准则下失真最小的一种最佳变换。

变换的选择很大程度上影响着编码系统的整体性能，最大限度地集中信号功率，取得最大的压缩效率。如果信号是一个平稳随机过程，经过K-L变换后，所有的变换系数都不相关，且数值较大的方差仅存于少数系数中，这就利于在一定的失真度限制下，将数据压缩至最小。虽然K-L变换具有均方误差准则下的最佳性能，但是要先知道信源的协方差矩阵，并求特征值和特征向量，运算量相当大，即使借助计算机求解，也很难满足系统的实时性要求，因此 K-L 变换实用性差，一般情况下只是作为衡量其他正交变换性能的参考方式来使用。

对矢量信号 $\boldsymbol{X}$ 进行 K-L 变换的具体过程是：首先求出矢量信号 $\boldsymbol{X}$ 的协方差矩阵 $\phi_{\boldsymbol{X}}$，然后求出 $\phi_{\boldsymbol{X}}$ 的归一化正交特征向量 q_i 所构成的正交矩阵 $\boldsymbol{Q}$，最后用矩阵 $\boldsymbol{Q}$ 对该矢量信号进行正交变换 $\boldsymbol{Y}=\boldsymbol{QX}$。下面举例说明 K-L 变换的过程。

若已知随机信号 $\boldsymbol{X}$ 的协方差矩阵 $\phi_{\boldsymbol{X}}=\begin{bmatrix}110\\110\\001\end{bmatrix}$，求正交矩阵 $\boldsymbol{Q}$。

(1) 根据 $\phi_{\boldsymbol{X}}$ 求特征值。

令 $\begin{vmatrix}1 & -\lambda & 1 & 0\\1 & 1 & -\lambda & 0\\0 & 0 & 1 & -\lambda\end{vmatrix}=0$，则有 $\lambda_1=2,\lambda_2=1,\lambda_3=0$。

(2) 求特征向量。

由 $\phi_{\boldsymbol{X}}q_i=\lambda_i q_i(i=1,2,3)$ 得到三个方程组。

当 $\lambda_1=2$ 时，有 $\begin{bmatrix}q_{11}+q_{12}\\q_{11}+q_{12}\\q_{13}\end{bmatrix}=2\begin{bmatrix}q_{11}\\q_{12}\\q_{13}\end{bmatrix}$，得到 $q_1=\begin{bmatrix}a\\a\\0\end{bmatrix}$；同理得到，$q_2=\begin{bmatrix}0\\0\\b\end{bmatrix}$、$q_3=\begin{bmatrix}c\\-c\\0\end{bmatrix}$。

其中，待定实常数可由归一化正交条件解得：$a=\dfrac{\sqrt{2}}{2},b=1,c=\dfrac{\sqrt{2}}{2}$。

(3) 归一化正交矩阵：

$$\boldsymbol{Q}=[q_1q_2q_3]^{\mathrm{T}}=\frac{\sqrt{2}}{2}1\begin{vmatrix}1 & 1 & 0\\0 & 0 & \sqrt{2}\\0 & -1 & 0\end{vmatrix}$$

3.4.3 离散余弦变换 DCT

DCT 是在图像和视频编码中应用最多的一种变换方法，DCT 的实质是通过线性变换 $\boldsymbol{X}=\boldsymbol{Hx}$，将一个 N 维向量 $\boldsymbol{x}$ 变换为变换系数向量 $\boldsymbol{X}$。DCT 变换核 $\boldsymbol{H}$ 的第 k 行第 n 列的元素定义为：

$$\boldsymbol{H}(k,n)=c_k\sqrt{\frac{2}{N}}\cos\frac{(2n+1)k\pi}{2N} \tag{3.30}$$

其中，$k=0,1,\cdots,N-1,n=0,1,\cdots,N-1,c_0=\sqrt{2},c_k=1$。由于 DCT 是线性正交变换，因此 DCT 是完全可逆的，且逆矩阵就是其转置矩阵。

为了降低运算量，图像编码中一般将图像分为相互独立的子块，以子块为单位做二维 DCT，二维 $N\times N$ 点 DCT 公式为：

$$F(u,v)=\frac{2}{N}C(u)C(v)\sum_{x=0}^{N-1}\sum_{y=0}^{N-1}f(x,y)\cos\frac{(2x+1)u\pi}{2N}\cos\frac{(2y+1)v\pi}{2N} \tag{3.31}$$

逆变换 IDCT 公式为：

$$f(x,y)=\frac{2}{N}C(u)C(v)\sum_{u=0}^{N-1}\sum_{v=0}^{N-1}F(u,v)\cos\frac{(2x+1)u\pi}{2N}\cos\frac{(2y+1)v\pi}{2N} \tag{3.32}$$

其中，x,y 是空间坐标，$x,y=0,1,\cdots,N-1$；u,v 是 DCT 空间坐标，$u,v=0,1,\cdots,N-1$。可变系数 $C(0)=1/\sqrt{2}$，$C(i)=1,i=1,2,\cdots,N-1$。

下面将对现有几种 DCT 变换的编程实现方法进行比较分析。

1. 直接变换公式的算法实现

用最直接的算法实现 8×8 点 DCT 变换，如下。

```
for(u = 0;u < 8;u++)
  for (v = 0;v < 8;v++)
      for(x = 0;x < 8;x++)
        for(y = 0;y < 8;x++)
          MAT(F,u,v) += MAT(F,u,v) * c * cos(2 * x + 1) * u * pi/2(nrow)) * cos(2 * y + 1) * v *
pi/(2 * ncol));
```

其中，MAT(m,i,j)表示 8×8 点矩阵 $\boldsymbol{m}$ 中第 i 行第 j 列的元素。

从算法可见，一共需要 8×8×8×7=3584 次加法。用最直接的算法实现需要巨大的计算量，不具有使用价值。

2. 二维 DCT 变换分解为一维形式

二维 DCT 变换可以转换为一维形式，即 8×8 的二维 DCT 变换可以等效为 8 行一维的 8 点 DCT 变换和 8 列一维的 8 点 DCT 变换，算法实现如下。

```
for(v = 0;v < 8;v++)
  for (u = 0;u < 8;u++)
      for(x = 0;x < 8;x++)
        MAT(tempF,u,v) += MAT(f,x,v) * coff * cos(2 * x + 1) * u * pi/2(nrow));
  for(u = 0;u < 8;u++)
  for (v = 0;v < 8;v++)
      for(y = 0;y < 8;x++)
        MAT(F,u,v) += coff * MAT(tempF,u,y) * c * cos(2 * y + 1) * v * pi/(2 * ncol));
```

其中，MAT(m,i,j)表示 8×8 点矩阵 $\boldsymbol{m}$ 中第 i 行第 j 列的元素。

从算法可见，先 8 行一维 DCT 变换需要 64×8 次乘法和 56×8 次加法，再 8 列一维 DCT 变换需要 64×8 次乘法和 56×8 次加法，共需要 1024 次乘法和 896 次加法，计算量减少了原来的 3/4。

3. AAN 快速算法

AAN 快速算法是 Y. Arai、T. Agui 和 M. Nakjima 于 1988 年提出的一种快速算法。它也是将二维 DCT 分解成行列的一维变换，一维 8 点的 DCT 通过 16 点离散傅里叶变换来实现，而 16 点 DFT 又可以通过快速傅里叶变换(FFT)实现。从一维 ANN 变换的算法流程可以看出，其一维 8 点变换只需 11 次乘法和 29 次加法，如果将最后的尺度变换和量化结合在一起，则变换部分只需 5 次乘法和 29 次加法。二维 8×8 点 DCT 采用此方法需要 16×5=80 次乘法和 16×29=464 次加法。

3.4.4　小波变换

小波变换(Wavelet Transform,WT)是一种新的变换分析方法,它继承和发展了短时傅里叶变换局部化的思想,同时又克服了窗口大小不随频率变化等缺点,能够提供一个随频率改变的“时间-频率”窗口,是进行信号时频分析和处理的理想工具。它的主要特点是通过变换能够充分突出问题某些方面的特征,能对时间(空间)频率的局部化分析,通过伸缩平移运算对信号(函数)逐步进行多尺度细化,最终达到高频处时间细分,低频处频率细分,能自动适应时频信号分析的要求,从而可聚焦到信号的任意细节,解决了傅里叶变换的困难问题,成为继傅里叶变换以来在科学方法上的重大突破。

小波分析用于数据或图像的压缩,目前绝大多数是对静止图像进行研究的。面向网络的活动图像压缩,长期以来主要是采用离散余弦变换(DCT)加运动补偿(MC)作为编码技术,然而,该方法存在两个主要的问题:方块效应和蚊式噪声。利用小波分析的多尺度分析,不但可以克服上述问题,而且可首先得到粗尺度上图像的轮廓,然后决定是否需要传输精细的图像,以提高图像的传输速度。因此,研究面向网络的低速率图像压缩的小波分析并行算法,具有较高的探索性和新颖性,同时也具有较高的应用价值和广泛的应用前景。下面给出小波变换的两种快速算法:Mallat 算法和提升算法。

1. Mallat 算法

小波变换的主要算法是由法国科学家 Stephane Mallat 在 1988 年提出的。他在构建正交小波基时提出了多分辨率的概念,从空间上形象地说明了小波的多分辨率的特性,提出了正交小波的构造方法和快速算法,叫作 Mallat 算法。该算法统一了在此之前构造正交小波基的所有方法,它的地位相当于快速傅里叶变换在经典傅里叶分析中的地位,为小波变换的实际应用奠定了坚实的基础,极大地促进了小波变换在数字信号处理中的工程应用。Mallat 算法也是在小波的实际软硬件实现中最常用的算法之一。采用 Mallat 算法对信号的正交小波分解与合成的原理如图 3.16 所示。Mallat 算法通过低通滤波器 h 和高通滤波器 g 对输入信号 X 进行滤波,然后对输出结果进行下二采样来实现正交小波分解,分解的结果是产生长度减半的两个分量,一个是经低通滤波器产生的原始信号平滑部分,另一个则是经高通滤波器产生的原始信号细节部分。重构时先要进行上二采样,再使用一组合成滤波器 $\tilde{h}$ 和 $\tilde{g}$ 对小波分解的结果滤波,以生成重构信号 Y。Y 相对于 X 来说可能是有损的,也可能是无损的,这取决于所采用的小波变换核(小波基)。多级小波分解可以通过级联的方式进行,每一级的小波变换都是在前一级分解产生的低频分量上的继续,而合成是分解的逆运算。

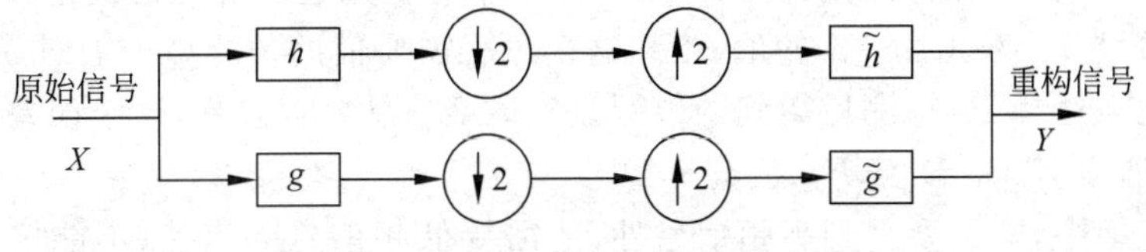

图 3.16　Mallat 算法的分解与合成

2. 小波提升算法

Swelden 提出了一种不依赖于傅里叶变换的新的小波构造方案——提升方案(Lifting Scheme),由于其计算法复杂度只是原有卷积方法的一半左右,因而成为计算离散小波变换的主流方法。提升方案为小波变换提供了一种新的更快速的实现方法。同时提升不但是构造第一代小波的难度,并且已经证明提升可以实现所有第一代小波变换。利用提升方案可以构造出不同的小波,例如,Daubechies 双正交小波和差值双正交小波。

提升方案的特点如下。

(1) 继承了第一代小波的多分辨率的特性。

(2) 不依赖傅里叶变换。

(3) 提升方案允许完全的原位计算,即在小波变换中不需要附加内存,原始信号数据可以直接被小波系数替换。

(4) 提升方案的反变换可以很容易由正变换得到,即只需要改变数据流的方向和正负号。小波提升方案由于其计算速度快、占用内存少、可以实现整数变换等特点而被 JPEG2000 标准推荐用来进行小波变换,是 JPEG2000 的核心算法之一。小波提升方案通过预测和更新两个提升环节实现信号高低频的分离。由于信号具有局部相关性,某一点的信号值可以根据相邻信号的值由适当的预测算子预测出来,而这种预测所产生的误差就是高频信息,这个过程称为预测环节。预测环节得到的高频信息又是通过更新算子来调整信号的下抽样,从而得到低频信息,这个过程称为更新环节。更新环节在提升算法中称为原始提升,而预测环节被称为对偶提升。

小波提升通常由一个预测环节和一个更新环节构成,图 3.17 表示了一个最简单的提升变换和提升反变换。提升变换和提升反变换结构对称、算子符号相反,由此可以保证提升变换是一种完全可逆的变换,可以实现精确重构。提升环节可以通过使用著名的欧几里得算法分解已经存在的小波滤波器得到,也可以完全重新构造。

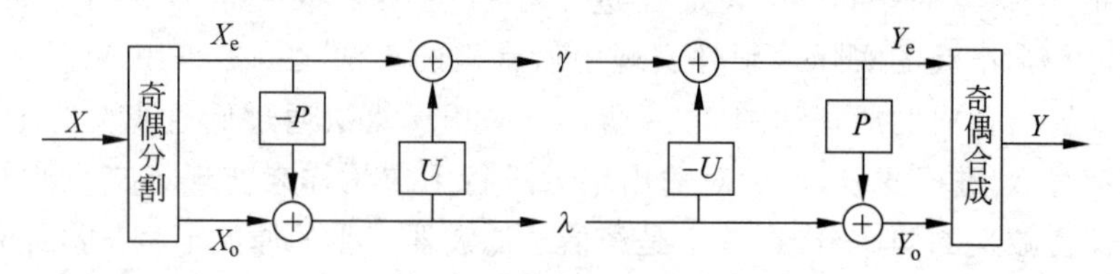

图 3.17 小波提升变换和反变换示意图

图 3.17 中 X 为输入信号,Y 为重构信号,λ 为小波系数(对应高频分量),γ 为尺度系数(对应低频分量),P 为预测算子,U 为更新算子,下标 e 表示偶数序列,下标 o 表示奇数序列。

通常,输入信号具有局部相关性,即某一点的信号值跟它相邻点的值是很相关的。可以利用这一点通过 X_e 来预测 X_o 的值,当然这个过程需要借助预测算子 P 来完成。然而,不管如何精巧地去选择 P,预测后得到的值跟真实的 X_o 总会有误差,这个误差就是小波系数(高频信息),所以有 $\lambda=X_o-P[X_e]$。

在小波变换中,除了要得到高频信息外,还需要低频信息。当然,不能仅让输入信号的下抽样 X_e 来表示低频信息,因为它没有反映 X_o 的信息。所以,需要借助得到的高频信息

来修正 X_e，使之能充分反映 X_e 和 X_o 的影响，正确地表达信号的低频信息，而完成这个修正任务的就是更新算子 U。

小波提升的核心是更新算子和预测算子，通过预测算子可以分离出高频信息，而通过更新算子可以得到正确的低频信息。提升方案可以实现原位计算和整数提升，并且变换的中间结果是交织排列的，其中，原位计算和整数提升在硬件实现中很有价值，而交织排列则造成了对中间结果进行分析的稍许不便。另外，提升反变换是只需要将正变换中算子的符号改变并按照相反的顺序进行运算即可。

在提升变换中，预测环节实现了高频分量的分离，而更新环节则可以使得低频分量能正确地表达原始信号的统计特征。实际上，如果仅从可重构的角度来看，P 和 U 可以是任意的，而且也不需要同时使用。但考虑到实际的高频与低频的物理意义，也可以对中间结果进一步分析与处理，预测算子 P 应该以尽量平滑地拟合原输入信号为己任，而更新算子 U 则应以保持原信号的连续均值为目标。

3. 二维小波变换原理

当输入信号为二维信号时(如图像信号)，小波变换要在二维上进行。在图像编码中使用的二维离散小波变换等同于一个分层的子带系统，各子带的频率按对数划分，表示二倍程分解。因为二维小波可分离构造，也就是说，二维小波变换可通过一次列变换，如图 3.18(b)所示，然后再经过一次行变换，如图 3.18(c)所示，即总共两次一维小波变换来实现。这样一幅图像在二维频域可以分解为 4 个子带。进一步地，可以将 X_1^{LL} 分解为 4 个子带 X_2^{LL}、X_2^{LH}、X_2^{HL} 和 X_2^{HH}，如图 3.18(d)所示。就这样，分别对图像的列、行实施一维小波分解，并迭代以形成多级塔形分解结构。在多级塔形分解结构中，不同级的子带系数实质上反映了图像在不同尺度下的低频和高频分量。分解的级数越高，则相应子带对应的尺度越大，而子带本身的大小就越小，因为每进行一次分解都要进行下抽样，级数越高则抽样次数越多，子带自然就越小。

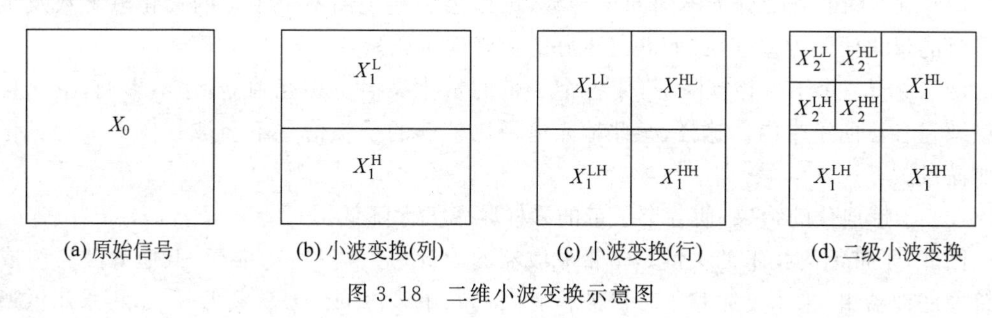

图 3.18　二维小波变换示意图

3.5　其他编码方法

3.5.1　矢量量化编码

矢量量化(Vector Quantization，VQ)是 20 世纪 70 年代后期发展起来的一种基于块编码规则的有损数据压缩方法，事实上，在 JPEG 和 MPEG-4 等多媒体压缩格式里都有 VQ 这一步。它的基本思想是：将若干个标量数据组构成一个矢量，然后在矢量空间给以整体量化，压缩了数据而不损失多少信息。矢量量化编码技术流程如图 3.19 所示。

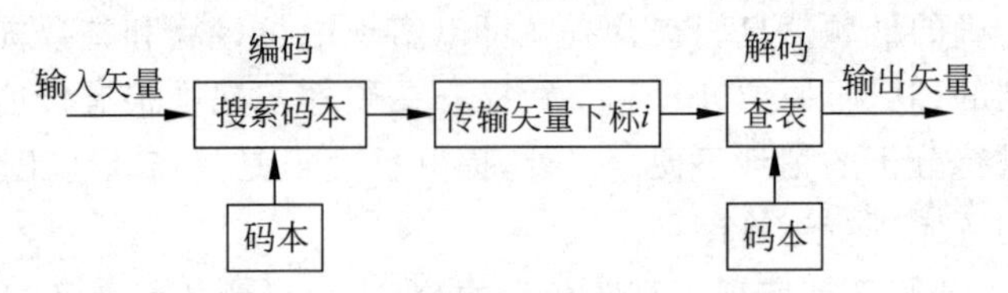

图 3.19　矢量量化编码与解码流程

在矢量量化过程中，对于给定的矢量 X_i，在码本中进行比较，得到一个与最为接近的矢量 Y_i，则码本矢量 Y_i 在码本中的矢量编码 i 即为 X_i 的量化值。这样，对于某个矢量 X_i，在编码时可以用一个编码 i 进行编码。矢量量化编码可以将多个复杂的采样点编码量化到一个码本矢量的编号，进而对这一矢量编号进行编码。

只要有码本和相应的编号，就可以快速解码，可以极大地压缩编码率。矢量量化的关键是设计一个能体现关键特征的码本。早期，VQ 运用的一个难点在于它要解决一个多维积分的问题。1980 年，Linde，Buzo 和 Gray(LBG)提出一种基于训练序列的 VQ 设计算法，对训练序列的运用绕开了多维积分的求解，使得世上又诞生了一种经典的 LBG-VQ 的算法。

3.5.2　子带编码

子带编码是一种在频率域中进行数据压缩的算法。其指导思想是首先在发送端将信号在频率域分成若干子带，然后分别对这些子带信号进行频带搬移，将其转换成基带信号，再根据奈奎斯特定理对各基带信号进行取样、量化和编码，最后合并成为一个数据流进行传送。

子带编码有以下几个突出的优点。

(1) 对不同的子带分配不同的比特数，可以很好地控制各个子带的量化电平数及重建信号时的量化误差方差值，进而获得更好的主观视听质量。

(2) 由于各个子带相互隔开，使各个子带的量化噪声也相互独立，互不影响，量化噪声被束缚在各自的子带内。这样，某些输入电平比较低的子带信号不会被其他子带的量化噪声所湮没。

(3) 子带划分的结果，使各个子带的采样频率大大降低。

因此，子带编码技术的关键是子带滤波器的设计，通常使用二维高、低通滤波器组成正交镜像滤波器组，采用复频移子带滤波措施，将高、中频段的信号移到低频段，再采用低通滤波器逐次进行过滤。

3.5.3　神经网络编码

人工神经网络 BP 运用于图像压缩编码中取得了较好的效果，一些人工神经网络模型可以直接提高数据压缩能力。

目前，在图像压缩中使用较多的是三层 BP 神经网络。其大致步骤为：先将图像分成 n 个小块，对应于输入的 n 个神经元，而压缩后的数据对应于隐含 m 个神经元；再用 BP 训练算法调整网络权重，使重建图像尽可能相似于原图像，训练之后的BP神经网络便可直接用于数据压缩。人工神经网络BP用于图像数据压缩时，网络拓扑结构变换和算法修正对网络训练时间及重建图像质量都会有影响，因此，选择合适的网络结构和快速网络训练算法，可明显加速网络收敛，且网络易避开学习误差的局部极小点，可取得高压缩比和好的重建图像质量。

另外，除了神经网络直接用于图像压缩编码外，还可以将其与传统图像编码相结合，即将神经网络间接应用于图像编码。因为神经网络有较强的容错能力，因而有助于压缩有噪图像数据和恢复压缩后信息不全的图像。最后，由于神经网络有大规模并行处理的能力，也为神经网络图像编码的实时实现创造了条件。

3.5.4 模型编码

前面提到的预测编码和变换编码都是基于信息论的图像编码方法，它把图像信号看作随机信号，通过去除冗余度来压缩数据。模型编码和它们不同，是利用计算机视觉和计算图形学的知识，对图像信号进行分析与合成，涉及对图像结构和具体内容进行处理，利用与图像具体内容有密切关系的信息来压缩数据。编码的关键是对图像信号建立某种模型，并根据模型确定图像中景物的参数，如运动参数、形状参数等。解码时则根据参数和已知模型，运用图像合成技术重建图像。图像模型决定着图像编码方式，可以利用边缘、轮廓、区域等图像二维结构进行编码；可以利用编码对象的三维运动情形和三维形状估计数据进行编码；也可以利用涉及对象组织结构的三维物体模型进行编码。例如，编码器分析一个有头部运动的场景，可把头部作为一个三维目标建模，解码器中保留头部的三维模型，只要传输“移动”模型所需要的动态参数，并补偿模型场景和实际场景间的误差信号即可。因为只是针对对象的特征参数编码，而不是原始图像，因此，有可能实现比较大的压缩比，但是实时分析和综合一个视频场景的计算复杂度较高。目前，图像和视频编码标准都没有真正应用模型编码技术。

小结

多媒体系统要处理、传输、存储多媒体信息，由于这些媒体信息的数据量非常大，所以多媒体数据的高效压缩技术就成为多媒体系统的关键技术，也是目前多媒体应用中最为成熟的技术和标准化最完美的技术之一。本章介绍了多媒体压缩算法，如哈夫曼编码、算术编码、标准量化、DCT和运动估计/运动补偿等是后续章节的基础，需要熟练掌握以上技术，才能更好地理解和应用音频、图像和视频等编码标准。

习题

1. 简述数据压缩的工作原理。
2. 请对字符串“5555557777733322221111111”进行游程编码。
3. 设有4个字符d，i，a，n，出现的频度为7，5，2，4，请对此字符串用哈夫曼编码。
4. 运动图像编码中，帧内编码和帧间编码有什么区别？

第4章 音频压缩技术标准

音频信息是多媒体信息中最重要的类型之一,从通信领域到多媒体娱乐领域,都离不开音频信息。数字音频由于其数据量较大,为了更有利于传输和存储,必须对其进行压缩处理。

本章首先介绍音频压缩的可行性以及压缩方法的分类,然后介绍音频压缩的几种基本技术,最后对MPGE系列标准中有关音频编码的部分进行简单介绍。

4.1 音频信号压缩编码原理

4.1.1 音频压缩编码基本原理

信号压缩过程是对采样、量化后的原始数字音频信号流运用适当的数字信号处理技术进行信号数据的处理,将音频信号中对人们感受信息影响可以忽略的成分去除,仅对有用的那部分音频信号进行编排,从而降低了参与编码的数据量。

数字音频压缩编码主要基于两种途径:一种是去除声音信号中的"冗余"部分,另一种是利用人耳的听觉特性,将声音中与听觉无关的"不相关"部分去除。研究发现,语音信号中存在大量的冗余。通过去除那些冗余数据可以使原始语音信号的数据量极大地减少,从而解决音频信号数据量巨大的问题。数字音频信号中包含的对人们感受信息影响可以忽略的成分称为冗余,包括时域冗余、频域冗余和听觉冗余。

1. 时域冗余

时域冗余的表现形式有以下几种。

1) 幅度分布的非均匀性

信号的量化比特分布是针对信号的整个动态范围而设定的,对于小幅度信号而言,大量的比特数据位被闲置。

2) 样值间的相关性

声音信号是一个连续表达过程,通过采样之后,相邻的信号具有极强的相似性,信号差值与信号本身相比,数据量要小得多。

3) 信号周期的相关性

声音信息在整个可闻域的范围内,每个瞬间只有部分频率成分在起作用,即特征频率,这些特征频率会以一定的周期反复出现，周期之间具有相关关系。

4）长时自我相关性

声音信息序列的样值、周期相关性，在一个相对较长的时间间隔也会是相对稳定的，这种稳定关系具有很高的相关系数。

5）静音

声音信息中的停顿间歇，无论是采样还是量化都会形成冗余，找出停顿间歇并将其样值数据去除，可以减少数据量。

2. 频域冗余

频域冗余的表现形式有以下几种。

1）长时功率谱密度的非均匀性

任何一种声音信息，在相当长的时间间隔内，功率分布在低频部分大于高频部分，功率谱具有明显的非平坦性，对于给定的频段而言，存在相应的冗余。

2）语言特有的短时功率谱密度

语音信号在某些频率上会出现峰值，而在另一些频率上会出现谷值，这些共振峰频率具有较大的能量，由它们决定了不同的语音特征，整个语言的功率谱以基音频率为基础，形成了向高次谐波递减的结构。

3. 听觉冗余

根据分析人耳对信号频率、时间等方面具有有限分辨能力而设计的心理声学模型，通过听觉领悟信息的复杂过程，包括接收信息、识别判断和理解信号内容等几个层次的心理活动，形成相应的感觉和意境。

构成声音信息集合中的所有数据，并非对人耳辨别声音的强度、音调、方位都产生作用，形成听觉冗余。例如，人耳所能察觉的声音信号的频率范围为20Hz～20kHz，除此之外的其他频率人耳无法察觉，都可视为冗余信号。此外，根据人耳听觉的生理和心理声学现象，当一个强音信号与一个弱音信号同时存在时，弱音信号将被强音信号所掩蔽而听不见，这样弱音信号就可以视为冗余信号而不用传送，这就是人耳听觉的掩蔽效应，主要表现为频谱掩蔽效应和时域掩蔽效应。

1）频谱掩蔽效应

一个频率的声音能量小于某个阈值之后，人耳就会听不到，这个阈值称为最小可闻阈。当有另外能量较大的声音出现时，该声音频率附近的阈值会提高很多，即所谓的掩蔽效应，如图4.1所示。

由图4.1可以看出人耳对2～5kHz的声音最敏感，而对频率太低或太高的声音信号都很迟钝，当有一个频率为0.2kHz、强度为60dB的声音出现时，其附近的阈值提高了很多。在0.1kHz以下、1kHz以上的部分，由于离0.2kHz强信号较远，不受0.2kHz强信号影响，阈值不受影响。而在0.1～1kHz范围，由于0.2kHz强音的出现，阈值有较大的提升，人耳在此范围所能感觉到的最小声音强度大幅提升。如果0.1～1kHz范围内的声音信号的强度在阈值曲线之下，由于它被0.2kHz强音信号所掩蔽，那么此时人耳只能听到0.2kHz的强音信号而根本听不见其他弱信号，这些与0.2kHz强音信号同时存在的弱音信号就可被

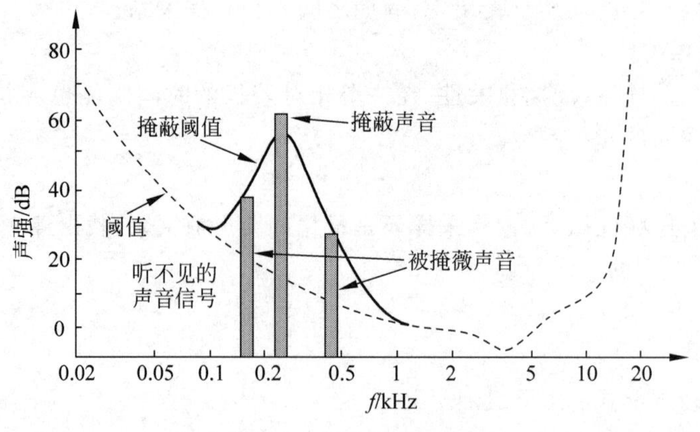

图 4.1 频率掩蔽效应

视为冗余信号而不必传送。

2）时域掩蔽效应

当强音信号和弱音信号同时出现时，还存在时域掩蔽效应，即两者发生时间很接近的时候，也会发生掩蔽效应。时域掩蔽过程曲线如图 4.2 所示，分为前掩蔽、同时掩蔽和后掩蔽三部分。

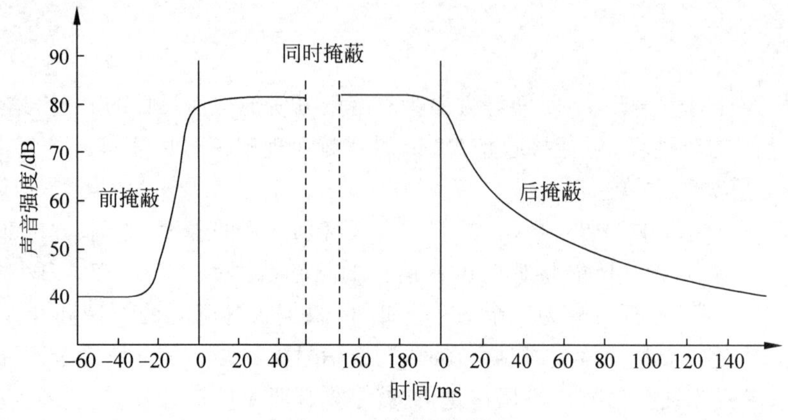

图 4.2 时域掩蔽效应

前掩蔽是指人耳在听到强信号之前的短暂时间内，已经存在的弱信号会被掩蔽而听不到。同时掩蔽是指当强信号与弱信号同时存在时，弱信号会被强信号所掩蔽而听不到。后掩蔽是指当强信号消失后，需经过较长的一段时间才能重新听见弱信号，称为后掩蔽。这些被掩蔽的弱信号即可视为冗余信号。

4.1.2 音频信号压缩编码分类

根据编码方式的不同，音频编码技术分为三种：波形编码、参数编码和混合编码。一般来说，波形编码的话音质量高，但编码速率也很高；参数编码的编码速率很低，产生的合成语音的音质不高；混合编码使用参数编码技术和波形编码技术，编码速率和音质介于它们之间。

1. 波形编码

波形编码是指不利用生成音频信号的任何参数,直接将时间域信号变换为数字代码,使重构的语音波形尽可能地与原始语音信号的波形保持一致。波形编码的基本原理是在时间轴上对模拟语音信号按一定的速率抽样,然后将幅度样本分层量化,并用代码表示。

波形编码方法简单、易于实现、适应能力强并且语音质量好。不过因为压缩方法简单也带来了一些问题: 压缩比相对较低,需要较高的编码速率。一般来说,波形编码的复杂程度比较低,编码速率较高、通常在16kb/s以上,质量相当高。但编码速率低于16kb/s时,音质会急剧下降。

最简单的波形编码方法是PCM,它只对语音信号进行采样和量化处理。其优点是编码方法简单,延迟时间短,音质高,重构的语音信号与原始语音信号几乎没有差别。其不足之处是编码速率比较高(64kb/s),对传输通道的错误比较敏感。

2. 参数编码

参数编码是从语音波形信号中提取生成语音的参数,使用这些参数通过语音生成模型重构出语音,使重构的语音信号尽可能地保持原始语音信号的语意。也就是说,参数编码是把语音信号产生的数字模型作为基础,然后求出数字模型的模型参数,再按照这些参数还原数字模型,进而合成语音。

参数编码的编码速率较低,可以达到2.4kb/s,产生的语音信号通过建立的数字模型还原出来,因此重构的语音信号波形与原始语音信号的波形可能会存在较大的区别,失真会比较大。而且因为受到语音生成模型的限制,增加数据速率也无法提高合成语音的质量。虽然参数编码的音质比较低,但是保密性很好,一直被应用在军事上。典型的参数编码方法为LPC(Linear Predictive Coding,线性预测编码)。

3. 混合编码

混合编码是指同时使用两种或两种以上的编码方法进行编码。这种编码方法克服了波形编码和参数编码的弱点,并结合了波形编码高质量和参数编码的低编码速率,能够取得比较好的效果。它的基本原理是合成分析法,将综合滤波器引入编码器,与分析器相结合,在编码器中将激励输入综合滤波器产生与译码器端完全一致的合成语音,然后将合成语音与原始语音相比较,根据均方误差最小原则,求得最佳的激励信号,然后把激励信号以及分析出来的综合滤波器编码送给解码端。通过设计不同的码本和码本搜索技术,产生了很多编码标准,如码本激励线性预测编码(Conde Excited Linear Prediction,CELP)、多脉冲激励线性预测编码(Multi Pule Linear Prediction Code,MPLPC)等,利用此技术的音频压缩编码标准有C.723.1和G.729等。

4.2 音频信号压缩编码技术

4.2.1 波形编码

波形编码的基本思想是在满足采样定理的前提下，采样量化，并使编码以后的数据量尽可能小，译码后的输出信号尽可能逼近原来的输入音频信号的波形，如 PCM、DPCM、ADPCM、DM 和 ADM 等。

1. PCM

PCM(Pulse Code Modulation)即脉冲编码调制，这种方法仅对输入信号进行采样和量化处理。PCM 重构的语音信号几乎与原始的信号没有区别。PCM 方法在 20 世纪 80 年代就已经标准化，直到今天还在被广泛使用。它的优点是编译码器简单、延迟时间短、音质高；不足之处是数据率比较高，对传输通道的错误比较敏感。

PCM 编码可分为均匀量化和非均匀量化两种。

1) 均匀量化

均匀量化 PCM 编码过程是先对音频波形进行采样，然后量化为数字信号。

(1) 采样。设输入 $x(t)$，采样序列为：

$$P(t)=\sum_{n=0}^{\infty}\delta(t-nT) \tag{4.1}$$

则其离散模拟信号为：

$$x(t)P(t)=x(t)n\sum_{n=1}^{\infty}\delta(t-nT)=\sum_{n=1}^{\infty}(t-nT) \tag{4.2}$$

(2) 量化。设 n 位均匀量化，则量化单位为：

$$q=\frac{x_m}{2^n-1} \tag{4.3}$$

其中，x_m 为信号的最大幅度。考虑四舍五入，则量化误差为 $q/2$，量化误差使信号恢复时带来附加的噪声。设量化单位为 0.1V，则量化误差为 0.05V。若信号电平为 5V，则相对误差为 1%；若信号电平为 0.5V，则相对误差为 10%。

可见，同样的量化单位，小信号和大信号的相对量化误差是不同的。因此，希望小信号时量化单位小，大信号时让量化单位取大一些，这就是非均匀量化。

2) 非均匀量化——压缩与扩张

在 PCM 编码中，量化误差与编码位数是矛盾的，人们总是希望在一定的编码位数下尽可能减少量化误差，均匀量化的 PCM 编码是不能做到这一点的。

在话音或音频信号中，一般小信号出现的机会要比大信号多，且人耳对大信号不敏感，呈对数特性。采用非均匀量化编码的实质在于减少表示采样的位数，从而达到数据压缩的目的。其基本思路是：使用非线性变换的方法，使得变换后的信号均匀量化对应原始信号的非均匀量化，即：当原始信号幅度小时，采用较小的量化间隔；当原始信号幅度大时，采用较大的量化间隔。这样,在一定的精度下,用更少的二进制码位来表示采样值。国际上使用两种非线性变换方法:μ 律压扩算法和 A 律压扩算法。北美和日本等地区的数字电话通信中,按式 4.4(μ 律)确定输入和输出的关系:

$$y=\operatorname{sgn}(x)\frac{\ln(1+\mu|x|)}{\ln(1+\mu)} \tag{4.4}$$

其中,x 为输入电压与 A/D 转换器满刻度电压之比,为 $-1:1$ 的值;$\operatorname{sgn}(x)$ 为 x 的极性;μ 为压扩参数,其取值范围为 100～500,一般取 255,该压扩规则的特性如图 4.3 所示。通常将此曲线叫作 μ 律压扩特性。

欧洲和我国的数字电话通信中,按式 4.5 和式 4.6(A 律)确定输入和输出的关系:

$$y=\operatorname{sgn}(x)\frac{A|x|}{1+\ln A},\quad 0\leqslant|x|\leqslant\frac{1}{A} \tag{4.5}$$

$$y=\operatorname{sgn}(x)\frac{1+\ln(A|x|)}{1+\ln A},\quad \frac{1}{A}\leqslant|x|\leqslant 1 \tag{4.6}$$

由于 μ 和 A 的取值不同,上式所得到的 μ 律或者 A 律的压扩特性也不相同,而实际电路实现这样的函数也是相当复杂的。为此,人们提出了数字压扩技术,其基本思想是:利用大量数字电路形成若干根折线,并用这些折线来近似对数的压扩特性,从而达到了压扩的目的。

用折线实现压扩特性,它既不同于均匀量化的直线,又不同于对数压扩特性的光滑曲线。总的来说,用折线作压扩特性是非均匀量化,它既有非均匀量化,又有均匀量化。有两种常用的数字压扩技术:一种是 15 折线 μ 律压扩,其特性近似 $\mu=255$ 的 μ 律压扩特性;另一种是 13 折线 A 律压扩,它的近似特性近似 $A=87.6$ 的 A 律压扩特性。下面简单介绍 13 折线 A 律压扩技术,简称 13 折线法,过程如下。

(1) 设 x 轴、y 轴分别表示压扩特性的输入、输出信号的取值区,最大信号为 $\pm V_m$。

(2) x 轴量化:将 x 轴不均匀分为 8 段(段落码 3 位),每次以 1/2 分段,每段均匀分为 16 等份,每等份就是 1 个量化间隔,这样,在 $0:V_m$ 范围内,就有 16×8 个量化等级。在每个量化等级内,又均匀划分为 16 等分。这样,输入信号小的,量化间隔也小;反之,大信号的量化间隔就大。

(3) y 轴量化:将 $0:V_m$ 均匀划分为 8 等份(与 x 轴 8 段对应),每段均匀分为 16 等份(与 x 轴每段对应)。这样 y 轴 $0:V_m$ 均匀分为 16×8 个量化间隔。

(4) 将 x 轴和 y 轴相应段交点连起来,就构成了 8 段折线,第 1 段与第 2 段的斜率是一样的,实际信号只是 7 段,负信号也是 7 段,但中间两段是一样的斜率,所以形成 13 折线的压扩特性。如图 4.3 所示,图中只画出了正信号特性的一部分(7 段)。

用折线实现压扩后,可以对 y 轴的值进行量化表示。例如,当选择 $\mu=255$ 时,压扩特性用 8 段折线来代替,这就是 μ 律 15 折线压扩特性。当用 8 位二进制数表示一个采样时,可以得到满意的音频质量。在这 8 位二进制数中,最高位表示符号位,中间 3 位用来表示折线线段,最后 4 位用来表示数值。其格式如图 4.4 所示。

在译码恢复数据时,根据符号和折线线段即可通过预先做好的表,查表恢复原始数据。

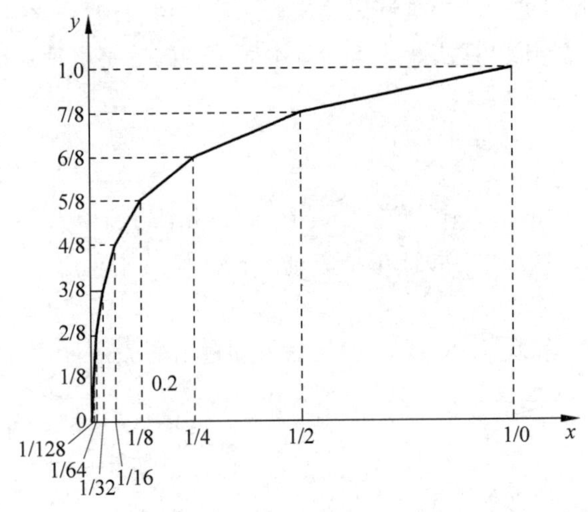

图 4.3 *A* 律 13 折线压扩特性

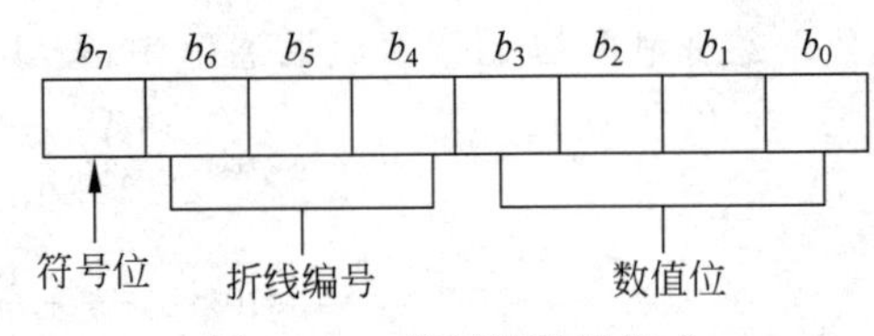

图 4.4 μ 律压扩数据格式

2. DPCM

PCM 编码中存在着大量的冗余信息，这是因为音频信号相邻近样本间的相关性很强。若采取某种措施，便可以去掉那些冗余的信息。差分脉冲编码调制是常用的一种方法。

差分脉冲编码调制的中心思想是对信号的差值而不是对信号本身进行编码，这个差值是信号值与预测值的差。预测值可由过去的采样值进行预测，其计算公式为：

$$\hat{y}_0 = a_1 y_1 + a_2 y_2 + \cdots + a_N y_N = \sum_{i=1}^{N} a_i y_i \tag{4.7}$$

其中，a_i 为预测系数。因此，利用若干前面的采样值可以预测当前值，当前值与预测值的差为：

$$e_0 = y_0 - \hat{y}_0 \tag{4.8}$$

差分脉冲编码调制就是将上述每个样点的差值量化编码，而后用于存储或传送。由于相邻采样点有较大的相关性，预测值常接近真实值，故差值一般都比较小，从而可以用较少的数据位来表示，这样就减少了数据量。

在接收端或数据回放时，可用类似的过程重建原始数据。差分脉冲编码调制系统框图如图 4.5 所示。

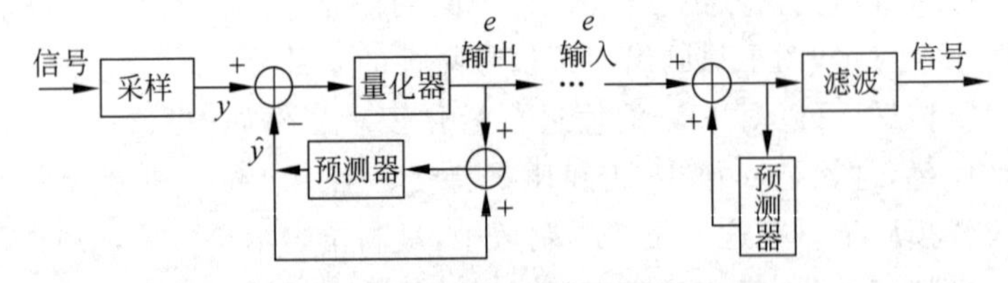

图 4.5 差分脉冲编码调制系统框图

由图 4.5 可知，只要求出预测值，实现这种方法就不困难。而要得到预测值，关键的问题是确定预测系数 a_i。如何求 a_i 呢？我们定义的 a_i 就是使估值的均方差最小的 a_i。

3．ADPCM

ADPCM 即自适应差分脉冲编码调制（Adaptive DPCM）。为了进一步提高编码的性能，人们将自适应量化器和自适应预测器结合用于 DPCM 之中，从而实现了自适应差分脉冲编码调制。其简化的框图如图 4.6 和图 4.7 所示。

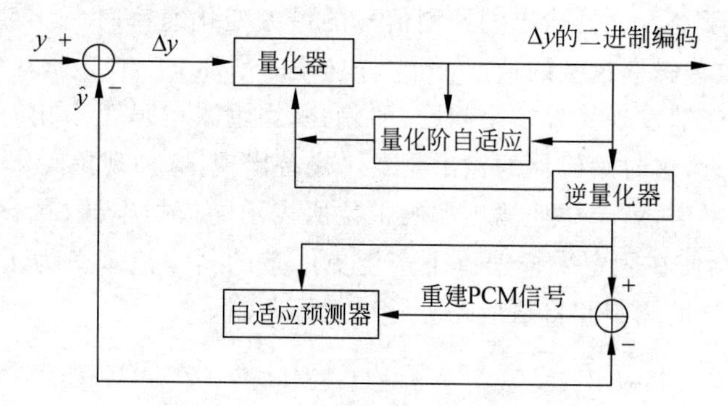

图 4.6　ADPCM 编码器

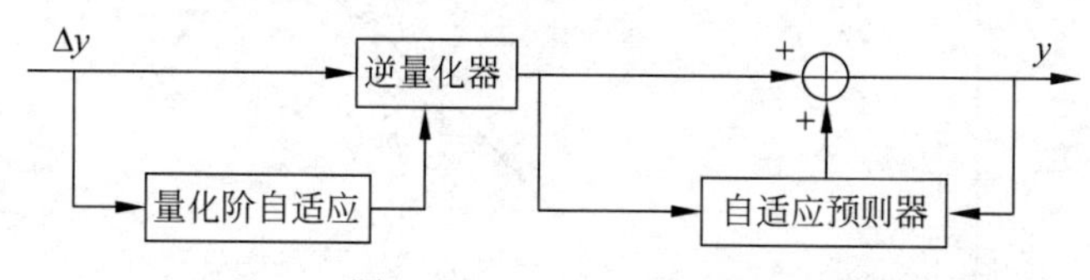

图 4.7　ADPCM 译码器

自适应量化器首先检测差分信号的变化率和差分信号的幅度大小，而后决定量化的量化阶距。自适应预测器能够更好地跟踪语音信号的变化。因此，将两种技术组合起来使用能提高系统性能。如图 4.7 所示的编码器框图中，实际上也包含着如图 4.8 所示的译码器电路框图，两者的算法是一样的。

4．DM

增量调制（Delta Modulation，DM）是一种比较简单且有数据压缩功能的波形编码方法，其工作原理很易理解，而且是一种常用的音频信号压缩方法。增量调制的系统结构框图如图 4.8 所示。

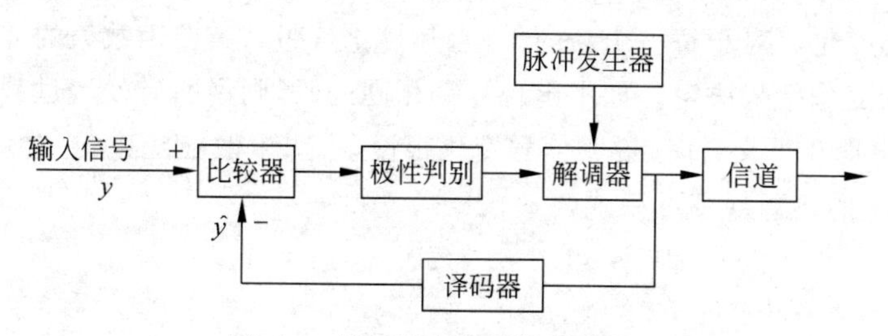

图 4.8　增量调制的系统结构框图

在编码端，输入的模拟音频信号与预测值在比较器上相减，从而得到差值。差值的极性可以为正，也可以为负。若为正，则编码输出为 1；若为负，则编码输出为 0。这样，在增量调制的输出端可以得到一串1位编码的DM码。增量调制编码过程如图4.9所示。在图4.9中，纵坐标表示输入的模拟电压，横坐标表示随时间增加而顺序产生的DM码。图中虚线表示输入的音频模拟信号。

从图4.9中可以看出，当输入信号变化比较快时，编码器输出无法跟上信号的变化。从而会使重建的模拟信号发生畸变。这就是所谓的"斜率过载"。还可以看到，当输入模拟信号的变化速度超过了经积分器输出的预测信号的最大变化速率时，就会发生斜率过载。增加采样速率，可以改善斜率过载的情况，但采样速率的增加又会使数据压缩的效率降低。

从图4.9中还能够发现另外一个问题，那就是，当输入信号不变化时，预测信号和输入信号的差会十分接近，这时编码器的输出是0、1交替出现，这种现象叫作增量调制的散粒噪声。为了减少散粒噪声，就希望使输出编码1位所表示的模拟电压(量化阶Δ)小一些。但是，减少量化阶Δ会使在固定采样速率下产生更严重的斜率过载。为了解决这一矛盾，人们研究出了自适应增量调制和自适应差分脉冲编码调制。

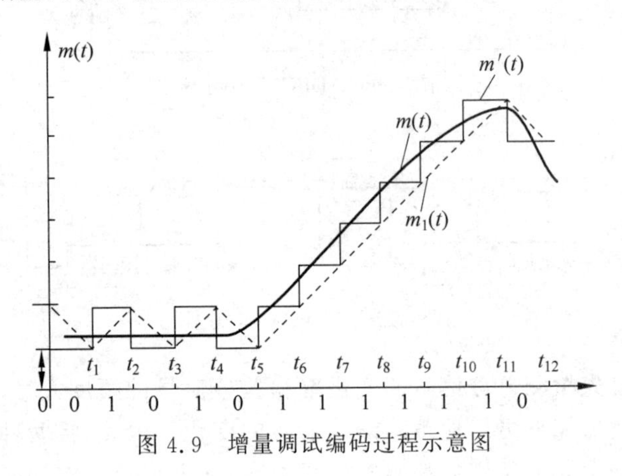

图4.9 增量调试编码过程示意图

5. ADM

前面已经提到，为了减少斜率过载，希望增加阶距；为减少散粒噪声，又希望减少阶距。若是能使DM的量化阶距Δ适应信号变化的要求，就必然能降低斜率过载和减少散粒噪声的影响。

在自适应DM中，常用的规则有以下两种。一种是控制可变因子M，使量化阶距在一定的极限范围内变化。对于每一个新的采样，其量化阶距为其前面数值的M倍，而M的值则由输入信号的变化率来决定。如果出现连续相同的码，则说明有发生过载的危险，这时就要加大M。当出现0、1交替时，说明信号变化很慢，会产生散粒噪声，这时就要减少M值。控制可变因子M的典型规则可用式(4.9)表示。

$$M=\begin{cases}2, & y(k)=y(k-1)\\1/2, & y(k)\neq y(k-1)\end{cases}\tag{4.9}$$

另一类使用较多的自适应增量调制称为连续可变斜率增量(CVSD)调制。其工作原理如下：如果调制器连续输出三个相同的码，则量化阶距加上一个大的增量，因为三个连续相同的码表示有过载发生；反之，则给量化阶距增加一个小的增量。

CVSD 的自适应规则如式 4.10 所示。

$$\Delta(k)=\begin{cases}\beta\Delta(k-1)+P, & y(k)=y(k-1)=y(k-2)\\ \beta\Delta(k-1)+Q, & \text{其他}\end{cases} \tag{4.10}$$

其中，β 的取值范围为 0～1，可以看到，调节 β 的大小，可以调节增量调制，适应输入信号变换时间的长短；P 和 Q 为增量，而且 P 要大于或等于 Q。

以上简单介绍了增量调制的基本工作原理，可以看出，这种数据压缩方法是很简单的，实现起来也比较容易。为实现增量调制，可以考虑下列方法。

利用硬件电路芯片连接构成增量调制编码器和对增量调制输出信号进行译码，重建原始音频信号。这些硬件电路芯片无非是比较器、D 触发器等线性和数字信号芯片，实现起来是不困难的。

6. 子带编码

子带编码（Sub Band Coding，SBC）的出发点在于，无论是音频信号，还是视频或其他信号，均具有比较宽的频带。在频带中，不同频段上的分量对信号的质量影响是不一样的。一般来说，低频段的分量对信号质量的影响大，高频段的分量对信号质量的影响要小一些。

基于上述因素，可以设想，首先用一组带通滤波器将输入的音频信号分成若干连续的频段，这些频段称为子带，再分别对这些子带中的音频分量进行采集和编码，最后，将各子带的编码信号组织到一起，进行存储或送到信道上传送。

在信道的接收端得到各子带编码的混合信号后，首先将各子带的编码取出来，对它们分别进行译码，产生各子带的音频分量，最后将各子带的音频分量组合在一起，恢复原始的音频信号。子带编码的原理框图如图 4.10 所示。从图 4.10 看出，子带编码能够实现较高的比特压缩比，而且具有较高的质量，因此得到了比较广泛的应用。这种编码常常与其他一些编码混合使用，以实现混合编码。

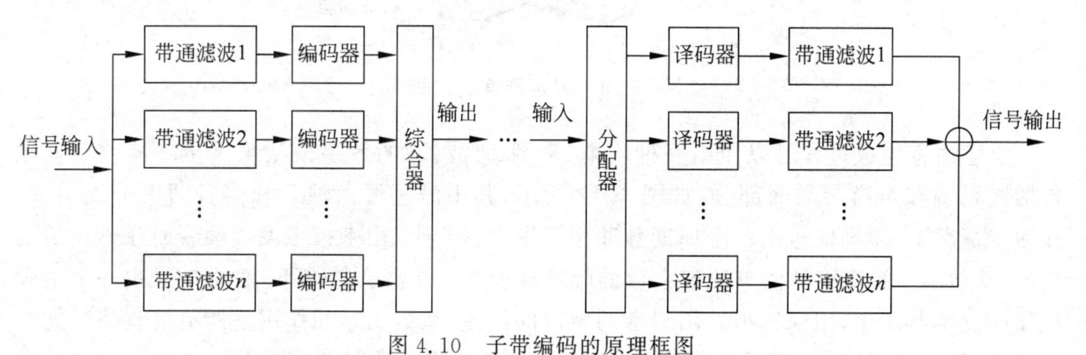

图 4.10 子带编码的原理框图

4.2.2 参数编码

参数编码也称为声码器（Voice Coder），其在发送端对语音信号进行分析，提取语音信号的特征参数并加以编码和加密，再经信道传递到接收端，接收端根据收到的特征参量恢复出原始语音波形。分析可在频域中进行，也可以在时域中进行。声码器现在大量地被应用于语音通信中，如手机、电台等。

语音的发生依赖于人类的发声器官。发声器官主要由喉、声道和嘴等组成，如图 4.11 所示。声道始于声带的开口而终止于嘴唇。对男性来说，声道的平均长度约为 17cm，声道的截面积取决于舌、颌和小舌的位置，它可以从零变化到约 $20\mathrm{cm}^2$，鼻道则从小舌开始到鼻孔为止，当小舌下垂时，鼻道与声道发生耦合而产生语音中的鼻音。

完整的发生器官还包括由肺、支气管、气管组成的次声门系统，这一次声门系统是整个语音系统的能源提供者，喉是主要的发音产生机构，声道则是对产生的声音进行调制。

在发音过程中，肺部与相连的肌肉相当于声道系统的激励源。当声带处于收紧状态时，流经的气流使声带振动，这时产生的声音称为浊音；而不伴有声带振动的音称为清音。当声带处于放松状态时，有两种方式能发出声音。一种方式是通过舌，在声道的某一部分形成狭窄部位，也称为收紧点，当气流经过这个收紧点时会产生湍流，形成噪声型的声音；对应的收紧点的位置不同及声道形状的不同，形成不同的摩擦音。另一种方式是声带处于松懈状态，利用舌和嘴唇关闭声道，暂时阻止气流，当气流压力升高时，突然放开舌与嘴唇，气流被突然释放产生短暂冲音。对应于声道闭紧点的不同位置和声道的形状，形成不同的爆破音。

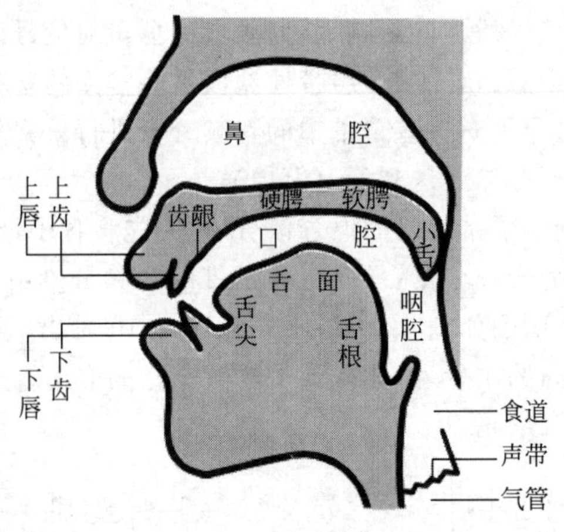

图 4.11 发声器官示意图

上述语音生成过程可以使用一种所谓“声源-滤波器”的数字模型来模拟。该数字模型包括激励源和声道参数两部分，如图 4.12 所示，其中激励源由浊音和清音两个分支组成。在浊音情况下，激励信号由一个周期脉冲序列发生器产生，用来模拟发出浊音时激烈声道的气流，系数 A_v 的作用是调节浊音系数的幅度或能量；在清音情况下，激励信号由一个伪随机噪声发生器产生，用来模拟发出清音的声道的湍流，系数 A_{N} 的作用是调节清音信号的幅度或能量。时变数字滤波器用来模拟声道的谐振特性和发射特性等参数。

上述模型中的所有参数均可通过分析真实的语音信息得到，可以只记录和传输这些参数，而不需要保留声音的波形，如果记录这些参数所占的比特小于记录声音波形所占的比特，就可以达到数据压缩的目的。一般地，语音过程可被看作一个近似的短时平稳随机过程，这样就可以把一段语音信号用同一组参数来表示，编码器需要提取的参数包括滤波器参数、清浊音、音量大小和语音的基音周期等。

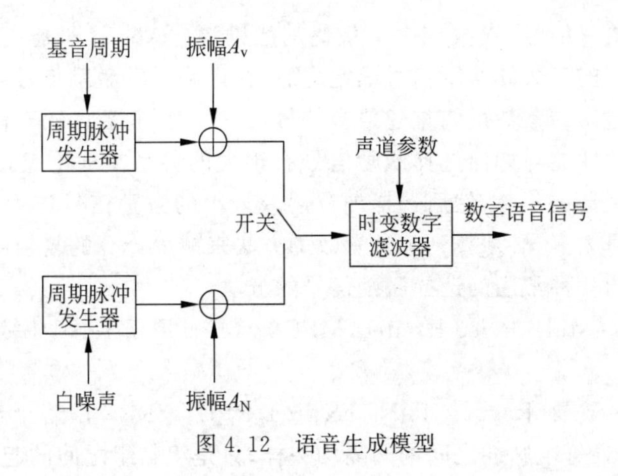

图 4.12　语音生成模型

4.2.3　混合编码

波形编码虽然可以提供高质量的语音,但数据率比较高,很难低于 16kb/s,参数编码的数据率虽然可降到 3kb/s 甚至更低,但它的音质很难与波形编码相比。为了得到音质高而数据率又低的编译码器,研究学者设计了混合编码器,它融入了波形编码器和声码器的优点,保留了参数编码的语音模型的假设,又利用了波形编码的准则优化激励信号,但算法相对复杂一些,常用的算法有码激励线性预测、混合激励线性预测等。混合编码克服了原有波形编码器与声码器的弱点而结合了它们的优点,在 4～16kb/s 速率上能够得到高质量的合成语音。在本质上也具有波形编码的优点,有一定的抗噪和抗误码的能力,复杂程度介于波形编码和参数编码之间。混合编码采用合成分析技术,所以又称为时域合成-分析编译码器(Analysis-by-Synthesis,Abs)。Abs 编译码器使用的声道滤波器模型与参数编码中使用的线性预测滤波器模型相同,但它不使用白噪声或者脉冲串进行激励,而是使用与线性预测编码相同的声道线性预测滤波器模型,试图寻找一种激励信号使其产生的波形尽可能接近原始语音的波形,而不使用两个状态(有声/无声)的模型来寻找滤波器的输入激励信号。Abs 编译码器的结构分别如图 4.13 和图 4.14 所示。

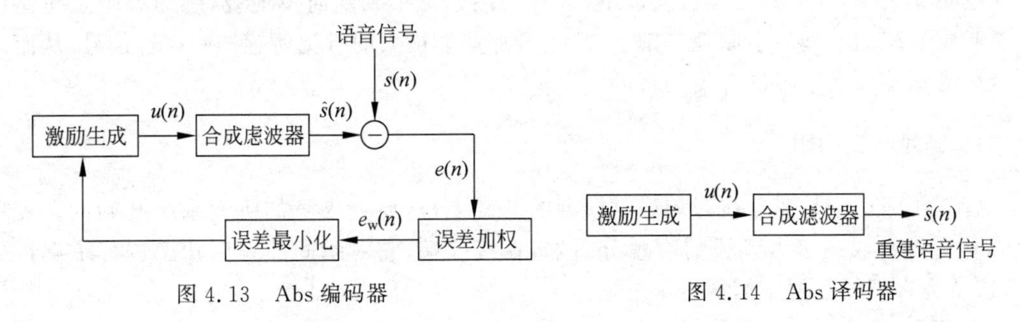

图 4.13　Abs 编码器

图 4.14　Abs 译码器

Abs 编码器工作原理如下：Abs 编译码器把输入语音信号分成许多帧,一般每帧的长度为 20ms。合成滤波器的参数以帧为单位计算,然后确定滤波器的参数。Abs 编码器是一个负反馈系统,通过调节激励信号 $u(n)$可使语音输入信号 $s(n)$与重构的语音信号 $\hat{s}(n)$之差最小,也就是重构的语音信号与实际语音最接近。即编码器通过“合成”许多不同的近似值来“分析”输入的语音信号，以找到一个最优的激励源。Abs 译码器工作原理如下：在表示分帧的合成滤波器的参数和激励信号确定之后，在译码器端激励信号被送给合成滤波器，合成滤波器根据传过来的参数最终重建语音信号，即得到译码后的语音信号。

Abs 编译码器的性能与如何选择激励信号有很大的关系。理论上，可以把每一种可能的波形送给合成滤波器去实验，然后选择加权误差最小的激励信号作为编码结果。但由于可能的激励信号数目太多，必须找到某种有效的方法来减少计算的复杂度，同时保证具有较好的音质。下面介绍几种常用的选择激励信号的方法。

(1) 多脉冲激励(Multi-Pulse Excited，MPE)。MPE 采用多脉冲序列，脉冲的位置和幅度由编码器来决定。

(2) 等间隔脉冲激励(Regutar-Pulse Excited，RPE)。RPE 由若干组脉冲位置已事先确定的序列组成，而且每组脉冲之间的间隔均一样，只是组与组之间的起始位置不同。目前这种技术被欧洲数字移动系统所采用，它可把 20ms 一帧的 PCM 波形数据压缩成 64b 的 GSM 帧，压缩之后的数据率为 13.2kb/s。

(3) 码激励线性预测(Code Excited Linear Predictive，CELP)。CELP 是近 10 年来最成功的语音编码算法。CELP 语音编码算法是用线性预测提取声道参数，用一个包含许多典型的激励矢量的码本作为激励参数，每次编码时都在这个码本中搜索一个最佳的激励矢量，这个激励矢量的编码值就是这个序列的码本中的序号。CELP 已经被许多语音编码标准所采用，美国联邦标准 FS1016 就是采用 CELP 的编码方法，主要用于高质量的窄带语音保密通信。CELP 使数据率低于 10kb/s 的情况下仍可提供较好的音质。

(4) 代数码本激励线性预测编码(Algebraic Code Excited Linear Prediction，ACELP)。ACELP 是 CELP 激励码本的一种简化形式，采用+1 或-1 作为激励矢量中的激励样值。视频会议标准的 H.324 中语音编码采用 G723.1，其中有 5.27kb/s 和 6.3kb/s 两种速率。

4.2.4 感知声音编码

感知声音编码是指利用人耳听觉的心理声学特性、人耳对信号幅度、频率、时间的有限分辨能力，凡是人耳感觉不到的成分都不编码和传送，对感觉到的部分进行编码时，允许有较大的量化失真，并使其处于听阈以下，人耳仍然感觉不到。简单地说，感知编码是建立在人类听觉系统的心理声学原理基础上，只记录那些能被人的听觉所感知的声音信号，从而达到减少数据量而又不降低音质的目的。

1. 绝对听觉门限

音频压缩理论是建立在心理声学模型的基础上，从研究人耳的听觉系统开始的。实际上人耳可被看成一个多频段的听感分析器，在接收端，它对瞬间的频谱功率进行了重新分配，这就为音频的数据压缩提供了依据。

众所周知，声源振动的能量通过声波传入人耳，使耳膜发生振动，人们就产生了声音感觉，但是人耳能听到的振动频率为 20Hz～20kHz，低于 20 Hz 或高于 20kHz 的振动，不能引起人类听觉器官的感觉。心理声学模型中一个基本的概念就是听觉系统中存在一个听觉阈值的大小随声音频率的改变而改变，各个人的听觉阈值也不同。大多数人的听觉系统对 2～5kHz 的声音最敏感。一个人是否能听到声音取决于声音的频率，以及声音的幅度是否高于这种频率下的听觉阈值。这就是说，在听觉阈值以外的电平可以去掉，相当于压缩数据。另外，听觉阈值电平是自适应的，即听觉阈值电平会随听到的不同频率的声音而发生变化。声音压缩算法也可以确立这种特性的模型来取消更多的冗余数据。

2. 感知声音编解码器

利用人耳的心理声学特性，可以设计相应的模块去除一些冗余信息，提高数据的压缩效率。对应的感知编解码器的原理如图 4.15 所示。

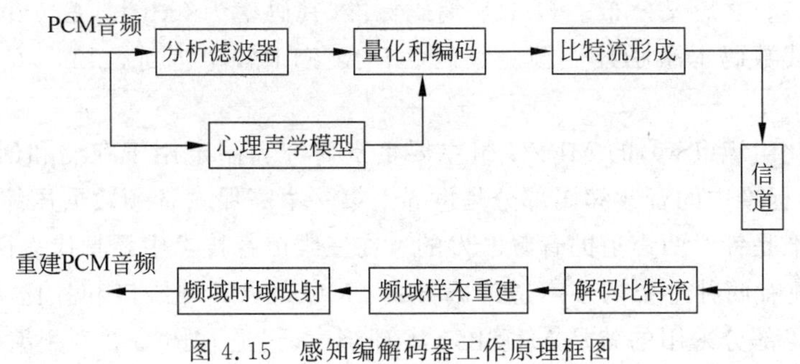

图 4.15 感知编解码器工作原理框图

原始 PCM 音频信号经分析滤波器进行时/频分析后，将音频信号由时域表示形式转换为频域表示形式。由于音频信号的频率成分随时间变换非常缓慢，因此，频域表示方法需要的数据率远低于直接描述信号的时域波形所需要的数据率，而人耳对各频率成分的敏感度不同，频域编码方法可以自适应地给各个频率成分分配比特数，从而控制各个频带的量化噪声水平。心理声学模型研究声学激励的物理特性与人耳听觉之间的关系，模拟人类听觉机制，其实验数据与模型有助于对音频信号进行编码，在保证失真不被人耳感知的前提下降低数据率。在心理声学模型的指导下，采用量化与编码去除时/频参数中的冗余部分，可以采用均匀量化，也可以采用与概率密度函数相匹配的非均匀量化，最后经编码后形成输出比特流。比特流经信道传输后在解码器端被解码，其过程刚好相反。解码器将收到的比特流重建成不同成分的频率信号，再经过频域到时域的转换编程时变信号，即可获得重建的 PCM 音频信号，编解码过程完成。

感知编码技术产生于 20 世纪 80 年代，在音频编码中有着广泛的应用。最早是在 1991 年制定的 MPEG-1 音频编码中得到成功应用。1992 年，Philips 公司生产的数字录音带(Digital Compact Cassette，DCC)是最早采用感知编码技术的设备，但是由于销售不佳，在 1996 年停产。随着心理声学模型和空间心理声学模型的发展，感知编码技术得到进一步的发展，同样，之后的 MPEG-2、杜比 AC-3、DTS 和 AVS 等音频编码标准都是感知编码技术的成功应用。

4.3 音频信号压缩编码标准

国际电信联盟(ITU)主要负责研究和制定与通信相关的标准，作为主要通信业务的电信通信业务中使用的"语音"编码标准均是 ITU 负责完成的。其中，用于固定网络电话业务使用的语音编码标准主要由 ITU-T 的第十五研究组完成，相应的标准为 G 系列标准，如

ITU-T G.711、G.721 等，这些标准广泛应用于全球的电话通信系统之中。在欧洲、北美、中国和日本的电话网络中通用的语音编码器是 8 位对数量化器(相当于 64kb/s 的比特率)。该量化器所采用的技术在 1972 年由 CCITT 标准化为 G.711。在 1984 年，又公布了 32kb/s 的语音编码标准 G.721，它采用的是自适应差分脉冲编码，其目标是在通用电话网络上应用。针对宽带语音(50Hz～7kHz)，又制定了 64kb/s 的语音编码标准 G.722，目标是在综合业务数据网(ISDN)的 B 通道上传输音频数据。之后公布的 G.723 编码标准中码率为 40kb/s 和 24kb/s，G.726 编码标准的码率为 16kb/s。1990 年，公布了 16～40kb/s 嵌入式 ADPCM 编码标准 G.727。之后又公布了 G.729 编码标准，其码率为 8kb/s。G.729 标准采用的算法是共轭结构代数码本激励线性预测编码(CS-ACELP)，能达到 32kb/s 的 ADPCM 语音质量。

国际标准化组织(ISO)的 MPEG 组主要负责研究和制定用于存储和回放的音频编码标准，MPEG-1 标准中的音频编码部分是世界上第一个高保真音频数据压缩标准，MPEG-1 的音频编码标准是针对两声道的音频开发的。在三维声音技术中最具代表性的就是多声道环绕技术。目前有两种主要的多声道编码方案：MUSICAM 环绕声和杜比 AC-3。MPEG-2 标准中音频编码部分采用的就是 MUSICAM 环绕声，它是 MPEG-2 音频编码的核心，是基于人耳听觉感知特性的子带编码算法。而美国的 HDTB 伴音则采用的是杜比 AC-3 方案。MPEG-2 规定了两种音频压缩编码算法，一种称为 MPEG-2 后向兼容多声道音频编码标准，简称 MPEG-2BC；另一种称为高级音频编码标准，简称 MPEG-2AAC，它与 MPEG-1 不兼容。MPEG-4 标准中的音频部分中增加了许多新的关于合成内容及场景描述等领域的工作。MPEG-4 将以前发展良好但相互独立的高质量音频编码、计算机音乐及合成语音等第一次合并在一起，并在诸多领域内给予高度的灵活性。

4.3.1 G.711

G.711 标准公布于 1972 年，使用的是脉冲编码调制(PCM)算法，主要用于公用交换网络(PSTN)和互联网中的语音通信。G.711 标准的语音采样率为 8kHz，每个样点采样位数是 8 位，推荐使用 A 律或者 μ 律编码，传输速率为 64kb/s。在 G.711 中，μ 律被用于日本和美国，而 A 律在世界其他地区被广泛使用。

4.3.2 G.721

G.721 标准公布于 1984 年，并在 1986 年做了进一步修订(称为 G.726 标准)，使用的是自适应差分脉冲编码调制技术。它采用了 64kb/s 的 A 律或者 μ 律 PCM 编码到 32kb/s 的 ADPCM 之间的转换，实现了对 PCM 信道的扩容。编码器的输入信号是 64kb/s 的 A 律或者 μ 律 PCM 编码，输出是利用 ADPCM 编码的 32kb/s 的音频码流。

4.3.3 G.722

G.722 标准的目标是在综合业务数据网(ISDN)的 B 通道上传输音频数据，使用的是基于子带-自适应差分脉冲编码技术。G.722 标准把信号分成高低两个子带，并且采用 ADPCM 技术对两个子带的样本进行编码，高低子带的划分以 4kHz 为界。

4.3.4　G.728

G.728标准公布于1992年，由美国AT&T公司和BELL实验室提出，该算法较为复杂，运算量较大。G.728编码器被广泛应用于IP电话，尤其是在要求延迟较小的电缆语音传输和VoIP中。

G.728标准的编码器中用5个连续语音采样点组成一个5维的语音矢量，激励码本中共有1024个5维的码矢量，对于每个输入语音矢量，编码器利用合成分析法从码本中搜索出最佳码矢量，然后将其标号选出，线性预测系数和增益均由后向自适应算法提取和更新。解码器操作也是逐个矢量地进行。根据接收到的码本标号，从激励码本中找到相应的激励矢量，经过增益调整后得到激励信号，将其输入综合滤波器合成语音信号，再经过自适应后滤波处理，以增强语音信号的主观感受质量。由于编码器只缓冲5个采样点，延迟较小，加上处理延迟和传输延迟，一般总的单向编码延迟小于2ms。

4.3.5　G.729

ITU-T在1996年提出了8kb/s的语音编码标准G.729，在H.323中也有相关的音频编码的标准。在IP电话网关中，进行实时语音编码处理采用的就是G.729协议。G.729协议采用的是CS-ACELP算法，即共轭结构算法码激励线性预测的算法。编码过程首先将速率为64kb/s的PCM语音信号转换成均匀量化的PCM信号，通过高通滤波器后，把语音分成短时帧，每帧长度为10ms，即80个采样点。对于每个语音帧，编码器利用合成-分析方法从中分析出CELP模型参数，然后把这些参数传送到解码端，解码器利用这些参数构成激励源和合成滤波器，从而重现原始语音。

4.3.6　MPEG中的音频编码

国际标准化组织/国际电工委员会所属WGII工作组制定推荐了MPEG标准。下面介绍与音频编码相关的标准，包括MPEG-1音频、MPEG-2音频和MPEG-4音频。

1. MPEG-1音频

MPEG-1音频编码标准的基础是量化，要求量化失真对于人耳来说是感觉不到的。经过MPEG-Audio委员会大量的主观测试实验表明，采样频率为48kHz、样本精度为16位的声音数据压缩到256kb/s时，即在6：1的压缩比下，即使是专业测试员也很难分辨出是原始声音还是编码压缩后的声音。

MPEG-1音频编码标准提供三个独立的压缩层次：层1(Layer 1)、层2(Layer 2)和层3(Layer 3)，分别缩写为MP1、MP2和MP3。用户对层次的选择是一个在算法复杂性和声音质量之间进行平衡的过程。层1是最基础的，层2和层3都是在层1的基础上有所提高，每个后继的层次都有更高的压缩比，但需要更复杂的编码/解码器。各个层次的压缩后码率和主要应用如下。

(1) 层1的编码器最简单，编码器的输出数据率为384kb/s，主要用于小型数字盒式磁带。

(2) 层 2 的编码器复杂度属于中等,编码器的输出数据率为 256～192kb/s,主要应用包括数字广播声音、数字音乐和 VCD 等。

(3) 层 3 的编码器是最复杂的,编码器的输出速率为 8～128kb/s,主要应用于 ISDN 上的声音传输及音乐文字存储。

MPEG-1 层 3 在不同的数据率下的性能如表 4.1 所示。

表 4.1　MPEG-1 层 3 在不同数据率下的性能

音质要求	声音带宽/kHz	方式	数据率/kb・s^{-1}	压缩比
电话	2.5	单声道	8	96：1
优于短波	5.5	单声道	16	48：1
优于调幅广播	7.5	单声道	32	24：1
类似于调频广播	11	双声道	56～64	26：1～24：1
接近 CD	15	双声道	96	16：1
CD	＞15	双声道	112～158	12：1～10：1

MPEG-1 的音频数据分为多帧,层 1 每帧包含 384 个样本数据,每帧由 32 个子带分别输出的 12 个样本组成。层 2 和层 3 每帧为 1152 个样本。

MPEG-1 音频编码标准的三个层次都使用感知音频编码方法,声音数据压缩算法的根据是心理声学模型,其中一个最基本的概念是听觉系统中存在一个听觉阈值电平,低于这个电平的声音信号就听不到。听觉阈值的大小随声音的频率改变而改变,各个人的听觉阈值也不同,大多数人的听觉系统对 2～5kHz 的声音比较敏感。一个人是否能听到声音,取决于声音的频率,以及声音的幅度是否高于这种频率下的听觉阈值。心理声学模型中的另一个概念是听觉掩蔽特性,即听觉阈值电平是自适应的,听觉阈值电平会随听到的频率不同的声音而发生变化。声音压缩算法也同样可以确立这种特性的模型,根据这个模型,可取消冗余的声音数据。MPEG-1 音频编码标准的压缩算法如图 4.16 所示。

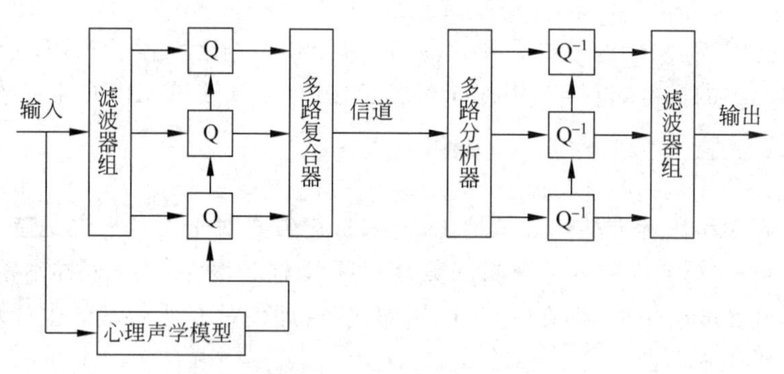

图 4.16　MPEG-1 音频压缩算法框图

MPEG-1 音频编码标准的每一层都有子带编码器(SBC),其中包含时间-频率多相滤波器组、心理声学模型(计算掩蔽特性)、量化和编码及数据帧封装,而高层 SBC 可使用低层的 SBC 编码的声音数据。前两层压缩编码的方法大致相同,主要就是量化。第三层依然采用听觉掩蔽原理,但是方法比较复杂。主要的不同是:采用了 MDCT(Modified DCT,修正的 DCT),对每个子带增加了 6 个或 18 个频率成分,这样可以将 32 个子带做更深一步的分解。

2. MPEG-2 音频

MPEG-2 保持了对 MPEG-1 音频兼容并进行了扩充，提高了低采样率下的声音质量，支持多通道环绕立体声和多语言技术。MPEG-2 标准定义了两种音频压缩算法，即 MPEG-2BC 和 MPEG-2AAC。MPEG-2BC 是 MPEG-2 向后兼容多声道音频编码标准，它保持了对 MPEG-1 音频的兼容，增加了声道数，支持多声道环绕立体声，并为适应某些低码率应用的需求增加了 16kHz、220.05kHz 和 24kHz 三种较低的采样频率。此外，为了在低码率下进一步提高声音质量，MPEG-2BC 还采用了许多新技术，如动态传输声道切换、动态串音、自适应多声道部分编码等。但它为了与 MPEG-1 兼容，不得不以牺牲数码率的代价来换取较高的音质，这一缺憾制约了它在世界范围内的推广和应用。

MPEG-2AAC 即高级音频编码标准，于 1997 年 4 月完成。AAC 音频标准的发展标志着标准化工作向新的模块化方向演变的趋势。AAC 与 MPEG-2 并不提供对 MPEG-1 标准的后向兼容。AAC 采用了能提供更高频域分辨率的滤波器组，因而能够实现更好的信号压缩。AAC 还利用了许多新的工具，如暂态噪声整形、后向自适应性预测、联合立体声编码技术以及哈夫曼编码等。以上各工具都能提供附加的音频压缩能力，所以，它具有更高的压缩效果，如经过测试，AAC 标准以 320kb/s 数码率传送 5 声道多频带的音频信号比 MPEG-2 以 640kb/s 的数码率传送的音质还略好些。

1) AAC 要求

AAC 的基本要求类似于 MPEG-2，只是不要求后向兼容性。其主要要求如下。

(1) 必须支持 48kHz、44.1kHz 和 32kHz 的采样频率。

(2) 应该支持输入声道配置单声道和双通道立体声，直到 3/2+1 的各种多声道配置。

(3) 在系统句法中应为更大数目的重放做好准备；同时也应为更小数目的声道做好准备。

(4) 在 38kb/s 的数码率的 3/2 声道配置中，要求达到符合 EBU“不可区分的质量”的音频质量。

(5) 为了利于编辑的目的具有最小声音粗糙度，必须定义一个预定义音频接入单元。

(6) 为了得到更好的误码恢复能力，支持在存在误码的情况下维持码流同步的机制和某种误码掩蔽机制。

2) 档次

依据应用不同，AAC 在质量与复杂性之间提供不同的折中。为此，定义了以下三个档次。

(1) 主要档次：该档次包含除了增益控制工具之外的全部工具。它适合于所需内存不太大并具有较强处理能力的应用，可以提供最大数据压缩能力。

(2) 低复杂性(LC)档次：当规定了 RAM 容量、处理能力及压缩要求时采用 LC 档次。在该档次中，预测工具和增益控制工具不起作用，对 TNS 滤波器次数也有一定的限制。

(3) 采样率可分级(SSR)档次：该档次要求使用增益控制工具，但 4 个 PQF 子带的最低子带不应用增益控制。该档次不采用预测和耦合声道，TNS 的次数和带宽有一定限制。在音频带宽较窄的情况下应用 SSR 档次可以相应地降低复杂度。

当某档次的主音频声道数、LFE 声道数、独立耦合声道数以及从属耦合声道数不超过相同档次解码器所支持的各声道数时，其码流可被该解码器解码。

MPEG-2 AAC是真正的第二代通用音频编码，它放弃了对MPEG-1音频的兼容性，扩大了编码范围，支持1～48个通道和8～96kHz采样率的编码，每个通道可以获得8～160kb/s高质量的声音，能够实现多通道、多语种、多节目编码。AAC即先进音频编码，是一种灵活的声音感知编码，是MPEG-2和MPEG-4的重要组成部分。在AAC中使用了强度编码和MS编码两种立体声编码技术，可根据信号频谱选择使用，也可混合使用。

MPEG-2可提供较大的可变压缩比，以适应不同的画面质量、存储容量以及带宽的应用要求。MPEG-2特别适应于广播级的数字电视编码和传送，被认定为SDTV和HDTV的编码标准。MPEG-2音频在数字音频广播、多声道数字电视声音以及ISDN传输等系统中被广泛使用。

3. MPEG-4音频

MPEG-4音频标准可集成从话音到高质量的多通道声音，对语音、音乐等自然声音对象和具有回响、空间方位感的合成声音对象进行音频编码。音频编码不仅支持自然声音，而且支持合成声音。音频编码方法包括参数编码(Parametric Coding)、码激励线性预测(Code Excited Linear Predictive，CELP)编码、时间/频率(Time/Frequency，T/F)编码、结构化声音(Structured Audio，SA)编码以及文本-语音(Text to Speech，TTS)系统的合成声音等。它们工作在不同的频带，而且各自的比特率也不相同。

(1) 参数编码器：使用声音参数编码技术，对于采样率为8kHz的话音，编码器输出数据率为2～4kb/s；对于采样频率为8kHz或者16kHz的话音，编码器的输出数据率为4～16kb/s。

(2) CELP编码器：使用CELP技术，编码器的输出数据率为6～24kb/s，它用于采样频率为8kHz的窄带语音或者采样频率为16kHz的宽带语音。

(3) T/F编码器：使用时间/频率编码技术，这是一种使用矢量量化和线性预测的编码器，压缩之后输出的数据率大于16kb/s，用于采样频率为8kHz的声音信号。

MPEG-4的音频编码工具的速率为6～24kb/s。MPEG-4的系统结构让多媒体数字信号解码器依照已经存在的MPEG标准进行工作。每一个编码器独立利用它自己的数据流语法进行工作。针对不同的声音信号，使用以下不同的编码方法。

(1) 自然声音：MPEG-4声音编码器支持数据率为2～64kb/s的自然声音。为了获得高质量的声音，MPEG-4采用了参数编码器、CELP编码器和T/F编码器三种类型的声音编码器分别用于不同类型的声音。

(2) 合成声音：MPEG-4的译码器支持合成乐音MIDI和TTS声音，合成乐音是在乐谱文件或者描述文件控制下生成的声音。

(3) 文本-语音转换：TTS编码器输入的是文本或者带有韵律参数的文本，输出的是语音。编码器的输出速率可以为200b/s～1.2kb/s。TTS是一个十分复杂的系统，涉及语言学、语音学、人工智能等诸多学科。目前的TTS一般能够较准确、清晰地朗读文本，但是不太自然。

小结

音频压缩编码是多媒体信息处理技术中最常用的技术之一，我们日常使用的音频服务基本上都有音频压缩技术应用其中，如 MP3 播放器就是利用 MPEG-1 标准的第三层编码技术对音频数据进行压缩的，移动通信中使用的音频编码器就是基于混合编码模式设计的。学习和掌握基本的音频压缩技术对于理解多媒体产品的开发和应用是非常重要的。

习题

1. 简述 MPEG 音频的压缩原理。

2. 什么是量化？量化过程是如何得到压缩数据的？

3. 为什么音频编码中参数编码会被广泛使用？如果一段声音时长是 2s，采用频率是 11 025Hz，采样位数为 16，那么会占用多大的存储空间？若采用 MP3 的压缩格式，又需要多大的存储空间？

第5章 静态图像压缩技术标准

随着传真机、数码相机等图像采集设备的快速发展，以及通信和Internet技术的飞速发展，如何有效地传输和存储大量的图像数据成为亟待解决的问题。为了实现静态图像数据的有效压缩，各国学者针对二值图像和灰度图像提出了多种压缩技术，并随着压缩技术的发展，国际组织制定了一系列图像压缩的编码标准。

本章首先介绍静态图像压缩技术的工作原理，然后介绍基于小波的图像压缩技术，最后对静态图像压缩编码标准做详细的介绍。

5.1 静态图像压缩编码

5.1.1 静态图像压缩编码原理

图像数据是用来表示图像信息的，如果不同的方法为表示相同的信息使用了不同的数据量，那么使用较多数据量的方法中，有些数据必然代表了无用的信息，或者是重复地表示了其他数据表示的信息，前者称为数据冗余，后者称为不相干信息。图像压缩编码的主要目的，就是通过删除冗余的或者是不相干的信息，以尽可能低的数码率来存储和传输数字图像数据。图像压缩编码技术可以追溯到1948年提出的电视信号数字化，迄今已经有近70年的历史了。

图像编码压缩是指在满足一定图像质量的条件下，用尽可能少的数据量来表示图像。编码技术比较系统的研究始于Shannon信息论，从此理论出发可以得到数据压缩的两种基本途径。一种是联合信源的冗余度融于信源间的相关性之中，去除它们之间的相关性，使之成为或基本成为不相干信源，如预测编码、变换域编码、混合编码等，但也都受信息熵的约束。总体上可以概括为熵编码、预测编码、变换编码，也称为三大经典编码方法。另一种是设法改变信源的概率分布，使其尽可能的非均匀，再用最佳编码方法使码长逼近信源熵。使用此途径的压缩方法其效率一般以其熵为上界，压缩比饱和于10∶1，如Huffman编码、算术编码、行程编码等。随着人们对传统压缩编码方法的深入研究和应用，逐渐发现了这些传统方法的许多缺点，如高压缩比时恢复图像会出现方块效应、人眼视觉系统(HVS)的特性不易被引入算法中等。为了克服这些缺点，1985年M. Kunl等人提出了第二代图像压缩编码的概念。经过30多年的发展，在这一框架下，人们提出了几种新的编码方法：分形编码、小波变换编码和基于模型的编码方法等。于是，对数据压缩技术的研究就突破了传统

Shannon理论的框架，使得压缩效率得以极大提高。

数字图像的冗余主要表现为以下几种形式：空间冗余、时间冗余、信息熵冗余、结构冗余和知识冗余。图像数据的这些冗余信息为图像压缩编码提供了依据。图像编码的目的就是充分利用图像中存在的各种冗余信息，特别是空间冗余、时间冗余以及视觉冗余，以尽量少的比特数来表示图像。利用各种冗余信息，压缩编码技术能够很好地解决在将模拟信号转换为数字信号后所产生的带宽需求增加的问题，它是使数字信号走上实用化的关键技术之一，虽然表示图像需要大量的数据，但是图像数据是高度相关的，或者说存在冗余信息，去掉这些信息后可以有效压缩图像，同时不会损害图像的有效信息。

5.1.2　静态图像压缩编码分类

图像压缩分为无损压缩和有损压缩。有损压缩分为预测编码、变换编码、混合编码，有损编码分为JPEG、MPEG。无损编码分为Huffman编码、游程编码、算术编码。目前常用的数字图像无损压缩编码方法可分为两大类：一是冗余压缩法，也称为无损压缩法；另一无损压缩的算法删除的仅仅是冗余的信息，因此可以在解压缩时精确地恢复原图像。有损压缩算法把不相干的信息也删除了，解压缩时只能对图像进行类似的重构，而不能精确地复原，所以有损压缩算法可以达到更高的压缩比。对于多数图像来说，为了达到更高的压缩比，保真度的轻微损失是可以接受的；有些图像不允许进行任何修改，只能对它们进行无损压缩。无损压缩利用数据的统计特性进行数据压缩，其压缩率一般为2∶1～5∶1。有损压缩不能完全恢复数据，而是利用人的视觉特性(人的眼睛好比是一个“积分器”)使解压缩后的图像看起来与原始图像一样。图5.1给了依据压缩原理对现有主要的静态图像压缩算法行分类的结果。

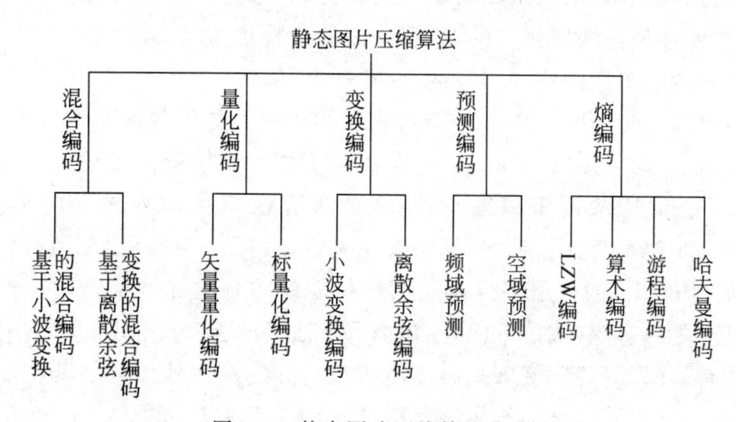

图5.1　静态图片压缩算法分类

5.2　基于小波变换的图像压缩技术

随着科学技术特别是计算机技术的发展以及互联网的普及，许多应用领域(如卫星监测、地震勘探、天气预报)都存在海量数据传输或存储问题，如果不对数据进行压缩，数量巨大的数据就很难存储、处理和传输。因此，伴随小波分析的诞生，数据压缩一直是小波分析的重要应用领域之一，并由此带来巨大的经济效益和社会效益。

5.2.1 数字图像的小波变换

数字图像的小波变换实际上是二维离散小波变换，在实际应用中用两次一维小波变换来实现一次二维小波变换。二维图像信号可用一维矩阵表示，可先对该矩阵的行(列)进行一维行(列)小波变换，再对变换后的系数进行一维列(行)小波变换。图像信号经过两次一维小波变换后，将图像分割成四个频带，即水平方向、垂直方向和对角线方向的高频部分和低频部分，低频部分再继续分解，这样图像信号被分解成许多具有不同空间分辨率、不同频率特性和方向特性的子图像信号，使得图像信号的分解更适合于人的视觉特性和特征数据压缩的要求。

低频子带的小波系数代表着图像信号的整体特征，远远大于其他子带的小波系数；高频子带的信息反映了图像的边缘、纹理等细节信息，它反映了图像信号的细节变化。因此小波变换同时不但具有良好的时频局部性，而且具有良好的空间方向性特点，这正反映了原始图像的像素及其间的相关性。小波变换前后，其能量不变，且主要集中在低频部分，并随着小波变换级数的增高，其能量集中特性越好，因而数据压缩的效果也将会越好。

目前，典型的小波图像编码都是嵌入式编码特性。所谓嵌入式编码是指编码器输出的码流具有这样的特点：一个低比特编码嵌入在码流的开始部分，即从嵌入式的起始至某一位置这段码流取出后，它相当于一个更低码率的完整的码流，由它可以解码重构该图像。与原码流相比，这部分码流解码出的图像具有更低的质量或分辨率，但解码后的图像是完整的。因此，嵌入式编码器可以在编码过程的任一点停止编码，解码器也可以在获得的码流的任一点停止解码，其解码效果只是相当于一个更低码率的完整的码流的解码效果。嵌入式码流中比特的重要性是按次序排列的，排在前面的比特更重要，显然，嵌入式码流非常适合用于图像的渐近传输、图像浏览和因特网上的图像传播。

1992 年，A. S. Lewis 和 G. Knowles 首先介绍了一种树形数据结构来表示小波变换的系数。1993 年，美国学者 J. M. Shapiro 把这种树形数据结构叫作"零树(Zerotree)"，并且开发了一个效率很高的算法用于熵编码，他的这种算法叫作嵌入式零树小波(Embedded Zerotree Wavelet，EZW)算法。EZW 算法首先完整地提出了基于比特连续逼近的图像编码方法：按位平面(Bit-plane)分层进行孤立系数和零树的判决和熵编码，而判决阈值则逐层折半递减，故可称之为多层(或位平面)零树编码方法。EZW 方法充分应用小波变换的时频局部化特性，具有编码效率高、嵌入式码流结构和运算复杂度较低等显著特点，对小波的图像压缩的研究起到了显著的推动作用。此后，围绕 EZW 方法，涌现出了许多基于零树的改进算法，如分层树的集划分(Set Partitioning in Hierarchical Tree，SPIHT)、集合分裂嵌入块编码(Set Partitioned Embedded block Coder，SPECK)、可逆的嵌入小波压缩法(Compression with Reversible Embedded Wavelets，CREW)等。

5.2.2 EZW 算法

从 5.2.1 节知道小波系数的分布特点是，越往低频方向子带系数值越大，包含的图像信息越多，低频部分对应于图像信号的整体特征，包含图像的大部分信息，而高频部分对应于原图像的边沿、纹理等细节信息,对视觉来说不太重要。这样对相同数值的系数选择先传较低频的系数的重要比特,后传输较高频系数的重要比特。正是由于小波系数具有的这些特点,它非常适合于嵌入式图像的编码算法。

嵌入式零树小波编码即EZW编码基于以下三个主要思想,即:①利用小波变换在不同尺度间固有的相似性来预测重要信息的位置;②逐次逼近量化小波系数;③使用自适应算术编码来实现无损数据压缩。其算法框图如图5.2所示。

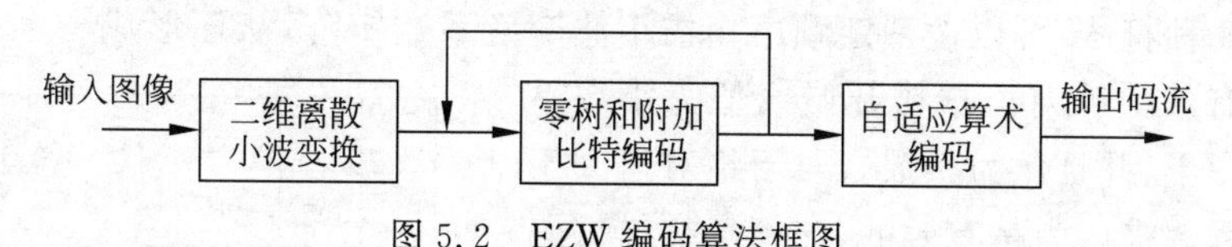

图5.2 EZW编码算法框图

EZW算法中,嵌入式码流的实现是由零树结构结合逐次逼近量化实现的,零树结构的目的是为了高效地表示小波变换系数矩阵中非零值的位置。

1. 零树表示

一幅经过小波变换的图像按其频带从低到高形成一个树状结构,树根是最低频子带的节点(见图5.3左上角),它有三个孩子,分别位于三个次低频子带的相应位置,其余子带(最高频子带除外)的节点都有四个孩子位于高一级子带的相应位置,这样如图5.3所示的三级小波分解就形成了深度为4的树。

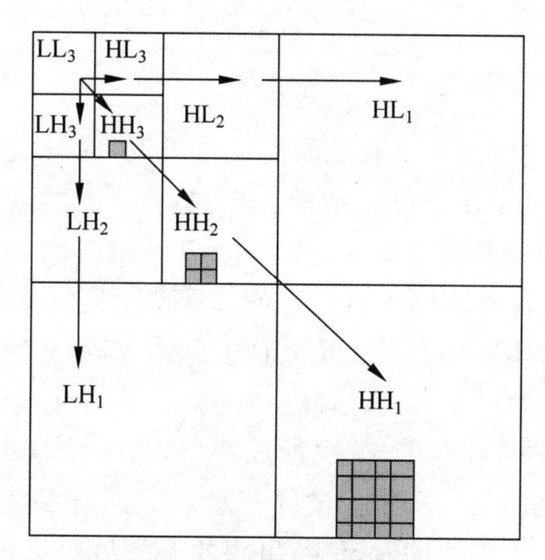

图5.3 三级小波分解及零树结构示意图

经小波变换后的变换系数矩阵经过量化后产生大量零符号,编码的后续过程就是有效地表示那些非零符号,包括非零符号的位置和大小。量化过程产生零符号和非零符号的过程也等价为一个门限过程。对于一个给定的门限T,如果一个小波系数X_k满足$|X_k|<T$,则称小波系数X_k是无效的,产生零符号,否则产生非零符号。表示量化后非零值位置的过程,称为有效值映射。如果一个小波系数在一个粗的尺度上关于给定的门限T是无效的,之后在较细的尺度上在同样的空间位置中的所有小波系数也关于门限T是无效的,则称这些小波系数形成了一个零树。这时,在粗的尺度上的那个小波系数称为母体,它是树根,在较细尺度上相应位置上的小波系数称为孩子。正是通过这种零树结构,使描述有效系数

($|X_k|\geqslant T$)的位置信息大为减少。

为了构成一个完整的有效值映射,需要定义4种要素:零树根、孤立零点、正有效系数、负有效系数。其中,于一个给定的阈值T,如果系数X_k本身和它的所有的子孙都小于T,则该点就称为零树根;如果系数本身小于T,但其子孙至少有一个大于或等于T,则该点就称为孤立零点。在编码时分别用4种符号与之对应,即用PSO、NEG分别表示正、负有效系数,IZ、ZTR分别表示孤立零点和零树根。

使用这4种符号,可以按一定顺序扫描小波变换系数矩阵,从而形成一个符号表,也就是要得到的有效值映射。扫描开始阈值为小波系数最大值的一半,并且化为整数。对于绝对值大于阈值的小波系数被认为是有效的,该阈值扫描编码结束后,将阈值减半,直到达到一定的压缩比或字节预算后停止扫描。扫描过程从低频子带LL_N开始,按如图5.4所示的次序,在每个子带中,按从上到下、从左到右的次序,当遇到一个系数是正有效值时,将PSO放入表中;若是负有效值时,将NEG放入表中;若是孤立零点时,将IZ放入表中;若遇到一个系数是零树根时,将ZTR放入表中,同时对ZTR的所有子孙系数进行标注。解码过程按照编码的子带顺序进行。

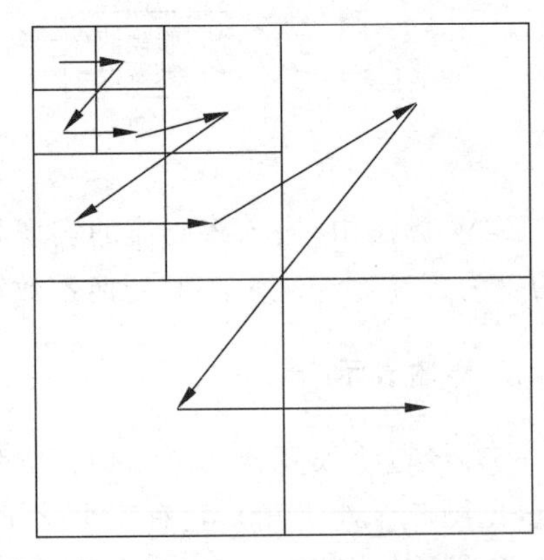

图5.4 子带扫描次序

2. 逐次逼近的嵌入式编码

为了使得零树表示结构成为一个有效的嵌入式码流,编码的核心采用了逐次逼近的量化方法(Successive-Approximation Quantization,SAQ)。逐次逼近量化与比特平面的有效性编码相联系,连续地应用一系列阈值$T_0,T_1,\cdots,T_{N-1}$来确定比特平面的有效性,其中,阈值序列的选取是$T_i=T_{i-1}/2$,初始阈值T_0的选取使所有的变换系数满足$|x_{\max}|<2T_0$,这里$x_{\max}$是小波变换系数矩阵中的最大绝对值。SAQ实际上就是一种按比特平面的编码方式。

在利用SAQ量化的编码过程中,依次形成两个表,一个是主表,一个是副表。对于一个给定的门限式T_i(第一次为T_0),首先进行一遍主扫描,生成主表。主表包含的是以式为门限的有效值映射,在形成主表的同时,把新出现的有效值幅度也加入到一个幅度表中(幅度表只是编码过程中出现的中间表,并不是编码器输出项)。为了不影响后续更小的门限的有效值映射有效性,将已经发现的有效值位置的系数置为0(这些情况暂存在幅度表中)。

对于门限T_i,在进行完一遍主扫描后,紧接着进行副扫描,副扫描是对已发现的有效值进行更细化的表示。若当前门限是T_0,进行完主扫描后,已发现的有效值的幅度处于$2T_0$和T_0之间,如果没有进一步细化表示,解码器仅知道这些值处于$2T_0$和T_0之间,一般可能会用$T_0+T_0/2$作为它的重构值。副扫描的目的是进一步细化这些值。用0或1进一步描述一个值是处于该区间的上半部还是下半部,提高了一倍表示精度。后续过程中,门限T_i的情况也类似,不同的是,后续过程中不仅是对本次新发现的有效值进行细化,也对以前的有效值进行细化,而幅度表中有效值的排列是以可分辨出的有效值按从大到小顺序排列。

这些0,1串构成副表。

零树表示和SAQ结合构成了编码器的工作方式概括如下：首先确定T_0,进行第一遍主扫描,构成有效值映射,形成主表；然后进行第一遍副扫描,细化有效值的表示。更新门限$T_1=T_0/2$,进行新一遍主扫描,新的主扫描时,对已经发现有效值的位置不需要扫描,将它们设为0以便发现零树,因为门限已减半,会发现一些新的有效值；主扫描结束,进入新一遍副扫描,对原已发现的有效值和本次新发现的有效值进行细化处理；继续取$T_2=T_1/2$作为新门限,这个过程继续进行下去,直到预设条件达到结束。

5.2.3　SPIHT算法

EZW算法由于编码时形成多棵零树,因而要多次扫描图像,造成效率很低。而且每一棵树必须在前一棵树形成之后才能形成,所以也很难用并行算法优化；对所有的频域进行等同有效性的编码,不能充分利用小波变换的特点。

人们通过研究分析EZW编码算法的不足,提出了多种改进的嵌入零树图像编码算法,SPIHT算法就是其中之一。SPIHT算法继承了EZW算法的特点,但在两个方面有本质的不同：分割系数的方式和如何传输有效系数的位置信息。SPIHT算法把对有效系数位置的传输隐含在算法的执行过程之中,并因此可以在允许峰值信噪比下降0.3～0.6dB时不采用算术编码,使执行速度更快。SPIHT算法不同于EZW算法利用零树根来表示大量的无效小波系数,它采用树的分割方法,力图使无效系数保持在更大子集中。分割判决用二进制的方式传送给接收端,从而提供了比EZW更有效的图编码方法。

1. SPIHT的概念

图像经过k级小波变换后形成了$3k+1$个子带,按其频带从低到高形成一个“空间方向树”结构,树根是最低频子带的节点,用H表示所有根节点组成的集合。为了描述SPIHT算法,首先定义几个有用的用于划分空间方向树结构的集合,如表5.1所示。

表5.1　用于划分空间方向树结构的集合

符号	含　义
$O(i,j)$	表示位于(i,j)位置的小波变换系数的$C(i,j)$的子女的坐标集合。在每一个节点,一个系数可能有4个子女或没有子女,故$O(i,j)$的大小为4或0
$D(i,j)$	表示位于(i,j)位置的小波变换系数的所有子孙的坐标集合
$L(i,j)$	表示$C(i,j)$的所有子孙的坐标集合,但是去掉它的直接子女集合
$S_n(T)$	集合是否有效的标志位

SPIHT算法的基本的集划分准则简单归纳如下。

(1) 对于所有的$(i,j)\in H$,形成初始划分集合为$\{(i,j)\}$和$D(i,j)$。

(2) 如果$D(i,j)$是有效的,它被划分为$L(i,j)$加上4个单元素集合$(k,l)\in O(i,j)$。

(3) 如果$L(i,j)$是有效的,它被划分为4个集合$D(k,l)$,这里$(k,l)\in O(i,j)$。

SPIHT算法编码过程分为分类扫描和细化两部分。分类扫描过程根据上述集合划分准则,将空间方向树上的节点分类,过程中使用到3个表,并对3个表进行动态更新。

(1) 无效集表：LIS(List of Insignificant Sets),每个记录都是坐标形式(i,j),它代表

一个集合 $D(i,j)$ 或 $L(i,j)$。在 LIS 表中，元素 $D(i,j)$ 称为 A 型，$L(i,j)$ 称为 B 型。

(2) 无效像素表：LIP(List of Insignificant Pixels)，每个记录也都是坐标 (i,j) 形式，它代表 (i,j) 位置有一个无效值。

(3) 有效像素表：LSP(List of Significant Pixels)，每个记录也都是坐标 (i,j) 形式，它代表 (i,j) 位置有一个有效值。

2. SPIHT 编码

首先将一个空间方向树在初始化时输出 $n=[\log_2(\max\{|C(i,j)|\})]$，其中，$C(i,j)$ 为小波系数，将 LSP 置为空表，将坐标 $(i,j)\in H$ 加入到 LIP 中，$(i,j)\in H$ 带有子孙的坐标加入到 LIS，并作为 $D(i,j)$ 类集合。

其次，在分类扫描过程中，先对 LIP 的每个记录进行扫描，若该记录有效，将其移到 LSP，并输出 $C(i,j)$ 的符号位；然后对 LIS 的每个记录扫描，若这个记录为 $D(i,j)$ 类集合且是有效的，则 $D(i,j)$ 继续分裂为两个集合 $O(i,j)$ 和 $L(i,j)$，对集合 $O(i,j)$ 的每个记录分别进行有效性测试，把有效记录移到 LSP 中，将无效记录移到 LIP；对集合 $L(i,j)$ 的记录进行有效性测试，若有效，则 $L(i,j)$ 分裂为 4 个集合，并对这 4 个集合进行判断，如此重复，对每棵树进行分裂和判断直到找出所有重要元素，将它们移到 LSP。

对有效值表 LSP 细化过程，在本次门限 $T=2^n$ 的扫描过程中，新移入 LSP 的值不做细化处理，输出 $C(i,j)$ 的第 n 个有效位。

令 $n=n-1$，进行下一比特平面扫描分类和细化过程，直到完成编码。

SPIHT 算法描述如下。

第一步：算法初始化。

得到 $n=[\log_2(\max\{|C(i,j)|\})]$。

置 LSP 为空表，将坐标 $(i,j)\in H$ 加入到 LIP，$(i,j)\in H$ 中带有子孙的加入到 LIS，并作为 $D(i,j)$ 类集合。

第二步：分类扫描过程。

(1) 对 LIP 的每个记录 (i,j) 输出 $S_n(i,j)$，如果 $S_n(i,j)=1$，将 (i,j) 移动 LSP，并输出 $C(i,j)$ 的符号位。

(2) 对 LIS 的每个记录 (i,j)。

① 如果这个记录代表一个 $D(i,j)$ 类集合，则输出 $S_n(D(i,j))$；如果 $S_n(D(i,j))=1$，则对每一个 $(k,l)\in O(i,j)$ 输出 $S_n(k,l)$；如果 $S_n(k,l)=1$，将 (k,l) 加入到 LSP，并输出 $C(i,j)$ 的符号位；如果 $S_n(k,l)=0$，将 (k,l) 加入到 LIP。如果 $L(i,j)$ 不为空集合，将 (i,j) 加入到 LIS 的尾部，并标明它是 $L(i,j)$ 类型集合，转到②，如果 $L(i,j)$ 是空集合，将 (i,j) 从 LIS 中移出。

② 如果这个记录代表一个 $L(i,j)$ 类集合，则输出 $S_n(L(i,j))$；如果 $S_n(L(i,j))=1$，则将每个 $(k,l)\in O(i,j)$ 加入到 LIS 的尾部，并标记为 $D(k,l)$ 类型，从 LIS 中移去 (i,j) 项。

第三步：对 LSP 中每一个 (i,j)(除了当前这遍扫描产生的之外)，输出 $C(i,j)$ 的第 n 个最高有效值。

第四步：$n=n-1$，返回第二步。

解码过程：编码器将上述扫描过程中输出的码存入文件，更有效的方式是采用算术编码后存入文件。文件中存放的有关信息，如存放的图像尺寸大小、小波变换分层等，在解码器中由这些信息可生成初始的三个表 LIP，LIS，LSP。接下来做与编码操作相同的扫描工作，只不过编码器是判断并输出码，解码器是读入并恢复相应表格的内容。

5.3 静态图像压缩标准

静态图像编码技术的发展和广泛应用也促进了许多有关国际标准的制定，这方面的工作主要是由国际标准化组织(International Standardization Organization，ISO)和国际电信联盟(ITU)负责研究和制定的。目前，由这两个组织制定的有关图像编码的国际标准涵盖了从二值到灰度的图像编码标准，根据各标准所使用的技术不同，可分为以下几类标准。

(1) 二值图像压缩编码标准。

(2) 基于 DCT 的静态灰度(彩色)图像压缩编码标准。

(3) 基于 DWT 的静态灰度(彩色)图像压缩编码标准。

5.3.1 二值图像压缩编码标准

图像分为彩色图像和灰度图像两大类，二值图像是只有黑白两种灰度级的特殊灰度图像，例如文件、工程图、指纹卡片、手写文字、地图、报纸等，它广泛应用于传真业务、文字资料的数字化存储等。二值图像信源编码的目的和灰度图像的编码一样，也是为了减少表示图像所需的比特数。

ITU 和 ISO 于 1993 年联合成立的 JBIG(Joint Bi-Level Image Experts Group)针对三类传真机一维编码标准——G3 标准的缺陷，制定了二值图像压缩的 T. 82 国际标准 ISO/IEC 11544，也称为 JBIG 标准。用于传真机的 G3 标准在编码时对不同的黑白游程长度采用统计的修正哈夫曼编码，对像素变化较快的图像来说，压缩效果很差。JBIG 标准采用基于对条件概率连续预测的算术编码来代替修正哈夫曼编码，使得文档和图像的压缩比能提高数倍。同时，JBIG 也有一些不足，如没有被大多数文档系统支持，解压时间较长，处理照片的功能不足等，最重要的是 IBM、AT&T 等公司掌握着 JBIG 的技术专利，限制了该技术的应用。

1. G3 和 G4 压缩编码标准

G3 和 G4 压缩编码标准是由 CCITT 的两个组织(Group3 和 Group4)负责制定的，最初它是为传真应用而设计的，现也被应用于其他方面。G3 和 G4 压缩编码技术的基本思想是：游程编码与静态的哈夫曼编码相结合。编码过程按行扫描像素，记录 0 值和 1 值的游程长度，然后给游程长度编码，并且黑和白的长度分别使用不同的编码。其中，G3 采用一维编码与二维编码结合的技术，每一个 K 行组的最后 $K-1$ 行($K=2$ 或 4)，有选择地用二维编码方式。G4 标准是 G3 标准的简化或改进版本，采用二维压缩编码和固定的哈夫曼编码表，每一个新图像的第一行的参考行是一个虚拟的白行。

下面简单介绍一维编码和二维编码技术的基本编码过程。

1）一维编码

一维编码的基本思想是：按行编码，逐行扫描，编码方式为游程编码加哈夫曼编码。具体的编码过程如下。

(1) 图像首、尾编码方式如下。

① 图像首行：用一个 EOL(000000000001)开始。

② 图像结尾：用连续 6 个 EOL 结束。

(2) 每一行行首、行尾编码方式如下。

① 行首：用一个白游程码开始，如果行首是黑像素，则用零长度的白游程开始。

② 行尾：用一个 EOL 结束。

(3) 图像内部编码方式。

游程长度小于或等于 63 的用哈夫曼编码。

游程长度大于 63 的用组合编码，即大于 63 的长度哈夫曼编码加上小于 63 的余长度哈夫曼编码。

2）二维编码

二维编码的基本思想是：假设相邻两行改变元素位置的情况很多，且上一行改变元素距当前行改变元素的距离小于游程长度，则编码过程可以利用上一行相同改变元素的位置，来为当前行编码，从而降低编码长度。

与二维编码相关的几个定义如图 5.5 所示。

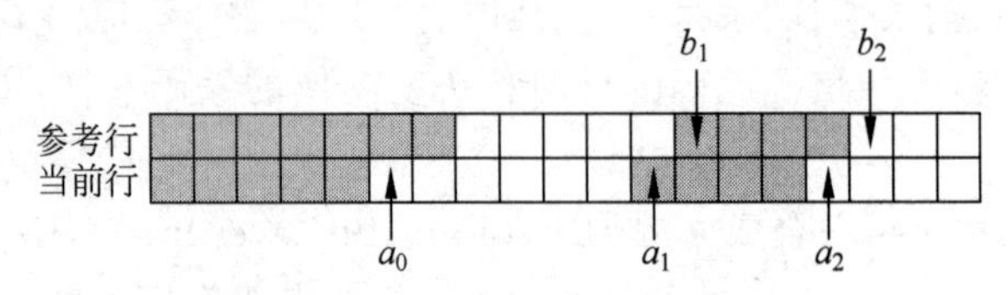

图 5.5　二维编码中的符号定义

(1) 当前行：要编码的扫描行。

(2) 参考行：当前行的前一行。

(3) 改变元素：与前一个像素值不同的像素。

(4) 参考元素：一共有 5 个(当前行 3 个，参考行 2 个)。

① a_0：当前处理行上，与前一个像素值不同的像素。行首元素是本行的第一个 a_0。

② a_1：a_0 右边下一个改变元素。

③ a_2：a_1 右边下一个改变元素。

④ b_1：参考行上在 a_0 右边，且与 a_0 值相反的改变元素。

⑤ b_2：b_1 右边下一个改变元素。

根据以上定义的 5 个参考元素位置，可以有三种情况，即：b_2 在 a_1 的左边，a_1 到 b_1 之间的距离大于 3，a_1 到 b_1 之间的距离小于或等于 3。二维编码则分别对上面三种情况进行编码处理。

(1) 通过编码模式。

① 条件：b_2 在 a_1 的左边，即参考行的两个改变元素都在 a_1 的左边(如图 5.6 所示)。

② 编码：把这种情况定义为通过模式，并编码为 0001(如表 5.2 所示)。

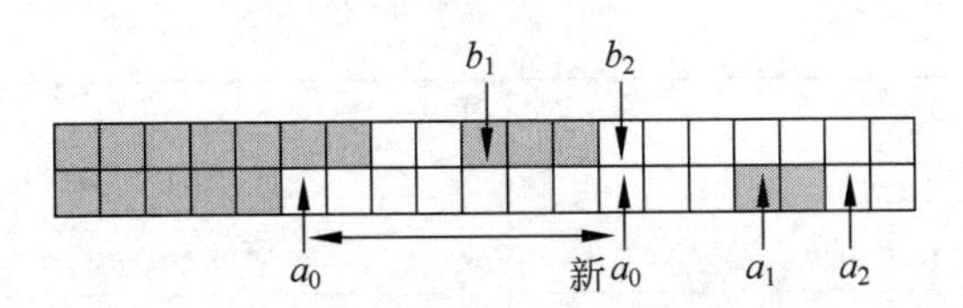

图 5.6 通过编码模式工作原理

③ 操作：把 a_0 移到 b_2 的下面，重新定义 b_1 和 b_2，再进行模式判断。

(2) 水平编码模式。

① 条件：a_1 到 b_1 之间的距离大于 3(如图 5.7 所示)。

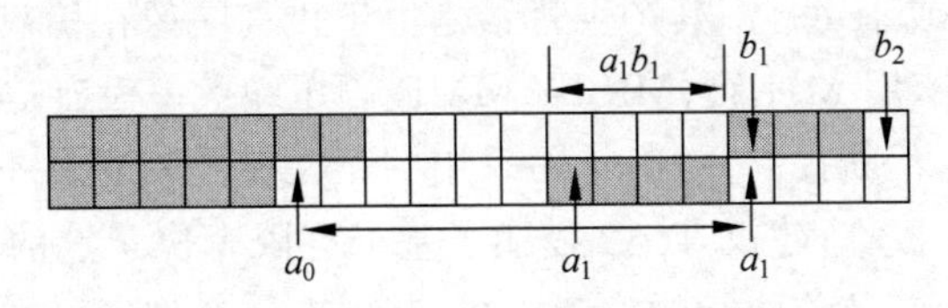

图 5.7 水平编码模式工作原理

② 编码：把这种情况定义为水平模式，并编码为 001(如表 5.2 所示)，此时 a_0 到 a_2 间的编码直接使用一维编码，即 a_0 到 a_2 间的数据编码为 $001+M(a_0a_1)+M(a_1a_2)$，其中，M 代表一维游程编码。

③ 操作：把 a_0 移到 a_2，重新定义其他的 4 个元素，再进行模式判断。

(3) 垂直编码模式。

① 条件：a_1 到 b_1 之间的距离小于或等于 3(如图 5.8 所示)。

② 编码：把这种情况定义为垂直模式，a_1 和 b_1 之间的位置关系有 7 种情况，分别对这 7 种情况进行哈夫曼编码(如表 5.2 所示)。

③ 操作：把 a_0 移到 a_1，重新定义其他 4 个元素，再进行模式判断。

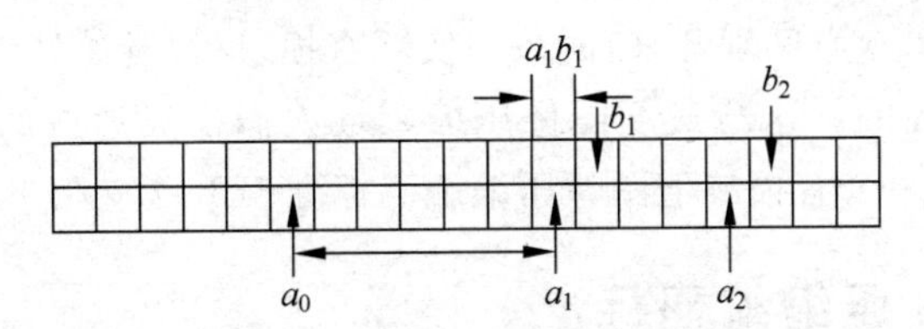

图 5.8 垂直编码模式工作原理

表 5.2 二维编码哈夫曼码表

模 式	码 字
Pass	0001
Horizontal	$001+M(a_0a_1)+M(a_1a_2)$
Vertical	
a_1 below b_2	1
a_1 one to the right of b_1	011
a_1 two to the right of b_1	000011
a_1 three to the right of b_1	0000011
a_1 one to the left of b_1	010

续表

模　式	码　字
a_1 two to the left of b_1	000010
a_1 three to the left of b_1	0000010
Extension	0000001×××

2. JBIG压缩编码标准

JBIG专家组于1993年制定了针对二值图像压缩的ITU-T建议T.82国际标准ISO/IEC 11544,称为JBIG或JBIG1。其产生背景是由于传真图像在伪灰度处理条件下,二值序列中短游程的比例上升,用MH码、MR码、MMR码压缩效率没有达到预计效果,同时对图像存储和传输的要求也不断提高。JBIG码采用的正是基于对条件概率连续性预测算术编码方法。为了确定条件概率,建议T.82描述了基于有限个像素点的上下文参考模板,分别由当前扫描行与上一行以及前两行的像素构成,其中有一个像素可在其默认位置上移动,称为自适应像素。同样是无失真压缩,但由于JBIG算法能自适应图像的特征,故与MH、MR、MMR编码相比较,对打印字符的扫描图像,压缩比是MMR的1.1~1.5倍;对计算机生成的打印字符图像,压缩比是MMR的5倍;而对由二值来表示的"半色调"图像,压缩比是MMR的2~30倍。MH、MR、MMR和JBIG编码方法均可用于G3传真机,MMR和JBIG还可用于G4机。

尽管在二值图像的产生过程中可能会有信息损失(譬如通过某个阈值对灰度图像进行二值化),但在随后的编码阶段,现有的二值图像压缩标准都采用完全可逆的熵编码,因而是严格信息保持的。由于大多数二值图像的信宿是人,即解码恢复后的二值图像最终是用人类视觉来感知的,因此,若允许压缩过程引入人眼难以察觉的失真,就不仅有望大幅度地提高数据压缩比,而且还能打破保持型编码在压缩方法选择上对于人们的束缚。事实上,由于很难把压缩损伤和图像噪声区别开来,故采用实际有损、但视觉感知无损或近似无损的二值图像压缩方法也是合理的。这与灰度图像压缩领域人们已经形成的共识完全类似,因此,JBIG专家组又制定了一个有损二值图像压缩编码标准JBIG2。

5.3.2 JPEG压缩编码标准

JPEG是Joint Photographic Experts Group(联合图像专家组)的缩写,文件扩展名为.jpg或.jpeg,是最常用的图像文件格式,由一个软件开发联合会组织制定,是一种有损压缩格式,能够将图像压缩在很小的存储空间,图像中重复或不重要的资料会被丢失,因此容易造成图像数据的损伤。尤其是使用过高的压缩比例,将使最终解压缩后恢复的图像质量明显降低,如果追求高品质图像,不宜采用过高压缩比例。

JPEG包括三种算法:基本系统(Baseline System)、扩展系统(Extended System)和无失真系统。其中,基本系统基于DCT变换和可变长编码压缩技术,在保证图像还原质量的前提下,能提供高达100∶1的压缩比,但由于编码过程中有失真,故重建图像不能精确再现原始图像,其失真度同压缩比直接相关,所有的JPEG编码器和解码器都支持基本系统。

JPEG的压缩模式有以下几种:①顺序式编码(Sequential Encoding),依次将图像由左到右、由上到下顺序处理；②递增式编码(Progressive Encoding)，当图像传输的时间较长时，可将图像分为数次处理，以从模糊到清晰的方式来传送图像(效果类似 GIF 在网络上的传输)；③无有损编码(Lossless Encoding)；④阶梯式编码(Hierarchical Encoding)。

最常用的 JPEG 编码是基于 DCT 的顺序型模式，又称为基本系统。下面将针对这种系统讲述其编码过程。JPEG 编/解码流程如图 5.9 和图 5.10 所示。

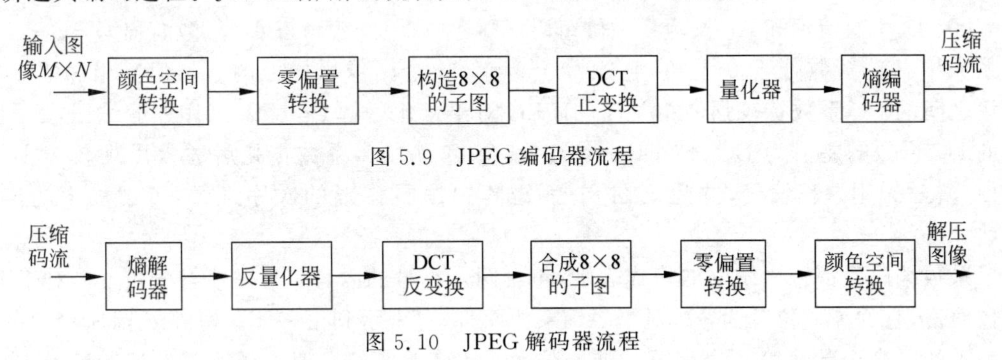

图 5.9　JPEG 编码器流程

图 5.10　JPEG 解码器流程

从图 5.9 中可以看出，JPEG 编码过程包含以下几个主要步骤。

(1) 进行颜色空间转换。JPEG 采用的是 YC_bC_r 颜色模型，首先要从 RGB 空间转换到 YC_bC_r。

(2) 进行零偏置转换。对于灰度级是 2^n 的像素，减去 2^{n-1}，替换像素本身，对于 $n=8$ 的灰度图像，即将 0～255 的值域减去 128，转换位值为 128～127。这样像素的绝对值出现 3 位十进制的概率大大减少，有利于后面的熵编码。

(3) 块准备。块准备将一帧图像分成 8×8 的数据块。假设一个彩色图像由 3 种分量——光亮度 Y 和两个色差 U,V 表示，图像的大小为 480 行，每一行有 640 个像素。如果假设色度分解为 4∶1∶1，则亮度分量就是一个 640×480 的数值矩阵，色差分量是一个 320×240 的数值矩阵，色差是一个 320×240 的数值矩阵。为了满足 DCT 过程的要求，块准备必须画出 4800 个亮块和两份 1200 个色差块，共计 7200 个数据块。同时将原始图像的采样数据从无符号整数变成有符号整数。即：若采样精度为 P 位，采样数据范围为 $[0,2^{P-1}]$，则变成范围 $[-2^{P-1},2^{P-1}-1]$，以此作为 DCT 正变换的输入。在解码的输出端经 DCT 反变换后，得到一系列 8×8 的图像数据块，需将其数值范围由 $[-2^{P-1},2^{P-1}-1]$ 再变回到 $[0,2^{P-1}]$ 的无符号整数，才能重构图像。

(4) DCT 变换。每个初始块由 64 个表示样本信号特定分量的振幅值组成，该振幅是一个二维的空间坐标的函数，可用 $a=f(\boldsymbol{x},\boldsymbol{y})$ 表示，其中，$\boldsymbol{x}$,$\boldsymbol{y}$ 是两个二维空间向量。在经过离散余弦变换之后，该函数变为 $c=g(F_x,F_y)$，其中，F_x 和 F_y 分别是各个方向空间频率，结果是一个 64 个数值的方阵，每一个值表示一个 DCT 系数，也就是一个特定的频率值，而不再是信号在采样点 (x,y) 的振幅。这样，经过 8×8 DCT 正变换，8×8 的采样值块变换成 8×8 的 DCT 系数块。DCT 逆变换能把 64 个 DCT 系数重建为 64 点的图像。但由于计算过程中的误差及系数的量化，这 64 点图像是不能完全恢复的。

(5) 量化。为了达到压缩的目的，DCT 系数需做量化处理。例如，利用人眼的视觉特性，对在图像中占有较大能量的低频成分，赋予较小的量化间隔和较少的比特表示，以获得较高的压缩比。JPEG 的量化采用线性均匀量化器，量化公式为：

$$Cq(u,v)=\text{Integer}(\text{Round}(C(u,c)/Q(u,v))) \tag{5.1}$$

其中，$Q(u,v)$是量化器步长，它是量化表的元素，量化元素随DCT系数的不同和彩色分量的不同有不同的值。量化表的大小也为8×8，和64个变换系数一一对应。在JPEG算法中，对于8×8的亮度信息和色度信息，分别给出了默认的量化表。这个量化表是在实验的基础上，结合人眼的视觉特性而获得的。

(6) DCT直流值和AC交流系数的编码。DC系数差分编码与AC系数游程编码，64个变换系数中，DC系数处于左上角，它实际上等于64个图像采样值的平均值。相邻的8×8子块之间的DC系数有较强的相关性。JPEG对于量化后的DC系数采用差分编码，二相邻块的DC系数的差值为$DC_i-(DC_i-1)$。其余63个AC系数量化后通常出现较多零值，JPEG算法采用游程编码，并建议在8×8矩阵中按照Z形的次序进行，可增加零的连续次数。

系数编码后都采用统一的格式表示，包含两个符号的内容：第一个符号占1B，对于DC系数而言，它的高4位总为零；对于AC系数而言，它表示到下一个非零系数前所包含的连续为零的系数个数。第一个字节的低4位表示DC差值的幅值编码所需的比特数，或表示AC系数中下一个非零幅值编码所需的比特数。第二个符号字节表示DC差值的幅值，或下一个非零AC系数的幅值。还需要指出，由于第一个字节中只有4位表示游程长度，最大值为15。当游程长度大于15时，可以插入一个或多个(10)字节，直至剩下的AC系数零的个数小于15为止。因此，63个AC系数表示为由两个符号对组成的序列，其中也可能插入10B，块结束字节以全零表示。

(7) 熵编码。对于上面给出的码序列，再进行统计特性的熵编码。这仅对于序列中每个符号对中的第一个字节进行，第二个幅值字节不作编码，仍然直接传送。JPEG建议使用两种熵编码方法：哈夫曼编码和自适应二进制算术编码。对于哈夫曼编码，JPEG提供了针对DC系数、AC系数使用的哈夫曼表(包括对于图像的亮度值与色度值两种情况)，在编码和解码时使用。JPEG解码器能够同时存储最多4套不同的熵编码表。

JPEG的解码过程是上述过程的逆过程。

5.3.3 JPEG2000压缩编码标准

随着多媒体应用领域的快速增长，传统的JPEG压缩技术已经无法满足人们对数字化多媒体图像资料的要求，网上JPEG图像只能一行一行地下载，直到全部下载完毕，才可以看到整个图像，如果只对图像的局部感兴趣，也只能将整个图片下载来再处理。JPEG格式图像文件体积仍然较大；JPEG格式属于有损压缩，当被压缩图像上有大片近似颜色时，会出现马赛克现象；同样由于有损压缩的原因，许多对图像质量要求较高的应用，JPEG无法胜任。

JPEG2000由ISO和IEC(国际电工协会)JTC1 SC29标准化小组命名为"ISO 15444"，制定始于1997年3月，但因为无法很快确定算法，直到2000年3月，规定基本编码系统的最终协议草案才出台。JPEG2000采用改进的压缩技术来提供更高的解像度，其伸缩能力可以为一个文件提供从无损到有损多种画质和解像选择。JPEG2000被认为是互联网和无线接入应用的理想影像编码解决方案。在压缩率相同的情况下，JPEG2000的信噪比将比JPEG提高30%左右。JPEG2000拥有5种层次的编码形式：彩色静态画面采用的JPEG

编码、二值图像采用JBIG、低压缩率图像采用JPEGLS等，成为应对各种图像的通用编码方式。在编码算法上，JPEG2000采用离散小波变换核 bit plain 算术编码（MQ coder）。此外，JPEG2000还能根据用户的线路速度以及利用方式，以不同的分辨率以及压缩率发送图像。

1. JPEG2000标准的组织结构

JPEG2000标准可分为以下几个部分。

(1) PART1：JPEG2000图像编码系统，是JPEG2000标准的核心系统。

(2) PART2：扩展系统，在核心系统上添加了一些功能。

(3) PART3：运动JPEG2000，主要针对运动图像提出的解决方案。

(4) PART4：兼容性。

(5) PART5：定义参考软件。目前有两个：基于Java的JJ2000，基于C的Jasper。

(6) PART6：定义复合文件格式，主要针对印刷和传真应用。

(7) PART7：学术报告，介绍实现PART1所需要的最小支持环境(已取消)。

(8) PART8：JPSEC与JPEG2000安全应用有关。

(9) PART9：JPP为分配JPEG2000应用定义了一套高级网络协议。

(10) PART10：JP 3D与三维数据和浮点数据压缩有关。

(11) PART11：JPWL使用JPEG2000处理无线应用。

(12) PART12：是对第三部分的补充。

(13) PART13：2004年3月建立，主要是对JPEG2000编码器进行标准化。

2. JPEG2000的特性

推进JPEG2000发展的关键因素并不是它比JPEG有高的压缩比，而是它提供了一种具有丰富特征的新编码系统和一种全新的图像再现形式。为了具体理解这一点，首先看一下JPEG2000 PART 1的关键特征。

(1) 优良的压缩特性：高比特率时，人工痕迹微乎其微。JPEG2000的压缩率比JPEG平均提高约20%。在低比特率时，JPEG2000比JPEG有明显的提高。压缩增益高于JPEG，主要采用DWT和最新编码算法。

(2) 多分辨率：JPEG2000提供无缝图像压缩，每一个样本成分可以从1b到16b。

(3) 按像素精度和分辨率渐进传输(渐进解码和信噪比可伸缩)：JPEG2000可以根据SNR、分辨率、空间位置和图像分量的不同要求提供渐进的码率组织。

(4) 无损和有损压缩：JPEG2000仅通过一种整数小波变换的压缩提供有损和无损两种压缩方式。

(5) 随机码流访问和处理(感兴趣区域)：JPEG2000码流提供一些机制支持随机访问或感兴趣区域的访问。

(6) 比特误差的鲁棒性：JPEG2000在有噪声的通信信道如无线信道中引入误码的鲁棒性，它是通过包含再同步标记来实现的，编码与独立的小块有关，能够检查每一块中隐藏的错误。

(7) 连续构建功能：JPEG2000允许图像从顶到底连续编码，不需要缓存。

(8) 灵活的文件格式：JP2 和 JPX 文件格式允许处理彩色空间信息、元数据和一些网络互动应用。

3. JPEG2000 的基本原理

JPEG2000 的编码和解码器框图如图 5.11 所示。编码过程主要分为以下几个过程：预处理、核心处理和位流组织。预处理部分包括对图像分片、直流电平位移和分量变换。核心处理部分由离散小波变换、量化和编码组成。位流组织部分则包括区域划分、码块、层和包的组织。解码器是编码器的反过程，首先对码流进行解包和熵解码，然后反向量化和离散小波变换，对反变换的结果进行后期处理合成，得到重构图像数据。

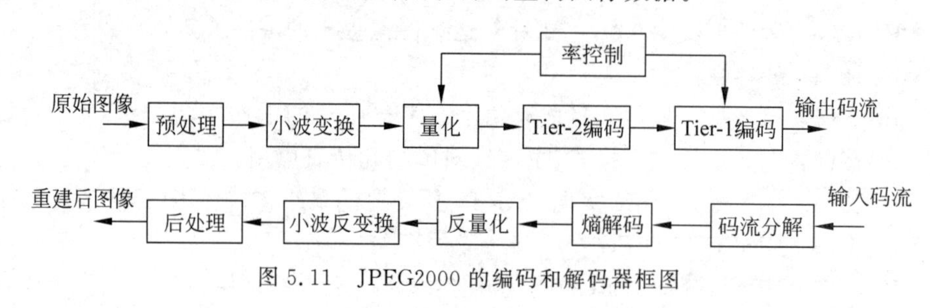

图 5.11 JPEG2000 的编码和解码器框图

1) 数据预处理

数据预处理一般包括三种操作：区域划分、DC 电平位移、分量变换。

(1) 图像分片。

分片指的是把源图像分割成相互不重叠的矩形块——图像片，每一个图像片作为一个独立的图像进行压缩编码。编码中的所有操作都是针对图像片进行的。图像片是进行变换和编解码的基本单元。图像的分片降低了对存储空间的要求，并且由于它们重构时也是独立进行的，所以可以用来对图像特定区域而不是整幅图像进行解码。当然，图像分片会影响图像质量。比较小的图像片会比大图像片产生更大的失真。图像分片在低比特率表示图像的时候所造成的图像失真会更加严重。

(2) 直流电平位移。

在对每一图像片进行正向离散小波变换之前，都要进行直流电平位移。目的是在解码时，能否从有符号的数值中正确恢复重构的无符号样本值。直流电平位移是对仅有无符号数组成的图像片的像素进行的，电平位移并不影响图像的质量。解码端，在离散小波反变换之后，对重构的图像进行反向直流电平位移。

(3) 分量变换。

JPEG2000 支持多分量图像。不同的分量不需要相同的比特深度，也不需要都是无符号或有符号数。对于可恢复系统，唯一的要求就是每一个输出分量图像的比特深度必须跟相应输入分离图像的比特深度保持一致。

2) 离散小波变换

不同于传统的 DCT 变换，小波变换具有对信号进行多分辨率分析和反映信号局部特征的特点。通过对图像进行离散小波变换，得到小波系数，而分解的级数视具体情况而定，小波系数图像由几种子带系数图像组成，这些子带系数图像描述的是图像水平和垂直方向的空间频率特性。不同子带的小波系数反映图像不同空间分辨率特性。通过多级小波分解，小波系数既能表示图像中局部区域的高频信息，也能表示图像中的低频信息。这样，即使在低比特率的情况下，也能保持较多的图像细节，另外，下一级分解得到的系数所表示图像在水平和垂直方向的分辨率，就可以得到不同空间分辨率的图像。

小波变换因其具有这种优点被JPEG2000标准所采用。在编码系统中，对每个图像进行Mallat塔式小波分解。经过大量的测试，JPEG2000选用两种小波滤波器：LeGall 5/3滤波器和Daubechies 9/7滤波器。前者可用于有损或无损图像压缩，后者只能用于有损压缩。

在JPEG2000标准中，小波滤波器有两种实现模式：基于卷积和基于提升机制的。具体实现时，对图像边缘都要进行周期对称延伸，可以防止滤波器对图像边缘操作时产生失真。另外，为了减小变换时所需空间开销，标准中还应用了基于行的小波变换技术。

3）量化

由于人类视觉系统对图像的分辨率要求有一定的局限，通过适当的量化减小变换系数的精度，可在不影响图像主观质量的前提下，达到图像压缩的目的。量化的关键是根据变换后图像的特征、重构图像质量要求等因素设计合理的量化步长。量化操作是有损的，会产生量化误差。不过一种情况除外，那就是量化步长是1，并且小波系数都是整数，利用可恢复整数5/3的小波滤波器进行小波变换得到的结果就符合这种情况。

在JPEG2000标准中，每一个子带可以有不同的量化步长。但在一个子带中只有一个量化步长。量化以后，每一个小波系数由两部分来表示：符号和幅值。对于无损压缩，量化步长必须是1。

4）熵编码

图像经过小波变换、量化后，在一定程度上减少了空间和频域上的冗余度，但是这些数据在统计意义上还存在一定的相关性，为此采用熵编码可以消除数据间的统计相关性。JPEG2000使用EBCOT编码器对每个编码块进行熵编码。EBCOT的编码过程可分为以下两个步骤。

（1）嵌入式码块编码。

经过小波变换和量化，图像分量矩阵成为整数系数的子带矩阵，每个子带又被划分为大小相同的矩形码块，而每个码块将被独立编码，每个码块又可分成位平面，即比特层，从最高有效位平面开始逐平面编码直到最低位平面。对位平面编码时，为了获得细化的嵌入式码块位流，每个位平面又进一步分成子位平面，称为编码通道。位平面上的每个系数位必须而且只能在其中一个通道上进行编码。这三个通道依次为：重要性传播通道、幅度细化通道、清除通道。在这三个编码通道上分别进行4种编码操作：有效性编码、符号编码、幅度细化编码和清除编码。在清除编码中，根据适当的条件进行游程编码，以减少算术编码时二进制符号个数。

（2）分层组织码块的嵌入式压缩位流。

在第二步编码算法中，采用PCRD率失真优化算法思想，对所有码块的嵌入式压缩位流进行适当的截取，分层组织，形成整个图像具有质量可分级的压缩码流。

为了更好地应用JPEG2000压缩码流的功能，JPEG2000标准规定了存放压缩位流和所需参数的格式，把压缩码流以包为单元，进行组织，形成最终的压缩码流。

4. JPEG2000 中的小波提升算法

二维离散小波变换最有效的实现方法之一是采用 Mallat 的塔式分解方法，在图像的水平和垂直方向交替采用低通和高通滤波。这种传统的基于卷积的离散小波变换计算量大，对存储空间的要求高，提升小波的出现有效地解决了这一问题。提升算法相对于 Mallat 算法，是一种更为快速有效的小波变换实现方法，它不依赖于傅里叶变换，继承了第一代小波的多分辨率特性，在空域完成了对双正交小波滤波器的构造。Daubechies 已经证明，任何离散小波变换或具有有限长滤波器的两阶滤波变换都可以被分解成为一系列简单的提升步骤，所有能够用 Mallat 算法实现的小波，都可以用提升算法来实现。

提升算法使用了基本的多项式插补来获取信号的高频分量，之后通过构建尺度函数来获取信号的低频分量。提升算法的基本思想是通过一个基本小波，逐步构建出一个具有更加良好性质的新小波。一个规范的提升算法有 3 个步骤：分解；预测；更新。提升算法的分解步骤如图 5.12 所示。

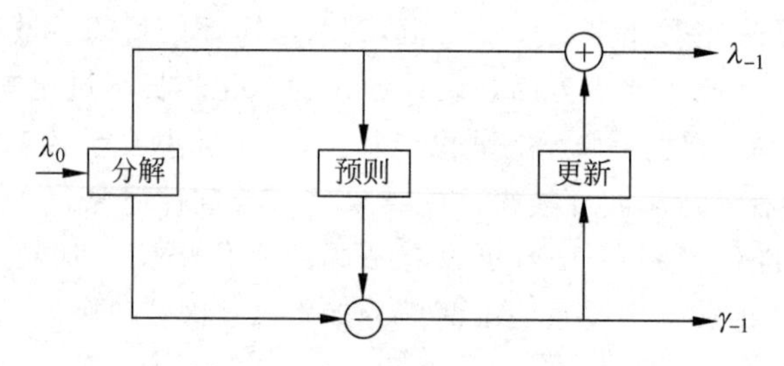

图 5.12 提升算法的分解步骤

设有数据列 λ_0，由于数据之间有某种相关性，可以将它用更为紧凑的格式来表示。也就是说，寻找原数据列的一个子集，使它能够表示原始信号所包含的信息。下面按照提升算法的 3 个步骤分为 3 个部分来进行讨论。

(1) 分解：将数据列 λ_0 分解成为两个小的子集 λ_{-1} 和 γ_{-1}。假定相邻的数据间有最大的相关性(在实际应用中也往往是这种情况)，按照数据的奇偶序号对数据列进行间隔采样，即：

$$\lambda_{-1,k}=\lambda_{0,2k},\quad k\in Z$$

$$\gamma_{-1,k}=\lambda_{0,2k+1},\quad k\in Z \tag{5.2}$$

这种情况就是前面提到的基本小波。用基本小波对信号进行分解与重构如图 5.13 所示。

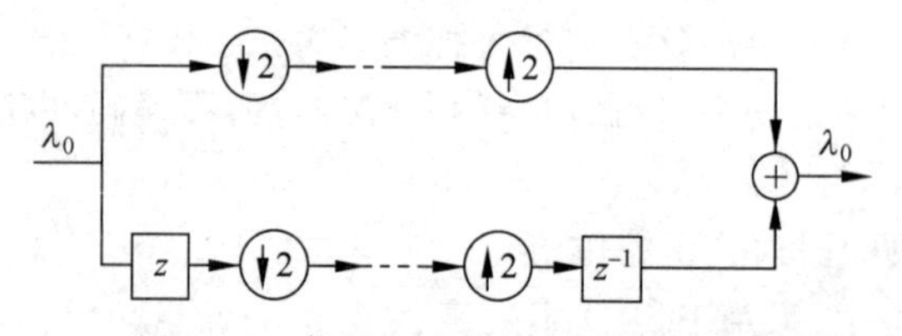

图 5.13 信号小波分解与重构示意图

(2) 预测：设一个与数据无关的预测函数 P，使得

$$\gamma_{-1}=P(\lambda_{-1}) \tag{5.3}$$

那么，用 λ_{-1} 来表示原始的数据，称 γ_{-1} 为小波系数。用 γ_{-1} 和它的预测值之间的差值来代替 γ_{-1}。如果使用合理的预测，那么差值将包含比原来 γ_{-1} 少得多的信息。即：

$$\gamma_{-1}=\gamma_{-1}-P(\lambda_{-1}) \tag{5.4}$$

则此时的小波系数 γ_{-1} 表明了由预测函数 P 引入的误差。

此时，可以用较小的数据序列 λ_{-1} 和小波系数 γ_{-1} 来代替原始的数据。如果有一个好的预测，那么两个子集 $\{\lambda_{-1},\gamma_{-1}\}$ 将产生比原来的序列 λ_0 更为紧凑的表示。对这个算法进行周期重复，将 λ_{-1} 抽取成两个序列 λ_{-2} 和 γ_{-2}，然后用 γ_{-2} 和 $P(\lambda_{-2})$ 之间的差值来代替 γ_{-2}，这样经过 n 步，就可以用小波表示 $\{\lambda_{-n},\gamma_{-n},\cdots,\gamma_{-1}\}$ 取代原来的数据序列。假使小波系数是由于某种相关性的预测模型得到的，那么 $\{\lambda_{-n},\gamma_{-n},\cdots,\gamma_{-1}\}$ 将给出一个比原序列更为紧凑的表示。

(3) 更新思想是通过寻找 λ_{-1}，从而使得对于某一个度量标准 Q，例如平均值，λ_{-1} 和 λ_0 具有相同的值：

$$Q(\lambda_{-1})=Q(\lambda_0) \tag{5.5}$$

考虑使用已经计算出的小波 γ_{-1} 来更新 λ_{-1}，从而使 λ_{-1} 保持上述性质。再构造一个操作 U 并做如下计算更新 λ_{-1}：

$$\lambda_{-1}=\lambda_{-1}+U(\gamma_{-1}) \tag{5.6}$$

重复这个算法，从而得到了如式 5.7 所示的小波变换公式：

$$\begin{cases}\{\lambda_j,\gamma_j\}=\text{Split}(\lambda_{j+1})\\ \gamma_{j^-}=P(\lambda_j)\\ \lambda_{j^+}=U(\gamma_j)\end{cases},\quad j=-1,\cdots,-n \tag{5.7}$$

对于提升算法，如果得到了正变换，就可以立即得到反变换，需要做的只是改变加减的符号。这是提升算法的一个非常优良的特性。小波的反变换如式 5.8 所示。

$$\begin{cases}\lambda_{j+1,}=\text{Join}(\lambda,\gamma_j)\\ \lambda_{j^-}=U(\gamma_j)\\ \gamma_{j^+}=P(\lambda_j)\end{cases},\quad j=-n,\cdots,-1 \tag{5.8}$$

由此，得到了提升算法有效的实现步骤，如图 5.14 和图 5.15 所示，即任何有限长滤波器都可以用基本小波通过有限数目预测和更新步骤得到。

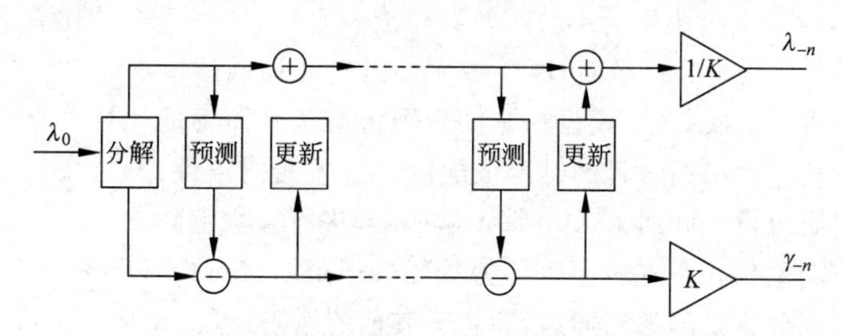

图 5.14　小波正变换的提升实现

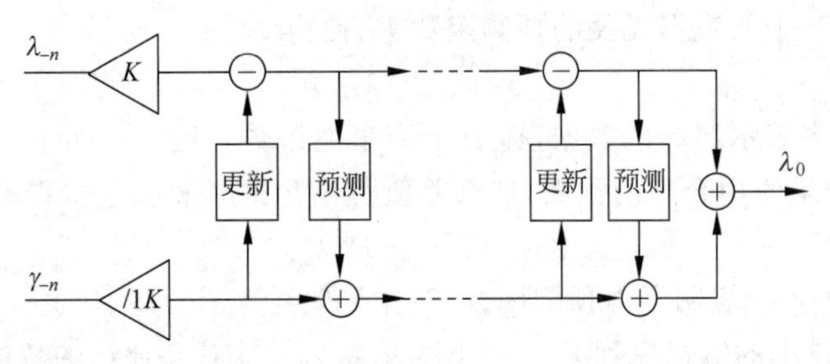

图 5.15 小波反变换的提升实现

5. EBCOT 编码算法

最佳截断嵌入码块编码(Embedded Block Coding with Optimized Truncation, EBCOT)是 David Taubman 在 2000 年发表的一种新的熵编码算法。JPEG2000 的小波系数量化编码采用 EBCOT 编码,EBCOT 量化编码是 JPEG2000 标准的核心。EZW 或 SPIHT 算法更关注子带间系数之间的相关性,而很少利用子带内系数的相关性。EBCOT 算法则更注重子带内相邻系数之间的相关性,同时它通过率失真优化达到很高的编码效率。EBCOT 编码中各小波子带划分为更小的码块,以码块为单位独立做编码。EBCOT 算法采用了内嵌块部分比特平面编码和率失真压缩技术,对内嵌比特平面编码产生的码流按贡献分层,以获得分辨率渐近性和 SNR 渐近特性。在比特平面编码时,不同的码块产生的比特流长度不同,它们对恢复图像质量的贡献不同。利用率失真最优原则对每一码块产生的码流按照对恢复图像质量的贡献分层截取,最后按逐层、逐块的顺序输出码流。比较而言,EBCOT 的压缩性能比 EZW/SPIHT 略有提升,解决了 EZW/SPIHT 误码影响整幅图像的问题,但其复杂度也有所提高。

EBCOT 编码分为两部分:第 1 部分 Tierl,将每个子带划分为独立的编码块,然后对每个编码块独立进行嵌入式编码扫描,每个编码块的比特层编码,最后对编码扫描结果进行 MQ 算术编码,得到嵌入式码流;第 2 部分 Tier2,根据输出码率的要求,组合每个编码块的嵌入式码流,对所有编码块的编码流进行优化截断排序、打包等处理,得到 JPEG2000 的码流。EBCOT 嵌入式比特层编码主要包括嵌入式比特层编码、优化截断位流排序和 MQ 算术熵编码。MQ(Multiple Quantization,多路量化)编码是一种用于二进制数据的自适应算术编码。先将小波变换后的各个子带系数分成小的码块,然后将这些码块中的系数按照一定的量化步长进行量化,量化后的结果送入 EBCOT 编码器进行编码。

在 Tierl 中,将每个码块中的小波系数分解成位平面,即一个个的比特层。编码从码块的非零最高有效位平面(MSB 平面)逐个平面编码直到最低位平面(LSB 平面)。对每一层位平面上的比特进行 3 次扫描,根据一定的规则将该位平面上的比特分在 3 个不同的编码通道上。接着对这 3 次扫描过程的结果依次进行位平面的条件编码,条件编码后产生的上下文信息和编码码流再一同送入 MQ 算术编码器,进行算术编码。

经过 Tierl 编码,输出的是一系列经过编码的通道。在有损编码情况下,编码器可以只在码流中保留一部分重要的编码通道,而舍弃其他的编码通道,这是除了量化以外的另一个信息损失的主要原因。

在 Tier2 中,实质就是让 Tierl 输出的一系列编码通道信息形成数据单元——包,这些包随后输出给最终码流，这样就完成了编码部分。

1）Tier1 层

优化截断的嵌入式编码 EBCOT 在 Tierl 中通过位平面编码器和自适应算术编码器，实现了数据的压缩。如图 5.16 所示编码块数据经过位平面编码器后输出相应的上下文和判决在经过自适应算术编码后计算生成相应的压缩数据。

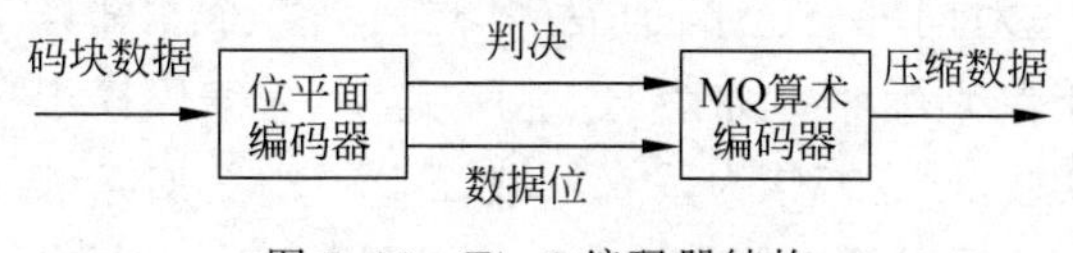

图 5.16　Tierl 编码器结构

(1) 位平面编码算法。

位平面编码器是对小波变换后子带信息分解为多个位平面，并对各个位平面进行 3 通道的编码并输出上下文和数据位。它是根据编码样本点及其周围相邻样本点的重要性状态信息，使用 4 种编码算法对各个位平面的样本点进行编码的。在编码前需要对子带进行划分，把子带划分为大小相同的码块。

经过小波变换后，系数分布在不同的子带内，为了便于对子带内数据进行编码，需对各个子带进行一定标准的划分，划分后的单元称为"码块"，对子带划分的标准如下。

① 子带内部码块的大小需相同(边缘的码块除外)。

② 码块的边缘不能超出子带的边界。

③ 码块的大小为 2 的整数次幂，JPEG2000 推荐的大小一般为 32×32 或者 64×64。

对码块内的数据进行编码时，每个系数值都是由符号位和幅度值组成的。码块中的数据值被分成若干位平面，最高的位平面为符号位平面，然后剩下的都是幅度位平面。在对这些幅度位平面编码时，从非零的最高位平面开始编码，一直到编码完所有的位平面后结束对该码块的编码。码块内的各个位平面又被划分为不同的条带，即位平面中数据值从上到下每四个作为一列，从左侧第一列开始到最后一列结束组成一个条带。对位平面进行扫描编码时，按照从上到下的顺序依次编码各个条带直到所有条带都编码结束后，再进行下一个位平面的编码。而在条带内进行扫描编码时，应从第一列的第一个数据开始编码直到第四个数据结束后，再从第二列开始下一列的编码直到条带的最后一列。在编码的过程中除了对第一个幅度位平面进行一次扫描，剩余的幅度位平面都将进行 3 次扫描。

在进行位平面编码时，除了最高位平面只进行清除通道的编码外，其余的位平面都必须依次进行 3 个通道的扫描编码：重要性通道编码、幅度细化通道编码和清除通道编码。位平面的编码过程为：首先判断所扫描编码的位平面是否是最高位平面，如果是就直接进入清除通道的编码；如果不是对其进行重要通道的扫描编码，接着重复扫描系数并判断属于幅度细化通道的样本点，对其进行相应的编码，最后对于没有在前两个通道编码的系数进行清除通道的编码。

三个通道编码原理如下。

① 重要性传播通道：处理的是不重要的且有非零上下文的系数，包括重要性编码算子和符号编码算子。

② 幅度细化通道：处理的是比较重要的系数，包括幅度细化编码算子。

③ 清理通道：处理的是上面两个过程未处理的系数，即不重要的且有零上下文的系数，清理通道也处理一列4个系数的游程编码，包括清理编码算子。

在对通道进行编码时，采用4种编码算法对扫描样本点进行编码，分别是零编码（Zero Code，ZC）、符号编码（Sign Code，SC）、幅度细化编码（Magnitude Code，MRC）和游程编码（Run Length Code，RLC）。

EBCOT算法中通过对同一个位平面中样本点及其8个相邻样本的重要性状态信息来判别编码。如图5.17所示，X为编码样本点，H_0和H_1为水平领域，V_0和V_1为垂直领域，$D_0 \sim D_3$为对角邻域值。编码样本点的8个领域可以构造出256种上下文，由于存在相似的概率统计等特点，JPEG2000选取合并为19种上下文编码模型，来描述其编码过程。

D_0	V_0	D_1
H_0	X	H_1
D_3	V_1	D_2

图5.17 样本点X的领域示意图

① 零编码（ZC）。

在重要性传播编码通道和清除编码通道的编码过程中，将会用到零编码算法。零编码生成9种内容模型。这些内容模型是根据待编码数据比特周围的8个相邻数据重要性情况生成的。一般说来，四周8个比特数据的重要性可以产生256个内容模型，但许多内容模型具有相同的概率估计，所以被合并为9个内容模型。上下文数据依赖于（在给定小波分解级数上）编码子块位于哪个子带。生成的上下文内容模型（Context）仅便于识别不同的上下文内容模型，即使用的识别符根据实现而定。生成的上下文内容模型由当前重要性比特周围（水平方向、垂直方向、对角线方向）的状态值的总和确定。具体编码规则如表5.3所示，表中“x”表示任意值。编码的最终目标是判断系数的主要状态，如果系数重要输出“1”，如果系数不重要输出“0”。

表5.3 零编码编码规则表

LL和LH子带			HL子带			HH子带		上下文标号
$\sum H$	$\sum V$	$\sum D$	$\sum H$	$\sum V$	$\sum D$	$\sum (H+V)$	$\sum D$	
2	x	x	x	2	x	x	$\geqslant 3$	8
1	$\geqslant 1$	x	$\geqslant 1$	1	x	$\geqslant 1$	2	7
1	0	$\geqslant 1$	0	1	$\geqslant 1$	0	2	6
1	0	0	0	1	0	$\geqslant 2$	1	5
0	2	x	2	0	x	1	1	4
0	1	x	1	0	x	0	1	3
0	0	$\geqslant 2$	0	0	$\geqslant 2$	$\geqslant 2$	0	2
0	0	1	0	0	1	1	0	0
0	0	0	0	0	0	0	0	0

② 符号编码（SC）。

符号编码主要用在重要性传播编码通道和清除编码通道的编码过程中。该操作编码系数的正负符号，出现在ZC或RLC编码后。邻居系数的符号状态与当前要编码系数符号有着密切的关系，可以利用这个关系提高符号编码的效率。在符号编码中引入了5个上下文状态，研究表明已编码符号信息与直接相邻的4个系数符号状态最相关，每个邻居系数可能的符号状态有正、负以及不重要三种状态,这样邻居系数符号状态总共有 3^4 种,除去一些对称状态,进一步把状态减少到 5 种。具体编码规则如表 5.4 所示,其中,"1"表示在垂直或者水平方向的相邻两个数据都为重要并且符号都为正,或者只有一个是重要的情况;"0"表示两个方向的相邻数据中两个数据都不重要或者都为重要但是具有不同的符号;−1 表示的情况和 1 的情况相反。

表 5.4 符号位编码算法规则表

H	V	X	上下文	H	V	X	上下文
1	1	0	13	0	−1	1	10
1	0	0	12	−1	1	1	11
1	1	0	11	−1	0	1	12
0	1	0	10	−1	−1	1	13
0	0	0	9				

符号编码的第一步计算对应的上下文内容模型;第二步计算要输出的 0、1 二值符号 symbol。注意符号编码输出的 0、1 符号并不是真正的系数符号,而是与异或比特进行异或运算后的值,SC 操作输出的 symbol 计算公式为:$\text{symbol}=\text{sign}\oplus X$,系数为正 sign=0,为负 sign=1。

③ 幅度细化编码(MR)。

幅度细化编码主要用于幅度细化编码通道的编码过程中,该操作完成对系数幅值的细化。实验分析表明,系数幅值比特位与已编码的该系数和邻居系数的幅值位没有很强的相关性,所以该编码仅使用 3 种上下文。具体编码规则如表 5.5 所示。可以看出,幅度细化编码除了和编码数据相邻的水平和垂直数据的重要性有关之外,它还和数据是否是第一次被"幅度细化"编码有关,不同的内容模型还与在当前重要性状态变量周围的水平、垂直、对角线状态值总和有关。

表 5.5 幅度精炼编码算法规则表

是否为第一次"幅度精练"编码	$H+V+D$	上下文
否	x	16
是	≥1	15
是	0	14

④ 游程编码(RLC)。

游程编码算法应用在清除编码通道的编码中,它用到了两种内容模型。仅当一个编码列(4 个比特数据)的所有相邻数据都不重要时,开始进行游程编码处理。这时,如果一列中的 4 个数据也为不重要数据,则统一编码为一个内容模型(CX=17)和编码数据 symbol=0;如果 4 个数据中至少有一个变为重要,则首先将其表示一个内容模型(CX=17),其对应编码数据 symbol=1。编码 4 个数据中的第一个重要数据的位置信息(00～11),这时采用一个"游程编码"的内容模型进行编码(CX=18),然后编码第一个重要数据的符号位,随后按照零编码算法进行数据的编码处理。

(2) MQ 编码器。

JPEG2000 所用的 MQ 算术编码器是一种特殊的二进制算术编码器,属于自适应二进制算术编码器。所谓自适应算术编码是指编码系统用来划分区间的当前符号概率估计,是可以根据已经传输和编码的信息串进行调整的。一个自适应二进制算术编码需要使用统计模型,以便用来选择编码区间划分时所用的条件概率估计。MQ 算术编码器概率估计依赖于编码的某些"特征"(也就是上面所说的"上下文"),故又称为基于上下文的二进制算术编码。

递归编码间隔细分是自适应算术编码的基础,在编码的过程中,输入的二进制数据 0、1 被分为大概率符号(MPS)和小概率符号(LPS),在每次区间划分之前都要判定 MPS 的含义,也就是要确定输入的"0"或"1"symbol 符号为 MPS 还是 LPS,然后再进行区间划分。概率区间被划分为 MPS 的编码间隔和 LPS 的编码间隔,其长度由每个信源符号的概率决定。自适应算术编码器采用一个可以对原始数据快速适应的概率自动估计模型表,如表 5.6 所示,共有 47 项。表中的一行就是一个状态,每个状态中除含有小概率符号(LPS)的概率 Q_e 外,还含有下一个状态的索引 NMPS 和 NLPS,以及是否需要交换 MPS 和 LPS 所代表符号的标志 SWITCH。

表 5.6 概率估值表

I	Q_e	NMPS	NLPS	SWITCH
0	0.503 937	1	1	1
1	0.304 715	2	6	0
2	0.140 650	3	9	0
3	0.063 012	4	12	0
…	…	…	…	…
45	0.000 023	45	43	1
46	0.503 937	16	46	0

位平面编码产生的 symbol,CX 输入 MQ 编码器进行编码,首先根据 symbol 的上下文(CX)在上下文表中查找出该上下文对应的小概率符号的概率索引 I 和大概率符号 MPS,然后利用该概率索引 I 在概率估计表中查找出对应的 LPS 的概率 Q_e,最后根据 symbol 是否为 MPS 以及 Q_e 的值进行编码,生成压缩比特流 CD。

编码时设置两个专用寄存器 A 和 C,A 寄存器中的数值为子区间的宽度,C 寄存器中的数值为子区间的起始位置,用$[C, C+A]$表示它的编码区间。区间 A 保持在 $0.75 \leqslant A < 1.5$ 的范围内,当整数值降到小于 0.75 时,通过重归一化把它加倍,即把 A 限制在十进制范围 0.75～1.5 内。重归一化发生时,调用概率估计模型,为当前正被编码的上下文确定一个新的概率估计,概率区间的划分可以使用简单的算术近似方法。如果 LPS 当前的概率估计值是 Q_e,则子区间的精确计算如下进行。

如果输入符号位 MPS:
$$A = A \times (1 - Q_e)$$
$$C = C + A \times Q_e$$

如果输入符号位 LPS:
$$A = A \times Q_e$$
C 不变

为了减少乘法运算，在 A 满足 $0.75 \leqslant A \leqslant 1.5$ 时，可以将上述方程简化为：

如果输入符号位 MPS：
$$A = A - Q_e$$
$$C = C + Q_e$$

如果输入符号位 LPS：
$$A = Q_e$$
C 不变

MQ 编码器的主流程图如图 5.18 所示。首先初始化编码器，然后读出 symbol 和 CX 并送到编码器中，编码器根据 CX 得到当前的 MPS 和 Q_e，进行 MPS 或者 LPS 编码，然后根据需要更新概率模型和进行重归一化操作，重复以上过程直到所有的编码位都编码完成为止。最后进行编码器清空，完成当前部分的 MQ 编码。

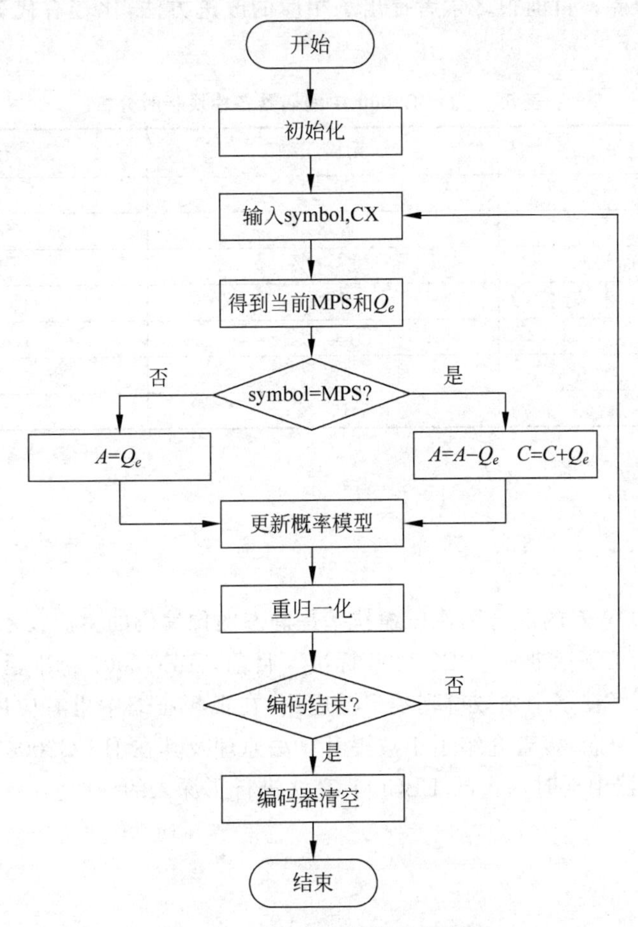

图 5.18 MQ 编码器的主流程图

2）Tier2 层

第一阶段块编码得到的仅仅是各个独立码块的码流，为了使解码得到的图像具有不同的特性，必须对这些码流进行有效的组织。从上面的介绍可以知道，以码块为单位的码流是按照块的不同失真度组织的，随着块码流的增加，失真度减少。为了使得全图像在一定码长下的失真度最小，就要从每块中裁剪部分码流组织在一起，这个过程称为打包过程，也就是第二阶段编码。这一过程实现了一定保真度和分辨率的码率可伸缩性和渐进性。

码流的基本单位是包，每一个包由两部分组成：包头（Packet Header）和包体（Packet Body）。包头的信息主要是这个包里面包含哪一个编码通道，包体则是实际的编码通道数据。在编码流中，包头和包体可以一起出现也可以分开出现，这主要是取决于编码中的具体参数选择。

在 JPEG2000 编解码系统中，EBCOT 算法是其重要的组成部分。而 EBCOT 算法当中的第一阶段块编码又是整个算法的核心，它占用了大量的编码时间，具体如表 5.7 所示。

由表 5.7 可以看出，无论是无损压缩还是有损压缩，EBCOT 算法都占整个编码器耗时的 70%以上，而其中的位平面编码时间，更是占到整个编码耗时的 50%以上。所以，自从 EBCOT 算法提出后，由于第一阶段块编码的运算量比较大、编码速度较慢，针对这种情况的优化研究很有必要。目前很多学者提出了相应的改进方法，比较有代表性的有样点省略法和群列省略法。

表 5.7　JPEG2000 中编码器各模块耗时分析

编码器各模块		无损压缩	有损压缩
DWT		12.2%	20.1%
量化		5.8%	5.5%
EBCOT	位平面编码	55.0%	51.8%
	MQ 算术编码	8.2%	6.9%
	Tier2	13.9%	11.7%
其他		4.9%	4.0%
总计		100%	100%

小结

基于 DCT 和 DWT 的混合图像压缩技术是静态图像编码的主流技术，以这两种变换为基础分别制定了 JPEG 标准和 JPEG2000 标准。目前，JPEG2000 标准已经非常成熟，相应的压缩编码芯片已经在多个领域得到了广泛应用，在视频压缩中也有应用。本章首先介绍了小波变换的基本概念，接着介绍了小波提升算法原理及其在 JPEG2000 中的应用，最后对 JPEG2000 编解码器中耗时最大的 EBCOT 算法进行了深入的介绍。

习题

1. 试绘出并简述 JPEG 图像压缩算法的总体流程。
2. 未经压缩的数字图像是如何表示和存储的？
3. 设某一幅图像共有 4 个灰度级，各灰度级出现的概率分别为 1/2、1/4、1/8 和 1/8，试计算图像的熵是多少？采用不等长编码的效率是多少？

第6章 视频压缩技术标准

随着 Internet 带宽的不断增长，在 Internet 上传输视频的相关技术也成为 Internet 研究和开发的热点。目前，许多高速宽带网络都把视频传输的技术和应用作为研究的重点课题。在 Internet 上传输视频有许多困难，其根本原因在于 Internet 的无连接每包转发机制主要为突发性的数据传输设计，不适用于对连续媒体流的传输。为了在 Internet 上有效地、高质量地传输视频流，需要多种技术的支持，其中，数字视频的压缩编码技术是 Internet 视频传输中的关键技术之一。此外，在多媒体的传输、处理、应用中还有许多问题：如何在网络上传输视频？如何通过手机上网并接收视频和图像？如何对多媒体数据进行快速有效的检索？如何对多媒体信息进行统一的存取？等等。

目前视频流传输中最为重要的编解码标准有国际电联的 H.261、H.263、H.264，运动静止图像专家组的 M-JPEG 和国际标准化组织运动图像专家组的 MPEG 系列标准。此外，在互联网上被广泛应用的还有 Real-Networks 的 Real Video、微软公司的 WMT 以及 Apple 公司的 QuickTime 等。

本章首先介绍基于块的混合视频编码方案与可伸缩视频编码方案，并介绍 ITU 和 ISO 这两个标准化组织基于典型视频编码方法开发的系列标准。

6.1 视频压缩编码技术简介

视频技术的应用范围很广，如网上可视会议、网上可视电子商务、网上政务、网上购物、网上学校、远程医疗、网上研讨会、网上展示厅、个人网上聊天、可视咨询等业务。传输的数据量之大，单纯用扩大存储器容量、增加通信干线的传输速率的办法是不现实的。数据压缩技术是个行之有效的解决办法，通过数据压缩，可以把信息数据量减下来，以压缩形式存储、传输，既节约了存储空间，提高了通信干线的传输效率，同时也可使计算机实时处理音频、视频信息，以保证播放出高质量的视频、音频节目。

6.1.1 视频压缩技术的基础

视频数据中存在着大量的冗余，即图像的各像素数据之间存在极强的相关性。利用这些相关性，一部分像素的数据可以由另一部分像素的数据推导出来，视频数据量能极大地被压缩，有利于传输和存储。如上所述，视频数据主要存在以下形式的冗余。

1. 空间冗余

这是静态图像存在的最主要的一种数据冗余。一幅图像记录了画面上可见景物的颜色。同一景物表面上各采样点的颜色之间往往存在着空间连贯性,也就是说,视频图像在水平方向相邻像素之间、垂直方向相邻像素之间的变化一般都很小,存在着极强的空间相关性。但是基于离散像素采样之后的数字视频来表示物体颜色的方式通常没有利用景物表面颜色的这种空间连贯性,特别是同一景物各点的灰度和颜色之间往往存在着空间连贯性,从而产生了空间冗余。规则物体和规则背景的表面物理特性都具有相关性,也就是说,某些区域中所有点的光强和色彩以及饱和度都是相同的,因此数据有很大的空间冗余,常称为帧内相关性。

2. 时间冗余

这是一系列连续图像表示中经常包含的冗余。序列图像(如电视图像和运动图像)一般是位于时间轴区间内的一组连续画面,其中的相邻帧,或者相邻场的图像中,在对应位置的像素之间,亮度和色度信息存在着极强的相关性。当前帧的图像往往具有与前、后两帧图像相同的背景和运动物体,只不过移动物体所在的空间位置略有不同,所以后一帧的数据与前一帧的数据有许多共同的地方,对大多数像素来说,亮度和色度信息是基本相同的。而变化的只是其中某些地方,这就形成了时间冗余,这称为帧间相关性或时间相关性。

3. 符号冗余

符号冗余也称编码表示冗余,又称信息熵冗余。信息熵指一组数据携带的平均信息量。这里的信息量是指从 N 个不相等事件中选出一个事件所需要的信息度量,即在 N 个事件中辨识一个特定事件的过程中需要提问的最少次数(log2Nb)。将信息源所有可能事件的信息量进行平均,得到的信息平均量称为信息熵。

上述符号冗余、空间冗余和时间冗余,统称为统计冗余,因为它们都取决于图像数据的统计特性。

4. 图像区域的相似性冗余

在图像中的两个或多个区域所对应的所有像素值相同或相近,从而产生的数据重复性存储,这就是图像区域的相似性冗余。在这种情况下,记录了一个区域中各像素的颜色值,与其相同或相近的区域就不再记录各像素的值。矢量量化方法就是针对这种冗余图像的压缩方法。

5. 结构冗余

在有些图像的图案区域,图像的像素值存在着明显的分布模式。数字化图像中的物体表面纹理等结构往往存在着冗余,这种冗余称为结构冗余。例如,当一幅图有很强的结构特性、纹理和影像色调等与物体表面结构有一定的规则时,其结构冗余很大。这些图像的纹理区,像素值存在明显的分布模式。已知分布模式,可以通过某一过程生成图像。例如,方格状的地板图案等。

6. 纹理的统计冗余

有些图像纹理尽管不严格服从某一分布规律，但是在统计的意义上服从该规律，利用这种性质也可以减少表示图像的数据量，称为纹理的统计冗余。

信号统计上的冗余度来源于被编码信号概率密度分布的不均匀预测编码，不直接传送图像信号，而传送图像信号之间的差值，这种差值呈拉普拉斯分布。

在预测编码系统中，需要编码传输的是预测误差信号，它是当前待传像素样值与它的预测值间的差分信号。预测值是通过在该像素之前已经传出的它的几个近邻像素值预测出来的。由于电视信号相邻像素间相关性很强，在大部分时间内预测都很准，预测误差很小。并且，预测误差高度集中在 0 附近，形成拉普拉斯分布。这种不均匀的概率分布对采用可变字长编码压缩码率极为有利。

预测编码时，对出现概率高的预测误差信号(0 及小误差) 用短码，对出现概率低的大预测误差用长码，使总的平均码长要比用固定码长编码短很多。电视图像信号数据存在的信息冗余为视频压缩编码提供了可能。

7. 知识冗余

有些图像与某些知识有相当大的相关性。由图像的记录方式与人对图像的知识差异所产生的冗余称为知识冗余。人对许多图像的理解与某些基础知识有很大的相关性。例如，人脸的图像有固定的结构，如嘴的上方有鼻子、鼻子的上方有眼睛等，这类规律性的结构可由先验知识和背景知识得到。但计算机存储图像时还得把一个个像素信息存入，这就是知识冗余。根据已有知识，对某些图像中所包含的物体，可以构造其基本模型，并创建对应各种特征的图像库，进而图像的存储只需要保存一些特征参数，从而可以大大减少数据量。知识冗余是模型编码主要利用的特性。

8. 视觉冗余

事实表明，人类的视觉系统对于图像的敏感性是非均匀和非线性的，它并不能感知图像的所有变化，对视觉不敏感的信息可以适当地舍弃。然而，在记录原始的图像数据时，通常假定视觉系统是线性的和均匀的，对视觉敏感和不敏感的部分同等对待，从而产生了比理想编码(即把视觉敏感和不敏感的部分区分开来编码)更多的数据，当某些变化不能被视觉所感知时，则忽略这些变化，仍认为图像是完好的。人类视觉系统的一般分辨能力估计为 26 灰度等级，而一般图像的量化采用 28 灰度等级。这些对视觉不敏感的数据，并不能对增加图像相对于人眼清晰度做出贡献，而被认为是多余的数据，这就是视觉冗余度。

通过对人类视觉进行大量实验，发现了以下的视觉非均匀特性：视觉系统对图像的亮度和色彩度的敏感性相差很大。随着亮度的增加，视觉系统对量化误差的敏感度降低。这是由于人眼的辨别能力与物体周围的背景亮度成反比。由此说明：在高亮度区，灰度值的量化可以更粗糙一些。人眼的视觉系统把图像的边缘和非边缘区域分开来处理，这是将图像分成非边缘区域和边缘区域分别进行编码的主要依据。人类的视觉系统总是把视网膜上的图像分解成若干个空间有向的频率通道后再进一步处理。

同时人眼对低频信号比对高频信号敏感；对静止图像比对运动图像敏感；对图像中水

平和垂直线条比对斜线条敏感。

人眼对图像细节、幅度变化和图像的运动并非同时具有最高的分辨能力。图像信号在空间、时间以及在幅度方面进行数字化的精细程度只要达到了这个限度即可,超过它是无意义的。从对视觉心理学和生理学的研究表明,人眼对图像细节、运动和对比度三方面的分辨能力是互相制约的。观察景物时,并非对这三者同时都具备最高的分辨能力。

同时,人眼视觉对图像的空间分解力和时间分解力的要求具有交换性,当对一方要求较高时,对另一方的要求就较低。根据这个特点,可以采用运动检测自适应技术。根据图像的每一局部的特点来决定对它的抽样频率和量化的精度,尽量地做到与人眼的视觉特性相匹配,可做到在不损伤图像主观质量的条件下压缩码率。对静止图像或慢运动图像降低其时间轴抽样频率,例如,每两帧传送一帧;对快速运动图像降低其空间抽样频率,例如,在预测编码中,利用受图像局部活动性影响的视觉掩盖效应设计的自适应主观优化量化器;在变换编码中,对不同空间频率的变换系数进行量化时采用视觉加权矩阵便是典型例子。

另外,人眼视觉对图像的空间、时间分解力的要求与对幅度分解力的要求也具有交换性,对图像的幅度误差存在一个随图像内容而变的可觉察门限,低于门限的幅度误差不被察觉,在图像的空间边缘(轮廓)或时间边缘(景物突变瞬间)附近,可觉察门限比远离边缘处增大 3～4 倍,这就是视觉掩盖效应。

根据这个特点,可以采用边缘检测自适应技术,对于图像的平缓区或正交变换后代表图像低频成分的系数细量化,对图像轮廓附近或正交变换后代表图像高频成分的系数粗量化;当由于景物的快速运动而使帧间预测编码码率高于正常值时进行粗量化,反之则进行细量化。在量化中,尽量使每种情况下所产生的幅度误差刚好处于可觉察门限之下,这样能实现较高的数据压缩率而主观评价不变。

上述各种形式的冗余,是压缩图像与视频数据的出发点。图像与视频压缩编码方法就是要尽可能地去除这些冗余,以减少表示图像与视频所需的数据量。

6.1.2 视频压缩技术的分类

根据上面的冗余形式的特点,设计了多种视频压缩编码技术方案,现有比较成熟的视频编码方案中,按照其技术特点可以分为以下几类。

(1) 基于块的混合视频编码方案:是应用最广、产品化最好的视频编码技术,通行的视频编码标准采用的基本方法几乎都是基于块的混合编码方案,包括基于 DCT 变换编码、运动补偿的预测编码和熵编码,这是现代视频编码的关键技术。

(2) 基于小波变换的视频编码方案:由于小波变换天然的多分辨率特性,使得小波视频编码很容易支持时间、空间、质量等多种可扩展功能。

(3) 基于内容和对象的视频编码方案:MPEG-4 是新一代基于内容的多媒体数据压缩编码国际标准,它与传统视频编码标准的最大不同在于第一次提出了基于对象(Object-based)的视频编码新概念。基于内容的交互性成为 MPEG-4 视频压缩标准的核心思想,引领了视频编码技术和多媒体应用及发展的新方向,是目前视频压缩领域研究的热点。

接下来将重点讨论基于块的混合视频编码方案及相关的视频编码标准。

6.2 基于块的混合视频编码技术

在目前的视频编码标准框架结构中，通常采用基于运动补偿的时域预测去除时间冗余，采用基于块的变换编码去除空间冗余，使用熵编码去除前面两步生成数据的信息熵冗余。这三种主要技术的组合，再辅以若干增强编码算法，就形成了基于块的混合视频编码框架，如图 6.1 所示。

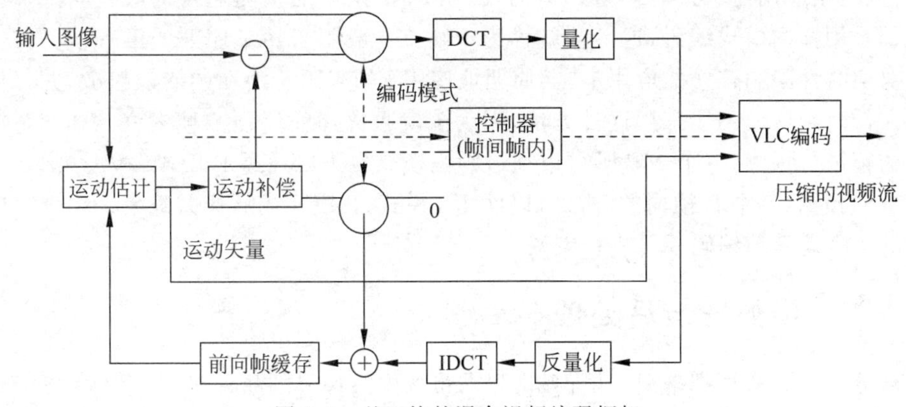

图 6.1 基于块的混合视频编码框架

6.2.1 基于块的混合视频编码原理

在基于块的视频编码方法中，各个块的编解码是互相独立的，由于预测、补偿、变化和量化等引起块与块之间的边界处会产生不连续，因此 H.264/AVC 标准采用了环路内云块滤波器来消除经反量化和反变换后重建图像中由于预测误差产生的块效应，从而一方面改善图像的主观质量，另一方面减少预测误差。混合意味着每个块使用运动补偿时间预测和变换编码的联合编码方法。也就是说，一个块首先通过前一个编码参考帧中的匹配块预测，最佳匹配块位置的估计即“运动估计”，当前块和匹配块之间的位移即“运动矢量(MV)”。基于 MV 预测一个块的过程称为“运动补偿”。块的预测误差，通过 DCT 变换后，对相应的系数进行量化，并使用 VLC 将它们转换为二进制码字，使用 DCT 的目的在于减少相邻像素点误差的空间相关性。因为大量的高频系数在量化后为 0，VLC 采用游程编码的方法，使用 zig-zag 扫描将系数排序为一维数组，这样将低频系数放置在高频系数之前。在这种方法中，量化后的变换系数通过非零值和其前面零的数目来表示。每个不同的符号都代表着一对零游程和非零值，它们使用变长码字进行编码。上述讨论都假设时间预测是成功的，即预测残差块只需比原始图像较少的比特。这种编码方式称为 P 模式。当情况不同时，原始的块将直接采用 DCT 和游程编码进行编码，这种编码方式称为帧内模式(I 模式)。除了使用一个参考帧来进行预测的方法外，也可以使用双向预测的方法，即寻找两个最佳的匹配块，其中一个位于前向序列中，一个位于后向序列中，并使用两个匹配块的权重均值作为当前块的预测值。在这种情况中，两个运动矢量每个块相关，这种编码方式又称为 B 模式。P 模式和 B 模式又统称为帧间模式。模式信息、运动矢量和其他枝节信息(例如图像格式、块位置等)也通过 VLC 编码。

在实际使用中,用于运动估计的块大小不一定与用于变换编码的相同。通常运动估计一般采用较大的块,即宏块(MB),它可以再划为一些块。例如,在大部分视频编码标准中,宏块的大小为 16×16 点阵,而块大小为 8×8 点阵。编码模式在宏块级进行决定,因为相邻宏块的运动矢量往往类似,当前宏块的运动矢量首先使用前一个宏块的运动矢量来进行预测,同样块的 DC 系数采用同样的处理方法。在所有的视频编码标准中,一些宏块构成宏块组(GOB)或片,一些片构成一帧。片的大小和形状在不同的视频编码标准和图像中也不同,并可以根据应用需求进行调整。运动矢量和 DC 系数的预测通常局限在同一片中。如果一帧都采用帧内模式编码,这一帧就称为 I 帧。一般用于一个序列的第一帧。在使用高码率或对实时性限制较松的应用中,会周期地使用 I 帧来阻止潜在的错误扩散,并提供随机的存取。低时延应用不能采用这种方法,因为 I 帧通常比任何预测帧大好几倍。P 帧只使用过去的帧进行预测,一个 MB 既可以通过帧内模式也可以通过 P 模式编码。最后,一个 B 帧使用双向预测,一个 B 帧内的 MB 可以使用 I 模式、P 模式或 B 模式编码。一个 B 帧只能在周围的 I 帧或 P 帧编码后再进行编码。

6.2.2 预处理与后处理

大部分的视频素材都来源于摄像机,目前市场中摄像机的品种繁多,它们的视频存储格式不尽相同,其成像质量也往往因品牌、应用范围以及档次等众多因素而存在较大差异。编码器一般都支持 YUV4:2:0 的视频输入格式,但是有不少视频捕获设备采用 YUV4:2:2、YUV4:1:1 等格式,有不少视频资源还有可能以 RGB 格式存储。此外,采用低端产品或者在较为苛刻的环境下采集的视频往往带有噪声。视频编码的预处理包括格式转换和消除噪声。为了适应众多的格式,通常,编码器编码之前先将输入视频格式转成其内部接受的格式(例如转成 YUV4:2:0 格式)。噪声不仅影响图像本身的质量,而且还会严重影响压缩性能。基于块的混合编码方法采用运动估计与运动补偿来消除图像的时间冗余。自然图像纹理变化缓慢,运动较为平滑,运动估计与运动补偿所得的残差图像经过 DCT 变化、量化之后只剩下少量的非零系数。噪声相对于图像来说通常是高频信号,因此,其 DCT 系数的高频分量将难以被量化成零。不为零的高频系数本身不仅使得码率增大,而且游程编码的效率也大大降低,从而使得编码效率急剧下降。预处理的目标是在不损伤图像质量的前提下去除噪声。视频捕获设备引入的噪声多为高频噪声,因此,在预处理中主要采用低通滤波器去噪。通常,简单的低通滤波器难以区分图像本身的高频分量与噪声,经过预处理后的图像与原图像相比会显得比较模糊。更有效的去噪算法应当针对待处理噪声的特性进行设计。

由于基于块的混合编码方法将图像划分为互不重叠的块进行编码,DCT 系数经量化之后损失了部分信息,这有可能导致重构图像在块与块边界处显得不连续,这就是所谓的“方块效应”。该效应随量化步长的增加而加剧,它不仅使得图像遭受一定程度上的变形,而且有可能使得后续帧的编码效率降低。如果受到“方块效应”损伤的图像作为参考帧,那么经运动估计与运动补偿之后的残差图像会产生更多的非零系数,从而使得码率提高。这对于低码率的视频应用而言是恶性循环。为了遏制“方块效应”,可以对编码端重构图像进行滤波,否则将会产生预测失匹配问题。当然,滤波也可以仅在解码端进行,但是这么做改善了视频的显示效果，对编码效率并没有改进。H.261、H.263++、H.264都推荐采用滤波的方法消除“方块效应”。

6.2.3 码率控制

虽然码率控制与运动估计、预处理一样不在编码标准定义的范围内，但它也是视频编码的重要部分。在实际应用中可用资源（存储空间、带宽）毕竟有限，码率控制提供了一种使产生码流与可用资源相匹配的策略。例如，VOD的媒体库存储空间有限，需要在视频文件的质量和压缩比之间取得良好的均衡；媒流体服务所能得到的信道带宽有限，如果发送码率超过信道所能承受的极限，就会造成网络拥塞、丢包，从而严重影响视频的观赏质量。除此之外，视频通信系统需要保证接收端的缓冲区既不上溢，也不下溢，以便在客户端取得连续的视频质量。

在基于块的混合编码中，对码率影响最明显的是量化参数（Quantization Parameter，QP）。在各种视频编码标准的验证模型中，码率控制算法都根据缓冲区的状态与信道带宽改变量化步长来达到码率控制的目的。从编码器出来的码流变化较为急剧，特别是对于GOP长度较短的应用场合更是如此。通常先将编码器输出的码流向信道传送，编码器需要借助于码率控制算法使得该缓冲区既不上溢也不下溢。影响码率的另外一个因素是输入图像的复杂度，图像复杂度包括图像纹理细节的复杂程度与物体运动的复杂程度。通常，图像复杂度越高，所生成的码流的码率也越大。在相同量化参数的作用下，复杂度越高，其码率也就越大；在相同的码率下，复杂度越高，所设置的量化参数也越大。因此码率控制算法应当为复杂度大的图像预留更多的比特，为复杂度小的图像分配较少的比特。在没有编码之前，编码器对图像的复杂度难以确定。通常视频序列中相邻图像高度相关，其复杂度也极其类似，因此，可以利用已编码图像的复杂度来预测待编码图像的复杂度。

码率控制的关键是为每一个编码单元（帧、条或者宏块）设置一个合理的量化参数。通常，码率控制分为比特分配与求取量化参数两个步骤。为待编码单元（帧或者宏块）预留的比特数根据预测得到的图像复杂度与缓冲区状态进行联合分配，根据所预留的比特数来求取合适的QP。如何根据分配的比特数求得合适的QP是码率控制的核心问题。目前性能比较好的是一个关于码率与失真的二阶模型，之前广泛应用的一阶模型可以看作是该模型的一阶退化。

$$R(D)=a_1\cdot D^{-1}+a_2\cdot D^{-2} \tag{6.1}$$

其中，$R(D)$是在失真为最大允许值的情况下产生的比特数，a_1和a_2是该二次模型的参数。通常用量化参数与平均绝对误差（Mean Absolute Difference，MAD）作为失真的度量。此外，该模型并不包括除了DCT系数编码所需比特数之外的开销，头信息、运动矢量不应该计入。给定该编码单元预留的比特数B、头信息开销H以及MAD，就可以由式6.1求得该编码单元的QP：

$$\frac{B-H}{\mathrm{MAD}}=a_1\cdot QP^{-1}+a_2\cdot QP^{-2} \tag{6.2}$$

正如图像的编码复杂度，式6.2中的B、H和MAD在未编码之前不能准确得到。再一次利用视频序列连续图像之间的相关性，这三个未知量可以由编码单元相应的量来预测，因此式6.2只剩一个未知量，即待求的量化参数QP。

如果利用式 6.2,码率控制可以分为 4 个步骤：为编码单元分配比特、预测头信息开销 H、预测该编码单元的 MAD、用式 6.2 求解 QP,最后更新模型参数 a_1 和 a_2。

为了获得较好的控制精度,使得输出视频流的码率更接近于目标码率,码率控制分为三个层次：GOP 层、图像层和宏块层。

1. GOP 层码率控制

编码器输入图像分为固定的 GOP。不同的 GOP 之间的数据没有依赖关系。这么做既有利于接入访问,又可以抑制潜在的错误传播。同时,它也有利于进行码率控制,编码器根据目标码率为每个 GOP 分配比特数 $\bar{G}$：

$$\bar{G} = \mathrm{br} \cdot N / \mathrm{pr} \tag{6.3}$$

其中,br、N 和 pr 分别表示目标码率、一个 GOP 的图像帧数和帧率。为一个 GOP 预留的比特数正好等于在一个 GOP 期间按目标码率所输出的比特数。当然,上一个 GOP 的资源使用情况要计入下一个 GOP 比特数的预算：

$$R = \bar{G} + \bar{R} \tag{6.4}$$

其中,$\bar{R}$ 是上一个 GOP 剩下的比特数,R 为当前可以使用的比特数。如果上一个 GOP 已经“超支”,那么 $\bar{R}$ 为负值。

2. 图像层码率控制

在对每一幅图像进行编码之前,需要根据当前 GOP 可用的比特数 R 以及缓冲区的状态来分配比特数 $\bar{T}$：

$$\bar{T} = \alpha \cdot f(\bar{X}, R) + (1-\alpha) \cdot g(O) \tag{6.5}$$

其中,$\bar{X}$ 为该图像复杂度的估计值,O 是当前缓冲区充满程度,α 是比例因子,可以通过调节这两个参数来对码率产生影响。$f(*)$和 $g(*)$分别是这些参数到预留比特数的映射函数,许多研究集中在如何将影响码率控制的参数合理映射到预留比特数上,即设计合理的 $f(*)$和 $g(*)$函数。为了保证一个最低的可接受视频质量,通常由式 6.5 得到的比特数被一个 $T_{\min}$ 下限所截断：

$$T = \max(T_{\min}, \bar{T}) \tag{6.6}$$

正如前面提到的那样,当前图像的 MAD 与头信息开销 H 可以用已编码图像的信息预测：

$$\mathrm{MAD} = h(\mathrm{MAD}_p) \tag{6.7}$$

$$H = q(H_p) \tag{6.8}$$

其中,MAD_p 与 H_p 分别是已编码图像的 MAD 与头信息。$h(*)$和 $q(*)$可以简单地取线性模型。至此,就可以利用二次模型式 6.2 来计算量化参数了。如果需要进行更精细的码率控制,例如宏块层,此处计算得到的量化参数只是一个参考值,并不直接作用于 DCT 系数。

3. 宏块层码率控制

宏块层码率控制的流程与图像层码率控制极为相似,首先根据当前图像所剩下的比特数 T_r 为当前待编码的宏块分配比特数 R_{mb}：

$$R_{\mathrm{mb}}=\frac{T_r}{N_r}-H_{\mathrm{mb}} \tag{6.9}$$

其中，N_r 为该图像尚未编码的宏块数。H_{mb} 是该宏块的头信息，它同样可以由已编码宏块头信息所需比特数用式 6.8 来预测。同理，该宏块的 MAD 也可以用式 6.7 预测，最后用二次模型式 6.2 来计算当前宏块的量化参数。

上述码率控制方法描述了码率控制最核心的理论基础，至于实际应用的算法，需要考虑更多的问题。一方面，QP 的变化也影响图像质量的稳定性，小的 QP 值保留许多细节，图像质量也就越高；大的 QP 值丢弃很多高频系数，从而导致图像质量恶化。这种质量不“均匀”的现象不仅出现在图像之间，也会发生在一幅图像之内。为了避免这些视频质量的跳动，通常都对上述模型得到的 QP 进行修正，限制相邻图像 QP 以及相邻宏块 QP 的差别不得超过某个值，例如 2。此外，由于 I 帧、P 帧以及 B 帧的率失真特性不尽相同，因此，在码率控制中也应当区别对待。这些细小区别尽管从理论上没有太大的拓展，但是却影响着实际控制效果。

6.3 可伸缩视频编码技术

6.3.1 可伸缩性编码原理

1. 可伸缩视频编码技术介绍

可伸缩性也称为可级性、可分层性，因为它是通过将单一码流分为若干层实现的。如果视频编码器经过一次性压缩后产生的码流能被解码端以不同的码率、帧率、空间分辨率和视频质量解码，则称该编解码系统具有“可伸缩性”。从这个定义可以看出，可伸缩编码只需对视频节目源编码一次，即可通过传输、提取和解码相应部分的压缩码流，重构出各种分辨率、码率或者质量级别的视频。这种编码方式与目前使用的联播编码方式相比，满足各种不同需要的能力更强，编码效率也大大提高。

可伸缩视频比特流通常由一个基本层和一个或多个增强层构成。对基本层解码得到最低分辨率的视频，而增强层包含重构高分辨率视频所需要的额外信息，每个相继增强层的分辨率或质量是依次递增的。其中，“分辨率”可以为时域、空域或质量意义上的分辨率。

空间可伸缩性指在空间域进行的分层编码。这意味着这种编码方式下产生的层具有不同的空间分辨率。时间可伸缩性是指编码产生的若干层具有不同的帧率，这些层结合起来可以提供与输入视频相同的时间分辨率。质量也称为信噪比(Signal Noise Ratio，SNR)可伸缩性是指每层具有相同的空间和时间分辨率，但图像质量不同的分层编码。

对可伸缩视频(Scalable Video CODEC，SVC)编码技术的研究已经有 30 多年的历史。在早期的视频编码标准 H.262/MPEG-2，H.263/MPEG-4 中就包含若干工具，能满足那些最重要的可伸缩性需求。然后，由于编解码复杂度过高，在实现空域、质量可伸缩性时，编码效率低下以及编码质量存在阶跃突变等问题，这些可伸缩性编码技术未能获得广泛应用。还有一个重要原因是，可伸缩视频编码技术要与其他几种所谓的码流自适应方案去竞争，尽管它们都有各自的局限性。研究人员针对以上问题进行了广泛的研究，提出了多种解决方案，这些方案可以简化为两大类：一是基于块的混合视频编码的可伸缩视频方案；二是基于小波变换的3D小波编码方案。

2. 可伸缩视频编码的优势

1）提供唯一码流

可伸缩视频编码是一种能将视频流分割为多个分辨率、质量和帧速率层的技术，支持多种设备和网络同时访问视频流。

2）支持时间、空间和图像质量的扩展

SVC支持视频流时间、空间和图像质量的扩展，空间上的伸缩性是指对于同样的视频源，可以在同一时间内得到不同的解析度的画面(D1、CIF、QCIF)；时间轴上的可伸缩性是指在播放时帧率的可调性。因此，通过一台标准的PC可实现多种方式的解码以满足不同处理能力的设备的需求，多个用户可以同时对同一视频用不同的分辨率进行解码，可解码出多种分辨率、质量、帧速率的图像。

3）压缩网络带宽，传输带宽低

总体来说，H.264的SVC与不具备可扩展性的全分辨率以及全帧速率视频构成的H.264视频流相比，具有三层临时可扩展性以及三层空间可扩展性，同时可伸缩编码视频要小20%以上。如果采用H.264编解码器对可扩展性进行仿真，就需要多个编码视频流，从而导致更高的带宽要求或贯穿网络的昂贵解码和二次编码。

4）误码恢复

误码恢复的传统实现方法是把附加的信息添加至视频流之中，以便监测和校正误码。SVC的分层方法意味着不需要增加大的开销，就可以在较小的基本层上执行高级别的误码监测和校正。如果要把相同程度的误码监测和校正功能应用于AVC视频流中，那就需要把整个视频流保护起来，从而导致视频流更大。如果在SVC视频流中监测出误码，那么，就可以逐渐让分辨率和帧速率退化，只有高度受保护的基础层才可以使用。按照这一方式，在噪声条件下的退化要比在H.264 AVC环境下更让人容易接受。

5）灵活的存储管理

因为SVC视频流或文件即使在被删减的情况下仍然可被解码，SVC既可以在传输过程之中也可以在文件被存储之后采用。把被分解的文件存储并取消增强层，就可以在不对存储在文件中的视频流进一步处理的情况下，压缩文件的大小。这对于需要“要么全部管、要么不管”的方法进行文件管理的AVC文件来说是不可能的。

6）内容管理

SVC视频流或文件固有的包含较低分辨率以及帧速率的视频流，这些视频流可以被用于加速视频分析应用或分类各种算法，临时可扩展性也使得视频流易于以快速进退的方式搜索。

6.3.2 基于块的混合视频的可伸缩视频编码方案

MPEG组织根据网络传输对视频编码的新要求，开始征集可伸缩视频编码方案，其中，精细可伸缩(Fine Granularity Scalability, FGS)视频编码方案是其中最有效的方案之一，它突破了传统视频编码的局限性，能够精细匹配网络带宽的变化，分级更灵活，编码效率更高。

许多基于 FGS 的算法在 MPEG-4 会议上被提出。FGS 编码技术具体方法有以下几种。

(1) DCT 系数位平面编码(Bit-plane Coding of the DCT Coefficients)。

(2) 零树小波编码(Wavelet Coding Based on Zero-tree Arithmetic)。

(3) 图像残差的小波编码(Wavelet Coding of Image Residue)。

(4) 图像残差的匹配编码(Matching Pursuit Coding of Image Residue)。

在这些编码方案中,编码器被分为基本层和增强层,原始视频经过编码后形成两个码流:增强层码流和基本层码流。基本层码流可以单独解码,解码后的视频质量比较粗糙,而增强层码流则提供视频图像的细节信息,提高解码的视频质量。可是由于 FGS 的可分级性是以牺牲编码效率为代价的,编码效率低,并没有得到广泛应用。下面分别介绍 FGS 视频编码方案及其衍生方案的基本思想。

1. FGS 视频编码方案

FGS 编码方案的基本框架如图 6.2 所示。FGS 编码方案也是将视频编码分成两个码流:基本层码流和增强层码流。其中,基本层采用传统的基于运动补偿预测的 DCT 编码,其产生的基本层码流的码率是固定的,且小于网络的最小可用带宽,能够提供给客户粗糙的、可接受的图像质量。嵌入式的增强层码流,保存着基本层的量化差值,嵌入式的码流是指在码流的任意位置截断,解码器均能恢复出一定质量的视频信号。这就使得当网络带宽变化时视频信号的改变是渐进的、平滑的。FGS 的这种结构保证了采用 FGS 方案生成的码流可以在一个很大的码率范围内自适应调整,能很好地适应复杂的带宽波动,而且,除了基本层码流需要尽量避免数据包丢失外,增强层码流的数据包丢失不会带来明显的视觉质量的降低,也不会因传播误差而影响到其他帧,因而,FGS 编码生成的视频流同时具有较好的鲁棒性。

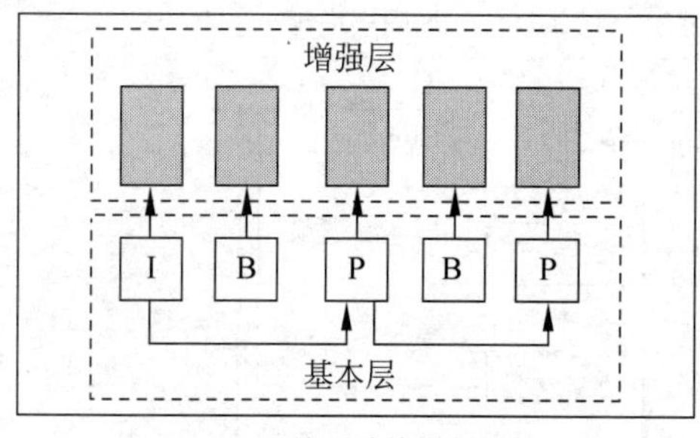

(a) FGS编码端的增强层

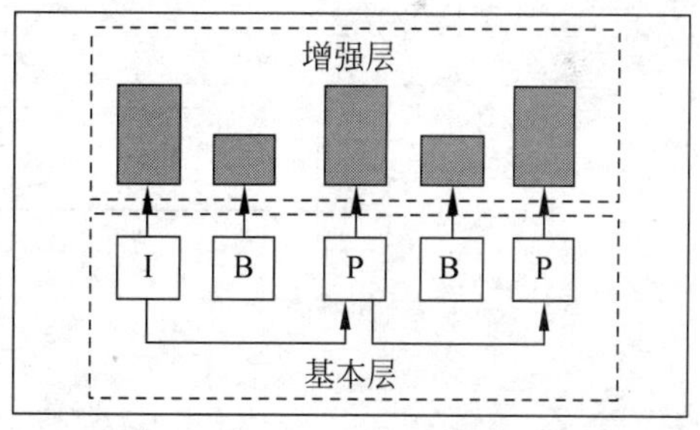

(b) FGS编码端收到的增强层

图 6.2　FGS 编码的基本框架

FGS 的编/解码器框图分别如图 6.3 和图 6.4 所示。对于基本层,FGS 编码方案可以采用与 MPEG-2、H.263 等标准相兼容的运动补偿 DCT 变换编码方法,产生一个低质量的基本层,且使得该基本层与网络的最低带宽相适应,以减少错误和包丢失。从编码器结构图中可以看出,其增强层主要包括位平面移位模块、寻找最大值模块和 VLC 模块。其中,在位平面移位模块中包含一些增强层的增强技术,如频率加权和选择增强等。选用这些技术能够使得人们对图像中感兴趣的前景部分进行优先编码,当码流被截断时,解码端仍然可以接收到视频的重要信息,从而满足人眼对图像不同频率成分或者感兴趣区域的灵敏度。在进行 VLC 之前，首先对二维的 8×8 的 DCT 系数进行 Z 字形扫描，将其变为一维的 64×1 的数组。通过网络传输压缩的 FGS 码流时，服务器发送的码流将根据 FGS 编码器的每一帧的率失真特性和实时的网络状况，选择适当的截断位置对 FGS 码流进行截断，然后把保留下来的 FGS 码流传送到解码端。因此，根据率失真特性来优化传输机制，能够使得解码端输出的视频质量尽可能的最优。

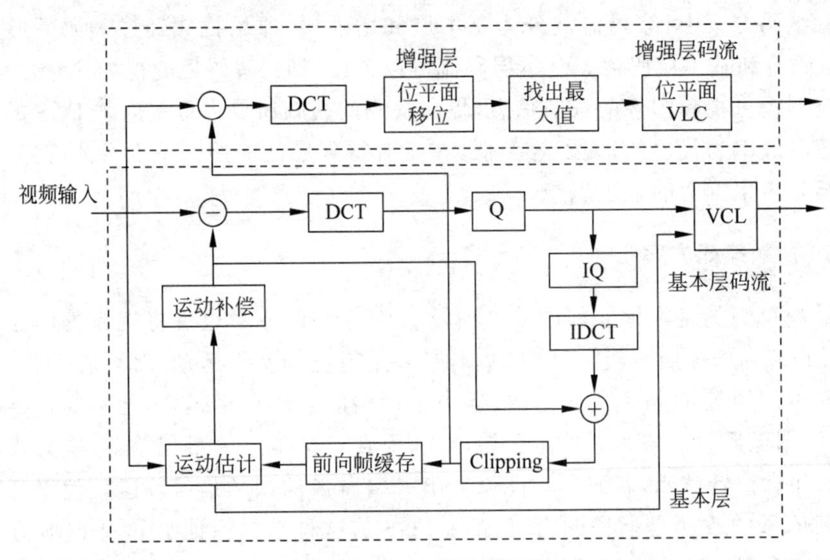

图 6.3　FGS 编码器框图

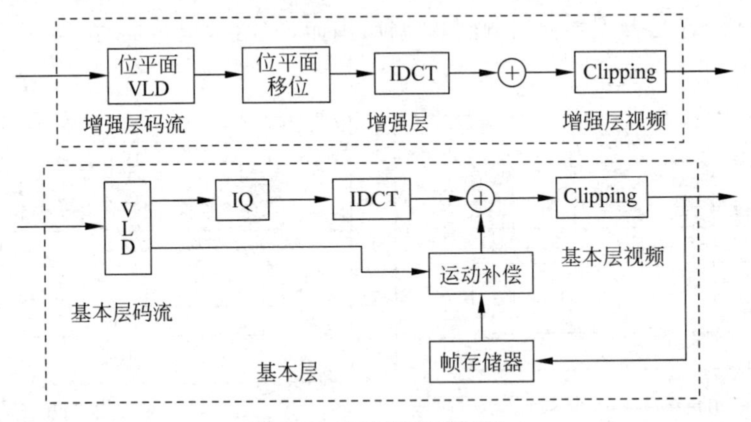

图 6.4　FGS 解码器框图

FGS 视频编码方案在增强层编码时，从原始的 DCT 系数中减去基本层反量化后重建的 DCT 系数值来获得 DCT 残差，然后对每一个 8×8 块按从上到下、从左到右的顺序使用位平面进行编码。基于 DCT 系数的位平面编码方法与传统的 DCT 技术的本质区别是：位平面将已经量化后的 DCT 系数看作由若干比特组成的二进制数而非十进制数，它对这些二进制的比特位进行游程编码。图 6.5 是对一个 8×8 块进行位平面编码过程示意图，首先对每一个 8×8 的 DCT 系数块，按照从上到下、从左到右的 Zig-Zag 扫描顺序，将 64 个元素变成一个 64×1 的一维数组，并将这 64 个元素的绝对值写成二进制形式，将每个元素相同位置的比特提取出来，就可以得到一个位平面。位平面的个数由量化的 DCT 系数的绝对值的最大值来确定。然后按位的高低顺序对这 64 个系数进行编码，即先编它们的最高位，再编它们的次高位，最后编码它们的最低位，这就是所谓的位平面编码。

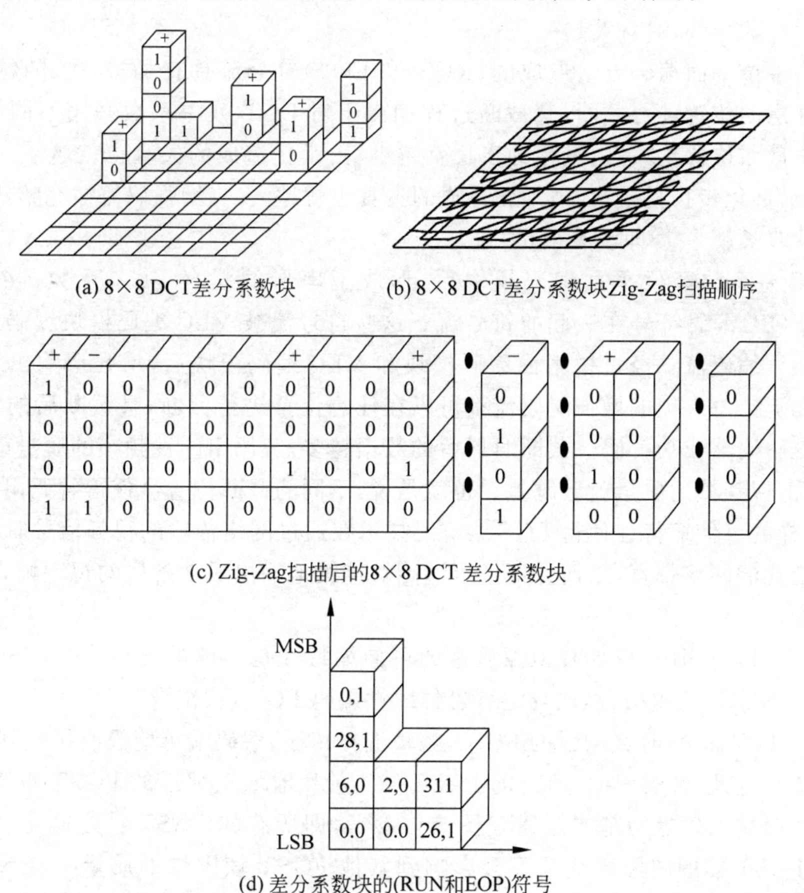

(a) 8×8 DCT差分系数块　(b) 8×8 DCT差分系数块Zig-Zag扫描顺序

(c) Zig-Zag扫描后的8×8 DCT 差分系数块

(d) 差分系数块的(RUN和EOP)符号

图 6.5　位平面编码

在对每一个位平面(每个位平面就是由 64 个 0 和 1 组成的字符串)编码时，按 1 的个数将其分成若干段，然后使用游程和带块结束标志的 Huffman 编码。具体地说，就是每个位平面都用(RUN 和 EOP)符号来表示，然后对其进行变长编码以产生输出码流，其中，RUN 表示 1 前面出现连续 0 的个数，EOP 表示在这一位平面中是否还有其他二进制值为 1 的系数，如果 EOP 为 1 表示这是块中的最后一个 1。

假设一个 DCT 块的 64 个系数的绝对值经过 Zig-Zag 扫描后为 9,0,5,0,0,4,2,2,0,1,0,0,5,6,0,…,0,0，由于系数中最大的数是 9，它可用 4b 来表示 1001。因此用 4 个位平面来形成(RUN 和 EOP)符号。将每一个数用二进制的形式写入位平面，结果如下。

1,0,0,0,0,0,0,0,0,0,0,0,0,0,0,…,0,0　(MSB)

0,0,1,0,0,1,0,0,0,0,0,0,0,1,1,0,…,0,0　(MSB-1)

0,0,0,0,0,0,1,1,0,0,0,0,0,1,0,…,0,0　(MSB-2)

1,0,1,0,0,0,0,0,0,1,0,0,1,0,0,…,0,0　(MSB-3)

将 4 个位平面变为用(RUN 和 EOP)符号表示的序列，可得到：

(0,1)　(MSB)

(2,0),(2,0),(6,0),(0,1)　　(MSB-1)

(6,0),(0,0),(5,1)　　(MSB-2)

(0,0),(1,0),(6,0),(2,1)　　(MSB-3)

按照这种位平面编码方法形成的(RUN 和 EOP)符号流具有“嵌入式”的特性,它能够在符号流任意的位置进行截断,其截断过程相当于对 DCT 残差系数采用不同的量化步长进行量化。截断位置越靠后,量化的步长就越小,由量化造成的失真也就越小。反之,截断位置越靠前,量化步长就越大,由量化造成的失真也就越大,当增强码流被完整地保留时,可以认为量化步长就是 1,即没有被量化。

DCT 残差系数经位平面编码模块后,形成了串形的混合 DCT 系数的符号编码和(RUN 和 EOP)编码符号在一起的符号流。这些符号流被 VLC 编码模块编码后形成二进制的增强层压缩码流。经过位平面编码模块和 VLC 编码模块后,增强层输出二进制的增强层压缩码流。每一帧的增强层码流都可以在任意位置进行截断,且截断后的增强层码流可以被标准解码器成功解码。截断时保留的数据越多,解码出的视频帧的质量就会越好,反之,解码出的视频帧的质量就会越差。也就是说,不同的截断位置会使得解码出的视频帧质量不同,这样的可伸缩特性使得 FGS 编解码技术在通过网络传输的视频信号时能够很好地适应不断变化的网络带宽,从而保证解码端能够连续地输出成功解码的视频帧,不会出现视频信号空白。

在某些具体应用中,只具有图像质量的可伸缩特性是不够的,FGS 方案还可以和时域可伸缩性编码 FGST 相结合,或与空域可伸缩性编码 FGSS 相结合。

在 FGST 方案中,时域增强的 FGST 帧被选择传送,解码端可能没有接收到任何 FGST 帧的比特流。因此,在编码时,所有的 FGST 帧不使用时域上邻近的 FGST 重建帧作参考,而只能使用时域上邻近的基本层重建图像作参考,即所有的 FGST 帧之间是相互独立的,任何一个 FGST 帧的图像质量都不会影响到其他 FGST 帧图像的质量。FGST 方案对 B 帧中的 DCT 系数使用位平面技术编码。这样,FGST 压缩码流不仅具有时域可伸缩特性,并且时域增强层中所有 FGST 帧运动补偿后的 DCT 系数比使用常规的时域可分级编码方案能获得更高的编码效率,这种做法部分地补偿了增强层中不存在预测所带来的编码效率损失。从语法角度上看,有以下两种方式可以用来组织时域增强层的 FGST 帧。

(1) 将所有的 FGST 帧纳入一个独立于 FGS 帧的增强层中,如图 6.6(a)所示,这种方法需要传送两个增强层——FGS 层和 FGST 层。所有的 FGS 帧比特流组织在 FGS 层中,用来为 FGS 帧提供精细粒度 SNR 可分级能力;所有的 FGST 帧比特流被组织在 FGST 层中,用来为 FGST 帧提供精细粒度 SNR 可分级能力。这种方式使得服务器和解码器之间的传输机制变得十分灵活,因为 FGS 帧和 FGST 帧是组织在两个相互独立的比特流中,在传送过程中无须解码判断需传送帧的类型。服务器可以根据客户的选择优先传送用于 FGS 帧增强的 FGS 层比特流,在可用带宽还有剩余的情况下再传送用于 FGST 帧增强的 FGST 层比特流;也可以优化传送用于 FGST 帧增强的 FGST 层比特流,在可用带宽还有剩余的情况下再传送用于 FGS 帧增强的 FGS 层比特流;还可以先传输部分 FGS 层比特流再传输部分 FGST 层比特流,或者先传输部分 FGST 层比特流再传输部分 FGS 层比特流。通过对两个视频对象层 VOL 分配不同的优先级,这种方式很容易地解决了 SNR 与时域改善两者之间的平衡问题。

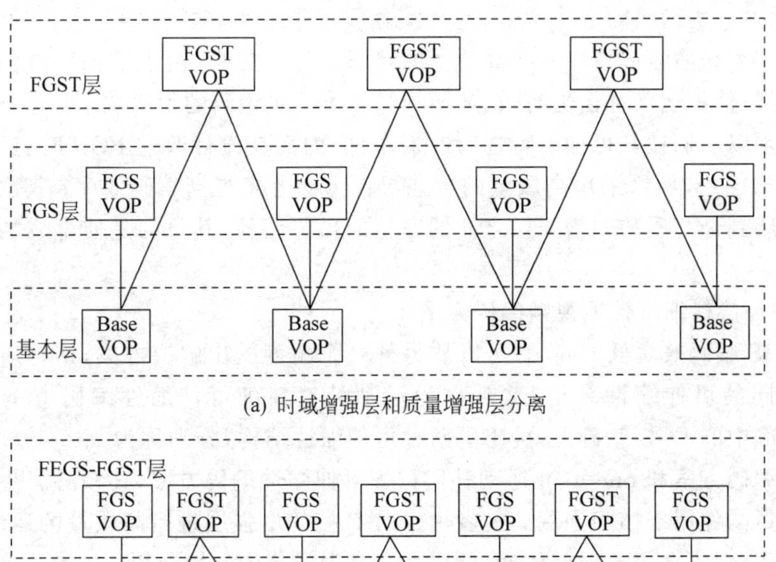

(a) 时域增强层和质量增强层分离

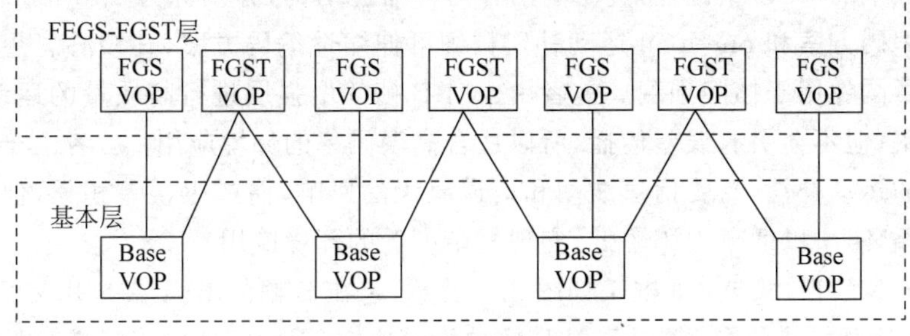

(b) 时域增强层和质量增强层合并

图 6.6 FGST 方案框图

(2) 将 FGST 帧与 FGS 帧组织在一起构成 FGS-FGST 层，如图 6.6(b)所示，这种方式仅需传送一个增强层和一个共享增强层，以节省系统开销(如服务器无须做多重比特流管理)。但在传输过程中服务器需要传输解码帧的头信息以确定当前传送的帧是 FGS 帧还是 FGST 帧，因此这种方式在解决 SNR 与时域改善两者之间的平衡性将会有所欠缺。

由以上分析可以得到如下结论：FGS 与分层的可伸缩性编码技术的相同之处在于增强层可以被完全传输、接收和解码，也可以在解码时根本不提供任何相关的增强层信息，而不影响视频流的顺利解码。与传统编码技术的不同之处在于：尽管 FGS 虽然也分为两个层次，但 FGS 的增强却可以提供基于某一比特范围内的任意比特率增强层解码，因而可以提供平滑的质量可伸缩性，这是 FGS 最重要的特点之一，也是它可以应用于基于网络视频通信的保障，尤其是在无线视频通信中。在等码率下，FGS 的质量要比 MPEG-4 中的非可伸缩性编码低 2～3dB，这在实际应用中是很难接受的。因此，对 FGS 进行改进是十分迫切的。

针对这一问题，许多新的基于 FGS 的可伸缩性视频编码算法被提出，其主要目的就是在提高编码效率的同时，保留 FGS 所具有的精细可伸缩性、自适应网络带宽和差错恢复能力等。

2. 改进的 FGS 视频编码方案

上面介绍了 FGS 编码方案的基本原理，从编码的角度来说，FGS 方案的编码方案中运动补偿总是参考一个最低质量的重构层，因而编码效率较低，与传统的单层视频编码技术相比，整个编码方案的编码效率非常低，这在实际应用中是很难接受的。改进的 FGS 编码的基本思路是在编码增强层使用一些高质量的增强层作为参考，由于增强层重构图像的质量总比基本层高，使得运动补偿更有效，从而提高了可分级编码的编码效率。当然这种编码效率的改进必须以不牺牲其可伸缩特性为前提条件，因而在设计改进 FGS 时有两个关键点：首先在编码增强层，尽量采用高质量的增强层作为参考来提高编码效率；其次是必须保留一些从基本层到最高质量的增强层之间的完整的预测路径，其目的是使生成的码流具有可伸缩能力。

1）运动补偿精细可伸缩视频编码方案

针对 FGS 编码效率低的问题，可以从另外一个角度提出解决方案，即针对不同的应用环境构造不同的可伸缩性结构，这被称为运动补偿精细可伸缩性编码方案。该方案在 MPEG-4 标准中的 FGS 基础上，提出了两种可伸缩性结构，分别称为 two-loop 运动补偿精细可伸缩性编码方案和 one-loop 运动补偿精细可伸缩性编码方案，其核心思想是将增强层对应的高质量图像用于帧间预测。前者由于对 B 帧的增强层进行高质量的运动补偿，限制了其编码效率，但不会引起误差传播，所以适合高误码率的环境应用；后者由于对基本层采用了高质量的运动补偿，易受信道波动和信道误码的影响，而产生误差积累，但这种结构只有一个预测循环，所以适于误码率低，实现复杂度低的环境应用。

two-loop MC-FGS 方案的框架如图 6.7 所示，它在 B 帧的增强层中引入了两个相邻的 I 帧或 P 帧的增强层进行预测，以改善 B 帧的编码效率，因此相邻的 I 帧或 P 帧增强层的传输差错会给当前 B 帧造成漂移，但它不会向后续帧传播。

two-loop 的编码器框架中对于 I 帧和 P 帧而言，由于在它们的增强层中没有使用运动补偿，所以 I 帧和 P 帧的编码与 FGS 完全相同。在 two-loop MC-FGS 中，增加的一个增强层运动补偿只是应用于 B 帧。与 PFGS 相比，two-loop MC-FGS 复杂度比较低，因为其所使用的增强层运动补偿只用于 B 帧。而且当解码器没有足够处理能力的时候，在解码端可以把 B 帧的增强层或者所有 B 帧数据全部丢弃而不影响后面的数据帧解码。因此，two-loop MC-FGS 不仅具有比特率可伸缩性，而且具有复杂度可伸缩性。这也是 two-loop MC-FGS 结构的一大优势。

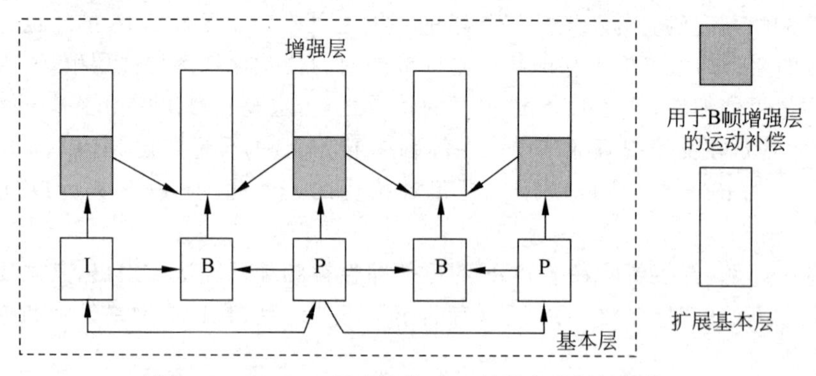

图 6.7　two-loop 运动补偿 FGS 编码方案框架结构

one-loopMC-FGS 方案的框架如图 6.8 所示，它引入了一个“扩展基本层”概念，包括基本层和一部分增强层。从图中可以看出，one-loop 方案真正改变了基本层的性能，它把扩展基本层作为所有帧的基本层参考，由于扩展基本层的图像质量比原来基本层的图像质量好，所以编码效率得到了提高。

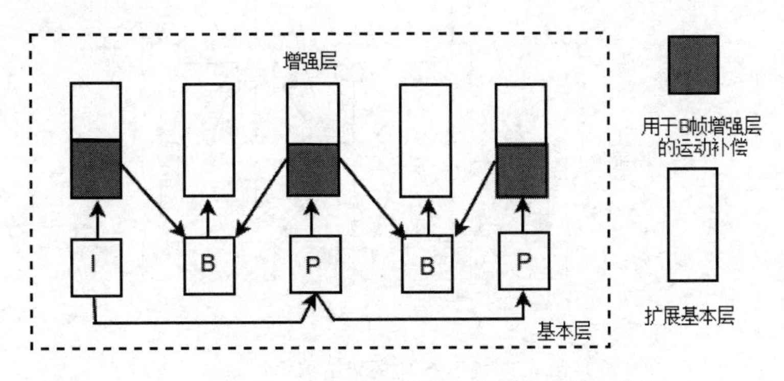

图 6.8　one-loop 运动补偿 FGS 编码方案框架结构

从图 6.8 可以看出，one-loop MC-FGS 最大的优势就是结构复杂度低，one-loop MC-FGS 只是将增强层的部分数据与基本层的数据相加作为所有帧的运动补偿参考。由于 one-loop MC-FGS 容易受到丢包和漂移误差的影响，其在低丢包率信道和复杂度较低的解码器场合应用较多。

2）渐进精细可伸缩视频编码方案

精细可伸缩的视频编码 FGS，由于提供了拥有极宽的带宽适应性及与现有视频编码标准的兼容性，正受到越来越多的重视并且已经成为 MPEG-4 标准的一部分。但由于在编码方案中的运动补偿是参考了一个最低质量的重构层，因而存在编码效率太低的致命弱点。2001 年，微软研究院的研究人员 F. Wu，S. Li 和 Y. -Q. Zhang 提出了渐进精细的可伸缩视频编码方案 PFGS，该编码方案的思想是交替地使用低质量的参考和高质量的参考来防止误差的传播和积累，同时在一定程度上提高增强层的编码效率。PFGS 编码框架的编码效率能比 MPGE-4 中的 FGS 提高 1dB 以上，同时保留了 FGS 所有的优点，例如精细可调性、自适应网络带宽变化和差错恢复能力等。PFGS 的框架结构如图 6.9 所示。

如图 6.9 所示的是一个基本的 PFGS 编码框架，在图示的 PFGS 编码框架中很多增强层的预测是用前一帧增强层为参考而不是基本层，如第 2 帧的 3 个高的增强层，第 3 帧的所有增强层，因而这种结构能得到更高的编码效率。从图中也可以看出第 1 帧的基本层，第 2 帧的增强层 1，第 3 帧的增强层 2，第 4 帧的增强层 3 以及第 5 帧的增强层 4 组成了一个从基本层到最高质量的增强层之间的预测路径。通过图 6.9 的空心箭头可以看出，这种结构是怎样适应网络带宽的波动的，假设在第 2 帧时网络带宽突然变窄了，只有第一个增强层在解码端能得到，从第 2 帧后带宽又恢复了，这时第 3 帧只能解码到增强层 2，因为更高的增强层需要第 2 帧的增强层 3 作为参考才能解码，而第 2 帧高的增强层由于带宽的波动已经丢失了。同样的原因第 4 帧能解码到增强层 3，到第 5 帧时就又可以得到最高质量的解码图像了。这是网络带宽波动的情况，如果在传输过程中，有一个或几个增强层发生数据包丢失或错误，其恢复过程也类似上面的带宽波动情况。

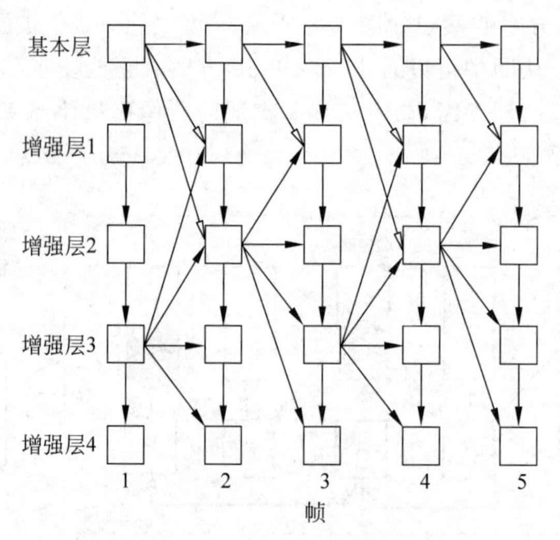

图 6.9 PFGS 的框架结构示意图

在 PFGS 编码框架中，上面的恢复过程都是一种渐进的过程，这就是把这种编码框架叫作渐进的精细的可伸缩性编码的原因。实际上，如图 6.9 所示的编码框架仅仅是一个特例，每两个增强层用同一个参考，如果所有的层都用基本层为参考，该框架就变成了 FGS。在实际应用中，可以根据应用的需要以及能提供的资源来方便地设计 PFGS 的编码结构，唯一的条件是需要保留从基本层到最高质量的增强层之间的预测路径。

图 6.10 就是按照以上的思想构建的 PFGS 的编码器框图。PFGS 编码器包含两个帧

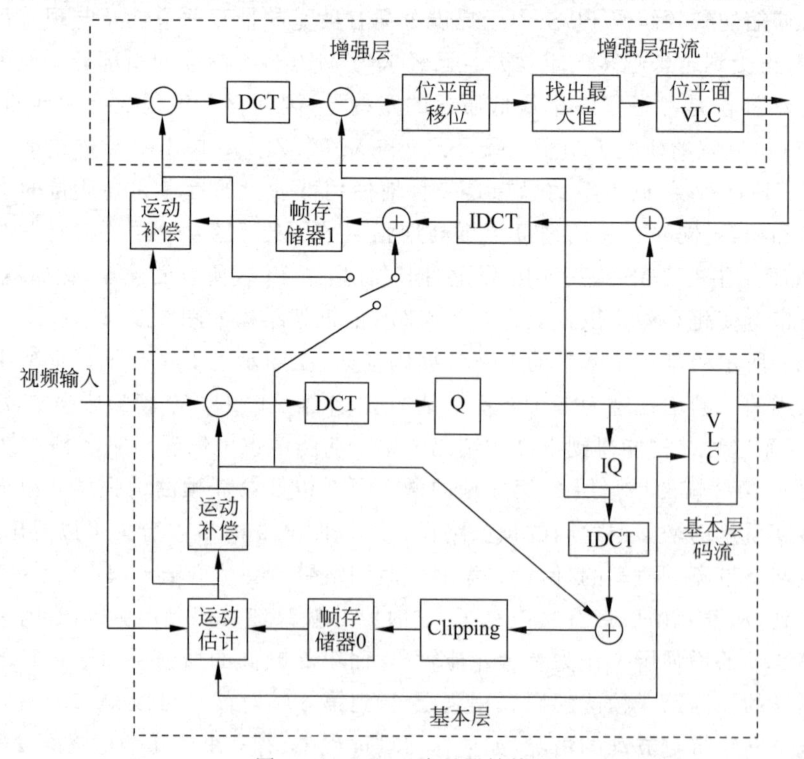

图 6.10 PFGS 编码器结构图

存储器，其中，帧存储器0主要存储基本层编码时所用的上一帧基本层重建图像，帧存储器1主要存储增强层编码时所用的上一帧增强层重建图像。类似于FGS，基本层编码也是采用与H.263等标准兼容的基于运动补偿预测的DCT变换编码。增强层则通过一个选择开关S来确定增强层参考的来源，其中，$n(t)$表示重建下一帧的增强层参考所需要的位平面数。

基于PFGS思想构建的解码器如图6.11所示，相比FGS，PFGS解码器增加了一个用来存储增强层参考的帧存储器、一个运动补偿模块和一个DCT反变换模块。PFGS的编码效率相比FGS而言提升了1dB以上，但是相比非可伸缩编码，还相差了2dB左右，如何提高PFGS的编码效率就成为下一个研究热点。

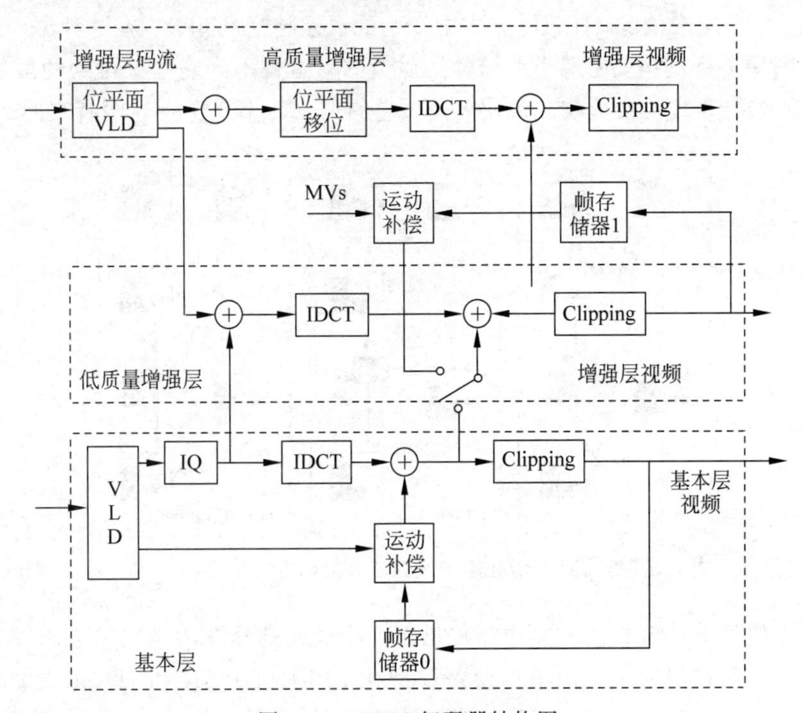

图6.11 PFGS解码器结构图

3）基于宏块的渐进精细可伸缩性视频编码方案

由于PFGS编码方案选择编码时的参考图像是以帧为单位的，很难兼顾到编码效率和误差控制同时取到较好的效果，为此在PFGS的基础上提出了一种基于宏块的改进的PFGS编码方案。

在PFGS编码方案中，增强层是在整帧图像上选择运动补偿和重构时使用的参考图像的，也就是说，在每一帧图像的增强层编码过程中，或者全部宏块都使用低质量的参考图像，或者全部宏块都使用高质量的参考图像。事实上，由于在PFGS中有两个不同质量的参考图像，如果每个宏块都能选择一个合适的参考图像来进行运动补偿和重构，PFGS方法将得到更大的灵活性和更好的综合性能，让增强层的每一个宏块在运动补偿和重构过程中都可以灵活选择使用高质量的或低质量的参考，这就是基于宏块的渐进精细可伸缩性视频编码的基本思想。显然，这种基于宏块的思想能更灵活地在消除误差传递和提高编码效率之间寻求平衡。

根据宏块运动补偿和重构时所选用的参考图像的不同,该编码方案提出了 3 个增强层宏块的帧间编码方式,即 LPLR, HPHR 和 HPLR 方式。如图 6.12 所示,灰色的方块表示这些层的重构图像将作为下一帧图像编码时的参考,实线表示运动补偿时所用的参考图像,点画线表示重构当前高质量的参考时所用的参考图像,虚线表示各层之间在 DCT 域的预测关系。

在 LPLR 方式中，增强层宏块在运动补偿中使用前一个低质量的参考图像进行预测，并使用相同质量的参考图像进行重构。由于在运动补偿和重构中都使用了低质量的参考图像,因此 LPLR 方式的编码效率最低。在 HPHR 方式中，增强层宏块在运动补偿时使用前一个高质量的参考图像，并使用相同的高质量参考图像进行重构。由于使用高质量参考图像使得运动补偿更为有效，因此 HPHR 方式的编码效率最高。HPLR 是一个新颖的增强层宏块编码方式，用来消除 HPHR 方式中产生的误差传递和积累，在这种编码下，使用低质量的参考图像进行重构，使得当前帧的高质量的参考得不到它本应得到的最好的重构质量，因此这种编码方式也会影响到编码效率，它的编码效率介于上述两者之间。

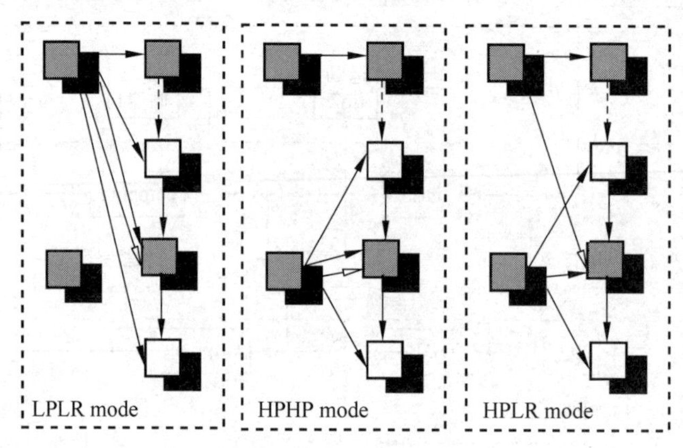

图 6.12　增强层宏块的三种编码方式示意图

在基于宏块的 PFGS 编码方案中还提供了一个模式选择算法来优化选择每个增强层宏块的编码方式。通过建立一个简单的误差模型在 LPLR、HPHR 和 HPLR 之间进行选择。由此可见,通过引入宏块的 PFGS 视频编码是一种更为灵活有效的可伸缩性编码方案,通过将编码技术扩展到宏块一级,在基于宏块的 PFGS 编码中,增加了增强层宏块三种帧间编码方式和相应的编码方式选择算法,这些技术的使用使得基于宏块的 PFGS 编码方法在高的编码效率和低的误差传输之间获得了一个较好的平衡,随着码率的增加,高质量的参考图像逐渐被传到了解码端,当解码端可以得到高质量的参考信息时,基于宏块的 PFGS 编码方法的编码效率能提高 2.8dB。

6.3.3　小波视频编码

目前,可伸缩性视频编解码系统主要有基于离散余弦变换(DCT)和离散小波变换(DWT)两大类。现在,MPEG-4 视频标准中采用的框架仍是基于 DCT,但是 DCT 在低码率情况下会出现明显的块效应,严重影响视觉效果,而且随着小波理论的日益成熟,基于 DWT 的编码技术得到越来越多的研究。目前基于 DWT 的编码系统大致分为以下两类。

(1) T+2D 系统：视频序列首先经过运动补偿时域滤波去除时间冗余,然后对产生的高通帧和低通帧进行二维离散小波变换,之后再对小波系数进行编码。

(2) 2D+T 系统:与上面 T+2D 系统的处理顺序相反,视频序列首先进行二维离散小波变换,然后对小波变换后各个子带进行运动补偿时域滤波。

在时间域中,连续几帧的视频序列通常有很强的相关性,特别是当时域采样率高的时候尤其如此。因此在编码过程中对时域模型的处理是一个重要的环节,直接影响到编码效果。

目前,对时间冗余处理主要有两个方向:一是 MPEG 视频标准中的时域模型,将所有的图像序列分为 I 帧、P 帧、B 帧,通过帧间预测消除时间冗余,帧间预测采用基于块的运动补偿技术。另一个方向是运动补偿时域滤波(MCTF)技术,它主要基于帧间小波变换和提升结构。在基于离散小波变换的可伸缩性视频编码系统中,运动补偿时域滤波是一个重要组成模块,它能有效地实现时间(帧速率)的可伸缩性。

目前,大部分系统采用 Haar 小波来实现 MCTF。因为它简单、易于实现,只涉及相邻的两帧,运动估计只在两帧间做,采用基于块的运动估计和提升结构。Ohm 在 1994 年提出了 MCTF 的小波编码方案,用固定大小的块匹配方法来预测运动场,然后在运动方向上进行时域滤波(即 T+2D 方式)。Choi 和 Woods 在此基础上又提出多级可变大小的块匹配(HVSBM)方法,改善了运动估计效果。为了更好地消除冗余,Secker 和 Taubman 提出了用 5/3 小波来实现 MCTF,利用相邻的三帧做 MCTF,采用双向的运动估计,每一帧都需要同时做前向预测和后向预测,因此运动矢量大约为 Haar 小波的 4 倍,在效率上优于 Haar 小波,但不可避免地增加了运动估计的累计误差。Andreopoulos 等人在 2003 年提出了 IBMCTF(In-Band Motion Compensated Temporal Filtering)方案,即 2D+T 方式。相比于 T+2D 方式,2D+T 方式在提升压缩效率的同时兼顾了空域可伸缩性,但为了克服小波变换的移位变化,在时域变换时使用了超完备变换,增加了算法复杂度。

T+2D 和 2D+T 方式的小波视频编码框图如图 6.13 和图 6.14 所示。T+2D 的编码方式首先对输入的视频帧进行运动估计,然后根据运动估计结果对视频帧进行时域的小波滤波运算,接着对时域滤波系数进行空域的二维变换得到高频帧和低频帧,最后分别对高频帧和低频帧的变换系数采用嵌入式的子带编码。2D+T 编码方式首先对输入的视频帧实现空域二维变换,然后对变换帧进行含运动补偿的时域小波滤波运算,为了抑制小波变换的移位变换特性,在其变化过程中加入 CODWT(Completed-to-Overcompleted DWT)操作,最后对变换系数采用子带编码。

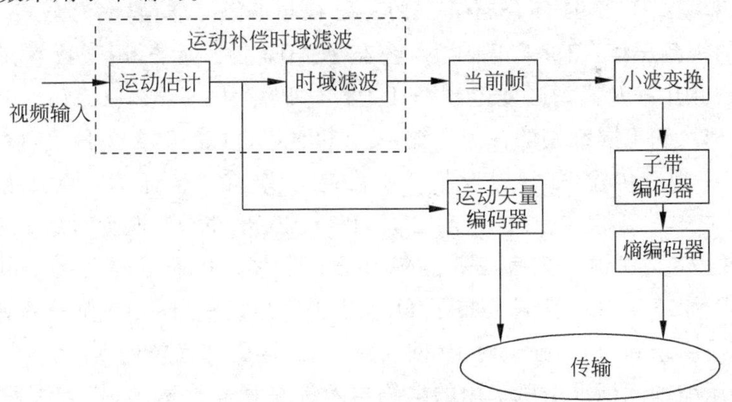

图 6.13　T+2D 方式的小波视频编码框图

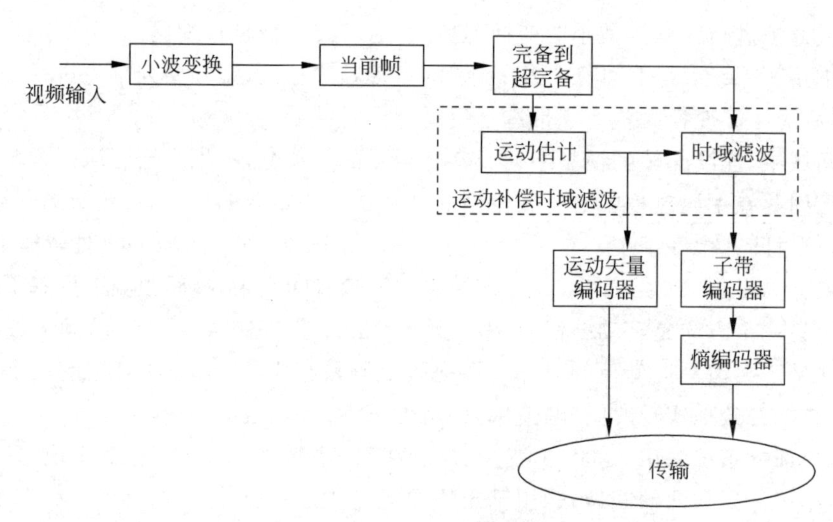

图 6.14　2D+T 方式的小波视频编码框图

两种编码形式各有其优缺点，如表 6.1 所示。

表 6.1　T+2D 和 2D+T 系统的优缺点

方式	优　　点	缺　　点
T+2D	①采用了传统的运动估计方法，计算简单；②不受小波时移特性影响	②空域伸缩性不好；②不便于实现运动矢量的可伸缩性编码；③低比特率时有严重的块效应
2D+T	①运动矢量的可伸缩性编码容易实现；②在低比特率下，重建图像不会有明显的块效应	①方案的计算度复杂；②编码效率比较低

这两类系统各有利弊。但是从总体上说，T+2D 系统更有效，2D+T 系统在低比特率下性能较好，但不能很好地满足高比特率的情况。

6.4　视频压缩编码标准

活动图像专家组于 1991 年公布了 MPEG-1 视频编码标准，码率为 1.5Mb/s，主要应用于家用 VCD 的视频压缩。1994 年 11 月，公布了 MPEG-2 标准，用于数字视频广播 DVB、家用 DVD 的视频压缩及高清晰度电视（HDTV）。码率从 4Mb/s、15Mb/s 直至 100Mb/s，分别用于不同档次和不同级别的视频压缩中。1995 年，ITU-T 推出 H.263 标准，用于低于 64kb/s 的低码率视频传输，如 PSTN 信道中可视会议、多媒体通信等。后续又分别公布了 H.263+、H.263++等标准。1999 年 12 月，ISO/IEC 通过了“视听对象的编码标准”——MPEG-4，它除了定义视频压缩编码标准外，还强调了多媒体通信的交互性和灵活性。2003 年 3 月，ITU-T 和 ISO/IEC 正式公布了 H.264 视频压缩标准，不仅显著提高了压缩比，而且具有良好的网络亲和力，加强了对 IP 网、移动网的误码和丢包处理。

各种编码压缩国际标准中所采用的编码技术都是相互渗透的，任何一种有利于数据压缩的方法都可以应用到标准中，表 6.2 总结了各种视频压缩编码标准的简要特征和主要应用领域。

各类压缩编码标准的制定都有一个原则：不对编码方法做出规定，也就是说，它只规定最后的数据格式，而不管采用何种方法获得这些数据格式。这也是制定国际标准的一个重要原则，一方面，它为以后出现新的编码技术留下余地；另一方面，它为各大公司和研究所的技术竞争留下宽广的舞台。在一个标准的制定过程中和发布实行之后，各大公司和研究机构就会在这些领域内进行技术竞争，以期望获得标准的部分专利，获得更大的商业利益。

表 6.2 视频压缩编码国际标准以及主要应用领域

标准	典型应用	视频格式	原码率	压缩码率
H.261	针对 ISDN 的视频会议	CIF QCIF	37Mb/s 9.1Mb/s	≥384kb/s ≥64kb/s
H.263	针对 Internet 的视频会议	4CIF/CIF/QCIF		≥64kb/s
MPEG-1	光盘存储		30Mb/s	1.5Mb/s
MPEG-2	DVD 和数字电视		128Mb/s	3～10Mb/s
MPEG-4	因特网多媒体分布			28～1024kb/s
MPEG-7	“多媒体内容描述接口”，支持用户对其感兴趣的各种“图像和视频资料”进行快速、有效的检索	任意	任意	任意
MPEG-21	多媒体框架			
H.264	IPTV、手机电视等	任意	任意	任意
AVS	IPTV、手机电视等	任意	任意	任意

6.4.1 MPEG 视频标准系列

MPEG 标准主要有以下 5 个：MPEG-1、MPEG-2、MPEG-4、MPEG-7 及 MPEG-21。MPEG 标准的视频压缩编码技术利用了具有运动补偿的帧间压缩编码技术以减小时间冗余度，利用 DCT 技术以减小图像的空间冗余度，利用熵编码则在信息表示方面减小了统计冗余度。这几种技术的综合运用，大大增强了压缩性能。

MPEG-1 标准于 1992 年正式出版，标准的编号为 ISO/IEC 11172。MPEG-2 标准于 1994 年公布，包括编号为 13818-1 的系统部分、编号为 13818-2 的视频部分、编号为 13818-3 的音频部分及编号为 13818-4 的符合性测试部分。MPEG-2 编码标准希望囊括数字电视、图像通信各领域的编码标准，MPEG-2 按压缩比大小的不同分成 5 个档次，每一个档次又按图像清晰度的不同分成 4 种图像格式，或称为级别。5 个档次 4 种级别共有 20 种组合，但实际应用中有些组合不太可能出现，较常用的是 11 种组合。这 11 种组合分别应用在不同的场合，如 MP@ML(主档次与主级别)用在具有演播室质量标准清晰度电视 SDTV 中，美国 HDTV 大联盟采用 MP@HL(主档次及高级别)。

MPEG-4 标准是超低码率运动图像和语言的压缩标准，用于传输速率低于 64kb/s 的实时图像传输，它不仅可覆盖低频带，也向高频带发展。较之前两个标准而言，MPEG-4 为多媒体数据压缩提供了一个更为广阔的平台。它更多定义的是一种格式、一种架构，而不是具体的算法。它将各式各样的多媒体技术充分用进来，包括压缩本身的一些工具、算法，也包括图像合成、语音合成等技术。MPEG-4 的最大创新在于赋予用户针对应用建立系统的能力，而不是仅使用面向应用的固定标准。此外，MPEG-4将集成尽可能多的数据类型，例如自然的和合成的数据，以实现各种传输媒体都支持的内容交互的表达方法，借助于MPEG-4建立个性化的视听系统。

MPEG-7标准的正式名称叫"多媒体描述接口"，并于2001年11月发布。MPEG制定这个标准的主要目的，是为了解决多媒体内容的检索问题。通过这个标准，MPEG希望对以各种形式存储的多媒体结构有一个合理的描述，通过这个描述，用户可以方便地根据内容访问多媒体信息。在MPEG-7体系下，用户可以更加自由地访问媒体，例如，用户可以在众多的新闻节目中寻找自己关心的新闻，可以跳过不想看的内容而直接按自己的意愿收看精彩的射门集锦；在互联网上，用户输入若干关键词就可以在网上找到自己需要的名人的演讲、贝多芬的交响乐等；甚至用户只需出示一张名人的照片或哼一首音乐的旋律，都可以找到自己所需要的多媒体材料。所有这些，都取决于MPEG-7中对各种多媒体内容的描述，与此同时，MPEG-21标准也于2000年6月开始启动。MPEG-21的正式名称叫"多媒体框架"，其具体内容正在制定过程中。

总之，随着MPEG组织的不断努力，多媒体信息技术的日趋成熟，广大用户会日益感受到新技术和新标准给大家带来的种种方便和实惠。下面对MPEG系列的主要标准进行详细介绍。

1. MPEG-1视频标准

MPEG-1是MPEG组织制定的第一个视频和音频有损压缩标准。视频压缩算法于1990年定义完成。1992年年底，MPEG-1正式被批准成为国际标准。MPEG-1是为CD光盘介质定制的视频和音频压缩格式，一张70min的CD光盘传输速率大约在1.4Mb/s。而MPEG-1采用了块方式的运动补偿、离散余弦变换(DCT)、量化等技术，并为1.2Mb/s传输速率进行了优化。MPEG-1标准并没有定义特定的编码过程，只是定义了编码比特流的语法和解码过程。MPEG-1视频图像数据是一个分层结构，目的是把位流中逻辑上独立的实体分开，防止语意模糊，并减轻解码过程的负担，MPEG-1的视频位流分层结构共包括以下6层，如图6.15所示。

(1) 图像序列层——由连续图像组成，用序列终止符结束。

(2) 图像组层——图像组(GOP)由几帧连续图像组成，是随机存取单元，其第一帧总是I帧。

(3) 图像层——图像(帧)编码的基本单元，独立的显示单元。

(4) 条带层——由一帧图像中的几个宏块组成，主要用于误差恢复；重同步单元。

(5) 宏块层——一个宏块由4个8×8的亮度块和两个8×8的色差块组成，运动补偿单元。

(6) 块层——一个8×8的像素区域称为一个块，是最小的DCT单位。

由一个16×16像素的亮度信息和两个8×8像素的色度信息组成的块称为宏块。一幅静态图像就是由许多这样的宏块组成的，对于分辨率为352×240的NTSC制式的一幅图像，由22×15=330个宏块组成，对于分辨率为352×288的PAL制式的一幅图像，由22×18=396个宏块组成。

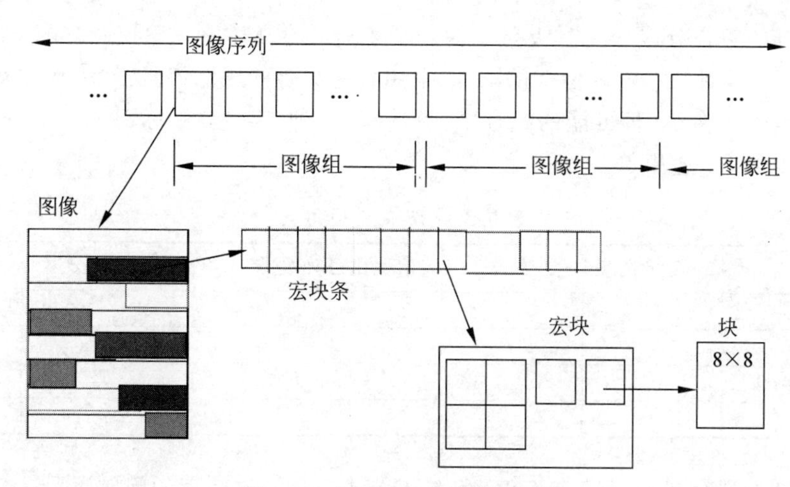

图 6.15　MPEG-1 视频数据结构

2. MPEG-2 视频标准

与 MPEG-1 标准相比，MPEG-2 标准具有更高的图像质量、更多的图像格式和传输码率的图像压缩标准。MPEG-2 标准不是 MPEG-1 的简单升级，而是在传输和系统方面做了更加详细的规定和进一步的完善。MPEG-2 制定于 1994 年，设计目标是高级工业标准的图像质量以及更高的传输率。MPEG-2 所能提供的传输率为 3～10Mbs/s，其在 NTSC 制式下的分辨率可达 720×486，MPEG-2 提供并能够提供广播级的视像和 CD 级的音质。MPEG-2 的音频编码可提供左右中及两个环绕声道以及一个加重低音声道，以及多达 7 个伴音声道。由于 MPEG-2 在设计时的巧妙处理，使得大多数 MPEG-2 解码器也可播放 MPEG-1 格式的数据，如 VCD。除了作为 DVD 的指定标准外，MPEG-2 还可用于为广播、有线电视网、电缆网络以及卫星直播提供广播级的数字视频。

MPEG-2 标准目前分为 9 个部分，统称为 ISO/IEC 13818 国际标准。各部分的内容描述如下。

(1) 系统，描述多个视频、音频和数据基本码流合成传输码流和节目码流的方式。

(2) 视频，描述视频编码方法。

(3) 音频，描述与 MPEG-1 音频标准反向兼容的音频编码方法。

(4) 符合测试，描述测试一个编码码流是否符合 MPEG-2 码流的方法。

(5) 软件，描述 MPEG-2 标准的第一、二、三部分的软件实现方法。

(6) 数字存储媒体-命令与控制，描述交互式多媒体网络中服务器与用户间的会话信令集。

以上 6 个部分均已获得通过，成为正式的国际标准，并在数字电视等领域中得到了广泛的应用。此外，MPEG-2 标准还有以下 3 个部分。

(7) 规定不与 MPEG-1 音频反向兼容的多通道音频编码。

(8) 10b 视频抽样的编码，现已停止。

(9) 规定了传送码流的实时接口。

MPEG-2 视频编码标准是一个分等级的系列，按编码图像的分辨率分成 4 级；按所使用的编码工具的集合分成5类。级与类的若干组合构成MPEG-2视频编码标准在某种特定应用下的子集：对某一输入格式的图像，采用特定集合的压缩编码工具，产生规定速率范围内的编码码流。在20种可能的组合中，目前有11种(表6-3中标识"√"的项)是已获通过的，称为MPEG-2适用点。

表6.3 MPEG-2适用点

	简单类	主类	信噪比可分级类	空间可分级类	高级类
Low Level		√	√		
Main Level	√	√	√		√
High-1440 Level		√		√	√
High Level		√			√

当前模拟电视存在着PAL、NTSC和SECAM三大制式并存的问题，因此，数字电视的输入格式标准试图将这三种制式统一起来，形成一种统一的数字演播室标准，这个标准就是CCIR601，现称ITU-RRec BT601标准。MPEG-2中的4个输入图像格式"级"都是基于这个标准的。低级的输入格式的像素是ITU-RRec BT601格式的1/4，即352×240×30(代表图像帧频为每秒30帧，每帧图像的有效扫描行数为240行，每行的有效像素为352个)，或352×288×25。低级之上的主级的输入图像格式完全符合ITU-RRec BT601格式，即720×480×30或720×576×25。主级之上为HDTV范围，基本上为ITU-RRec BT601格式的4倍，其中，1440高级的图像宽高比为4∶3，格式为1440×1080×30，高级的图像宽高比为16∶9，格式为1920×1080×30。

MPEG-2中编码图像被分为3类，分别称为I帧、P帧和B帧。I帧图像采用帧内编码方式，即只利用了单帧图像内的空间相关性，而没有利用时间相关性。I帧主要用于接收机的初始化和信道的获取，以及节目的切换和插入，I帧图像的压缩倍数相对较低。I帧图像是周期性出现在图像序列中的，出现频率可由编码器选择。

P帧和B帧图像采用帧间编码方式，即同时利用了空间和时间上的相关性。P帧图像只采用前向时间预测，可以提高压缩效率和图像质量。P帧图像中可以包含帧内编码的部分，即P帧中的每一个宏块可以是前向预测，也可以是帧内编码。B帧图像采用双向时间预测，可以大大提高压缩倍数。值得注意的是，由于B帧图像采用了未来帧作为参考，因此MPEG-2编码码流中图像帧的传输顺序和显示顺序是不同的。在编码过程中，MPEG-2视频图像也分成6层处理，结构图如图6.16所示，从上至下依次为：序列层，GOP层，图像层，像条层，宏块层和像块层。从图6.16中可以看到，除宏块层和像块层外，上面4层中都有相应的起始码(Start Code，SC)，可用于因误码或其他原因收发两端失步时，解码器重新捕捉同步，因此一次失步将至少丢失一个像条的数据。

MPEG-2视频编码中的关键技术如下。

1) 余弦变换DCT

DCT是一种空间变换，在MPEG-2中DCT以8×8的像块为单位进行，生成的是8×8的DCT系数数据块。DCT变换的最大特点是对于一般的图像都能够将像块的能量集中于少数低频DCT系数上，即生成8×8 DCT系数块中，仅左上角的少量低频系数数值较大，其余系数的数值很小，这样就可能只编码和传输少数系数而不严重影响图像质量。DCT不能

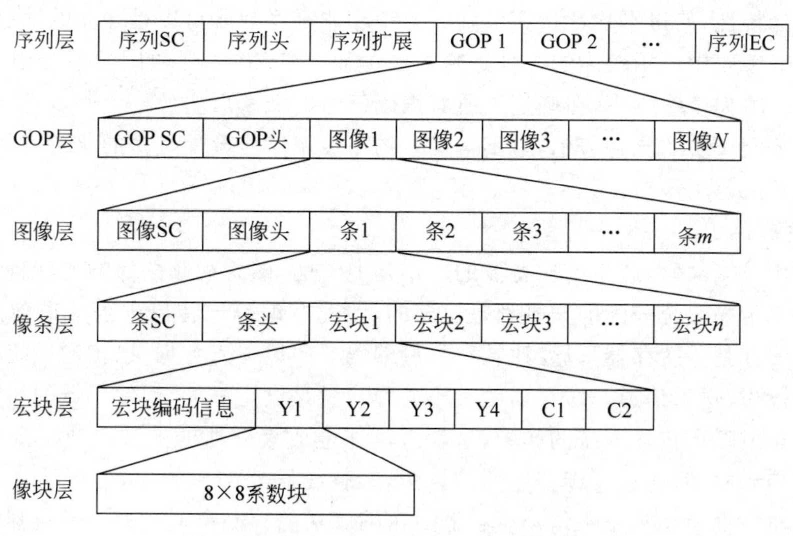

图 6.16 MPEG-2 视频比特流分层结构

直接对图像产生压缩作用,但对图像的能量具有很好的集中效果,为压缩打下了基础。

2) 量化器

量化是针对 DCT 变换系数进行的,量化过程就是用某个量化步长除以 DCT 系数。量化步长的大小称为量化精度,量化步长越小,量化精度就越细,包含的信息越多,但所需的传输频带越高。不同的 DCT 变换系数对人类视觉感应的重要性是不同的,因此编码器根据视觉感应准则,对一个 8×8 的 DCT 变换块中的 64 个 DCT 变换系数采用不同的量化精度,以保证尽可能多地包含特定的 DCT 空间频率信息,又使量化精度不超过需要。DCT 变换系数中,低频系数对视觉感应的重要性较高,因此分配的量化精度较细;高频系数对视觉感应的重要性较低,分配的量化精度较粗。通常情况下,一个 DCT 变换块中的大多数高频系数量化后都会变为零。

3) 之形扫描与游程编码

DCT 变换产生的是一个 8×8 的二维数组,为进行传输,还须将其转换为一维排列方式。有两种二维到一维的转换方式,或称扫描方式:之形扫描(Zig-Zag)和交替扫描。其中,之形扫描是最常用的一种。由于经量化后,大多数非零 DCT 系数集中于 8×8 二维矩阵的左上角,即低频分量区,之形扫描后,这些非零 DCT 系数就集中于一维排列数组的前部,后面跟着长串的量化为零的 DCT 系数,这些就为游程编码创造了条件。

游程编码中,只有非零系数被编码。一个非零系数的编码由两部分组成:前一部分表示非零系数前的连续零系数的数量,后一部分是非零系数。这样就把之形扫描的优点体现出来了,因为之形扫描在大多数情况下出现连零的机会比较多,游程编码的效率就比较高。当一维序列中的后部剩余的 DCT 系数都为零时,只要用一个“块结束”标志(EOB)来指示,就可结束这一 8×8 变换块的编码,产生的压缩效果是非常明显的。

4) 熵编码

量化仅生成了 DCT 系数的一种有效的离散表示,实际传输前,还须对其进行比特流编码,产生用于传输的数字比特流。简单的编码方法是采用定长码,即每个量化值以同样数目的比特表示,但这种方法的效率较低。而采用熵编码可以提高编码效率。熵编码是基于编码信号的统计特性，使得平均比特率下降。游程和非零系数既可以是独立的，也可以是联合的熵编码。熵编码中使用较多的一种是哈夫曼编码，MPEG-2视频压缩系统中采用的就是哈夫曼编码。哈夫曼编码中，在确定了所有编码信号的概率后生产一个码表，对经常发生的大概率信号分配较少的比特表示，对不常发生的小概率信号分配较多的比特表示，使得整个码流的平均长度趋于最短。

5）信道缓存

由于采用了熵编码，产生的比特流的速率是变化的，随着视频图像的统计特性变化。但大多数情况下传输系统分配的频带都是恒定的，因此在编码比特流进入信道前需设置信道缓存。信道缓存是一缓存器，以变比特率从熵编码器向里写入数据，以传输系统标称的恒定比特率向外读出，送入信道。缓存器的大小或称容量是设定好的，但编码器的瞬时输出比特率常明显高于或低于传输系统的频带，这就有可能造成缓存器的上溢出或下溢出。因此缓存器须带有控制机制，通过反馈控制压缩算法，调整编码器的比特率，使得缓存器的写入数据速率与读出数据速率趋于平衡。缓存器对压缩算法的控制是通过控制量化器的量化步长实现的，当编码器的瞬时输出速率过高，缓存器将要上溢时，就使量化步长增大以降低编码数据速率，当然也相应增大了图像的损失；当编码器的瞬时输出速率过低，缓存器将要下溢出时，就使量化步长减小以提高编码数据速率。

6）运动估计

运动估计使用于帧间编码方式时，通过参考帧图像产生对被压缩图像的估计。运动估计的准确程度对帧间编码的压缩效果非常重要。如果估计得好，那么被压缩图像与估计图像相减后只留下很小的值用于传输。运动估计以宏块为单位进行，计算被压缩图像与参考图像的对应位置上的宏块间的位置偏移。这种位置偏移是以运动矢量来描述的，一个运动矢量代表水平和垂直两个方向上的位移。运动估计时，P帧和B帧图像所使用的参考帧图像是不同的。P帧图像使用前面最近解码的I帧或P帧作参考图像，称为前向预测；而B帧图像使用两帧图像作为预测参考，称为双向预测，其中一个参考帧在显示顺序上先于编码帧(前向预测)，另一帧在显示顺序上晚于编码帧(后向预测)，B帧的参考帧在任何情况下都是I帧或P帧。

7）运动补偿

利用运动估计算出的运动矢量，将参考帧图像中的宏块移至水平和垂直方向上的相对应位置，即可生成对被压缩图像的预测。在绝大多数的自然场景中运动都是有序的。因此这种运动补偿生成的预测图像与被压缩图像的差分值是很小的。数字图像质量的主观评价的条件包括：评价小组结构，观察距离，测试图像，环境照度和背景色调等。评价小组由一定人数的观察人员组成，其中专业人员与非专业人员各占一定比例。观察距离为显示器对角线尺寸的3～6倍，测试图像由若干具有一定图像细节和运动的图像序列构成。主观评价反映的是许多人对图像质量统计评价的平均值。

3. MPEG-4视频标准

与MPEG-1和MPEG-2相比，MPEG-4的特点是其更适于交互AV服务以及远程监控。MPEG-4是为在国际互联网络上或移动通信设备(例如移动电话)上实时传输音/视频信号而制定的最新MPEG标准，MPEG-4采用Object Based方式解压缩，压缩比指标远远优于以上几种，压缩倍数为450倍(静态图像可达800倍)，分辨率输入可从320×240到

1280×1024，这是同质量的 MPEG-1 和 MJEPG 的 10 倍多。

MPEG-4 使用图层方式，能够智能化选择影像的不同之处，是可根据图像内容，将其中的对象(人物、物体、背景)分离出来分别进行压缩，使图文件容量大幅缩减，而加速视频的传输，这不仅大大提高了压缩比，同时也能使图像探测的功能和准确性更充分地体现出来。

MPEG-4 的编码理念是：MPEG-4 标准同以前标准的最显著的差别在于它是采用基于对象的编码理念，即在编码时将一幅景物分成若干在时间和空间上相互联系的视频对象，分别编码后，再经过复用传输到接收端，然后再对不同的对象分别解码，从而组合成所需要的视频。这样既方便对不同的对象采用不同的编码方法和表示方法，又有利于不同数据类型间的融合，并且也可以方便地实现对于各种对象的操作及编辑。例如，可以将一个卡通人物放在真实的场景中，或者将真人置于一个虚拟的演播室里，还可以在互联网上方便地实现交互，根据需要有选择地组合各种视频以及图形文本对象。

MPEG-4 提供自然和合成的音频、视频以及图形的基于对象的编码工具。类似于以前的标准，MPEG-4 由若干部分组成，主要部分为系统、视频和音频。MPEG-4 码流主要包括基本码流和系统流，基本码流包括音视频和场景描述的编码流表示，每个基本码流只包含一种数据类型，并通过各自的解码器解码，系统流则指定根据编码视听信息和相关场景描述信息产生交互方式的方法，并描述其交互通信系统。

1）系统

MPEG-4 系统把音视频对象及其组合复用成一个场景，提供与场景互相作用的工具，使用户具有交互能力。MPEG-4 的系统终端模型如图 6.17 所示。

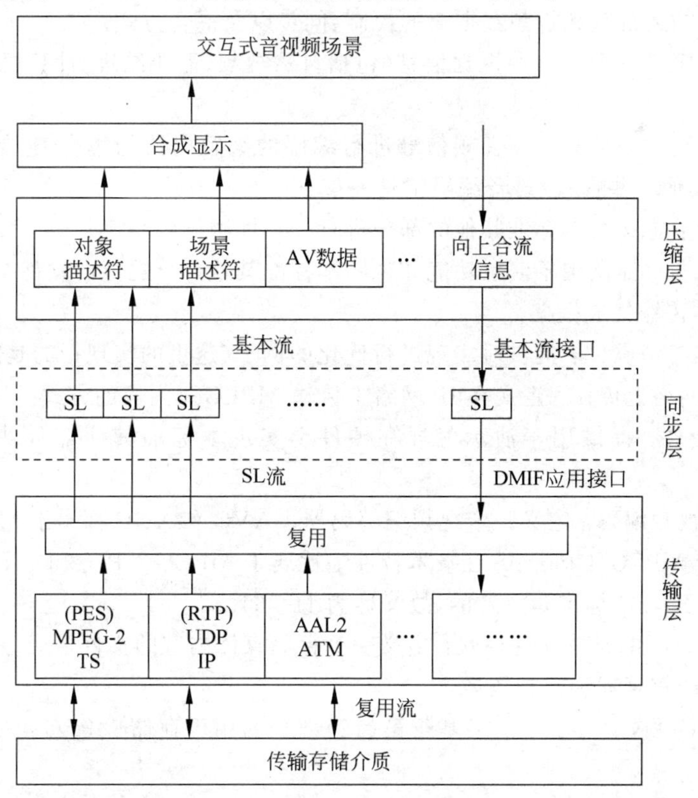

图 6.17　PEG-4 的系统终端模型

(1) 压缩层,执行媒体解码的系统组件。媒体是通过基本码流接口从同步层提取的。

(2) 同步层,负责各个压缩媒体的同步和缓冲。它接收来自传输层的同步层包,根据基本码流的时间标志进行拆包,并转发到压缩层。

(3) 传输层,对已经存在的各种传输协议进行描述。这些协议能够用来传输和存储符合 MPEG-4 标准的视听内容。

系统解码器模型包括定时模型和缓冲模型两种。如图 6.18 所示,每个基本码流都有一个单独的解码缓冲区,单个解码器可以解码多个基本码流。

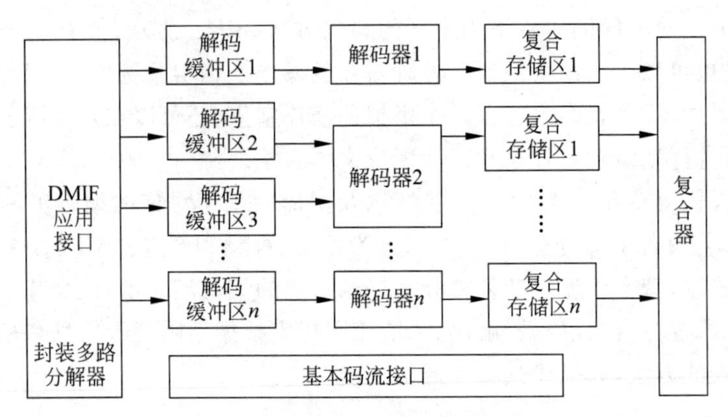

图 6.18 PEG-4 的系统解码器模型

MPEG-4 由一系列的子标准组成,被称为部(卷),包括以下部分。

(1) 系统:描述视频和音频数据流的控制、同步以及混合方式。

(2) 视频:定义一个对各种视觉信息(包括自然视频、静止纹理、计算机合成图形等)的编解码器。

(3) 音频:定义一个对各种音频信号进行编码的编解码器的集合,包括高级音频编码的若干变形和其他一些音频/语音编码工具。

(4) 一致性:定义对本标准其他的部分进行一致性测试的程序。

(5) 参考软件:提供用于演示功能和说明本标准其他部分功能的软件。

(6) 多媒体传输集成框架。

(7) 优化的参考软件:提供对实现进行优化的例子(这里的实现指的是第五部分)。

(8) 在 IP 网络上传输:定义在 IP 网络上传输 MPEG-4 内容的方式。

(9) 参考硬件:提供用于演示怎样在硬件上实现本标准其他部分功能的硬件设计方案。

(10) 高级视频编码:定义一个视频编解码器。AVC 和 XviD 都属于 MPEG-4 编码,但由于 AVC 属于 MPEG-4 Part10,在技术特性上比属于 MPEG-4 Part2 的 XviD 要先进。另外,它和 ITU-TH.264 标准是一致的,故又称为 H.264。

(11) 基于 ISO 的媒体文件格式:定义一个存储媒体内容的文件格式。

(12) 知识产权管理和保护拓展。

(13) MPEG-4 文件格式:定义基于第(12)部分的用于存储 MPEG-4 内容的视频文件格式。

(14) AVC 文件格式:定义基于第(12)部分的用于存储第(10)部分的视频内容的文件

格式。

(15) 动画框架扩展。

(16) 同步文本字幕格式。

(17) 字体压缩和流式传输(针对开放字体格式)。

(18) 合成材质流。

(19) 简单场景表示。

(20) 用于描绘的 MPEG-J 拓展。

(21) 开放字体格式。

(22) 符号化音乐表示。

(23) 音频与系统交互作用。

(24) 3D 图形压缩模型。

(25) 音频一致性检查:定义测试音频数据与 ISO/IEC 14496-3 是否一致的方法。

(26) 3D 图形一致性检查:定义测试 3D 图形数据与 ISO/IEC 14496-11:2005, ISO/IEC 14496-16:2006, ISO/IEC 14496-21:2006 和 ISO/IEC 14496-25:2009 是否一致的方法。

2) MPEG-4 视频编码

MPEG-4 支持对自然和合成视觉对象的编码。合成的视觉对象包括 2D、3D 动画和人面部表情动画等。对于静止图像,MPEG-4 采用零树小波算法以提高压缩比,同时还提供多达 11 级的空间分辨率和质量的可伸缩性。对于运动视频对象的编码,MPEG-4 采用了如图 6.19 所示的编码框图,以支持对象的编码。

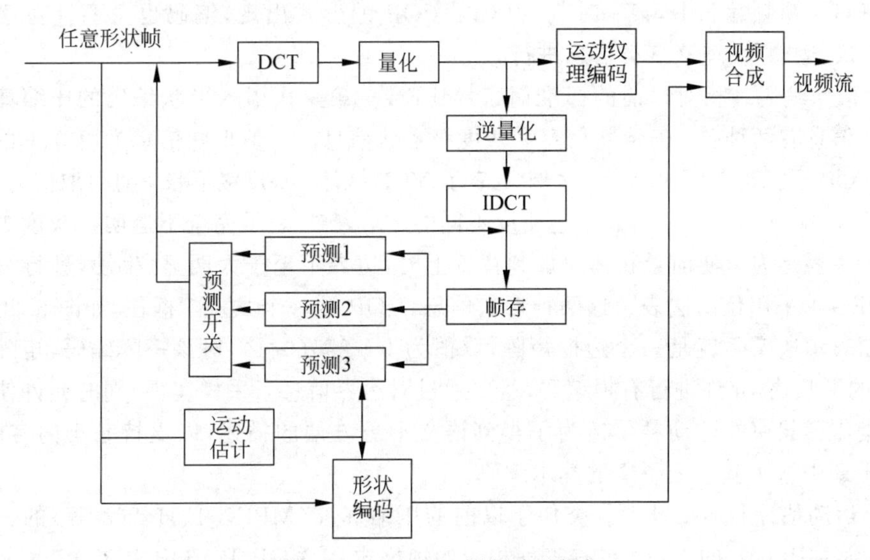

图 6.19 MPEG-4 视频编码框架

MPEG-4 相对 MPEG-1、MPEG-2 而言,编码效率显著提高除了是因为基于内容的性质外,还因为引入了以下的编码工具。

(1) DC 预测,可选择当前块的前一块或者后一块作为当前 DC 值。

(2) AC 预测,DCT 系数的 AC 预测在 MPEG-4 中是新的。选择用来预测 DC 系数的块也用于预测一行 AC 系数。AC 预测对于具有粗糙纹理、对角边缘或水平以及垂直边缘的块效果不佳。

(3) 交替水平扫描,这种扫描被添加到 MPEG-2 的两种扫描中。MPEG-2 的交替扫描在 MPEG-4 中被称为交替垂直扫描。

(4) 三维 VLC,DCT 系数编码与 H.263 类似。

(5) 四个运动矢量,允许宏块的四个运动矢量,与 H.263 类似。

(6) 无约束运动矢量,与 H.263 相比,可以使用宽得多的±048 像素的运动矢量范围。

(7) 子图形,子图形基本上是一个传输到解码器的大背景图像,为了显示,编码器传送该图像的一部分并映射到屏幕上的仿射映射参数。通过改变映射,解码器可以放大和缩小子图形,以及向左或向右。

(8) 全局运动补偿,为了补偿由于摄像机运动、摄像机变焦或者大运动物体引起的全局运动,按照式 6.10 的参数运动模型进行补偿。

$$x' = \frac{ax + by + c}{gx + hy + 1}$$

$$y' = \frac{dx + ey + f}{gx + hy + 1} \tag{6.10}$$

全局运动补偿有助于改善最挑剔的场景中的图像质量。

(9) 四分之一像素运动补偿,主要目的是以小的语法和计算上的代价来提高运动补偿的分辨率,得到更精确的运动描述和较小的预测误差。四分之一像素运动补偿只用于亮度像素,色度像素则是用半像素精度运动补偿。

MPEG-4 视频编码中,某一时刻 VO 以 VOP 的形式出现,编码也主要针对这个时刻 VO 的形状、运动、纹理这三类信息进行。

(1) 形状编码。相对以前的标准而言,MPEG-4 第一次引入形状编码的压缩算法。编码的形状信息有两种:二值形状信息和灰度级形状信息。二值形状信息为用 0、1 的方式表示编码 VOP 形状,0 表示非 VOP 区域,1 表示 VOP 区域;灰度级形状信息可取值为 0~255,0 表示非 VOP 区域,1~255 表示透明度不同的区域,255 表示完全不透明。灰度级形状信息的引入主要是为了使前景物体叠加到背景上时,边界不至于太明显、生硬,进行"模糊"处理。MPEG-4 采用位图法表示这两种形状信息,VOP 被一个"边框"框住,如图 6.20 所示。

位图表示法实际就是一个边框矩阵,取值为 0~255(0、1),对该矩阵编码,矩阵被分为 16×16 的形状块,允许进行有损编码,这要通过对边界信息子采样实现,同时允许使用宏块运动矢量作形状块的运动补偿。为了得到语义上更方便的描述,以支持基于内容的操作,MPEG-4 还引入了基于上下文的算术编码。

(2) 运动估计和运动补偿。类似于以前的压缩标准(MPEG-1、H.263 等)的三种帧格式:I、P、B,MPEG-4 的 VOP 也有三种相应的帧格式:I-VOP、P-VOP、B-VOP,表示运动补偿类型的不同,如图 6.21 所示。运动估计和补偿可以基于宏块,也可基于块。

(3) 纹理编码。纹理信息可能有两种:内部编码的 I-VOP 像素值和帧间编码的 P-VOP、B-VOP 的运动估计残差值。MPEG-4 采用基于分块的纹理编码,VOP 边框仍分为 16×16 的宏块。

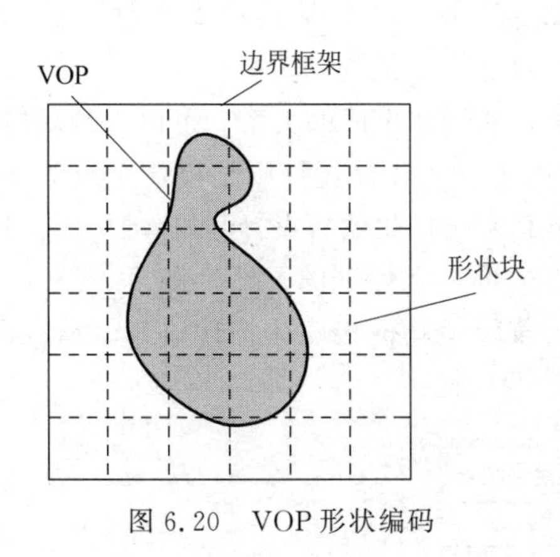

图 6.20　VOP 形状编码

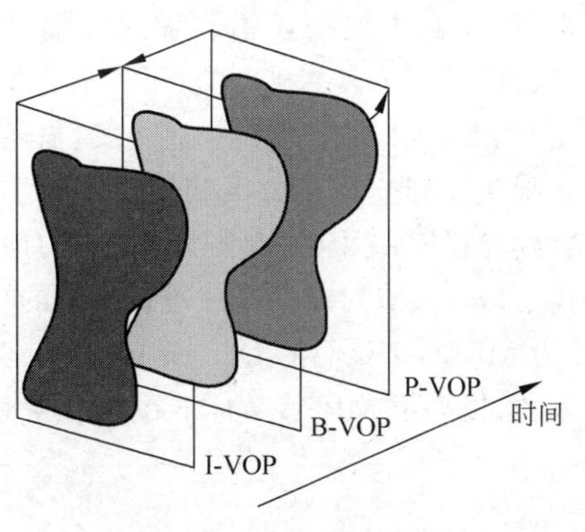

图 6.21　VOP 帧编码类型

在帧内编码模式中，对于完全位于 VOP 内的像素块，采用经典的 DCT 方法；对于完全位于 VOP 之外的像素块则不进行编码；对于部分在 VOP 内，部分在 VOP 外的像素块，则首先采用图像填充技术来获取 VOP 之外的像素值，之后再进行 DCT 编码。帧内编码模式中还将对 DCT 变换的 DCT 及 AC 因子进行有效的预测。

在帧间编码模式中，为了对 B-VOP 和 P-VOP 运动补偿后的预测误差进行编码，可将那些位于 VOP 活跃区域之外的像素值设为 128。此外，还可采用 SADCT(Shape-Adaptive DCT)方法对 VOP 内的像素进行编码，该方法可在相同码率下获得较高的编码质量，但运算的复杂程度稍高。变换之后的 DCT 系数还需经过量化(采用单一量化因子或量化矩阵)、扫描及变长编码，这些过程与现有标准基本相同。

4. MPEG-7 视频标准

不同于上面介绍的三个标准，MPEG-7 的目标是对不同类型的多媒体信息进行标准化描述，并将该描述与所描述的内容相联系，以实现快速有效的基于内容的检索，而基于内容的多媒体信息检索是网络技术与多媒体技术结合发展的必然趋势。MPEG-7 的正式名称是“多媒体内容描述接口”，其目标是产生一整套可用于描述多种类型的多媒体信息的标准，它规范一组“描述符”，用于描述各种多媒体信息，也将对定义其他描述符以及结构的方法进行标准化。与 MPEG-4 相比较，它不考虑多媒体素材的存储、编码、显示、传输、媒介或技术等。特别是 MPEG-7 的 DDL 允许用户创建自己的描述方案和描述符，提供较大的灵活性，并保证标准可以在将来持续使用。

1) MPEG-7 标准的核心内容

MPEG-7 为了对多媒体内容进行结构化描述，提供了一个通用的、灵活的、可扩展的多媒体内容描述框架。在这个框架中，标准化了一个描述符(Descriptor，D)集合、一个描述方案(Description Scheme，DS)结合、一种描述定义语言(Description Definition Language，DDL)，以及对描述进行编码的一种或者多种方法和工具。描述符定义了表示特征的语法和语义，可以赋予描述值。一个特征可能有多个描述子，如颜色特征的描述子可能有：颜色直方图、频率分量的平均值等。描述方案说明某成员之间的结构和相互关系，即定义描述子之间，描述子和描述方案之间，以及描述方案和描述方案之间的相互关系。描述定义语言用来定义、创建和生成描述子和描述方案,MPEG-7 标准的 DDL 是一种模式化语言,采用 XML Scheme 作为其基础,提供了把描述子构建为描述方案的规则。

图 6.22 显示了描述符、描述方案、描述定义语言和描述生成的关系。可以看到,描述定义语言提供了建立描述方案和描述符的手段,而描述方案和描述符则是描述生成的基础。可以看到,MPEG-7 标准的多媒体内容的描述框架具有结构化的特点,同时标准中的描述方案和描述语言具有对新的描述进行支持的功能,这样增强了标准的灵活性和可扩展性。另外,作为 MPEG-7 核心的 DDL 是以 XML 为基础,兼顾了其他多媒体描述语言的情况下发展起来的,提高了 MPEG-7 标准在各个应用领域的适用性。

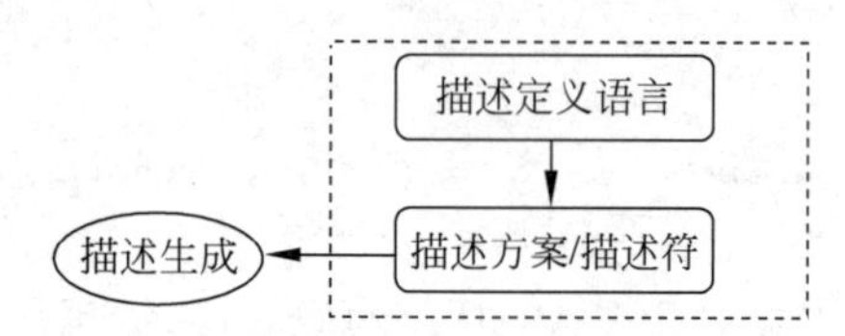

图 6.22 描述符、描述方案、描述定义语言和描述生成的关系

2) MPEG-7 标准的多媒体描述方案

MPEG-7 标准定义了一种描述规范,使对多媒体资料的索引、检索和查询变得和现在文本索引、检索和查询一样高效和方便。MPEG-7 标准的多媒体描述方案可按描述功能分为六大类:基本要素、内容描述、内容管理、导航与访问、内容组织和用户交互。

基本要素:定义了一组对描述多媒体信息内容有帮助的可扩展的数据类型和结构,有用于描述时间、地点、任务、个人、团体、组织和文本标注等的描述方案,也有用于链接媒体文件、对内容片段进行定位的描述方案。

内容描述:用以表征和描述可察觉多媒体信息内容的结构和语义,结构描述方案能为音频内容提供包括时间、空间或时空结构的描述。语义描述方案则包含叙述该内容的事件、对象、时间、地点信息和内容概要信息。

内容管理:提供对内容创作信息、描述信息以及使用信息的描述。

导航和访问:用来定义多媒体信息内容的一系列概要、分解和变换信息。

内容组织:为音视频内容、片段和事件提供多种组织和建模方式,并描述它们的基本性质。

用户交互:描述用户对于多媒体节目的喜好及使用信息,具有检索和交换音视频数据结构和语义注解能力,可支持个性化音视频内容的获取和过滤的应用。

3) MPEG-7 检索关键技术分析

基于 MPEG-7 标准的视频信息检索首先经过视频结构分析,将原始连续视频分割成不同的镜头单元,并提取镜头的关键帧。关键帧和镜头视觉特征被提取并以 MPEG-7 标准描述存入特征数据库,对应的视频内容存在视频数据库中,通过检索结果能准确定位相应的码流。下面是对基于内容的视频信息检索关键技术的分析。

(1) 视频结构分析。视频结构分析是通过镜头边缘检测和关键帧提取等技术,把连续的视频流分割成包括帧、镜头和场景等视频结构单元,它是实现基于内容检索的第一步。视频结构分析分为镜头边缘检测和场景检测两个层次。镜头边缘检测将视频数据划分成镜头,然后根据镜头之间的相似程度进行场景结构提取,其检测方法主要有:模板匹配法、直方图法、基于边缘的方法和基于模型的方法等。

(2) 镜头分割和关键帧提取。为了访问视频内容，必须对视频进行信息定位，依靠对视频节目基本单元——镜头的分割，实现视频标引。镜头分割常采用基于边缘的方法，设计确定从镜头到镜头的转换处，利用镜头之间的转换方式如突变或渐进进行镜头检测，镜头中关键帧可用来标识场景、故事等高层语义单元。关键帧提取可以检索视频数据流在内容上的冗余度，其提取原则是既要数量上精简，又能反映视频内容。关键帧的提取算法主要有：基于镜头边缘法、基于颜色特征法、基于运动分析法和基于聚类的关键帧提取等。

(3) 特征提取和语义获取。特征提取是基于内容检索的基础。视频信息的特征包括通用特征(如颜色、纹理等)、运动特征(如空间、方向等)、概念特征(如内容、主题等)、音频特征(如音响、音调等)和视频文本等。其中，视频概念特征提取和跟踪，是视频分析中最困难的部分，可利用运动信息进行处理。

(4) 显示和交互技术。基于内容的视频信息检索是一个人机互动的过程，能为用户提供交互界面、多样化的查询手段、方便快速的浏览和导航能力，并满足各种交互需求的视频检索系统才能使用户获得满意的检索结果。许多时候，人们在开始搜索时并没有精确指定的对象或目标，因此在视频检索系统中，不仅是提供查询视频数据库的手段，而且要提供相关的反馈和完善的交互机制，协调用户与系统之间的语义表达。

4) 视频信息检索流程

在视频信息检索流程中，可将视频内容的处理分为三个部分：内容获取、内容描述和内容操作。即先对原始媒体进行处理，提取内容，然后用标准形式对它们进行描述，来支持用户对内容的操作，下面对整个步骤的流程做详细介绍。

(1) 内容获取：对象分割与特征提取是基于内容检索的关键技术之一，只有对多媒体数据库中的媒体信息进行正确的分割和完备的特征提取后，才有可能对信息的内容进行描述。由于视频数据具有时空特性，内容的一个重要成分是空间和时间结构。内容的结构化是分割出图像对象、视频的时间结构、运动对象以及这些对象之间的关系。特征提取就是提取出显著的区分特征和人的视觉、听觉方面的感知特征来表示视频和视频对象的性质。

(2) 内容描述：内容描述是在对象分割和特征提取的基础上对内容进行描述，对内容的描述要求尽可能的完备，并且要有层次。这主要是因为同样的特征在不同的应用场合，对不同的人而言可能有不同的含义，如果内容描述不完备，就会减少多媒体信息被检索到的途径。MPEG-7 标准的多媒体内容描述主要是采用了符合描述方案的描述来分别描述媒体的特征及其关系。

(3) 内容操作：这是针对内容的用户操作和应用。查询是面向用户的术语，主要用于数据库操作。检索是在索引支持下的快速信息获取方式。搜索是在索引支持下的快速信息获取方式，是指在大规模信息库中搜寻信息的含义。摘要是对视频和音频媒体进行的一种特殊操作，其目的是获得一目了然的全局视图和概要。最后，用户可以通过浏览操作，线性或非线性地存取结构化的内容。

MPEG-7 标准支持两种范畴的应用，并对它们加以区分，一种是"拉"方式，即对信息进行搜索和定位；另一种是"推"方式，即对广播信息的过滤。"拉"方式主要是针对客户端的需求而言的，客户能通过检索的方式从服务器端获取所需的信息。其应用主要表现在：给用户提供所需的视频数据的搜寻和获取，为媒体制作者提供所需的图像视频素材等，它也可为商业所用，成为经营的手段。MPEG-7应用中的“推”方式主要是指对网络中的广播信息根据用户的设定来进行过滤和有选择的接收。其应用主要表现为：用户代理对媒体的删取和过滤，提供个性化的视频服务和智能多媒体的表达，针对用户进行多媒体个性化的浏览过滤和搜索等。MPEG-7应用的工作方式是由各个商家和部门自定义的，不属于标准的内容，但在MPEG-7中对此也做了建议性表述。

6.4.2 MHEG超越媒体

随着信息多样化的发展，信息的表现形式向组合化发展，而单一媒体不具备将信息的内容与其表现特征在时间和空间上同步统一的能力，为此多媒体和超媒体技术应运而生。MHEG标准定义了多媒体/超媒体信息对象编码表示的最终形式，以及以该信息对象为单元在系统内部或系统间进行的交互，它在多媒体/超媒体应用中，特别是交互式分布多媒体环境中将是非常重要的角色。

1. MHEG标准简介

MHEG组织的任务是研究制定多媒体和超媒体信息的编码标准，其发展的MHEG标准已经成为ISO和IEC标准，命名为ISO/IEC 13522。该标准不像JPEG和MPEG那样描述的是多媒体或超媒体信息本身，而是定义了抽象的结构化的框架作为媒体对象编码的最终格式，用来存储、交换和显示多媒体信息。基于此，MHEG标准为开发多媒体和超媒体应用提供了共同的基础，从而实现跨平台交互。MHEG制定的目的之一就是要创造一种机制，使多媒体应用程序只需一次编译即可在所有兼容平台上运行。

MHEG标准主要包括7部分：MHEG_1规定了MHEG对象的表示，即使用ASN_1(Abstract Syntax Notation 1)编码的数据结构；MHEG_3规定了MHEG登记规程；MHEG_5描述了如何实现基本的交互式应用；MHEG_6是对MHEG_5的扩展，提供了高级的交互式应用的支持；MHEG_7的主要内容是关于MHEG_5引擎和应用的互操作性；MHEG_8规定了MHEG_5的XML表示形式。MHEG_5标准支持多媒体交互应用，它定义了应用程序之间交互的最终表示形式，基于MHEG_5标准的多媒体内容被编辑好之后，就可以在不同平台的MHEG应用程序之间实现交换和显示。为了实现交互机制，MHEG_5采用面向对象的方法定义了很多类结构，所有的多媒体元素如文本、图形、音频、视频、按钮等由相应的类进行描述，此外，还有场景类、链接类、事件类等描述控制机制的类定义。在MHEG_5中只是给出了这些类的定义，并没有规定具体如何实施，所以在采用该标准时还需要有相应的细化规范进行约定。

2. MHEG数据交换模型

即使MHEG是一个交互式的格式，它也不只是二进制代码。它有适合网络环境下的实时交互的特性。在描述这些特性之前，先介绍MHEG数据交换模型中几个处于不同表现层次的基本组成部分：类、对象、运行时间对象。

1) MHEG类

既然MHEG是ISO的一个部分，其数据交换模型就遵从“开放系统互连基本参考模型”中的基本原理，尤其是MHEG的编码是基于ISO表示层的结构体系。这里，关键的一个概念在于抽象语法和传输语法的分离。在抽象语法中，两个正在通信的应用实体描述自己的数据元素和数据结构，定义之间的对话空间。在ISO的一个称为“抽象语法说明1”(Abstract Syntax Notation 1,ASN1)的规范中给出了抽象语法定义的方法，MHEG标准的第一部分中包含ASN1中所有数据结构的正式分类，MHEG类的语义定义了MHEG运行环境的功能和需求。

2）MHEG对象

一个交互式的多媒体表现是通过将MHEG类实例化而构成的。这些类的实例就称为MHEG对象。如图6.23所示，MHEG对象是在一个复杂的创作工作站上创建的，通过几种不同的交换介质传输到终端用户，最终在拥有很少资源的表现终端上被执行。表现终端中的MHEG引擎负责解释MHEG对象以重构交互式的多媒体表现。

从创作工作站上将数据发送给表现终端，需要有传输语法。在传输语法中每个MHEG对象均有一个定义好的位编码。创作工作站用传输语法对自己的本地数据元素进行编码，而后表现终端将其解码为自己的本地格式。ISO标准允许通信双方就它们的传输语法进行双向协商。然而，MHEG中用的是国际标准化的传输语法“ASN1的基本编码规则”，简称BER。根据应用的种类，在工作站和表现终端中必须提供基于BER的编解码器。

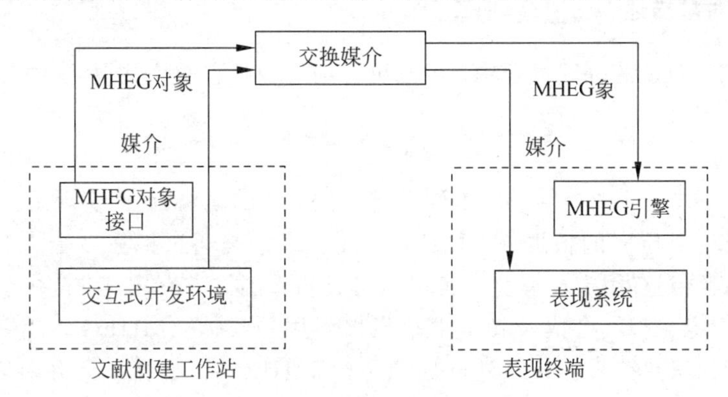

图6.23　MHEG对象的生命周期

3）运动时间对象

为了在回放过程的几个不同实例中有效地使用MHEG对象的数据，创作者可在作品中创建运行时间对象。例如，创作者可通过运行时间对象定义同一内容对象上的不同视图。这里内容对象是参考实际数据而构成的。运行时间对象不能在通信系统间被交换，它们仅在MHEG引擎中产生。下面更详细地阐述一下MHEG模型的组成元素。

(1) 内容数据。一个多媒体表现是由不同种类媒体的信息片段组成的序列，每个连续的信息片段即被认为是一个单独的对象，称为内容对象。该对象的实际媒体信息称为内容数据。

(2) 行为。“行为”意指在人机接口上所有与对象实际表现有关的活动。这些活动具有时间性和空间性：回放过程中的开始、停止、定位等操作控制对象行为，链则控制对象之间的时间、空间条件约束关系。这使得创作者可用某个对象状态的变化去触发其他对象的活动。例如，一段声音的结束可以启动第二段声音开始播放。

(3) 用户交互。MHEG不仅允许预定义的脚本被动地回放，而且允许用户的交互。例如,一段声音既可循环地播放下去,也可被用户的交互所中断。MHEG 标准支持以下两类交互。

① 简单选择：用户从预先定义好的控制集合中选择一个,以此来控制下面的回放。例如,按下不同的选择按钮。

② 更复杂的交互：又称为修改。例如,用户在一个数据域中输入一段内容。

(4) 合成。简单的对象可以合成产生复杂的对象,为了使 MHEG 复合对象在系统之间被交换,用户可以把它们打包在容器中进行封装。如同在超文本或超媒体文献中一样,用户也可用超文本链将这些描述一组对象的容器连接起来。复合对象同时也允许内部各个表现部件间的同步。

(5) 面向对象。将面向对象的思想用于 MHEG 模型是极为自然的,尽管在 MHEG 类的划分过程中仅用到了面向对象方法的一部分内容,MHEG 仍不失为一个真正的面向对象模型。MHEG 中类的层次化的目的在于提供一个具有继承性的抽象框架。标准并不实现定义对象行为的方法函数。为了描述 MHEG 类的结构,MHEG 标准使用了抽象语法说明中各模块之间的输入/输出数据类型。

3. MHEG 对象描述

在对 MHEG 对象的描述过程中,可以更详细地理解它的公共属性、内容数据、行为、用户交互和合成等概念。

1) 公共属性

MHEG 在公共属性中提供了一个称为"有用定义"的模块,从而实现了数据结构的类型一致性和 MHEG 类层次的根类——MH-object 类。这是通过把在多个 MHEG 类中被复用的数据结构归纳到有用定义模块中实现而完成的。例如,"有用定义"中的一般性标识机制就可以用在内容、链接、合成及脚本中来指出引用的实体。MHEG 中有 3 类标识机制：外部标识、内部标识和符号标识。外部标识不由 MHEG 定义,因而可用在不解码 MHEG 对象实体的引用场合。符号标识可以取代任何外部标识或内部标识。对于内部标识而言,MHEG 标识符包含一个 MHEG 对象的地址,它由两部分组成,其中应用标识符是一个整数序号的列表,对象序号则是在某一应用内部唯一标识该对象的一个整数。

NH 对象类是 MHEG 类层次中的根类,用于定义被其他 MHEG 类所公用或继承的数据结构。其中,数据结构用预先定义编码的整数来标识每个 MHEG 类的类型。

也可以用一个属性号来表征每个 MHEG 对象。例如,可以给存储在数据库中可重用的每个 MHEG 对象赋予一个简短的描述,创作者可通过查找这个描述属性方便地定位到要找的对象。属性的具体定义方式取决于应用是如何定义数据域的。

2) 内容数据

要理解内容数据,需先明白内容类、虚坐标、虚视图、多路流这几个概念。

内容类描述提交给用户的实际对象。从概念上讲,每一单独的内容对象是一个原子信息块,其中包含着将对象提交给用户所必需的数据。每个内容对象具有一种特定的媒体类型,该类型在属性中定义。数字化的数据或是包含在对象内容中,或是位于一个数据流中而由对象引用。前者称为包含数据,所有包含数据通过编码器/解码器运行而传递。显然,包含数据仅适合于有少量数据的情况,如文本标题、菜单列表、按钮上的标记等。另一种是传送引用数据，这意味着对象内部有唯一的引用编码值，而数字化的数据是在播放点的MHEG引擎运行时被恢复出来的。这种引用机制对于同一个大对象被用在不同的多媒体表现中是适合的，使得多个表现无须复制数据。MHEG为包含数据和引用数据提供与媒体相关的"挂钩"，这个挂钩描述用到的编码方案和可能的参数，使得播放站点的MHEG引用运行时可初始化恰当的表现。MHEG支持多种编码格式，如面向文本的ISO 6429，面向图形的ISO 8632，面向静态图像的JPEG，音频的各种PCM编码以及面向视频的MPEG、H.261等。

除编码方案外，对象的原始尺寸和回放时持续时间等信息也可与对象一起存储。MHEG定义了一个具有x、y、z轴的虚坐标空间。每个轴的范围为－32 768～32 768。在MHEG可视对象回放时，MHEG引擎根据对象中定义的虚坐标计算出物理坐标。MHEG也定义了一个虚拟时间坐标，范围为0到无穷大，以毫秒(ms)为间隔单位。回放时的时间性行为则通过虚拟时间轴上对象的定义和最终用户决定的真实时间上的需求之间的映射关系建立。

建立虚坐标的目的在于避免多媒体对象描述时的设备相关性，如在目标窗口中的像素数或声音采样速率。此外，MHEG允许用户在回放期间变更对象，如改变音频序列的音量，或是裁剪、缩放一个图形对象。编码中的参数决定一个MHEG对象在回放期间可被操作的方式。既然MHEG是一个最终的表现形式，用户则不能修改数据本身，如不能改变文本的颜色。假设要在屏幕上多次显示"WELCOME"，并要让用户看到不同的投视效果，这个文本就要作为二维的图形对象编码，以允许用不同的参数修改显示效果。这种修改被模型化为针对对象的一种专门方法，通过这种途径，不同的虚拟视图就可以在播放时显示出来。

在多媒体表现中，当播放像MHEG这样交替的视频/音频序列时，需要存取不同的单独数据流。为此，一个称为多路内容类的子类从内容类中派生出来。它用包含或引用的方式封装了对每个多路的流进行描述的数据。一个流的标识符编码成一个整数，用于控制单个的流。例如，打开或关闭MPEG流中的音频。这个类也允许多个流的动态多路传输，这对于许多多媒体系统中所支持的流间同步机制来说是需要的。流存储在各自的内容对象里，通过执行"设置多路"的操作而被编组到一个单独的多路内容对象中。

3）行为

MHEG中的各种特性允许对行为的描述。为理解对象的行为，需就操作类、状态、转换和链类几个概念加以讨论。

操作类决定基本MHEG对象的行为。在面向对象的概念中，一个操作对象实质上就是传送到一个MHEG对象或虚拟视图的一个消息，这个消息激活对象中相应的方法。处理基本操作得到的结果就称为MHEG效果，其实现的细节对用户是不可见的，并非所有的操作都能用在每种对象类型上。MHEG中定义了对应于不同类型的MHEG对象和虚拟视图所允许的操作，与其他面向对象系统类似，多态性的特性允许同一种操作在不同类型的对象上进行。

一些操作会触发MHEG对象中的状态转换，其结果还与其他对象相关。想象一个多媒体表现中：一段音频到了一定位置触发图形出现；而另一段音频的结束将图形从屏幕上清除。为描述这些关系，重要的是要记录上述音频虚拟视图的状态，MHEG规范为这一类重要操作定义了有限状态机。其中大部分是很简单的，因为其状态的数量很少。MHEG规范中已定义了对象状态和转换的原子操作。用户也可以在一个操作对象中定义复合操作，它由多个嵌在树形结构里的原子操作组成。目标对象从树的顶端开始被操作，直至传到树的底端。MHEG 草案中定义了一个同步指示器，它允许在一个表现里有复杂的并发行为，若用户省去此参数，则同步操作表中的原子操作默认为顺序执行。并行执行还是串行执行对 MHEG 引擎设计有很大影响，因为 MHEG 引擎中解释进程的设计与实现必须保证嵌套操作执行的并发性。

链类定义操作对象和一个内容对象或虚拟视图之间的逻辑链接关系。它描述在什么条件下将操作消息送至内容对象。在运行时间内，每个链对象对应一个事件，当事件发生，链就被激活，操作消息也就送至目标对象。链的优点在于 MHEG 的链是由系统中事件触发的，这使得创作者可以用简洁的“if-then”规则来描述时间性或因果性的逻辑关系，而具体的同步交给执行环境在播放时完成。这样，描述一个复杂的多媒体表现就比过程化的脚本语言容易多了。一个链对象总是用于定义一个源对象和一个或多个目标对象之间的关系。源对象和目标对象既可以是内容，也可以是虚拟视图。源对象中状态变量所表示的触发条件用于触发链对象的执行。一旦条件满足，罗列在链对象中的操作对象就被送至目标对象集。并非所有的关系都能用基于一个源对象的条件表达出来。假设要在一段音频和并行的一段视频都结束时显示一幅图像，这时，触发条件是属于两个不同源对象的条件组合。MHEG 中的约束条件语句可用于条件组合，其中触发条件和约束条件均用布尔值表示，用户用逻辑操作设置组合的逻辑条件。MHEG 既可根据一定的状态域设置触发条件，也可根据运行时间对象参数的变化来设置触发条件。

4）用户交互

在内容类、操作类、链类的基础上，用户可以通过内容对象的并行播放来构造复杂的多媒体表现，但是这些对象一旦启动，就无法与用户交互。“选择”操作的引入，允许从预先定义好的集合中选择这样较为简单的用户交互，而“修改”操作则允许更复杂的数据输入。

从链类的描述可以看出：通过预定义在一个时间点上的事件的发生，创作者能影响一个表现的播放，而通过选择操作，用户可以在运行时间创建这种事件。为定义这类事件，创作者要为每一个可能的用户交互赋一个相应的内部事件。当用户与系统交互时，如按下按钮，相应的选择状态从未选中变为选中，相应的状态变量也被设定。选择状态的改变触发一个链对象并计算约束条件的值。选择行为总是和一个运行时间内容对象相关，例如，屏幕上的一个图形按钮。

MHEG 中常用的交互方式是修改，它是为数据的录入和操作而设计的。修改操作不需要像选择操作要有一个预定义的可供选择的集合。它交互的结果是在内部以内容对象的方式表示的。内容对象的实际状态可以用修改前、修改中、修改后状态的方式记载下来。一个数值型或字符串型内容对象可以存储用户的数据输入。对象的内容数据部分包含的值可作为修改交互的初始值。这样，像选择操作一样，创作者可将一个修改状态包含在链对象的条件中，然后根据用户的数据输入去影响表现。

选择和修改都被描述为针对运行时间内容对象的行为，这种交互行为定义了用户交互的类型。MHEG 中有五种预定义的类型：按钮、滑块、菜单、输入域和滚动表。例如，“设置按钮类型”这个操作就将选择状态连到一个作为按钮的图形对象上。“设置输入域类型”的操作则把修改状态连到一个作为输入域的文本对象上。

5) 合成

前面讨论的内容构成了单个对象的集合，MHEG 虽然也允许这些对象的单独交换，但为适应复杂的实际要求，需要建立一个数据结构来构成复杂的多媒体对象表现。

合成类给出了一个表现的框架。首先，同属于某个表现部分的对象必须编组到一起，合成类的递归定义允许合成对象是其他合成对象的组成部分。逻辑上讲，合成对象可被看作一种容器。与内容类相比，在合成类中，MHEG 对包含对象和引用对象加以明确区分，外部的引用有助于把复杂的表现分解为小的片段，从而减少了对终端的内存容量的需求。通过提供部分对象检索，它也支持实时的要求。如合成对象间的引用建立起一种类似于超文本的结构，对被引用对象的访问则由执行环境建立。

MHEG 标准还定义了容器类、描述符类和符号类。容器类对多个对象统一封装，以便它们作为一个整体进行交换，但其中不包含如何重构这些对象表现的任何信息。描述符类编码一个表现对象的有关信息，例如哪种媒体表现为内容对象所用，更进一步来说，描述符对象可以包含有关服务质量的信息以支持 MHEG 对象的实时交换。MHEG 引擎可用此类信息估算表现的资源需求。符号类则提供针对外部函数或程序的接口。一个典型应用如数据库查询，查询输入由合适的 MHEG 对象编码，而一个符号对象激活外部数据库环境查询的执行，并将结果数据传回 MHEG。

4. MHEG 运行环境的实现

MHEG 标准详细描述了 MHEG 对象结构以及传输编码，但对 MMHEG 引擎的实现很少涉及。现有的 MHEG 环境大都为原型系统，下面就以一个局域网环境下的 MHEG 原型运行环境为例，探讨一下典型的体系结构和实现的问题。

1) 运行环境的体系结构

该环境的体系结构包含运行 MHEG 引擎的表现终端。这些终端连通远地的数据库服务器以获取按 MHEG 编码的交互式多媒体表现，写作工作站上则提供一个构造 MHEG 对象的交互式编辑器。

创作者在写作工作站上用一组已存在的基本对象开始创作 MHEG 表现。这些对象由安装在写作工作站上并且支持 MHEG 数据格式输出的写作工具创建。单个的 MHEG 对象作为二进制数据流存储在中心的 SQL 数据库服务器里，每个 MHEG 对象中的描述属性和 MHEG 标识符可被提取出来作为数据库检索的键值。

一旦一个表现编码完毕，就可以通过各种信息交换方式将其进行传递，典型的是在网络上传递。标准的 MHEG 对象的交换实质上可以归结为标准化的二进制文件在不同异构系统和不同文件传输机制之间的交换。具体实现可通过 Client/Server 结构的请求、响应来做。

2) 表现终端上的回放

在终端用户的计算机系统中，MHEG 表现是由 MHEG 引擎实现的，它负责译码所有 MHEG 对象、管理 MHEG 事件和链，并执行对所有基本内容对象的解释，创作者通过选择和修改类将可能出现的用户交互编排好，交互就只可能在创作者预先计划的点上发生。下面对回放一个以 MHEG 方式编码的表现的步骤进行讨论。

第一步：应用程序初始化 MHEG 引擎，表现服务模块以及负责向服务器取 MHEG 对象数据的客户请求进程。

表现服务模块一般包含本地的音频/视频驱动程序及基于窗口的用户接口。初始化后，准备好执行 MHEG 表现所需的第一个对象。通常第一个合成对象可在本地文件中找到或通过网络检索到。

第二步：负责从服务器得到数据的客户请求进程完成对所有分布 MHEG 对象的透明访问。在这些对象被解释前，首先将其从传输语法译码至本地语法，然后应用程序将其送至 MHEG 引擎起动表现。

第三步：对象管理员作为一个中心资源，存储在执行期间装入 MHEG 引擎中的所有 MHEG 对象。如果一个 MHEG 对象含有对另一个对象的引用，对象管理员则请求传递该引用对象的实体。

第四步：作为 MHEG 引擎核心部件的解释器是由事件驱动的。所有未处理的事件保持在一个消息队列中。

大致有两类事件：来自本地表现服务的事件以及被链处理器激活的事件。所有这两类事件均和某个特定的对象或虚拟视图相关联，由解释器求值并执行。

第五步：解释器在解释过程中调用表现服务来实现运行时间内容对象。表现服务为所有的离散或连续媒体实现运行时间内容对象。离散媒体(文本、图形等)以及由图形化用户接口提供的诸如按钮、输入域等基本媒体在表现服务的非实时环境中执行。

第六步：带有相应驱动程序的音频、视频子系统提供一个实时环境以确保连续媒体回放的同步调度。这些驱动程序提供对 MHEG 标准中定义的基本媒体格式的直接支持，例如 MPEG 视频以及基于 PCM 编码的音频等。

第七步：在处理一个输入消息时，解释器的各种状态可以改变，例如时间表、表现、选择、修改状态域等。在这种情况下，链处理器被激活，它检查所有处于存活期的链对象。只要被修改的 MHEG 对象是这个链对象的源对象并且触发条件和其他附加条件被满足，链处理器就把链对象中定义的操作加入到中心事件消息队列中送给目标对象。

第八步：当一个表现的所有合成对象都已执行完毕，MHEG 引擎就释放占用的所有本地资源，准备开始下一个表现。

要指出的是，MHEG 标准中并未描述 MHEG 引擎的组成部分，也未描述引擎和本地应用之间接口的细节。这些均被认为是实现时具体的技术问题。

6.4.3 ITU 视频标准系列

1. H.261

1) H.261 建议标准及内容

H.261 是 1990 年 ITU-T 制定的一个视频编码标准，属于视频编解码器。其设计的目的是能够在带宽为 64kb/s 的倍数的综合业务数字网(Integrated Services Digital Network, ISDN)上传输质量可接受的视频信号。编码程序设计的码率是能够在 40kb/s～2Mb/s 工作，能够对 CIF 和 QCIF 分辨率的视频进行编码，即亮度分辨率分别是 352×288 和 176×144，色度采用 4∶2∶0 采样，分辨率分别是 176×144 和 88×72。在 1994 年的时候，H.261 使用向后兼容的技巧加入了一个能够发送分辨率为 704×576 的静止图像的技术。

为了适用于不同的彩电制式，不论是625行还是525行的视频信号，都被编码成统一的中间格式(CIF)信号，即亮度信号的抽样结构是：每帧288行，每行360个像素；彩色信号的采样结构是144行/帧×180像素/行，帧频规定为29.97帧/秒。

在视频复用单元中形成视频数据结构，每帧图像的开始有图像头，包括图像起始码、信息类型指示等。每帧分成若干个数据块组(GOB)，一个块组的大小为CIF图像的1/12或QCIF图像的1/3。每个块组又分成33个宏块，每个宏块由8×8像素的6个子块(4个亮度子块和2个色度信号)构成。这样一来，除了对每个宏块的地址、型式、量化类型、运动矢量、变换系数、结束指示等应有相应的码元外，对应每个GOB的起始码、地址、型式等也应配置相应的码元。H.261建议的编解码器方框如图6.24所示。

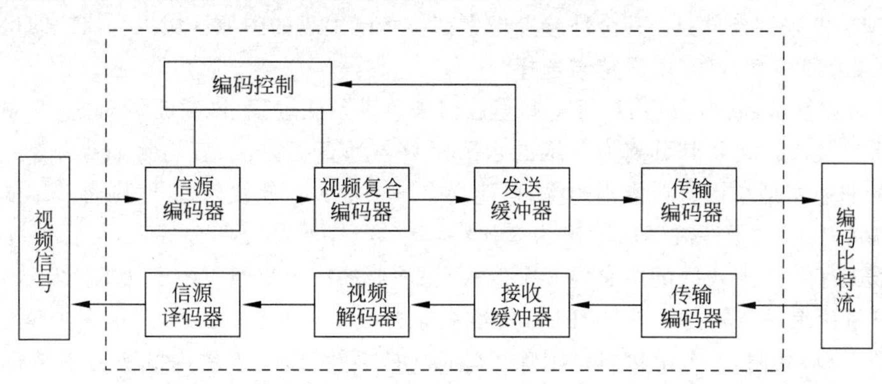

图6.24 H.261视频编解码器框图

2) H.261建议的技术指标

(1) 传输速率。视频编码信号的传输速率为$P\times 64$kb/s($P=1\sim30$)，即从64kb/s到1.92Mb/s，其算法必须能够实时操作，解码延时要短。

(2) 视频输入输出信号格式。当P等于1或2(即码率为64kb/s或128kb/s)时只支持QCIF分辨率格式，每秒帧数较低的可视电话，对于64kb/s码率要考虑图像用40kb/s，余下16kb/s安排语音；对于128kb/s码率，话音可考虑为16～64kb/s，则图像编码码率为64～112kb/s。时间轴分辨率为10～15帧/秒，编码单程最大时延为250ms，要考虑画面中嘴唇和话音的同步。所有的编码都必须能处理QCIF格式，并要求有传送静止图像和图形的能力。当$P\geqslant 6$时，则可支持CIF图像分辨率格式的会议电视。

(3) 帧结构。图像和语音的多路传输，采用64kb/s AV业务用的帧结构。音频信号按建议G722模式2编码，与控制和标志信息合并后在符合建议H.261《可视音频电信业务用64kb/s通路的帧结构》的一个64kb/s时隙中传送。

(4) 信源编码算法。信源编码器的一般形式主要有帧间预测、帧内分块变换和量化组成。编码算法分为帧内和帧间两种情况。对帧序列中的第一幅图像或景物变换后的第一幅图像，采用帧内变换编码，利用8×8子块的DCT实现。各DCT系数经线性量化，变长编码后进入缓冲器，根据缓冲器的空(下溢)满(上溢)度来调节量化器的步长，以控制视频编码比特流，使之与信道速率匹配。

帧间编码采用混合方法，利用运动补偿预测，当预测误差超过某个预定的阈值时，对误差作DCT，视觉加权量化，以改善图像质量，运动矢量信息编码后也送到缓冲器。

(5) 误码处理方式。传输位流中包含一个 BCH(511,493)码用来进行前向纠错,可由编码器任选。

(6) 图像信源编码的输出。采用统计变长编码将数据压缩,再将多路转换为一个位串。

3) 视频编码的算法

(1) 预测和运动补偿。预测在帧间进行,可以加入 MC(运动补偿)和空间滤波,在编码器中运动补偿是备用的。对每个宏块,解码器将接纳一个 MV(运动矢量),这些 MV 的水平和垂直分量均为不超过±15 的整数值。该矢量用于宏块内的所有 4 个亮度像块,将其分量的值除以 2 后取整,就得到用于每一色差像块的 MV 的整数分量值。MV 的水平或垂直分量值为正值时,表明预测是前一幅画面中空间位置在被预测像素右边或下方的像素形成的。对 MV 的限制条件是:其全部参考像素都位于已编码的图像区域内。MV 的检索方式(全检索或分段检索)可自由设定与选择。

(2) 环路滤波器。可以用二维空间滤波器来改进预测过程,该滤波器对 8×8 预测块内的像素进行处理。可将其分离为一维的水平函数与垂直函数,二者均为抽头系数 1/4,1/2 和 1/4 的非递归型结构。在像素边缘,可能会有一个抽头在像块外,此时则将一维滤波器的系数改为 0,1,0,二维滤波器的输出为 8 比特位整数,小数部分四舍五入,可保留完整的算术精度。对于一个宏块内的所有的 6 个像块,滤波器的接入与断开由宏块的类型决定。

(3) 量化编码。帧内编码与 JPEG 标准完全类似。对于 DC 系数,只用一个量化器;而对于 AC 系数,共用 31 个量化器。则除了帧内 DC 系数外,对宏块内的所有系数都采用同一个量化器。帧内 DC 系数使用量化步长为 8 的非死区线性量化,其他 31 个量化器都为线性量化器,但在零周期存在死区,其量化步长为 2～62 的偶数。

对于帧内编码模式,宏块内的 6 个像块的变换系数均需传输,而在其他的情况下,由宏块类型和编码块模式来指示哪个像块的变换系数数据需要发送。量化后的变换系数也按照 Zig-Zag 扫描方式发送。

(4) 编码控制与强制更新。视频编码率可以通过改变预处理、量化器、像块重要性判别准则和适于亚取样等参数来控制,它们在整个控制策略中所占比重不受约束,而一旦引用时域亚采样,就丢弃整帧数据。通过使用帧内模式的编码算法来实现强制性刷新,刷新模式未定义。为了控制反变换中的误差积累和误码效应在时间轴上扩散,每发送 132 次以后,宏块至少要强制更新一次。

对于重建图像,也插入限幅功能:简单地将超出 0～255 的像素值限制在 0～255 内。

4) 视频复合编码器

如图 6.25 所示,视频数据的结构是视频编码标准的重要方面,它定义解码器对比特流正确解码所规定的顺序。共分为四层,从顶层到底层,层次为:图像层、块组层(GOB)、宏块层(MB)和块层。

图像层由图像头和 GOB 数据组成,图像头的结构如图 6.26 所示。

其中,图像起始层(PSC)用 20b 来表示,其值为 0000 0000 0000 0001 0000。时间参考(TR)是帧号,用 5b 表示,共有 32 个可能的值。图像类型(PTYPE)是关于整幅图像的信息,占用 6b,比特 1 为列屏指示“0”关“1”开;比特 2 为文件摄像指示器“0”关“1”开;比特 3 为冻结图像释放“0”关“1”开;比特 4 为源编码格式“0”关“1”开;比特 5,6 为备用。图像额外插入信息(PEI)占用 1b,当值为“1”时表示下面要插入可选数据段。图像备用信息

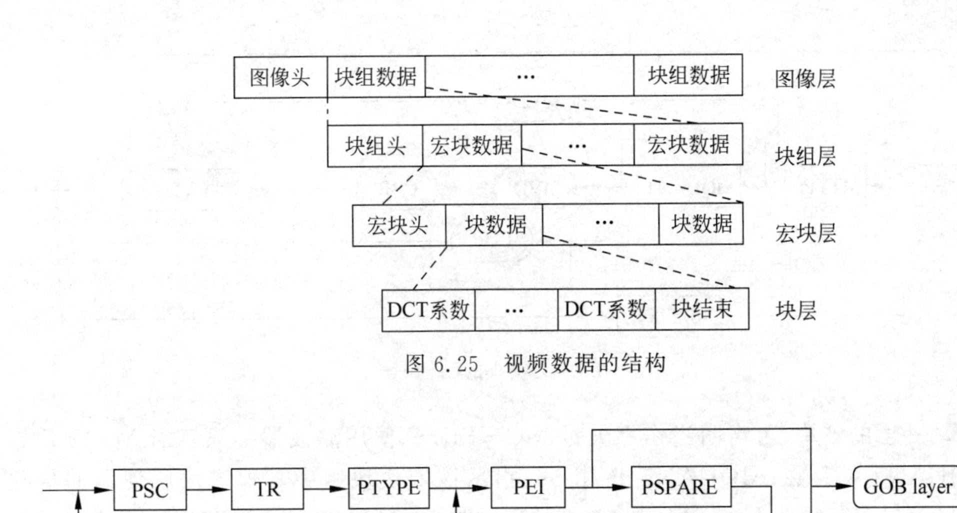

图 6.25　视频数据的结构

图 6.26　图像头的结构

(PSPARE)占用 0b/8b/16b…；仅当 PEI 为“1”时才能用 PSPARE。不过在 CCITT 做出相应规定以前，编码器不得插入 PSPARE 比特数据。如果 PEI 为“1”，则解码器必须舍弃 PSPARE 比特。

块组层中每一帧图像均被分成若干数据块组。一个块组的大小为 CIF 图像的 1/12 或 QCIF 图像的 1/3，一个 GOB 块包括 Y 信息的 48 行乘 176 个像素和空间相对应的 24 行乘 88 个像素的 C_B，C_R 信号。其块组头如图 6.27 所示。

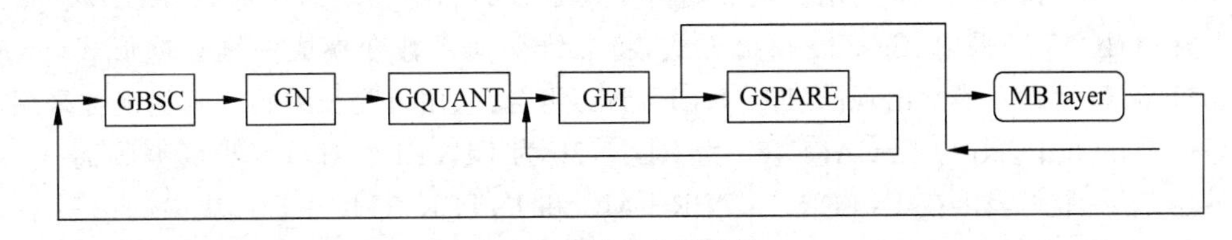

图 6.27　块组头的结构

其中，GBSC 为块组起始码。组号(GN)表示块组在图像中的位置，占 4b，13，14，15 保留待用，组号 0 用 PSC。量化器信息(GQUNT)用 5b 表示块组使用的量化器参数，不过真正的量化器参数由后面的 MQUANT 所定义。组额外插入信息(GEI)、组备用信息(GSPARE)与图像层中 PEI、PSPARE 类似，用于 CCITT 将来的扩展用途。

宏块层中每个块组被分成 33 个宏块，每宏由 16×16 像素的 Y 信号和与之空间相对应的 8×8 的 C_B，C_R 信号组成。宏块头如图 6.28 所示。

宏块地址(MBA)指交换宏块在块组中的位置，对于块组中的一个发送的块，MBA 是其绝对地址。MBA 则是该宏块绝对地址与前一个发送宏块绝对地址的差值。MBA 总是包含在发送的宏块中。当宏块不包含图像部分的信息时，宏块不被传送。MTYPE 总是包含在发送的宏块中。

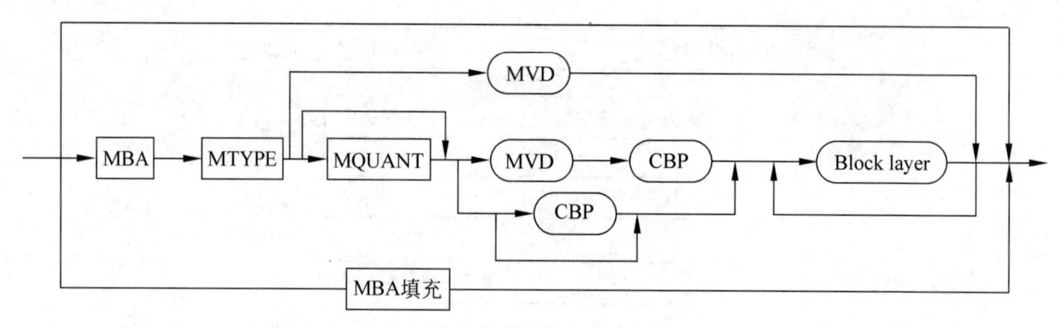

图 6.28 宏块头的结构

非运动补偿的宏块,可声明当作零矢量 MC+FIL 来使用滤波器。只有当 MTYPE 指示时,MQUANT 才存在,MQUANT 占用 5b,指示该宏块块组中其他宏块所使用的量化器,直到 MQUANT 改变为止。MQUANT 的码字与 GQUANT 的码字相同。运动矢量数据(MVD)可变长度,所有的运动补偿宏块都包含运动矢量数据。MVD 是由当前宏块矢量减前一个宏块矢量得到的,在下面的三种情况下前宏块矢量被当作零对待。

(1) 宏块 1,12 和 23 估计其 MVD 值。

(2) 对于 MBA 差值不为 1 的宏块,估计 MVD 的值。

(3) 前面宏块的 MTYPE 不是 MC。

MVD 由水平分量变长码字和垂直分量变长码字组成。每个 VLC 码字表示一对差值。编码块模式(CBP)可变长度,若由 MTYPE 指示则存在 CBP,该码字给出了宏块中表示的那些模式号,而该宏块中至少有一个变换系数被传送。模式由式 6.11 计算:

$$32(P_1)+16(P_2)+8(P_3)+4(P_2)+2(P_5)+P_6 \tag{6.11}$$

对于块 n,变换系数出现的话则 $P_n=1$,否则 $P_n=0$。

块层的结构如图 6.29 所示。块数据由变换系数的码字和块结束标志(EOB)组成。变换系数(TCOEFF)采用 Zig-Zag 扫描方式,将二维变换系数变换成一维数据形式,经量化后,进行游程编码。最常出现的(RUN,LEVEL)组合,采用可变长编码。其他组合采用 20b 的等长码,20b 中,6b 为 ESCAPE,6b 为 RUN,8b 为 LEVEL。对可变长度编码而言,有两个码表,第一个码表供在 INTER,INTER+MC 和 INTER+MC+FIL 块中的第一个传送的 LEVEL 使用。第二个码表供其他的 LEVEL 使用,但 INTRA 块中的一个所传送的 LEVEL 除外,该 LEVEL 用固定的 8b 长度进行编码。

5) 传输解码器。

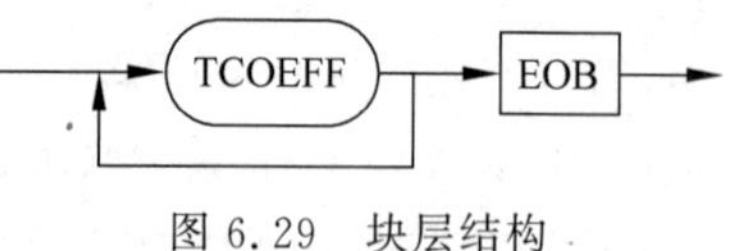

图 6.29 块层结构

比特率:传输时钟由外部提供。

视频数据缓冲:为了获得固定的码率,编码器必须控制它的输出比特流。当用 CIF 图像格式时,任意一幅图像的编码比特数不得超过 256Kb。而用 QCIF 图像时,其编码比特数则不超过 64Kb。这两种情况,其比特计数包括图像起始码和所有与图像有关的其他数据,但不包括纠错组帧比特、填充标志、填充比特或纠错奇偶校验信息。视频数据必须在每个有效的时钟周期上提供,这可以通过使用填充比特指示(FI)和在纠错块组帧中连续填充全“1”来保证。

视频编码延时:为了能使视频和音频保持同步,视频编解码必须允许一定的视频编码延时。

编码视频信号前向纠错。

- 误码校正码：编码器输出的比特流中包含 BCH(511,493)前向纠错编码，这种纠错编码的使用对解码器来说是可选的。
- 生成多项式

$$g(x)=(x^8+x^4+1)(x^9+x^6+x^4+x^3+1)$$

例如，对输入数据 011 … 11 (493b)，所得到的误差校正奇偶校验比特 011011010100011011(18b)。

- 误码校正组帧：为了使解码器能确定视频数据和误码校正奇偶校验信息，必须包含一个误码校正组帧格式。
- 误码校正器组帧的重新锁定：三个连续的误码校正组帧序列(24b)应该在认为帧锁定完成前被接收，解码器应在误码校正器组帧相位改变后，34 000b 内重建帧锁定。

综上所述，H.261 建议有以下几个特点。

(1) H.261 建议是由可视电话专家小组提出的，其应用目标是可视电话和电视会议。它的传输率为 $P\times64$kb/s($p=1\sim30$)，可覆盖整个 ISDN 信道的视听部分。要求该压缩算法能够实现实时操作且解压延时要短。

(2) H.261 视频压缩算法采用混合编码方法，基于离散余弦变换编码方法且具有差分脉冲编码调制预测编码方法的优点——运动预测。H.261 标准和 MPEG 标准的压缩算法基本相同，只是 MPEG 在较狭窄的频带上传输，而 H.261 标准覆盖较宽的频带。

(3) H.261 视频压缩编码方案，包括信源编码和统计编码两部分。信源编码采用有失真编码方法，又可分为帧内编码和帧间编码。帧内编码减少空间冗余信息，帧间编码减少时域的冗余信息。

(4) H.261 标准的图像分为全屏格式 CIF 和 1/4 屏格式 QCIF，其中，CIF 格式色度信号分辨率为 180×144，亮度信号的分辨率为 360×288；QCIF 格式的色度信号分辨率为 90×72，因而兼容各种制式的图像信号。H.261 的图像采用逐行扫描，每秒 29.9 帧。

(5) H.261 利用了视频信号的相关性，因而获得较大的压缩率。

2. H.263 标准

1) H.263 标准简介

H.263 是 TIU-T 于 1995 年推出并于 1996 年完善的在公用电话网上传输其低码率视频的编解码标准。最初的 H.263 草案主要是为了支持 64kb/s 以下视频数据流编码，但不久这个限制又被取消了，使得 H.263 可以支持大范围的视频比特流编码，从而可以完全取代 H.261。H.263 使用的算法同 H.261 相似，都采用 DCT 加运动补偿的编码方法，但 H.263 做出了以下改进。

(1) 运动补偿采用了半像素精度并使用了环形滤波器。

(2) 数据流的一些层次结构内容是可选的，使编码器的参数配置达到最优，以取得更低的码流，并能进行有效的差错掩盖和恢复。

(3) 增加了四种可选择的编码模式以提高执行效率：非限制运动矢量模式，基于语法的算法编码模式，高级预测编码模式，PB 帧模式。

(4) H.263 支持五种分辨率的图像格式：Sub-QCIF、QCIF、CIF、4CIF、16CIF，每一种图像格式的具体定义见表 6.4。

(5) 采用三维变长码取代了 H.261 中的二维变长编码，以期获得更好的编码效率。

在 H.263 之后，ITU-T 于 1998 年发布了 H.263＋。它在保证了原 H.263 标准的核心句法和语义不变的基础上，增加了若干选项以提高压缩效率或方面的功能，它提供了 12 个新的可协商模式和其他特征，进一步提高了压缩编码性能。另一重要的改进是可扩展性，它允许多显示率、多速率以及多分辨率，增强了视频信息的易误码、易丢包异构网络环境下的传输。

表 6.4　五种图像格式的尺寸

图像格式	亮度像素数/行	亮度行数	色度像素数/列	色度行数
Sub-QCIF	128	96	64	48
QCIF	176	144	88	72
CIF	128	288	176	144
4CIF	704	576	352	288
16CIF	1408	1152	704	576

2) H.263 的编码算法

H.263 的编解码器主要完成对源图像序列的压缩，是整个 H.263 算法的核心部分，先按块的方式采用 DCT 变换，后对变换的 DCT 系数进行量化，然后进入视频复用编码器，在编码过程中，要求对编码模式的选择和码率的大小进行必要的控制。视频复用编码器主要完成每帧图像数据编成四个层次的数据结构，以便在各层次中插入必要的辅助数据信息，同时对交流 DCT 系数进行可变长度编码，对直流系数进行固定长度编码，并对压缩的编码数据与控制信息进行复接。由于 H.263 的输出码率一般是非恒定的，所以在一些实际应用中，因为受传输网络带宽的限制，必须要在发送端和接收端设置缓存，使编码率大的码流变换为固定码率码流，可以防止数据的丢失和破坏，缓存的信息可以传给编码控制器，由编码控制器来控制源编码器中的量化器的量化步长，同时将步长辅助信息送到视频复用编码中的各层次，以供解码器使用。解码部分可以看作编码的逆过程，但并非完全对称，一般编码过程的运算量和复杂度要远大于解码过程。

H.263 视频编码的重要部分有基于 DCT 变换、量化、运动估计和预测及可变长度编码。

(1) 运动估计和补偿。运动估计和补偿是 H.263 标准的一个关键技术。运动估计和补偿帧间预测算法的基本思想是在图像序列中以一参考帧的图像信息为基础，对当前帧进行预测，将当前帧与预测帧相减，得到预测误差，把误差进行编码，由于误差信号比较小，所以可以用较小的比特数来编码，从而达到除去帧间时间冗余和降低码率的目的，在保证图像质量的情况下，提高 H.263 编码效率。

预测是指图像间的预测，它可以通过运动补偿加以实现。采用了时域预测方法的编码为帧间编码，没有采用时域预测方法的编码为帧内编码。H.263 标准允许在图像层选择编码模式，此时，采用帧内编码模式的图像为 I 帧，采用帧间编码模式的图像为 P 帧。P 帧图像中还可以在宏块层选择编码模式，即允许宏块可采用帧间编码，也可采用帧内编码。在

PB帧模式下，B帧图像中的所有宏块都采用帧间编码方式，而且部分宏块可以采用双向预测技术。采用双向预测技术的宏块称为B宏块。

在编码标准的默认框架下，每个宏块使用一个运动矢量作运动补偿，在高级预测模式下，一个宏块可以使用一个或者四个运动矢量作运动补偿。如果启用了PB帧模式，每个宏块还要增加一个偏差矢量，用以估计B宏块的运动矢量。

需要指出的是，宏块的运动矢量采用了差分编码技术。差分编码值是当前宏块的运动矢量和“预测因子”之差，而预测因子取自三个候选预测因子的中值。三个候选预测因子指三个相邻宏块的运动矢量，预测因子的两个分量是分别计算得出的。下面定义了在某些特殊情况下候选预测因子的选取准则。

① 如果预测因子对应的宏块使用帧内编码，或者没有被编码，则该候选预测因子置为0。

② 如果当前宏块处在最左侧，则把候选预测因子MV1置为0。

③ 如果当前宏块处在图像的最顶端或者块组的顶端，则把候选预测因子MV2、MV3均置为MV1。

④ 如果当前宏块处在最右侧，则把候选预测因子MV3置为0。

运动矢量的水平分量和垂直分量都是整数值或者半整数值。在默认模式下，这些分量限制在[−16,15.5]；在非限制运动矢量模式下，这一范围扩大为[−31.5,31.5]。运动矢量的水平分量(垂直分量)大于0意味着参考图像中的图像块在被预测图像块的右侧(下侧)。在默认模式下，运动矢量只能指向图像内部的像素点，不能超出图像边界。

H.263在运动估计中采用了半像素搜索精度，这对于小尺寸图像编码过程中运动矢量估计精度的提高是非常有效的。半像素运动矢量范围为[−16,15.5]。考虑到运动复杂度这个问题，H.263在实现过程中首先进行整像素搜索，找出整数精度最佳运动矢量，然后对所找出整数精度最佳运动矢量周围的8个半像素点进行比较，找出最优半像素精度运动矢量。如图6.30所示，若A点为搜索到的最佳整像素点，B、C、D为其8个相邻像素点中的3个，b、c、d为其周围8个半像素点中的3个，这些半像素点由整像素点内插得到，其算法公式如式6.12所示。

$$\begin{cases} a = A \\ b = (A + B + 1)/2 \\ c = (A + C + 1)/2 \\ d = (A + B + C + D + 2)/4 \end{cases} \tag{6.12}$$

同b、c、d对称的其他半像素点的内插方法同上，对这8个半像素点，可采用与整像素搜索相同的方法，找出最优运动矢量。这样运动估计获得的运动矢量就精确到了半像素点。

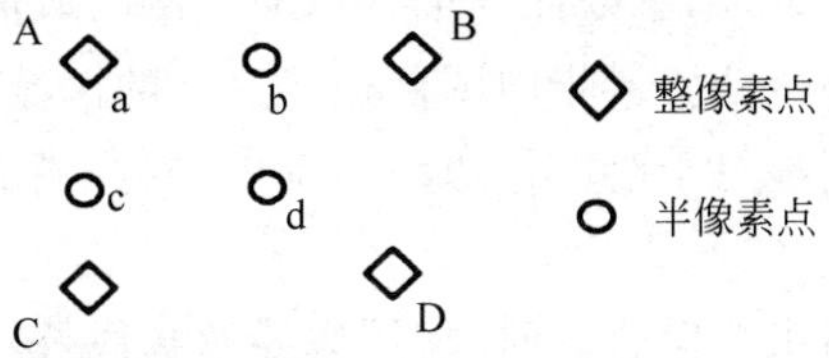

图6.30　半像素精度预测

(2) DCT变换。H.263采用DCT变换来消除视频数据的空间冗余。其基本思想是通过正交变换将视频数据从时间域变换到频率域,视频图像经过正交变换后,视频数据间的空间相关性被有效地消除。通常采用的正交变换中,K-L变换被称为最佳变换,但实现的成本与实时性是最难实现的一种变换,其变换后的系数是互不相关的。其次是DCT变换,在视频压缩里,DCT变换最常用,其主要原因在于DCT变换近似于K-L最优变换,而且具有相对独立的变换矩阵。DCT变换快速算法计算复杂度适中,有许多快速算法可实时采用,并且便于VLSI等硬件的实现。另外,DCT变换还具有较强的抗干扰能力,图像传输的误码对图像质量影响不大,所以广泛应用在图像数据压缩领域。DCT变换矩阵的大小可以从去除视频数据相关性的实时实现的难易程度等方面综合考虑,8×8像素块通常被认为是一种较好的选择。

(3) 量化编码。在H.263默认框架下,帧内编码块的第一个系数(即直流系数)使用统一的量化器,量化步长为8,其他各种系数(帧内编码块的交流系数和帧间编码块的交直流系数)可选择的量化器有31个,但一个宏块内的量化器必须统一。

对于帧内编码模式,宏块内的6个像素块的变换系数均需要传输,而其他情况下,由宏块类型和编码模式来指示哪个像素块的系数需要传输。量化后的变换系数按Zig-Zag排序,然后再量化、编码输出。

3) H.263的码流结构

H.263定义的码流结构是分级嵌套的结构,共分为4个层次,自上向下分别为:图像层、块组层、宏块层和块层。图像层由图像头信息和块组层数据组成,每帧图像包含一组块组,并依次编号。块组层由块组头信息和宏块层数据组成,每一个块组包含$k\times16$行,k的取值取决于图像格式,对于Sub-QCIF、QCIF和CIF格式的图像$k=1$,对于4CIF图像$k=2$,对于16CIF图像$k=4$。每一个块组又可以划分为若干个宏块。每个宏块由6个子块组成,包含4个亮度块和2个色度块,此时块的尺寸为8×8像素的大小。H.263的整个编码算法正是以块为基本单元来进行图像的压缩处理的。在宏块层中包含运动矢量编码、量化参数、宏块编码类型以及块层编码等,其量化参数的编码是对其与前一编码块参数的差值编码,而不是直接对该参数编码。此外,宏块不再有自己的位置编码,而是由一编码指示比特代替,即每一宏块至少要有1b的编码,而不是简单的跳过。块是8×8大小的DCT单元,可以是源图像或重建图像的数据,或64个DCT系数,或相应的编码数据。

4) H.263的4种可选编码算法

H.263提供了4个可供选择的编码算法,以进一步提高压缩效率,它们是无限制运动矢量模式、基于语法的算术编码模式、先进预测模式以及PB帧模式。

(1) 非限制运动矢量模式。在默认状态下,运动矢量受到其对应的参考块必须定义在参考帧内的约束。在该模式下,则不受此约束。运动矢量的取值范围由[−16,15.5]扩大到了[−31.5,31.5],并且允许运动矢量指向图像边界以外的区域。这对分辨率较大的图像如4CIF、16CIF较为有利,特别是对于沿图像边缘运动的图像、背景运动或由于相机运动而形成的运动图像非常有利。

当运动矢量所指像素超出图像边界时,将用边界像素代替,例如,对QCIF图像,亮度分量的计算公式如式6.13所示。

$$\mathrm{Rumv}(x,y)=R(x',y') \tag{6.13}$$

其中，(x,y)和(x',y')表示像素在空间域的坐标；$\mathrm{Rumv}(x,y)$和$R(x',y')$分别为在(x,y)和(x',y')处的参考像素值。

但是，运动矢量的取值范围扩大到[－31.5，31.5]是具有一定条件的。具体地说，若预测因子为[－15.5，16]，则运动矢量在预测因子周围[－16，15.5]的范围内取值。若预测因子超出了[－15.5，16]，则运动矢量可以在[－31.5，31.5]的范围内取值，但是必须和预测因子具有相同的正负号，或者取零。

(2) 基于语法的算法编码模式。该模式用基于语法的编码方法代替默认模式下的可变长编码方法来实现熵编码。两种方法都是无损编码方法，因此编码图像的质量相同，但是基于语法的编码方法可以把输出比特率降低5%左右。在可变长编码过程中，码元通过码表映射为一个固定的二进制码字，这意味着一个码元总是被映射为固定长度的二进制码字。基于语法的算法编码方法将能克服这一缺陷，从而降低编码输出的比特率。在该模式下，算法编解码方法将替代所有可变长编解码过程。H.263标准用类C语言定义了详细的算法编解码规范。

(3) 先进预测模式。先进预测模式打破了一个16×16宏块用一个运动矢量的规定，以8×8块为单位进行运动矢量的估计和运动补偿。这种模式能提高帧间预测的准确性，因而在比特率不变的情况下可以降低方块效应，提高图像的主观质量。

在该模式下，一个宏块既可以使用1个运动矢量，也可以使用4个运动矢量。每个宏块编码时通过宏块类型和色度编码块模式标识码字来通知解码器究竟使用了几个运动矢量。使用4个运动矢量的编码方式与使用1个运动矢量的编码方式基本类似，每个运动矢量都是利用"预测因子"做差分编码，只不过候选预测因子MV_1，MV_2和MV_3的定义有所不同，如图6.31所示。

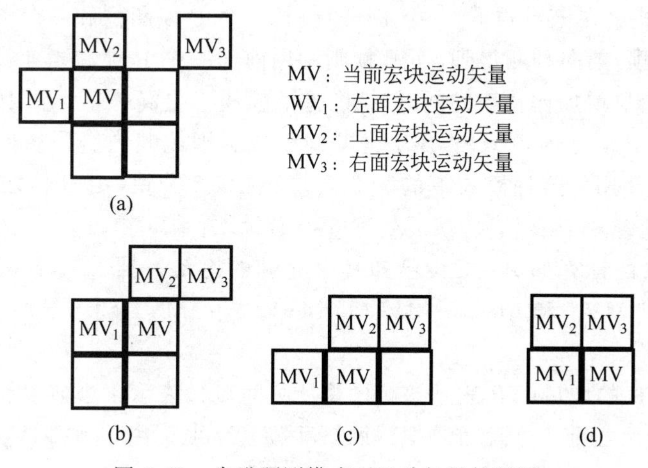

图6.31 先进预测模式下运动矢量的预测

当使用1个运动矢量时，MV_1，MV_2和MV_3是针对第一个亮度块来定义的，如图6.31(a)所示。使用4个运动矢量时，各运动矢量将用于预测相应亮度块中的所有像素点。两个色度块的运动矢量是4个亮度子块运动矢量和的八分之一。由于亮度子块的运动矢量是半像素精度，所以除以8之后的精度为1/16像素。运算结果将被修正到最接近的半像素精度。

在解码端，亮度信号利用可重叠的运动补偿技术来恢复，而色度信号不用此技术。一个像素的亮度值由三个预测亮度值的加权和除以 8 得出。要获得这三个预测亮度值需要用到三个亮度块的运动矢量：当前亮度块的运动矢量及其"邻近"两个亮度块的运动矢量。"邻近"的含义是：若像素位于当前块的上半部分，则上方相邻的块是"邻近"块。

假设(x,y)表示像素在图像中的位置，(m,n)表示图像块的编号，则存在如下关系。

$$m=x/8,\quad n=y/8 \tag{6.14}$$

假设(i,j)表示像素在 8×8 图像中的位置，则：

$$i=x-8m,\quad j=y-8n \tag{6.15}$$

由式 6.15 可得：

$$(x,y)=(8m+i,8n+j) \tag{6.16}$$

令(MV_x^k,MV_y^k)代表半像素精度的运动矢量，(MV_x^0,MV_y^0)表示当前块(m,n)的运动矢量，(MV_x^1,MV_y^1)表示上面或者下面相邻块的运动矢量，(MV_x^2,MV_y^2)表示左面或者右面相邻块的运动矢量，这样像素(x,y)的亮度值将由式 6.17 给出：

$$\begin{aligned}P(x,y)=(&q(x,y)H_0(i,j)+r(x,y)H_1(i,j)+\\&s(x,y)H_2(i,j)+4)/8\end{aligned} \tag{6.17}$$

其中，$q(x,y)$、$r(x,y)$和$s(x,y)$是取自参考帧的预测值，用式 6.18 表示：

$$\begin{cases}q(x,y)=p(x+MV_x^0,y+MV_y^0)\\r(x,y)=p(x+MV_x^1,y+MV_y^1)\\s(x,y)=p(x+MV_x^2,y+MV_y^2)\end{cases} \tag{6.18}$$

其中，$p(x+MV_x^k,y+MV_y^k)$是参考帧中像素$(x+MV_x^k,y+MV_y^k)$的亮度值，矩阵$H_0(i,j)$、$H_1(i,j)$和$H_2(i,j)$代表的是权重矩阵。

(4) PB 帧模式。在该模式下，一个 PB 帧包括一个 P 帧图像和一个 B 帧图像。P 帧利用前一 P 帧(或 I 帧)前向预测得到，而 B 帧则利用前面一个 P 帧和当前帧进行双向预测得到。该模式在不明显增加比特率的同时，把图像的帧速率提高一倍。在 PB 帧模式下，帧内编码模式意味着：P 块是帧内编码，B 块是帧间编码。因此帧内编码块也要编码传输运动矢量，供其中的 B 使用。这种模式下的一个宏块包括 12 个块，由 P 帧宏块和 B 帧宏块组成。编码器首先处理 6 个 P 帧块，然后处理 6 个 B 帧块。

B 帧运动矢量的计算如下：假设已知其中 P 帧的运动矢量 MV，预测 B 帧需要用到前向和后向运动矢量 MV_F 和 MV_B。MV_F 和 MV_B 先由 MV 推算，最终用偏差矢量 MV_D 矫正。

另 TR_D 是 TR 的增量(TR 表示该帧图像所处时刻)，表示了当前 P 帧与前一 P 帧间的距离。令 TR_B 表示当前 B 帧和前一 P 帧(或 I 帧)之间的距离，则 MV_F 和 MV_B 将由公式 6.19 给出。

$$MV_F=(TR_B\times MV)/TR_D+MV_D \tag{6.19}$$

当 $MV_D=0$ 时，$MV_B=((TR_B-TR_D)/MV)/TR_D$

当 $MV_D\neq 0$ 时，$MV_B=MV_F-MV$

3. H.264/AVC

视频联合工作组(Joint Video Team, JVT)于 2001 年 12 月在泰国 Pattaya 成立。它由

国际电信联合会的 VCEG 和国际标准化组织的 MPEG 的有关视频编码的专家联合组成。JVT 的工作目标是制定一个新的视频编码标准，以实现视频的高压缩比、高图像质量、良好的网络适应性等目标。JVT 的工作已于 2003 年 3 月被 ITU-T 采纳，新的视频编码标准称为 H.264 标准。该标准也被 ISO 采纳，称为 AVC（Advanced Video Coding）标准，是国际标准 ISO14496-10，因此总称为 H.264/AVC。

H.264 着重于提高压缩效率和传输的可靠性，因而其应用面十分广泛。具体来说，H.264 支持以下三个不同档次的应用。

(1) 基本档次：H.264 简单版本，应用面广，主要用于视频会话，如会议电视、可视电话、远程医疗、远程教学等。

(2) 主要档次：采用了多项提高图像质量和增加压缩比的技术措施，主要用于消费电子应用，可用于 SDTV、HDTV 和 DVD 等。

(3) 扩展档次：主要用于各种网络的视频流传输，如视频点播等。

与以往视频编码标准不同的是，H.264 充分考虑了"网络友好"特性，将编码器中面向视频信号的编码部分与面向网络的打包部分分离，形成视频编码层和网络适配层，从而方便使用不同的传输网络和协议进行传输。下面进行简单介绍。

(1) 视频编码层（Video Coding Layer，VCL）。VCL 中包括 VCL 编码器与 VCL 解码器，主要功能是视频数据压缩编码和解码，包括运动补偿、变换编码、熵编码等压缩单元。

(2) 网络适配层（Network Abstraction Layer，NAL）。NAL 则用于为 VCL 提供一个与网络无关的统一接口，负责对视频数据进行封装打包后使其在网络中传送。它采用统一的数据格式，包括单字节的包头信息、多字节的视频数据与组帧、逻辑信道信令、定时信息、序列结束信号等。包头中包含存储标志和类型标志，存储标志用于指示当前数据不属于被参考的帧，类型标志用于指示图像数据的类型，而且 VCL 可以根据当前的网络情况调整编码参数。

因为 H.264 采用了大量的新技术，所以其编码性能大大优于其他标准，具体表现如下。

(1) 和 H.263 或 MPEG-4 相比，在相同编码质量下，H.264 最多可节省 50%的比特率。

(2) 高质量的重建图像。H.264 在各种比特率条件下，包括低比特率时，都可以提供满意的图像质量。

(3) 适应不同的延时要求。H.264 可以在低延时的模式下适应通信的应用（如视频会议），可以应用在无延时的模式下（如视频图像的存储），甚至还可以在高延时的模式下工作并取得最佳的压缩效果。

(4) 稳健性。H.264 在设计时，针对分组交换网的分组丢失和无线网络中比特误码都提供了相应的工具，使得 H.264 在这些网络中传播时具有更强的抗误码能力。

(5) 网络友好性。H.264 增加了 NAL 层，负责将编码器的输出码流适配到各种类型的网络中，从而提供了友好的网络接口。

H.264 是一种和以往视频编码标准相比具有更高编码质量的视频压缩标准。但它的主要编码流程与先前的一些编码标准如 MPEG-1、MPEG-2、H.263 相比并没有结构性的变化，而是在各个主要模块内部使用一些先进的技术，从而提高了编码效率。下面对这些关键技术进行简单介绍。

(1) 帧内预测编码。为了进一步利用空间相关性，H.264 引入了帧内预测以提高压缩效率。它利用邻近块已解码重构的像素在空域中按照不同的方向对当前块进行预测。在帧内预测过程中，只有预测块和实际块的残差才被编码传输。因此对于变化平坦、存在大量空间冗余的视频对象，利用帧内预测可以大大减少编码所需的比特数，取得较高的编码效率。在帧间编码中，同样可结合帧内预测技术以进一步提高编码效率。

(2) 帧间预测编码。对于视频图像来说，前一帧图像和后一帧图像之间有很多的相同部分，存在大量的时间冗余信息。帧间预测编码就是基于连续图像序列之间的时域相关性，利用前一帧图像和当前帧图像中的相同部分来预测当前帧，然后对预测图像与实际图像的差值进行编码，从而实现大幅度的压缩。在 H.264 中，除了具有在以往标准（H.263，MPEG-4 等）中的 P 帧、B 帧预测方法外，还增加了许多新技术，如采用不同大小尺寸块进行预测、采用 1/4 甚至 1/8 像素精度的运动补偿算法、采用多参考帧等。

(3) 4×4 DCT 变换。H.264 中的 DCT 变换是基于传统 DCT 的，但它与传统 DCT 之间又有着本质的差别。

① H.264 采用 4×4 整数变换代替以前通用的 8×8 浮点块 DCT 变换，避免了浮点操作带来的四舍五入误差。此外，采用小的形状块（4×4）有助于降低块效应和明显的人工处理痕迹。

② H.264 采用 52 个梯状量化系数，量化值的设计使得量化参数 QP 值每增加 1，量化步长大约增加 12.5%。同时，H.264 将变换中的尺度变化计算并入量化中进行，通过巧妙的设计用移位代替了乘法运算，极大地降低了计算复杂度。

(4) 环内去块状效应自适应滤波器。考虑到基于块的视频编码的解码图像在块边缘会出现失真，H.264 定义了一个环内去块状效应自适应滤波器（In-loop Deblocking Filter），通过对 4×4 的块边界进行滤波，使之趋于缓和，从而达到去除块效应的目的。该滤波器作用于编码器和解码器的运动补偿之后、重建帧之前，滤波强度由几个语法元素的值来控制（如预测类型、运动矢量数据、预测误差能量以及量化参数）。该滤波器在减少块状效应的同时，还会增强图像边缘，使得图像的主观质量有显著的提高。此外，与没有经过滤波器作用的视频流相比，采用该滤波器通常可以降低 5%～10%的比特率。

(5) 先进的熵编码方法。H.264 中提供了两种基于信息量可选的熵编码模式来提高编码效率：一是统一变长编码（Universal Variable Length Coding，UVLC）；二是基于上下文的自适应二进制算术编码（Context-based Adaptive Binary Arithmetic Coding，CABAC）。

UVLC 使用了长度无限的码字集，设计结构非常有规律。它是一种固定语法的变长编码。这种方法很容易产生一个码字，而解码器也很容易识别码字的前缀，因此 UVLC 在发生比特错误时能快速获得重同步。对于量化后的差值变换系数则使用内容自适应变长编码来编码。它根据已传输的语法元素找出规律，在现有变长编码切换选择参数，利用相邻块间非零系数的个数相关和零系数集中在高频段等特点，采用从高频开始的逆向扫描方式，充分利用数据的统计特性，提高了压缩比。

CABAC 是一种效率很高的编码方法，从 H.263 采用的基于语法的算术编码改进而来。算术编码使编码和解码都能使用所有句法元素（变换系数、运动矢量）的概率模型。为了提高算术编码的效率，CABAC 通过内容建模的过程，使基本概率模型能适应随视频帧而改变的统计特性。内容建模提供了编码符号的条件概率估计，建立合适的内容模型。而存在于符号间的相关性可以通过选择目前要编码符号邻近的已编码符号的相应概率模型来去除，不同的句法元素通常保持不同的模型。同 CAVLC 相比，在保持同样的视频信号编码质量下，CABAC 节省的码率通常为 10%～15%。

4. H.265 标准/HEVC

随着最近几年高清、超高清视频在我们生活中出现得越来越频繁，H.264 标准 FF 在高清视频使用时显得有些吃力，不能在有限带宽下满足对视野中超高清的要求。如今，数字视频广播、移动无线视频、远程监控以及医学成像等，都是和人们的生活息息相关的，而这些都需要实现视频的高清化和智能化。2010 年 4 月 ITU-T 的 VCEG 和 ISO/IEC 的 MPEG 第二次组建了视频编码联合组(JCT-VC)，为新一代的视频编码标准 H.265/HEVC 进行了合力制定(这里的 H.265 为 H.265 的视频编码协议标准)。并且 ISO/IEC 在 2013 年 11 月正式发布了 FH.265/HEVC 标准。虽然新一代视频编码标准 H.265 在算法计算的复杂程度上是过去十年间占据大部分市场应用标准 H.264 标准的两倍以上，但 H.265 在并行处理能力和网络适应能力上则大大加强，而且在对相同质量的图像数据进行压缩的情况下，H.265 标准可以比 H.264 标准节约大约一半以上的码流。更重要的一点，也是其他编码标准不能实现的一点，就是 H.265 标准还支持 4K 和 8K 的超高清视频。但是由于芯片制作周期长、持有主要专利权的三星、联发科等知名企业并没有同意将 H.265 放进 MPEGLA 的专利池内、芯片的制作成本以及对其稳定性的考察等因素一直制约着 H.265 在安防行业大面积使用。不过通过技术的成熟以及 H.265 在小面积安防成功的影响下，再加上新一代标准的种种优点，H.265 无论是在现在流行的直播上面实现超高清直播，还是在实时会话领域替代之前的 H.264 编码标准，都将是一个发展趋势。特别是在安防系统中，在减少大量数据存储成本的同时，还可以增加清晰度，所以 H.265 编码标准给安防系统打开了一扇新的大门。

H.265 的视频编码过程和 H.264 的过程是一样的。二者所包含的主要环节也是相同的，都是基于帧内预测环节、帧间预测环节、运动估计、运动补偿、变换、量化、熵编码等编解码模块。不过，H.265 有着它独自的先进技术，主要体现在其在各个环节上都有所改进。

1) 编码结构

(1) 三种编码方式。HEVC 的编码方式为了适应多场景的需求，一共设置了三种：全帧内(AI)、低延时(LD)和随机接入(RA)。全帧内编码是指在对某一帧图像进行编码时，参考帧全部来自该帧图像内部，不会包含其他帧图像的信息。低延时编码一般用在实时通信领域，是指在编码时的第一帧及后面的参考帧只能采用帧内编码方式，但后面的各帧都采用帧间编码方式。在随机接入编码中，主要是等级 B 帧结构，周期性地(大约每隔 1s)插入一纯随机接入帧，成为编码视频流中的随机接入点，方便信道转换、搜索及动态流媒体服务等应用。

(2) 条和片划分。HEVC 引入了条和片的划分方法，条是指按照编码顺序的一些编码块的集合，将多个编码块作为一个条进行统一编码，这样可以充分利用计算资源，将相似信息统一处理。每一个条还可以进一步划分成为分条或条分割(Slice Segment, SS)，这样对于多线程的编码过程，可以将多个条同时进行编码或者用于差错控制等。每个 SS 包含整数个 CTU，并同属于一个 NAL 单元。每个 SS 都可以独立地进行熵编码，无须参考其他

SS,但去方块滤波可以跨边界进行。近年来,多核处理器越来越普及,这种方式可以将每一个 SS 安排给一个核来处理。除了条的划分方式,还有块的划分方式,块是正方形的,由横向相邻和纵向相邻的一些编码块组合在一起形成,同样是为了多核处理器的并行处理来划分的。

(3) 四叉树单元划分。HEVC 的最大特点是引入了可变尺寸的编码单元,虽然和 H.264 一样是基于块的编码,但是块的大小不再固定。首先 HEVC 会将一幅图片划分为若干相同大小的小块,这一点和 H.264 是相同的,但不同的是 H.264 会直接进行后面的预测、变换、量化和熵编码等环节,而 HEVC 会继续对每一个编码块进行划分,其尺寸可以是 16×16、32×32 或 64×64,这样画面编码环节的编码块的尺寸大小是不固定的。对于 YUV 格式而言,一个编码块包含一个亮度块和两个色度块,再加上相应的语法元素共同组成了一个编码树单元。

一个最初的分块称为一个编码树单元 CTU,经过再划分的每一个小块叫作编码单元 CU,由 CTU 划分为 CU 的过程就是四叉树结构,最多可以分解到第四层。与 CTU 的结构相同,每次划分都包括对应的亮度编码块 CB 和两个色度 CB,最终加上语法元素共同构成一个编码单元。

除了编码单元的划分,HEVC 还引入了预测单元 PU 和变换单元 TU,当然,不是每一个编码块都必须划分为 PU 和 TU,而是根据实际情况选择决定。同样地,每个 PU 也包含亮度块、色度块和语法元素,构成一个基本的预测单元。每个 TU 同样包含一个亮度块和两个色度块及相应的语法元素,构成一个基本的变换单元。显然,因为 TB 和 PB 是独立的两个过程的分块,所以它们并不一定完全独立,极有可能是重叠的。

2) 帧内预测

帧内预测是 HEVC 的关键环节,主要是针对当前编码块,只参考当前帧的已编码单元来进行编码,但比 H.264 有一个重大改进就是参考的编码单元的方向更多一些。总共定义了 35 种模式,包括 33 个方向和 1 个直流模式 DC 以及 1 个平面模式 Planar。DC 主要针对图像中有一些像素比较接近的区域,也就是平缓区域。预测的方向主要表示的是像素个数而不是角度。单元格的大小有 4×4、8×8、16×16、32×32 这 4 种。

由于图像可能会受到噪声的影响,因此需要进行滤波。HEVC 也有专门的滤波过程,主要针对 PU 环节的参考像素进行滤波,该滤波过程是一维有限冲激响应低通滤波器对某一个预测方向上的所有像素进行滤波。

3) 帧间预测

HEVC 相比于以前的编码标准做了一些改进,主要有如下几点。

(1) 可变尺寸的编码块。编码块的尺寸不再固定是 HEVC 的一大特点,最终编码单元的大小取决于该图像区域的复杂程度,首先将图像分为固定尺寸的大块,然后根据需要可对每一个大块进行进一步的分割。在预测过程中进一步划分为更小的预测单元,在帧间预测中预测单元的划分方式更加多样,不仅可以分为大小相等的 4 块,还有对称划分和非对称划分,对称划分可划分为左右或上下相等的两部分,而非对称划分可划分为上下或左右不等的两部分。非对称划分方法即 AMP 方法,可以针对图像的很多具体不同的环境来选择更多样的方法,为后面的环节提供了更方便的编码块,进一步压缩了数据量。

(2) 运动估计的精度更高。HEVC 的运动估计对于亮度块可以精确到 1/4 像素,这是它改进的地方。在运动估计的过程中，往往合适的参考单元不一定位于整像素点的位置，因此需要引入插值像素，即在原有的两个像素中插入一个像素，该像素的值由周围像素的值计算得出。这种方法就是1/2像素插值的方法，进一步可得到更细致的1/4插值。对于一般的4∶2∶0数字视频，HEVC的运动估计对于色度块可以精确为1/8像素。该差值算法需要在1/4的基础上再进一步插值计算得到。

(3) 多样的运动参数。HEVC的运动参数可以选择三种模式：对运动参数直接编码的Inter模式、改进的Skip模式和Merge模式。对于每一个预测编码块来说，可以选择三种模式中的任意一种。Inter模式和Skip模式是以前的编码标准中也有的，而Merge模式是新加入的，其思想是将连续运动规律相同的编码块组织在一起进行编码，这样可以节省编码的码字，提高效率，而不再像以前一样，每一个编码块都需要单独的传输参数。这样在对编码单元进行预测后，如果周围的编码单元运动参数相同，就可以启用该模式，将相同编码单元合并在一起，组成一个区块，对该区块标记，只传输一个运动参量即可。

4) 变换和量化

(1) 离散余弦变换和离散正弦变换。HEVC与其他编码标准一样，是对预测后的残差数据进行变换的，这样方便后面的进一步压缩数据。可以在每一个编码单元内做进一步的划分，变换单元的大小可以是32×32、8×8、4×4，但显然不能是64×64的。除了DCT，还引入了离散正弦变换DST，主要用在帧内编码的环节，对最小的4×4分块进行处理，这是因为在帧内预测中，距离参考块边缘较近的地方预测的准确度更高，而较远的地方相对预测没有那么精确，DST特别适合处理这一种情况，因为正弦变换是由小变大的，这样就可以在距离较近的地方采用较小的系数，而在较远的地方采用更大的系数，这一点与DCT的规律正好相反，所以在这里用DST效果更好。

(2) 率失真优化的量化。率失真优化的量化是在进行DCT或DST变换时同步完成的一种技术，可以选择最佳的量化参数来减小图像的失真。该环节主要在变换单元内完成，所有的TU包括一个亮度块和两个色度块都采用同一个量化参数。

5) 熵编码

(1) 系数的扫描方法。经过量化环节后，需要有一种方法从得到的数据块提取出有效的数据，这就需要用到扫描。通过固定规则的扫描可以将图像块中的数据变成一维的形式，在帧内预测中，由于编码单元都是正方形的，可以将其划分为最小的4×4小块，然后对每一个小块逐个扫描，在这里可以使用横向、纵向或斜向三种方向进行扫描。但是对于帧间预测，由于变换单元不一定是正方形的，可能是矩形，所以扫描方式会更加复杂。

(2) 自适应算法。量化和扫描之后，数据被提取了出来，这时需要有一种方法能够将数据编排起来，使其占据的空间尽可能小。HEVC采用变长编码方法，即基于上下文的自适应二进制算术编码算法，采用该算法的编码效率最高。

(3) 波前方式的并行处理。随着时代的发展，视频产生的数据量越来越大，而硬件的处理能力越来越强，这就需要对处理的数据进行合理的分配，才能充分利用计算资源，达到最佳的编码效果。HEVC中引入了条和片的方法就是为了利用多核的计算资源，将多个条和片同时处理，但是这里存在一个问题，就是相关性大的块很可能被分配到不同的条和片中，这样反而降低了编码效率，所以又引入了一种波前并行处理(APP)技术，尽量多考虑到这一问题，将相关性较大的块分配统一编码。

6）环路滤波

滤波环节是图像处理中必不可少的一个部分，在图像中会存在各种噪点或其他原因导致的图像失真，而在视频处理中后面的图像需要以前面的图像为参考，所以一旦出现失真较严重，影响的不仅有当前图像还有后面的一系列图像。在这里，H.265 不仅沿用了以前标准中的滤波方法，即环内去方块滤波，还引入了新的方法即样值自适应（SAO）环内滤波工具，该工具的处理过程分为如下两种。

首先，为降低 DBF 的复杂度，利用简化硬件设计和并行处理，HEVC 仅对排列在 8×8 取样栅格边缘的亮度和色度像素进行滤波，对边界进行处理，而非边界块不进行处理，对边界划分成 0、1、2 三个等级进行滤波，该方法称为去方块滤波。

另一种方法是根据 DBF 后的图像的像素点之间的差异，为每个像素匹配不同的补偿值，这样就能充分考虑每一个像素的特点，获得最佳的滤波效果，这种方法称为 SAO 滤波。

小结

基于块的混合视频编码是一种经典的视频编码框架，目前常见的视频编码标准（例如 MPEG-1、MPEG-2、MPEG-4、MPEG-21、H.261、H.263、H.264 以及 H.265 等）都采用这种方案。在这种编码框架中通常由 DCT 变换、量化、反 DCT 变换、反量化、熵编码、运动估计以及运动补偿等各部分组成。

视频编码标准对视频编码的发展起到了重大的推动作用。许多成果都是在标准的制定过程中创造或者得以完善的。本章较为全面地介绍了 ISO 与 ITU-T 制定的多媒体编码相关标准：MPEG-1、MPEG-2、MPEG-4、MPEG-21、H.261、H.263、H.264/AVC 以及 H.265/HEVC 等。

习题

1. 为什么要提出 MPEG-4？MPEG-4 的主要目的是什么？
2. 如何选择帧内编码和帧间编码这两种编码策略？
3. 运动图像编码算法设计主要考虑哪几个方面的影响因素？
4. 简述 H.261 的混合编码框架。

多媒体数据库

7.1 引言

多媒体数据库(Multimedia Database)的概念早在1983年第9届超大规模数据库国际会议(International Conference on Very Large Data Bases,VLDB)上由D. Tsichritzis等人提出。近年来,随着多媒体及计算机技术的发展,许多应用领域都存在大量的多媒体信息,不仅信息量越来越大,媒体形式也在日益增多。随着多媒体数据逐渐进入数据库,以往数据库中以文本、数值为主的数据类型逐渐变成了多种媒体的信息数据。数据库管理系统(Database Management System,DBMS)是对数据库进行管理的软件系统,由相关数据和一组访问数据库的软件组合而成,能够对数据库进行定义和管理,为用户提供对数据库中的数据进行查询、存取、控制等功能。

随着应用的需求,许多数据库管理系统的用户需要将系统扩展为支持多媒体的系统平台,从而在使用现存数据库管理系统的基础上,将多媒体应用软件和文档的管理融合进来进而提高管理效率。然而传统的DBMS主要以文本、数值类数据为主来进行设计、存储和管理,对这种类型的数据只需要进行简单数据类型的比较。虽然不少传统的数据库其实也支持图形、图像、音频、视频等信息数据的存储和检索,但是传统的数据库系统大多数是基于关系模型,不能提供足够的手段来管理和检索多媒体数据内容,因而不能适应多媒体数据存储和检索的特殊性,无法满足对多媒体数据的有效管理和使用。因此,多媒体数据库管理系统(Multimedia Database Management,MMDBMS)成为目前的研究热点,得到了人们广泛的关注。

MMDBMS能够有效浏览、检索、存储、操作、处理不同类型的多媒体数据,不仅能对媒体数据的属性或其他描述性信息(元数据)进行检索,而且应能对媒体数据(如图像、声音)进行内容分析,理解它们的内容,然而,这种简单的匹配字符的检索方法对于多媒体来说就不能胜任了。由于图像、视频、音频的数字化表现并不能真正表达媒体的含义,而且不同类型数据的相互组合总会产生新的语义内容,需要用户的识别和理解,因此,基于内容的多媒体数据库系统的实现需要大量的技术集成。

检索多媒体数据内容需要有对应的数据库管理系统。然而,传统的数据库系统大多数是基于关系模型,不能提供足够的手段来管理和检索多媒体数据内容。主要有以下几个原因。

1. 面向对象模型和关系模型缺乏管理时空关系的能力

音频和视频数据本质上蕴涵了时间概念，其含义就是，数据之间的时间关系可以是一个需要管理的元素（变量）。当我们考虑视频中的字幕等外挂文本（与视频数据分开存储）时，空间关系同样需要管理，并且需要定义空间和时间的关联。再考虑图像数据，尤其是对于地理数据库那样存储大量地图数据的系统，空间关系更加重要。基于以上例子，管理时空关系的能力是多媒体数据库的一个重要特性。

2. 传统数据库管理系统缺乏解释原始数据语义内容的能力

知识检索过程中，对多媒体内容的识别和理解是不可避免的。即使单一媒体数据从不同角度和不同人来理解，特别是在不同的上下文环境中都会产生不同含义。多媒体数据中内容的解释和识别处理对于多媒体管理和检索来说是必不可少的。图像、视频、音频的外在表现与它们的内容本身不是一回事，为了评价与被检索数据的语义内容相关联的内容，要求数据库管理系统具有从原始数据中理解数据内容的能力。

3. 查询表现问题

多媒体数据库要考虑查询表示问题。关系数据库中记录的检索表示为关系代数表达式，以文本或数字形式表示的查询条件对于多媒体数据库中不同形式的数据类型来说并不总是适用的。相反，示例查询的方法（Query by Example，QRE）的表现形式更加接近于要检索的数据，是一种更好的解决方案，其表达查询条件相对文本来说更加自然。

综上所述，可以看到，由于不能管理时空关系，不能识别多媒体内容传达的语义内容，不能允许各种类型的查询表现，传统的数据库系统不能提供充分的灵活性来管理多媒体数据。这三种缺陷关系到数据库系统的所有组件，具体地说，第一种缺陷依赖数据模型或索引，第二种缺陷关系到 DBMS 结构，第三种缺陷关系到用户界面。

本章将对多媒体数据库进行介绍。7.2 节介绍多媒体数据库技术的发展历程，7.3 节介绍 MMDBMS 的体系结构，7.4 节讲述多媒体系统数据模型，7.5 节介绍多媒体数据库的设计，最后，在 7.6 节讨论多媒体数据库中的一些其他问题。

7.2 多媒体数据库技术的发展历程

7.2.1 第一阶段

第一代 MMDBMS 主要依赖操作系统进行存储和文件检索，并有专门用于多媒体数据存储的系统。20 世纪 90 年代中期出现了第一代商业应用的 MMDBMS，包括 MediaDB，MediaWay，JASMINE 和 ITASCA（ORION 的商业后继产品）。它们都能够处理各种类型的数据，并且提供了查询、检索、添加和更新数据的机制。大多数这类产品存在几年后就从市场上消失了，只有少数产品保存下来，并且成功地适应了硬件、软件的进步和应用的改变。例如，MediaWay 很早就提供了对多种不同媒体类型的特殊支持，特别是不同的媒体文件格式（从图像、视频到幻灯片文档）都能被分割管理、连接和查询。

7.2.2 第二阶段

在第二阶段中，提出了能够处理多媒体内容的商业系统，它们为不同类型的媒体提供了复杂的对象类型。面向对象的方式为定义新的数据类型和适用于新类型的操作提供了方便，例如音频、图像和视频。因此，广泛使用的商业 MMDBMS 是可扩展的对象关系 DBMS（简称 ORD-MBMS）。从 Informix 开始，它们在 1996—1998 年被成功地投入使用。当前的版本在性能和集成到核心系统方面有重大的提高，未来的工作包括将查询服务扩展到音频和视频并且提高表示和浏览的方便性。

最先进的解决方案被 Oracle 10g，IBM DB2 和 IBM Informix 市场化后，它们提出相似的方法来扩展基础的系统。例如，IBM DB2 Universal Database Extenders 将 ORDBMS 扩展到了图像、音频、视频和空间对象。所有的这些数据类型均在统一的框架下被模块化、访问和使用。其特点包括从数据库中输入或输出多媒体对象和它们的属性，将非传统类型的数据的访问控制在和传统数据相同的保护级别上，浏览或播放从数据库中检索到的对象。

除了商业产品，一些研究的项目则开发了完全成熟的多媒体数据库系统。近来比较成功的项目包括 MIRROR、DISIMA 等。MIRROR 由 Twente 大学开发，它采用一种集成的方法，既有内容管理，又有传统的结构化数据管理，MIRROR 在 ODBMS Monet 数据库系统之上实现。在 MIRROR 之上运行 ACIOI 系统，因此系统是为多媒体内容建立索引和检索的检索平台，系统采用插件体系结构，允许采用各种特征提取算法对多媒体内容建立索引。DISIMA 是由 Alberta 大学开发的分布式图像数据库系统，能够进行基于内容的查询。系统原型在 DBMS Object Store 基础上实现；采用 MOQL 查询语言（或者可视化 MOQL），对图像和空间应用采用了一种新型的概念模型，允许进行时空查询和自定义查询。

7.2.3 第三阶段

第三代系统更加强调丰富语义内容的应用需要，大多数符合 MPEG-7、MPEG-21 标准。代表性的项目是 MARS(Multimedia Analysis and Retrieval System)，由 UIVC 和伊利诺伊大学合作开发。MARS 实现了多媒体信息检索系统和数据库管理系统的多媒体数据库与内容检索完全融合，支持多媒体信息作为第一对象进行基于语义内容的存储检索，也提供了 MMDBMS 后端支持工具集合。

MPEG-7 多媒体数据(Multimedia Data Cartridge，MDC)是 Oracle 9i DBMS 的扩展系统，提供一种多媒体查询语言用来访问媒体、处理和优化查询。MDC 建立在三个主要概念上：首先，多媒体数据模型由 MPEG-7 描述；其次，多媒体索引框架(Multimedia Indexing Framework，MIF)提供多媒体检索的可扩展索引环境，索引框架集成在查询语言中以便于进行检索；最后，允许访问系统内部和外部的媒体库并提供有效的通信机制。MDC 的多媒体模式一方面依赖于 MPEG-7 标准高层的结构化和丰富语义的特点，另一方面支持 MPEG-7 低层描述符的对象类型(颜色、形状等)，这样就可以从不同层次进行多媒体检索。多媒体索引框架提供 MMDBMS 高级索引服务，可以很普遍加入新的索引类型而不改变接口定义的方式。MIF 分成三个模块，其中，GistService 和 Oracle Enhancement 可以单独使用或通过网络分布使用。GistService 是主要部分，依赖通用搜索树框架，在外部地址空间实现索引管理。

7.3 MMDBMS 的体系结构

MMDBMS 可以分为多种不同的体系结构类别，如松耦合体系结构、紧耦合体系结构等。松耦合体系结构如图 7.1 所示，数据库管理系统用来管理元数据信息，多媒体文件管理器用来管理多媒体文件，再将数据库管理系统和多媒体文件管理器采用综合模块进行集成。这种体系结构能够利用多媒体文件管理技术和成熟的数据库管理技术来完成 MMDBMS，然而这种结构中 DBMS 并没有真正用来管理多媒体数据库，无法发挥数据库管理系统本应具有的功能，如并发控制、恢复、查询、完整性以及安全性等。目前，也有一些基于这种方法的商业产品。相应地，在紧耦合体系结构中，DBMS 真正用来管理多媒体数据库，其结构如图 7.2 所示。虽然这种结构能够将 DBMS 提供的传统特征应用到多媒体数据库上，但这种结构需要一种崭新类型的 DBMS，多媒体数据库管理方面的大量研究都集中在这种方法的实现上。图 7.3 是一种基于紧耦合的 MMDBMS 体系结构，该系统能够完成包括数据表示、查询/更新、元数据管理、数据发布、事务处理、服务质量、完整/安全性、异构处理等功能，通过用户接口来访问 MMDBMS，存储管理器负责存取多媒体数据库，可以支持文本、图像、音频、视频图像等数据。

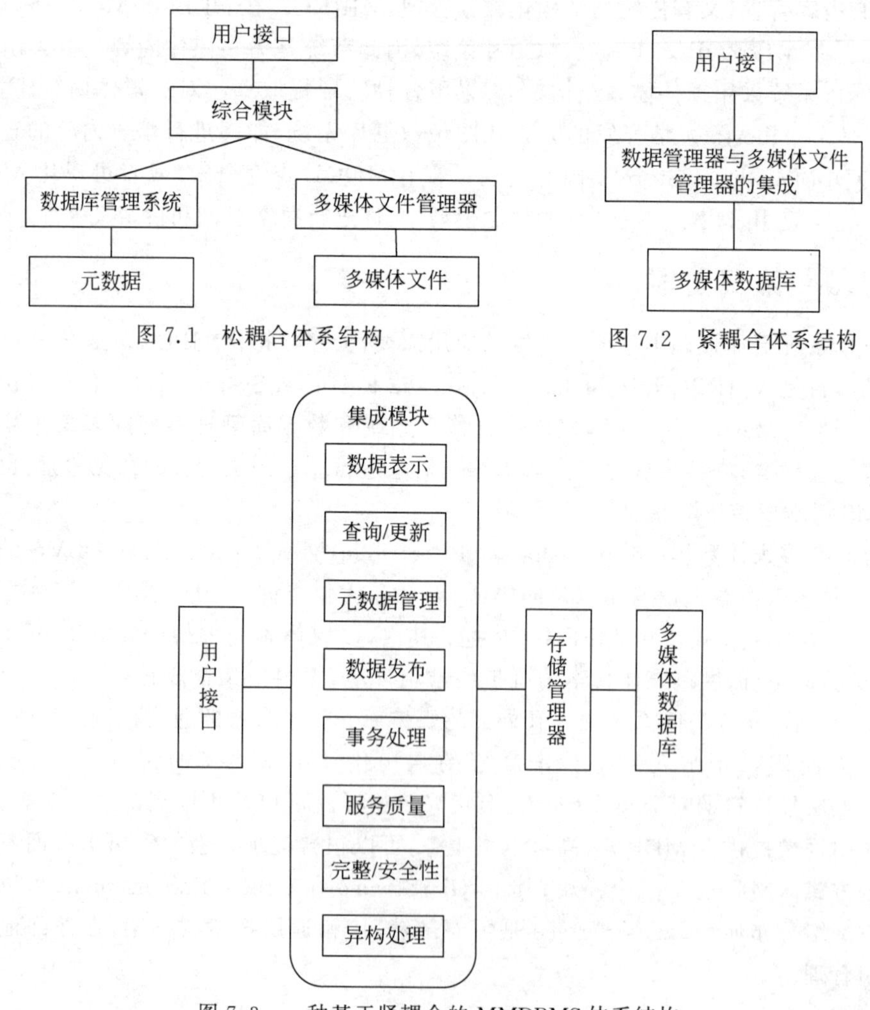

图 7.1 松耦合体系结构

图 7.2 紧耦合体系结构

图 7.3 一种基于紧耦合的 MMDBMS 体系结构

7.4 多媒体系统数据模型

7.4.1 数据模型

数据模型是用来描述数据的一组概念和定义。一般说来,对数据的描述包括两个方面:数据的静态特征和数据的动态特征。数据的静态特征包括数据的基本结构、数据间的联系和数据的约束;动态特征是指对数据操作的定义。

数据模型的好坏取决于它的用途。对应用来说,总是希望数据模型尽可能自然地反映现实世界,尽可能接近人们对现实世界的观察和理解。但是由于数据模型是实现DBMS的基础,它极大地影响系统的复杂性,因此从实现的角度来看,又希望数据模型接近数据在计算机中的物理表示,以便于减少开销。也就是说,数据模型需要在一定程度上面向实现、面向计算机。显然,这两方面的要求是相互矛盾的。数据库中解决这个矛盾的方法是针对不同的使用对象和应用目的,采用多级数据模型,一般可分为三级。

1. 概念数据模型

数据库管理系统至少向用户提供一种数据模型,例如关系模型,这是目前使用最多的一种数据模型。这类数据模型有许多规定和限制,而数据库其实是对一个企业或单位的模拟,一开始就直接用DBMS所提供的数据模型来设计数据库显然是不合适的,这既不便于非计算机专业人员的理解和参与,也会使数据库设计人员一开始就纠缠于实现的细节,不符合软件工程的设计原则,因此,应该首先建立概念数据模型。

概念数据模型是面向用户、面向现实世界的数据模型,它主要用来描述一个实体的概念化结构。采用概念数据模型,数据库设计人员可以在设计的开始阶段,把主要精力用于了解和描述现实世界,而把涉及DBMS的一些技术性的问题放到后面的设计阶段去解决。

2. 逻辑数据模型

逻辑数据模型是用户从数据库看到的数据模型,数据库管理系统常以其所用的逻辑数据模型来分类。关系数据模型是目前最常用的逻辑数据模型,也有个别数据库管理系统提供多种逻辑数据模型,例如网状模型、层次模型等。

在数据库管理系统中,必须要将概念数据模型表示的数据转换为逻辑数据模型表示的数据,逻辑数据模型既要面向用户,又要面向实现。

3. 物理数据模型

逻辑数据模型反映数据的逻辑结构,但不反映数据的存储结构。逻辑结构用文件、记录、字段来表示,而存储结构却要涉及物理块、指针、索引等,反映数据的存储结构的数据模型就是物理数据模型。逻辑数据模型在实现时,必须具有与其对应的物理数据模型,物理数据模型与操作系统有关,与计算机硬件也有关。

7.4.2 数据模型的要求

DBMS 数据模型的作用是为描述系统存储和检索数据项的性能提供框架(或语言)。该框架允许设计者和用户定义、插入、删除、修改和搜索数据库项目。在 MMDBMS 中,数据模型指定多媒体数据的不同级别的抽象和计算。多媒体数据模型包含数据库中数据项的静态性能和动态性能,可以为开发使用多媒体数据所需的相应工具提供基础。静态性能通常包括组成多媒体数据的对象、对象之间的关系以及对象的属性;动态性能包括与对象之间的交换有关的性能、对象的操作、与用户之间的交互,等等。

数据模型的多样性在使用中起着关键的作用,它首先必须支持基本的多媒体数据模型,这些数据模型为在其上建立的辅助特征提供基础。多媒体索引的一个特征是索引多维特征空间,多媒体数据模型要能够支持这些多维空间的表达,特别是支持在这种空间中距离的度量方法。

总的来说,MMDBMS 数据模型需满足下列主要要求。

(1) 应是可扩展的,以便添加新的数据类型。

(2) 应能表示具有复杂空间和时间关系的基本媒体类型和复合对象。

(3) 应是灵活的,以便在不同的抽象级别上指定、查询和搜索数据项。

(4) 应允许进行有效的存储和搜索。

7.4.3 通用的多媒体数据模型

目前公认的是,MMDBMS 的数据模型应该以面向对象原理和多层分级结构为基础。面向对象的设计方法是把程序代码和数据封装到一个对象中。代码定义了可对数据实施的操作,封装体现了模块化并隐藏了特殊媒体和处理的细节。更重要的是,面向对象方法通过提供增强和扩展现有对象的机制而提供了可扩展性。

图 7.4 是一个通用的多媒体系统数据模型。

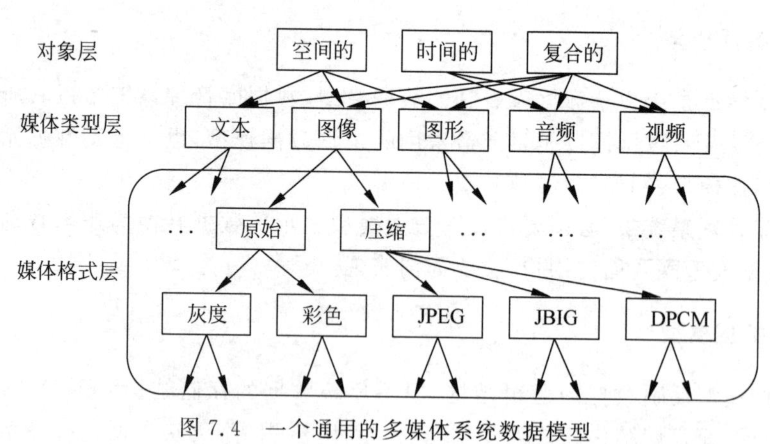

图 7.4 一个通用的多媒体系统数据模型

1. 对象层

对象包括具有指定空间和时间关系的一个或多个媒体数据项,如何确定空间和时间的关系是问题的关键。空间关系是通过显示窗口大小和每个信息项的位置而指定的。规定时间的常用方法是基于统一的时间基线,每个数据项目的起始时间和持续时间都根据共同的时钟而指定。此外,还有临时凭证和事件驱动模型等其他的方法。在显示过程中,只有当空间和时间关系保持不变时,对象的语义才能保持不变。

2. 媒体类型层

媒体类型包括文本、图形、图像、音频和视频等,这些媒体类型是由常见的抽象媒体类引导而来的。在这一层,对每个媒体类型都指定了特征或属性。以"图像"为例,指定了图像大小、颜色直方图、包含的主要对象等,这些特征可直接用于搜索和距离计算。

3. 媒体格式层

媒体格式层特指存储数据的媒体格式。媒体类型通常含有多个可能的格式。例如,一个图像可以是原始位图格式的,也可以是压缩格式的。还有许多不同的压缩技术和标准,包含在该层中的信息可用于正常译码、分析和显示。

4. 存在问题

由于在不同的应用中使用的特征和对象是不同的,因此不同的应用可能需要不同的数据模型。但是,也可以经过适当设计,使得许多应用可共享同一个基础模型,通过在该基础模型上添加或导出新的特征和对象,以满足不同应用要求。

现在,数据模型的各层的设计都不是完整的,在这一领域还没有一个共同的标准,部分原因是还没有开发出大规模多媒体检索系统,现在更多是针对具体应用开发的,主要集中于小量的媒体类型的有限数量的特征。如果具有数据模型的话,也都是以特别的形式进行设计的。在开发出统一的大规模多媒体检索系统和多媒体数据管理系统的过程中,在多媒体数据模型化过程中还需要更多的工作。

7.5 多媒体数据库的设计

7.5.1 体系结构设计

MMDBMS体系结构应该是灵活和可扩展的,以便支持各种应用、查询类型和内容特征。为了满足这些要求,常见的MMDBMS包括大量的功能模块或管理器,还可以增加新的管理器以便扩展系统的功能或者对系统功能进行更新。MMDBMS通常是分布式的,包括大量的服务器和客户机,这是它的另一个特征。这个特征是由数据库中存储了大量的多媒体数据(不可能为每个用户复制数据库)和多媒体信息的多种使用方式引起(它经常有许多用户访问,如在数字图书馆或视频点播系统中)。

图7.5说明了MMDBMS的基本体系结构,其中主要的功能模块包括用户界面、特征抽取器、通信管理器(在每个客户机和服务器中都有一个)、索引和搜索引擎以及存储管理器。这些管理器的主要功能可通过MMDBMS的操作实例进行描述。MMDBMS的两个主要操作是插入新的多媒体数据项和对多媒体数据进行检索。在插入过程中,用户通过用户

界面指定一个或一组多媒体数据项，这些数据项是已经存储的文件或来自麦克风、音频、视频播放器和数码相机等其他设备的输入，用户还可以从这些数据中抽出其中的一个数据项作为输入。

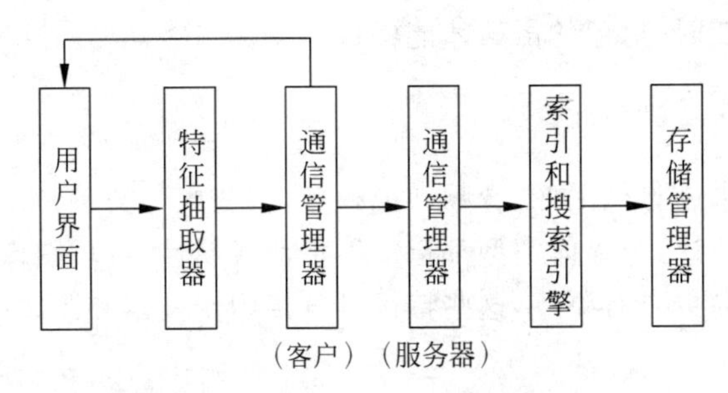

图 7.5 MMDBMS 的基本体系结构

通过使用特征抽取器提供的工具对多媒体数据项的内容或特征进行自动化或半自动化抽取。这些特征和原始数据项通过通信管理器发送到一个或多个服务器上，为了有效检索，在服务器端通过索引和检索引擎并根据某个索引方案对特征进行组织，通过存储管理器对索引信息和原始数据项进行相应的存储。

在信息检索阶段，用户可以通过用户界面发布或指定一个查询，查询内容可以是存储本地磁盘上的文件，也可以通过输入设备(包括键盘或鼠标)即时输入。用户界面允许用户对数据库中的数据项进行浏览并使用浏览过的某个项作为查询项。如果查询项不是数据库中的某个数据项，则应采用与数据项插入相同的方式抽取查询的主要特征，把这些特征通过通信管理器传给服务器。然后，使用搜索引擎索引并对数据库进行搜索找到最能与查询特征相匹配的数据项。通过存储管理器对数据项进行检索，并通过通信管理器传递给用户界面，最后，用户界面把数据项列表显示给用户。

图 7.5 中显示的体系结构是一种最基本的结构，在实际过程中常需要增加其他功能模块或管理器，例如：

(1) 同义词词库管理器：维持信息项之间的同义及其他关系。

(2) 完整性规则库：检查给定应用的完整性。

(3) 环境管理器：保持应用的环境。

7.5.2 界面设计

用户通过用户界面与 MMDBMS 进行通信和交互，因此用户界面很大程度上决定着 MMDBMS 的可用性。用户界面的主要功能包括：允许用户向数据库中插入数据项、进入数据库进行查询和把对用户的响应提交给查询者。因此，一个好的用户界面应该满足如下要求。

(1) 为用户提供数据更新工具，使其能够方便地插入数据项。

(2) 为用户提供查询工具，使其能够进入数据库进行有效的查询或向系统报告信息需求。

(3) 能够充分有效地把查询结果提交给用户。

(4) 界面友好。

由于多媒体数据和应用的特点，要满足这些要求仍存在许多问题。在 MMDBMS 中，数据项可以是许多媒体类型的任何一种，也可以是各种媒体类型的组合。由于数据库组成没有固定的结构和属性，用户界面应允许用户使用各种输入类型组成多媒体对象，并允许用户指定要抽取和索引的媒体属性类型。支持插入操作的用户界面的要求与查询操作界面的要求相似。

多媒体查询是多样化且模糊的，多样化是因为用户可以用各种不同的方式、针对不同的媒体类型进行指定查询；模糊是因为用户知道自己在查询什么，但是不能精确地描述或定义他们的信息要求，当具体看到数据项时，才能够认出哪些是自己所需要的。要满足这些特征要求，用户界面应该提供检索、浏览和查询提炼等工具。

检索是所有数据库管理系统的基本任务。在 MMDBMS 环境中，有两种类型的检索：基于特征检索和基于示例检索。为了支持这两种类型的查询，用户界面应该提供麦克风、图形工具、数码相机、扫描仪和多媒体创作工具等各种输入工具。用户也应该能够利用数据库中现有的数据项作为查询特例，可以先通过浏览功能得到特例，然后进行查询。

有时候，用户可能并不准确地知道他们需要什么东西，只有当他们看到这种东西的时候，才能确定他们的需要。对于这种情况，可以采用事先浏览的方法满足这种类型的信息需要。浏览也支持通过示例的搜索功能。

我们可以采用三种方法来启动浏览。第一种方法是启动一个非常含糊的查询，用户根据这个查询结果浏览数据项；第二种方法则需要按照一些指标（如日期和题目）对数据库中的信息进行组织，以便用户根据这种组织的结果进行浏览；第三种方法是从数据库中随机选取若干数据项进行展示，用户可以使这些被选择的数据项作为浏览的起点。如果用户在当前的内容中没有找到任何感兴趣的数据项，可以要求展示另一些随机选择的数据项。

大多数的多媒体查询在初始阶段都是模糊或不准确的。用户界面应该为用户提供一些基于初始查询结果的提炼查询的工具，使得可以进行进一步查询。查询提炼通常是根据用户对初始结果相关性的反馈来实现的。在提炼查询时，当用户看到一个数据项非常接近自己正在搜索的项目时，可以把该项目的特征结合进新的查询中，在经过几次迭代后，如果这些项目在数据库中真实存在，则用户就可以找到相关的项目。域知识和用户配置文件有助于查询提炼，相关反馈在多媒体应用中也特别有用，因为通过它用户可以立即弄清楚一幅图像或音频片段是否与他们的需要相关。

在实际操作中，对多媒体信息的定位是将检索、浏览和查询提炼三种方法结合起来使用的。

为了有效而经济地从多媒体数据库中访问信息，我们针对用户界面规定出以下设计准则。

（1）各种查询机制必须无间隙地结合。

（2）用户界面必须尽可能的可视化。

（3）用户界面应具有提供相应的可视反馈的功能。

（4）用户界面应该支持用户指南导航器。

7.6 其他问题

自从1987年第一个多媒体数据库系统ORION被开发出来，多媒体数据库的研究和应用就开始蓬勃发展。从多媒体数据库的观点，有以下两个主要的问题值得关注。

1. 多媒体数据模型

一个多媒体数据模型必须处理多媒体对象表示的问题，即设计多媒体数据高级和低级的抽象以方便各种操作。这些操作包括多媒体对象的选择、插入、编辑、索引、浏览、查询、检索和通信。一个好的数据模型应该考虑下面的问题。

(1) 在数据库中建模和存储多媒体部分，它的存储机制是影响多媒体系统性能的重要因素。

(2) 为媒体逻辑结构提供一种表示，必须为查询和描述明确表示这种结构。

(3) 语义必须被建模，且要被连接到媒体的低级属性和结构。

(4) 系统运作的元数据必须被存储在数据库中。

(5) 必须基于国际标准。

2. 多媒体索引、查询和表述问题

多媒体数据库的关键功能是如何有效地访问和交换多媒体信息。无论使用什么样的数据模型和存储机制，最重要的是如何在有限的时间内检索和建立连续和不连续媒体间的通信。检索过程的关键是两个对象的相似度，对象的内容被分析用来评估指定选择谓词，这个过程被叫作基于内容的检索。为了对数据库和查询对象中的多媒体对象有一个精确的表示，不同的特征必须结合使用(例如纹理、形状和颜色等)，并且结果是高维特征向量(通常超过1024个值)。这种空间相似检索的效率必须通过特殊的多媒体索引结构和降维方法来提高。

为了从数据库系统中检索多媒体数据，必须提供查询语言，它要有能力处理复杂的空间和时间关系，一个强大的查询语言能处理关键词、关键词上的索引和多媒体对象的语义内容。有效通信的关键在于通信元数据和相关多媒体数据的标准化。MPEG-7系统部分和MPEG-21文件格式的发展是重要的贡献。最后，数据模型、存储检索和查询的问题不应被限制在原子多媒体数据(例如图像、视频或音频)，检索复合对象时也很值得关注。例如，阅读新闻时，同时打开窗口来观看视频，因此需要同时处理多个原子多媒体数据和媒体数据表示的能力。MPEG-21在这个方向上有所进展，必将在将来影响多媒体数据库世界，对多媒体数据库而言，为不同的用户和外观、智能属性管理和适应目的，使用多种数据表示是非常重要的。

小结

本章介绍了多媒体数据库技术的发展历程，列举了多媒体数据库管理系统多种不同的体系结构，并对多媒体系统的多级数据模型做了具体的阐述，包括概念数据模型、逻辑数据

模型和物理数据模型，以及MMDBMS数据模型需满足的主要要求，同时给出了一个通用的多媒体系统模型。在此基础上，本章还说明了多媒体数据库的体系结构设计和界面设计的相关内容，最后给出了多媒体数据库发展以来值得关注的两个主要问题：多媒体数据模型和多媒体索引、查询和表述问题。

习题

1. 试简单说明传统数据库管理系统不能提供足够的手段来管理和检索多媒体数据内容的原因。

2. 试说明多媒体数据库发展中经历的阶段及代表系统。

3. 简述MMDBMS对数据模型的要求。

4. 试述通用的多媒体系统数据模型中的多层分级结构具体应包含哪些层，并做简单说明。

5. 试说明设计MMDBMS主要应该考虑的模块及功能。

第8章 文本处理与信息检索

8.1 引言

传统的信息检索(Information Retrieval, IR)技术通常指对文本信息的检索,包括信息的存储、组织、表现、查询、存取等各个方面,其核心为文本信息的索引和检索(例如提取关键词、对文档进行分类和提取文档摘要等)。IR 技术对多媒体信息管理系统的重要性主要表现在两个方面:第一,文本是一种非常重要的信息资源;第二,文本可以用来对音频、图像、视频等其他多媒体数据进行标注。多媒体信息检索也常需要使用 IR 技术进行,例如互联网搜索引擎中 IR 技术的应用。

信息检索起源于图书馆的参考咨询和文摘索引工作,从 19 世纪下半叶首先开始发展,至 20 世纪 40 年代,索引和检索已成为图书馆独立的工具和用户服务项目。随着 1946 年世界上第一台电子计算机问世,计算机技术逐步走进信息检索领域,并与信息检索理论紧密结合起来。20 世纪 60~80 年代,在信息处理技术、通信技术、计算机和数据库技术的推动下,信息检索在教育、军事和商业等领域高速发展,得到广泛的应用。

本章主要围绕文本处理与信息检索技术展开介绍,首先对 IR 系统与 DBMS 的区别进行了简单的介绍与说明,接着重点就信息检索模型做了具体的介绍,然后描述了文本处理、文本索引和相关反馈等内容,最后描述了信息检索与 Web 搜索的基本内容。

8.2 IR 系统与 DBMS 的区别

为了更好地了解 IR 技术,有必要首先对 IR 系统与 DBMS 的区别进行简单的介绍与说明。

DBMS 主要以结构化的记录构成数据库,其中每个记录都由属性集来表征,这些属性集能明确且完整地描述所属的记录。DBMS 中的检索是以查询和记录的属性值之间的精确匹配为基础的,每个检索到的记录都应包含查询中指定的精确属性值,每个未检索到的记录至少包含一个属性值与查询中指定的属性值不匹配。

而 IR 系统中的记录指的是文本文档本身,与 DBMS 的不同在于没有结构化,也不包含固定的属性值。文本文档主要使用大量的关键词、文档描述符或索引条目进行索引,索引条目通常不能完全或明确地描述文本内容,而不同的文本文档可能含有相同的索引条目。因此,文本检索直接依赖于描述文本文档存储记录的内容，这也就导致IR系统需要耗费巨大的工作量对存储文档的内容、关键词及索引进行分析和处理。IR系统中的检索对查询和文档条目之间不进行精确匹配，只需有足够的一致程度即可。也就是说，IR系统认为的查询结果对用户来说不一定是相关和有用的，而DBMS的检索结果肯定与查询是相关的且对用户是有用的。

文本文档的信息检索过程如图8.1所示。文本文档需要经过文本处理获得文本表示，然后这些文档表示与文档本身存储在一起。在进行文档检索时，用户发布一个查询并获得其查询表示，然后系统将查询标语与文档表示进行比较，这里的比较主要是指由某种近似或匹配方法进行的相似度计算，然后将检索到的相关文档提交给用户，用户对返回的文档进行相关性评估、判定及反馈。一个好的IR系统应该允许用户进行相关反馈，系统根据用户的相关反馈可以修改查询、查询表示和文档表示，再根据修改后的查询表示和文档表示进行检索，这个过程可以多次重复，然而并不是所有的IR系统都支持用户相关反馈。

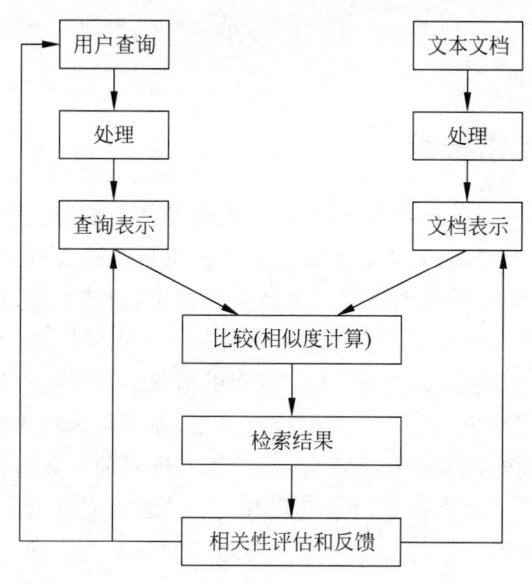

图8.1　文本文档信息检索过程

8.3　信息检索模型

8.3.1　信息检索模型分类

一个IR系统的关键在于文档和查询的表示方法以及文档和查询之间相似性的比较方法。信息检索模型就是用来解决这个问题的，著名的信息检索模型有布尔(Boolean)模型、向量空间模型、概率模型等。布尔模型是最常见的精确匹配模型，因其简洁性一直受到商业搜索引擎的青睐，而向量空间模型和概率模型却由于其严谨的形式化倍受学者们的推崇。在布尔模型中，文档和查询都用索引项的集合来表示，因此称这个模型是基于集合论的模型。在向量模型中，文档和查询都用一个t维空间中的一个向量表示，因此把这个模型叫作基于代数的模型。在概率模型中，文档和查询的框架是基于概率论的，即是基于概率的模型。

前面提到的模型主要是作为文本内容的模型，也有很多文本结构的模型，其中经典的有非重叠列表模型(Non-Overlapping Lists Model)和最近节点模型(Proximal Nodes Model)。本节主要针对文本内容模型做进一步较为详细的介绍。

在介绍检索模型之前，需要首先明确一些基本的概念。传统的IR系统大多使用索引项的集合来表示文档，然后在索引上进行检索。索引项可以是任何一个在文档中出现过的词语。但是，不同的词语对文档集中文档的重要性是不同的。例如，一个词语在文档集中的每一个文档中都出现过，另一个词语只在这一篇文档中出现过，那么显然，第二个词语对这篇文档的重要性肯定大于第一个。因此，在用索引项集合来表示文档的时候，每个索引项都会有一个对应的权值来表示它对该篇文档的重要程度。

令 d_j 表示任意一篇文档，k_i 表示任意一个索引项，K 是所有索引项集合，t 是系统中索引项的总数，$w_{i,j}$ 是任意文档 d_j 中每个索引项 k_i 的权值($w_{i,j} \geqslant 0$)，那么文档 d_j 可以用一个索引项向量$\bar{\boldsymbol{d}}_j=[w_{1,j}, w_{2,j}, \cdots, w_{t,j}]$表示，令 g_i 返回任意 t 维向量中索引项 k_i 的权值的函数，即 $g_i(\bar{\boldsymbol{d}}_j)=w_{i,j}$。

8.3.2 布尔检索模型

布尔检索模型最大的特点是其简单性，它的模型是基于集合论和布尔代数的，用布尔表达式组成的查询语义非常准确，其检索策略基于二值决策原则来得到文档是否相关的结果，不存在中间状态。由于集合的概念非常直观易于掌握，因此布尔模型在商业界一直备受关注。然而，模型的简单性却也极大限制了其检索性能，对用户来说，将一个检索请求转换为对应的布尔表达式是较为困难的，因此，人们通常更倾向于直接使用最简单的布尔表达式来进行检索，这导致布尔模型更像是一个数据检索模型，而不是信息检索。虽然布尔模型存在这种缺陷，但它仍然在商业档案系统中广泛应用，占有绝对的主导地位。

在布尔检索模型中，一个查询 q 由索引项和与(AND)、或(OR)、非(NOT)等逻辑运算符连接组合而成，这些逻辑运算符表示了索引项之间的关系。检索的规则如下。

(1) AND运算符，例如，查询(条目1 AND 条目2)，表示只有两个条目在文档中同时存在才满足检索要求。

(2) OR运算符，例如，查询(条目1 OR 条目2)，表示只要两个条目中任意一个条目存在就满足检索要求。

(3) NOT运算符，例如，查询(条目1 AND NOT 条目2)，表示包含条目1且不包含条目2的文档才满足检索要求。

一个布尔表达式可以用索引项权值的合取向量的析取式来表示。这里，索引项的权值是二值的，非0即1。例如，查询 $q=k_a \wedge (k_b \vee \neg k_c)$可以表示为析取范式 $q_{\mathrm{dnf}}=(1,0,0) \vee (1,1,0) \vee (1,1,1)$，该析取范式的每一项都是元组($k_a, k_b, k_c$)的二值加权向量，我们称之为 q_{dnf} 的合取项。具体进一步说明可见图8.2。

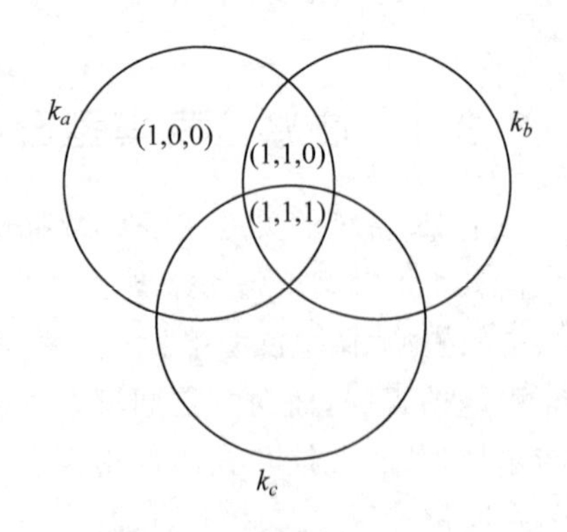

图8.2 查询 q 的合取项

在布尔模型中，索引项的权重参数都是二值的，即权值 $w_{i,j} \in \{0,1\}$。假设查询 q 是一个布尔表达式，q_{dnf} 是 q 的析取范式，进一步假设 q_{cc} 是 q_{dnf} 的任意一个析取子部分，文档 d_j 和查询 q 的相似性定义由式 8.1 表示如下。

$$\mathrm{sim}(d_j, q) = \begin{cases} 1, & \exists q_{\mathrm{cc}}(q_{\mathrm{cc}} \in q_{\mathrm{dnf}}) \wedge (\forall k_i, g_i(d_j) = g_i(q_{\mathrm{cc}})) \\ 0, & \text{其他} \end{cases} \tag{8.1}$$

若 $\mathrm{sim}(d_j, q)=1$，则布尔模型判断文档 d_j 和查询 q 是相关的（尽管事实上可能并不是）；否则判断为不相关的。布尔模型将每篇文档分别预测为相关的或不相关的，这里注意，没有“部分相关”的存在。

布尔模型最大的优点是清晰、简洁的表达形式；最大的缺点是过于精确的匹配导致检索到的结果过少或过多。因此，也有很多学者提出了多种扩展布尔模型，力求取得比传统布尔模型更好的结果，但是使用这种模型的代价是需要更多的知识。

8.3.3 向量空间模型

向量空间模型是一种能够实现部分匹配的检索模型，不同于布尔模型中的二值权重，向量空间模型对文档和查询的索引项赋予了多值权重，根据这些权重能够对系统中的文档和用户查询进行相似度计算与比较，再根据相似度对检索文档进行降序排序，因此检索结果允许部分匹配，从而避免布尔模型中二值权重的局限性。

在向量空间模型中，所有索引项的权值 $w_{i,j} \geqslant 0$ 且非仅二值，检索向量 q 被定义为一个索引项空间下的向量 $\boldsymbol{q}=[w_{1,q}, w_{2,q}, \cdots, w_{t,q}]$，其中，$w_{i,q} \geqslant 0$，$t$ 是系统中所有索引项的数目，文档 d_j 仍然用索引项向量 $\bar{\boldsymbol{d}}_j=[w_{1,j}, w_{2,j}, \cdots, w_{t,j}]$ 表示。由于查询和文档都用向量来表示，那么相似度比较就可以用向量之间的距离来进行计算。实际中，可以使用欧拉距离、内积距离和余弦距离等进行相似性度量，其中，应用最广泛的是余弦距离，即计算两个向量的夹角余弦值用式 8.2 表示。

$$\mathrm{sim}(\boldsymbol{d}_j, \boldsymbol{q}) = \cos(\boldsymbol{d}_j, \boldsymbol{q}) = \frac{d_j \cdot q}{|d_j||q|} = \frac{\sum_{i=1}^{t} w_{i,j} w_{i,q}}{\sqrt{\sum_{i=1}^{t} w_{i,j}^2}\sqrt{\sum_{i=1}^{t} w_{i,q}^2}} \tag{8.2}$$

其中，$|\boldsymbol{d}_j|$ 和 $|\boldsymbol{q}|$ 分别表示文档和查询的范数，$\mathrm{sim}(d_j, q)$ 的值可用来表征文档和查询之间的相依度，取值范围为 0～1。利用该值对文档进行排序，而不只判断是否相关，因此即便只是部分相关的文档，也仍会被检索到。这里还存在一个索引项赋值的问题，感兴趣的读者可自行研究学习。

接下来通过一个例子来说明向量空间模型的检索过程。假设有下列 3 个文档和 1 个查询：$\boldsymbol{d}_1=[0.1, 0.4, 0.7]$，$\boldsymbol{d}_2=[0.2, 0.3, 0.8]$，$\boldsymbol{d}_3=[0.1, 0.2, 0.5]$，$\boldsymbol{q}=[0, 0.4, 0.5]$，那么根据式 8.2，可得查询和每个文档之间的相似度如下。

$$\mathrm{sim}(\boldsymbol{d}_1, \boldsymbol{q}) = 0.98, \quad \mathrm{sim}(\boldsymbol{d}_2, \boldsymbol{q}) = 0.93, \quad \mathrm{sim}(\boldsymbol{d}_3, \boldsymbol{q}) = 0.94$$

因此，系统按相似度降序，即文档 1、文档 3、文档 2 的顺序返回检索结果。

向量空间模型的研究可以追溯到 20 世纪 60 年代，在历史上有着十分重要的地位，它不仅简洁，而且能得到很好的检索结果，是迄今为止应用最广泛的检索模型。

8.3.4 概率模型

概率模型最初是由 Roberston 和 Sparck Jones 于 1976 年提出的，后来逐渐演变成了著名的二进制独立检索(Binary Independence Retrieval，BIR)模型。接下来的重点主要集中在这个模型的一些关键特征上，而对该模型的二进制独立假设等相关细节不做讨论。

概率模型试图通过一个概率的框架结构来解决信息检索问题。其基本思想是：给出一个用户查询，要找到一个恰好完全相关的文档集。不妨将这个文档集叫作完全结果文档集。只要给出这个文档集的描述，就能获取它。因此，可以认为检索的过程就是一个确定理想结果文档集特征的过程。问题在于我们不知道那些特征到底是什么，所知道的只是检索项的语义可以用来描述这些特征，因此只能先猜测这些特征是什么，然后根据这些猜测得到一个结果文档集的初步概率描述，再根据这个概率描述得到一个初步的文档集，最后根据和用户的交互情况进一步改进这个概率描述。

用户的交互是这样的：首先，用户浏览检索到的文档，判断哪些是相关的，哪些不是相关的(实际浏览的往往是排序靠前的部分文档)；然后，系统根据这个信息进一步精练对完全结果集的描述。这样重复 n 次后，可以认为这个描述与真实的描述就很接近了。因此，必须注意关于完全结果集的最初描述是根据猜测得来的，而且这个描述是用概率来进行描述的。

概率模型一个最突出的优势在于，在理论上文档都按照它们可能是相关的概率来排序。其劣势在于：

(1) 需要对文档最初是相关还是不相关做一个假设。

(2) 没有考虑到文档中出现的索引项的频率(即索引项权重是二值)。

(3) 采用索引项独立假设。但是，如同在向量模型中所论述的，索引项独立假设的正确性目前在实际应用中还不能被肯定。

(4) 经典模型之间的简单比较。大体来说，布尔模型是经典模型中最弱的一种，因为它不能找出部分匹配的文档，也不能对检索到的文档排序。至于概率模型和向量模型的性能，优越性比较的意见还不统一。但是很多研究者都认为，在大多数情况下，向量模型性能更优越；在实际应用中，也是向量模型使用得更多。

8.3.5 扩展经典检索模型

三种经典模型在方方面面都有不足的地方，随着信息检索技术的发展，都有相应的扩展模型。布尔模型的两种主要扩展模型是模糊集模型和扩展布尔模型：模糊集模型基于模糊集理论，为所有的索引项建立一个索引项相关矩阵，然后为每个索引项构造一个模糊集，可以实现根据用户查询对文档进行相关度排序；扩展布尔模型将布尔模型和向量模型结合在了一起，采用 P-norm 模型对欧几里得距离进行了推广，其目的也是根据用户查询对文档进行相关度排序。

向量模型的扩展模型主要是隐语义索引(Latent Semantic Indexing，LSI)和扩展空间向量模型。针对索引项之间相互独立这个在现实中并不成立的假设，扩展向量模型将索引项映射到一个相对原索引空间更高维的空间，其目的是在那个空间中体现索引项两两之间的相关性。

概率模型的扩展模型主要是推论网络和信任网络。推论网络模型从认识论角度来看一个检索问题。它用一组随机变量来刻画索引词、文档以及用户检索。与文档相关联的变量 d_j 表示的是观察到文档这一事件；对 d_j 的观察将把其信任度赋给一个与索引词相关联的一个随机变量。因此，对文档的观察是与索引词变量的信任度增长的原因。信任网络模型也是基于概率的认知解释的，它与推论网络模型的不同在于，它有清晰定义的样本空间，它的网络拓扑结构也稍有不同。其中的文档和查询节点在网络中是分离的。这是两种模型的主要区别。这些扩展模型大部分在实际应用中很少出现。

8.4　文本处理

将文档用索引项集合来表示可以更好地从语义上来表示，但是文本中出现的词语是非常多的，使用文档集中的所有词语作为索引项将产生很大的“噪声”，容易导致检索到很多不相关的文档，因此，通常会考虑减少索引项的大小，那么挑选文档中的哪些词语作为索引项则是一个值得关注的问题。一般需要对文本进行预处理操作，例如，文本词汇分析、去除停用词、词根还原、创建辞典等。文档的预处理可以简单地看作是限制索引项大小的方法，它能够在一定程度上提高检索性能。

8.4.1　文本预处理

文本预处理主要包含以下几种文本操作：文本词汇分析、去除停用词、词根还原、索引项选择、创建索引项分类结构（如辞典）、中文分词。

1. 文本词汇分析

文本词汇分析是一个将字符流转换成词语流的过程，即分词过程。因此，该过程需要实现对文本中的词语进行有效识别，如识别空格、数字、连字符、标点符号和大小写字母。下面对几种特殊情况进行简单的说明。

1）数字

由于数字的意义通常都与上下文有关，因此一般不会单独将数字作为索引项，然而数字在某些情况下又很重要，能够表征一些重要名词、标准或号码，应该作为索引项出现，但是这种情况的规则很难总结并有效识别。因此，采用一种最简单的处理方法就是，将文本中出现的所有数字全部取出，除非是一些特殊指定的。

2）连字符(-)

连字符也存在与数字相似的情况，连字符连接的是词语或者数字，所起的作用是不同的，那么相应的处理方法也不同，那么我们仍然可以总结一个通用规则，然后将特殊情况指定出来。

3）标点符号

通常在进行语义分析时，标点符号全部除去。标点符号在作为词语的一部分出现时，对于检索性能并不会产生大的影响，但仍然存在一些特殊情况，例如，程序代码中出现“.”，标点符号存在和除去时所代表的含义是不同的。

4）大小写字母

字母的大小写对于确定一个索引项不是非常重要，因此，一般都会将所有文本当作一种字体进行处理。当然，也会存在一些特殊情况，如某些程序语言对大小写是有区分的，大小写转换之后语义也会产生变化。

需要注意的是，文本操作在实现上并不困难，关键是应该在实现时充分考虑这些操作对性能产生的影响。这些操作是否应该采用，需要根据具体情况具体分析，目前没有定性的结论。

2. 去除停用词

停用词指的是携带信息很少，没有区分力度的词。例如“a”“the”等词语，在文本文档中出现的频率非常高，但其携带的语义信息很少，对于检索没有任何意义，因此需要从索引项中去除。此外，冠词、前置词和连词一般都是停用词的候选词语。去除停用词的优点是可以缩减索引结构，同时也会带来的问题是可能会降低召回率。

3. 词根还原

词根指的是一个单词去除词缀（前缀和后缀）后剩下的部分（专指英文文本）。词根还原有助于缩小索引结构，提高检索性能。目前使用最广泛的算法是 Porter 算法。

4. 索引项选择

索引项选择对检索性能会产生重要的影响。索引项选择的方法很多，如采用系统自动选择候选索引项的方法。通常文档中会出现两个或多个名词组成词组，这里涉及对词语进行聚类的操作，即将常在文档中同时出现并且之间的距离不超过一个预定阈值的词语聚合成一个词组。

5. 辞典

辞典包括一个预先编译的各学科中的重要词语表以及表中每个词语的一些相关词语（相关词语包括语法变形或同义词、近义词等）。但是，通常辞典的结构要比一个简单的同义词列表复杂得多。使用辞典的目的主要有以下几方面。

（1）提供索引和搜索的标准词典。

（2）帮助用户更好地进行查询变换。

（3）提供分类层次从而可以根据用户的要求扩展或缩小当前的查询请求。

6. 中文分词

中文是一种十分复杂的语言，计算机理解中文语言是非常困难的。相对于英文来说，中文分词也很困难。计算机很难直接判断中文中的词语，中文分词技术属于自然语言处理的技术范畴。分词算法可分为三大类：基于字符串匹配的分词方法、基于理解的分词方法和基于统计的分词方法。感兴趣的读者可自行查阅相关资料。

8.4.2 文本聚类

文本聚类是将相似的文本进行聚合形成一个类别，通过这样的聚类可以加速搜索过程。文本聚类的对象可以是文本文档，也可以是索引项。索引项的聚类对词典的自动构造和降维很有用。文档聚类的过程分为生成聚类和聚类搜索。

1. 生成聚类方法

将文档表示成一个关于索引项的 t 维向量，其中，t 是索引空间中索引项的个数，该向量中每个分量的值为文档在对应的索引项上基于某个检索模型取到的权值。这样，每篇文档可以看作是 t 维空间中的一个点。接下来用文档向量进行聚类操作，聚类的方法很多，一般来说，我们希望聚类方法能够满足稳定性准则和高效性准则。稳定性准则主要是指聚类方法在插入新文档时，文档描述中出现细微错误、文档顺序变化等情况下也不会产生显著影响。高效性准则主要是指聚类的时间开销。

2. 聚类搜索

在已经聚类的文档中进行检索比生成聚类简单得多，经典方法是将查询同样表示成一个 t 维向量，然后将该向量与每个类的质心进行比较，然后通过计算查询向量与文档类之间的相似度，得到检索结果。这里，相似度度量也有很多方法，常用的有计算向量间的夹角余弦函数，也有基于模式识别等其他方法。

8.5 文本索引

在文本之上建立一个数据结构，我们将这个数据结构称为索引，它的作用是加速文档搜索。当文档集很大而且基本保持不变的时候，构建和维护一个文档集的索引是非常必要的。这里所说的“基本保持不变的文档集”不是说文档集中的文档完全不变，而是以一个合理的固定频率更新，这是针对真实的文本数据库，而不仅是词典或者其他缓慢增长的文学著作等。举例来说，当今的 Web 搜索引擎和期刊文档都是如此。

接下来要介绍三种主要的索引技术：倒排文件表、后缀序列和签名文件。倒排文件表是现在应用最多的技术。后缀序列对于短语搜索更快而且在一些特殊的查询中更为有效，但是构建和维护更麻烦。签名文件在 20 世纪 80 年代曾经很流行，但是现在已经被倒排文件所取代。

8.5.1 倒排文件表

倒排文件（或者叫倒排索引）是一个面向单词的文本文档集的索引，可以加速检索任务的执行速度。倒排文件表的结构由两部分组成：词表和出现链表。词表是文档集中出现的所有词语的集合。对于每个词语，倒排文件中存储了这个词语在所有文本中出现的位置。所有的这些列表叫作出现链表。

块寻址技术可用来减小使用的空间。首先将文本分为块，出现链表指向每个单词所在的块而不是这个单词在文本中所在的具体位置。由于块的数目远远小于单词的数目,因此使用块地址可以减小指针的数目。但是其代价是,如果需要精确的出现位置,那么就要对满足条件的块进行在线搜索。块可以是固定的大小,或者也可以定义为文本集合到文件、文档、网页或者其他的自然划分。划分成固定大小的块可以有效地节约检索时间,块大小中的变量越多,对文本进行的平均顺序周游就越多,因为越大的块越能频繁地匹配各种查询,但是遍历的代价越高。一般而言,如果块是由很多小块(检索单元)组成的,那么就需要对每个小块进行遍历以决定返回哪个检索单元。如果检索过程中只用到了一个块,而且不要求精确的匹配,那么就不需要对这个块进行遍历,直接返回即可。

值得注意的是,如果要使用块地址索引,那么文本必须是立即可得的。这样对于在远程的数据库或者光盘上的数据就不成立。

在倒排文件上的搜索主要由词表搜索、出现链表检索和出现链表操作三个步骤组成。词表搜索将查询中的单词在词表中搜索。出现链表检索将检索所有出现链表中的所有单词。出现链表被用于解决短语、近似和布尔操作。如果使用块寻址,那么就有必要直接搜索文本来找到在出现链表中丢失的信息(例如组成短语的每个单词的精确位置)。另外,容易得知,创建和维护倒排索引是一个很耗时的任务。

8.5.2 后缀树和后缀数组

倒排索引假设文本是单词的序列,这在某种程序上限制了查询的类型。如果一个查询是短语,这种情况是很难被解决的。后缀数组是具有空间高效性的后缀树的一种实现,可以支持更复杂的查询,但是构建索引的代价很大,而且文本必须是任何时候都可以立即访问的,并且结果不是按照文本的顺序返回的。该结构既可以像倒排索引一样检索单词,也可以检索文本中的任意字符。它适合更多类型的数据库。但是对于基于单词的应用系统,只要不涉及特别复杂的查询,倒排文件的性能比后缀数组更加优越。

8.5.3 签名文件

签名文件是一种基于哈希表的面向单词的索引结构。它所需的代价很低,并且搜索复杂度是线性的,而不是之前算法的近线性。但是它不适合于大的文本文件。不管如何,在大多数的应用程序中,倒排文件的性能都超过了签名文件。

8.6 用户相关反馈和查询扩展

相关反馈和查询扩展是当今信息检索中较为重要的一部分。通常来看,用户由于缺少对整个文档集的了解,在进行查询构造时就会耗费相当多的时间,然而却还是不能完全表达出他们的检索需求,也就无法得到理想的检索答案。因此,为了提高检索性能,一般不将初次查询的结果作为检索的结果,而是将其作为一个中间结果,然后根据该结果的用户相关反馈来进行查询重写,同时,还可以将该结果做进一步查询扩展。

用户相关反馈是一种通过系统与用户进行交互、动态地调整检索目标和相似性度量函数的检索机制。用户相关反馈通常是一个人机交互的迭代过程,现在检索过程中由用户对检索结果进行评价，指出哪些检索结果是与检索目的相关的正例或哪些是不相关的负例，然后根据这些用户评价信息调整检索样本或相似性度量函数，进行新一轮的检索，如此反复，直至用户得到满意的检索结果或者系统的检索精度达到了稳定状态为止。相关反馈技术是当前信息检索研究中最为活跃的领域。早期的相关反馈方法主要依据一些启发式思想进行检索样本与参数的调整，如修改查询向量，使其向相关检索对象的分布中心移动，根据反馈信息调整距离度量公式中各分量的权重。近年来，机器学习方法也与相关反馈方法相结合，来进一步提高检索精度。

查询扩展作为一种改善检索的方法，主要是针对检索中的"词典问题"。词典问题是指，通常情况下两人使用同样的关键词描述同一物体的概率小于20%。在当前搜索引擎使用过程中，这个问题变得更加尖锐。如果用户使用足够多的词描述查询内容，用词不一致的问题则会在一定程度上得到缓解。但事实上，大多数用户查询仅使用一个单词，这样传统的基于关键词的向量空间模型无法发挥正常的作用。同时，许多情况下，用户使用的词在相关文章中不一定具有足够的权重，那么仅靠用户提交的短查询无法提供检索出相关文档的足够信息。因此，利用查询扩展在原来查询的基础上，加入与其相关联的词，组成新的更长、更准确的查询，就能够在一定程度上弥补用户查询信息不足的缺陷。查询扩展的方法大致可以分为两类：全局分析和局部分析，这些都是根据计算查询用词与扩展用词相关度的方法，具体感兴趣的读者可自行查阅相关文献资料。

8.7 信息检索与Web搜索

8.7.1 信息检索

信息检索是从大规模的具有非结构化特性（通常是文本）的资料集合（通常保存在计算机上）中找出满足用户信息需求的资料（通常是文档）的一门学科，它也与许多学科相交叉，例如，数据挖掘、机器学习、模式识别、软件工程、数据库、自然语言处理、统计优化等。当今信息时代的信息量爆炸式增长、噪声太多，寻找所需要的信息非常不容易，使用搜索引擎寻找所需要的信息已经成为很多人的日常行为，而使用专业信息检索系统，如专利、法律条文、科技论文等检索系统，则是专业人员的经常行为。

信息检索技术在当今时代无疑是十分重要的，Google、Baidu、Tencent等许多公司都纷纷加入到搜索引擎的竞争行列，而包含搜索的应用也越来越多，如电子商务类网站（阿里巴巴、亚马逊）、社交网（微博、Facebook、Twitter）、数字图书馆、大规模数据分析等数字图书馆、大规模数据分析等。搜索是未来操作系统的重要部分。

信息检索按其规模可以分为以下三类。

(1) 个人信息检索：个人相关文档的搜索，如桌面搜索（Desktop Search），属小规模。

(2) 企业级信息检索：企业内部文档的搜索、行业文档的搜索等，属中大规模。

(3) Web信息检索：数万亿网页的搜索，属超大规模。

信息检索的基本内容包括以下几个方面。

(1) 文档采集：自动获取有用的文档，用于建立文档库。

(2) 文本分析：文档预处理，用于将文档转换成索引词项或特征，主要包含词条化、去除停用词、词项归一化、词干还原和词干归并、链接分析等内容。

(3) 索引构建：创建索引数据结构，用于支持快速搜索，主要包含倒排索引、词典索引、基于块排序的索引构建、单遍内存式扫描构建、分布式及动态索引构建等内容。

(4) 索引压缩：对索引数据结构进行压缩表示，用于节省磁盘空间，提高检索系统效率，主要包含词项的统计特性(Heaps 定律、Zipf 定律)、词典的压缩、倒排记录表的压缩等内容。

(5) 检索模型与排序算法：用于判断查询和文档之间的关联性，主要包含布尔检索模型、向量空间模型、概率检索模型、TF-IDF 词项权重计算机制以及基于 TF-IDF 的文档排序算法、概率排序原理、PageRank 算法、HITS 算法、基于向量空间模型的 XML 文档排序算法等。

(6) 用户交互：支持用户创建和精化查询，支持检索结果的展示，主要包含查询输入、查询变换、相关反馈和伪相关反馈、查询扩展及重构、检索结果展示等。

(7) 检索评价：对检索系统的效果和效率进行评价，主要包含正确率、召回率、正确率-召回率曲线、标准测试集及评测会议、用户体验及结果摘要等内容。

8.7.2 网络信息资源检索

Internet 的开放性和信息广泛的可访问性给人们带来了极大的方便。网站的数量在不断增加，中国网民群体庞大，手机网民数量也大幅度上升，互联网普及率较高。网络信息资源不是传统信息资源的复制，也不能取代传统的信息媒体和交流渠道，它是对传统信息资源和信息交流渠道的补充。网络信息资源检索具有交互式、用户透明度高、信息检索空间拓宽、用户界面友好的特点。

搜索引擎不仅数量增长较快，而且种类较多。按资源的搜集、索引方法及检索特点与用途来分，搜索引擎可分为分类目录型、全文检索型和文摘型；按检索方式分，其可分为单独型和汇集型；按覆盖范围分，其可分为通用搜索引擎和专业搜索引擎；按搜索引擎的功能分，其可分为常规搜索引擎和多元搜索引擎，或独立搜索引擎和集成搜索引擎等。

1. 分类目录型

分类目录型搜索引擎又称为目录服务(Director Service)，检索系统将搜索到的 Internet 资源按主题分成若干大类，每个大类下面又分设二级类目、三级类目等。一些搜索引擎可细分到十几级类目。这类搜索引擎往往还伴有网站查询功能，也称为网站检索。

这类搜索引擎的特点是：由系统先将网络资源信息系统地归类，用户可以清晰方便地查找到某一类信息，用户只要遵循该搜索引擎的分类体系，层层深入即可。

这类搜索引擎的不足之处是搜索范围比以全文为主的搜索引擎的范围要小得多，加之这类搜索引擎没有统一的分类体系，用户对类目的判断和选择将直接影响到检索效果，而类目之间的交叉，又导致了许多内容的重复。同时，有些类目分得太细，也使得用户无所适从。

2. 全文检索型

全文检索型搜索引擎通常被称为索引服务(Indexing Service)，与以分类目录为主的搜索引擎中的网站查询十分相似，但却有着本质的区别。通过使用大型的信息数据库来收集和组织 Internet 资源，大多具有收集记录、索引记录、搜索索引和提交搜索结果等功能。

以全文检索为主的搜索引擎的特点是信息量很大、索引数据库规模大和更新较快。Internet 上新的或更新的页面常在短时间内被检索到，而过期链接会及时移去。

以全文检索为主的搜索引擎的不足之处是检索结果反馈的信息往往太多，以至于用户很难直接从中筛选出自己真正感兴趣的内容，要想达到理想的检索效果，通常要借助于必要的语法规则和限制符号。

3. 多元集成型

多元集成型又称为元搜索引擎。Internet 上信息非常丰富，任何一个搜索引擎都无法将其完全覆盖。建立在多个搜索引擎基础之上的多元集成型搜索引擎，在一定程度上满足了用户更多、更快地获得网络信息的要求。

多元集成型搜索引擎有串行处理和并行处理两种方式。串行处理是将检索要求先发送给某一个搜索引擎，然后将检索结果处理后，传递给下一个搜索引擎，依次进行下去，最终将结果反馈给用户。串行处理方式准确性高，但速度慢。并行处理则是将检索请求同时发给所有要调用的搜索引擎。并行处理方式速度快，但重复内容较多。

4. 图像搜索型

图像搜索引擎面向 Internet 上的嵌入式图像或被链接的图像，通常要实现以下功能：第一，允许用关键词搜索图像内容、日期和制作人；第二，能通过颜色、形状和其他形式上的属性进行搜索；第三，把图像作为搜索结果的一部分显示。

图像在很多方面不同于文本。搜索引擎在面对文本信息时，所用的检索方法可能不够完美，但至少可以用单个词语来进行搜索。而图像则需要人们按照各自的理解来说明它们所蕴含的意义，图像本身难以分解出可以搜索的部件，需要利用某种可以辨别颜色和形状的机制。随着人工智能和信息技术的发展，一种智能的基于知识的图像检索系统成为图像检索领域的发展方向，其能实现自动提取语义和图像特征的功能，并且充分考虑到用户特征对检索系统的影响。

8.7.3　搜索引擎应用

全文型搜索引擎是目前广泛应用的主流搜索引擎。以文本为检索对象，允许用户以自然语言根据资料内容而不仅是外在特征来实现信息检索的手段。全面、准确和快速是衡量全文检索系统的关键指标。全文检索不仅可以实现对数据资料的外部特征的检索，诸如标题、作者、摘要、附录等，而且还能直接根据数据资料的内容进行检索，实现了多角度、多侧面地综合利用信息资源。

下面以 Baidu 为例说明搜索引擎的应用。

1. 检索方法

(1) 关键词检索。用户只需要在搜索框内输入所要检索内容的关键词，单击“百度一下”按钮即可得到检索结果。同时，可根据用户需要进行不同功能模块(新闻、网页、贴吧、MP3、图片和视频)的任意切换，在无功能选择时默认为网页搜索。

（2）网站导航。如用鼠标单击“更多”按钮，进入功能模块全页面显示，用户可进行任意选择。如单击“新闻”，则进入百度新闻检索界面，它是一个类似于图书馆分类方式的主题。

（3）高级检索。单击主页面中的“高级”即进入高级检索界面。利用百度搜索引擎的高级检索功能，可以更直观地在各输入框内输入检索范围限定，包括时间、语言、地区、关键词位置等，同时还可以对结果显示加以限定。所有限定一次到位，不失为一种非常方便的检索方法。

2. 检索技巧

（1）减除无关资料。百度支持“－”功能，用于有目的地删除某些无关网页，但减号之前必须留一空格，语法是“A－B”。

（2）并行搜索。使用“A|B”来搜索“或者包含关键词A，或者包含关键词B”的网页。

（3）相关检索。百度搜索引擎会提供“其他用户搜索过的相关搜索词”。

（4）把搜索范围限定在网页标题中——intitle。

（5）把搜索范围限定在特定站点中——site。

（6）把搜索范围限定在URL链接中——inurl。

（7）精确匹配——双引号和书名号。

（8）要求搜索结果中不含特定查询词。

8.7.4 图像搜索引擎

图像是互联网上重要的信息资源。同文本文献相比，图像资料直观逼真、形象生动，既与其他类型的信息资源相互补充，又是一种独立的信息载体。随着人们对图像理解、图像识别研究的不断深入，提出了图像搜索引擎，只有了解相关搜索引擎的特点和性能，掌握其检索方法和技巧，才能快速、准确地在网上检索出所需要的图像资料。

主要有两类图像搜索引擎技术正在研究和应用之中：一种是采用传统的基于关键字的图像检索技术；另一种是采用基于内容特征的图像检索技术。

1. 传统的基于关键字的图像检索技术

使用传统的基于关键字的搜索引擎进行图像搜索，其原理与搜索普通信息一样，差别只是搜索的关键词不同或者分类类别不同而已，包含图片、图像和照片。传统的图像专用搜索引擎的工作原理也是如此。

2. 基于内容特征的图像检索系统

这种方式实现了基于文本式的描述，用关键词及关键词的逻辑组合或自然语言来表达查询的概念，这就是语义的匹配。但由于对图像的理解比文本更容易产生歧义，当词语不足以形象和准确地描述视觉感知时，用户就需要利用其所呈现的视觉特性来查询，例如，利用颜色、纹理、形状等特征。因此，就出现了基于图像本身固有属性(Content-based)匹配的图像检索技术，即我们称为基于内容特征的图像检索。

8.7.5 移动搜索

移动搜索是指以移动设备为终端,对互联网内容进行的搜索。其能够帮助用户高速、准确地获取信息资源。手机已经成了信息传递的主要设备之一。尤其是近年来手机技术的不断完善和功能的增加,利用手机上网也已成为一种获取信息资源的主流方式。移动搜索服务的核心是将搜索引擎与移动设备有机结合,生成符合移动产品和用户特点的搜索结果,从而脱离对固定设备和固定通信网的依赖,实现随时随地的信息获取。

8.7.6 搜索引擎选择

目前还没有哪种检索工具能够覆盖整个 Internet 的信息资源。不同搜索引擎在索引资源、用户界面、功能设置、检索速度、检索数量以及准确率等方面各有所长,搜索结果大相径庭,但其与用户所希望的搜索结果还有较大的差距。

1. 搜索引擎常见问题

(1) 数据库记录的更新速度如何。

(2) 检索词是否确实在网页上出现了,在哪个地方出现的。

(3) 默认的布尔算符是否改变,某次检索的错误可能是由不正确的布尔逻辑处理过程引起的。

(4) 搜索引擎是否精确地按照输入的字符串进行检索,或者用所包含的相似词汇进行检索。

2. 搜索引擎的选择

搜索引擎为 Internet 上的一种信息检索工具,其选择标准一般是:改录内容(网络资源包括的项目、信息的类别、更新、周期和速度及标引深度)、检索方法、用户界面、检索效率、检索结果的显示。为使检索更有效、更适用,需要智能化、专业化的搜索引擎。在选择搜索引擎时应该注意以下几个方面。

(1) 知名度。最好选择知名度高的搜索引擎,如百度、谷歌。

(2) 收录范围。综合性搜索引擎通常支持多语种,有特殊需要的用户,应该首先选用相应语种的搜索引擎。

(3) 数据库容量。

(4) 响应速度。

(5) 用户界面。

(6) 更新周期。

(7) 准确性。

(8) 全面性。

小结

本章首先对传统的信息检索系统与数据库管理系统进行了介绍说明，可以令读者更清楚地理解它们的内涵与区别，进而对信息检索模型做了进一步较为详细的介绍，包括布尔检索模型、向量空间模型、概率模型以及扩展经典检索模型。接着对文本预处理、文本聚类、文本索引等涉及的技术进行了简单的总结与介绍。另外，对用户相关反馈和查询扩展进行了必要的说明。最后，根据目前信息检索的发展趋势，详细介绍了网络信息资源检索中各种类型的搜索引擎。

习题

1. 试述传统的信息检索(IR)系统与数据库管理系统(DBMS)的区别。
2. 列举说明几种代表性的信息检索模型及其特点。
3. 文本预处理包含的文本操作主要有哪些?
4. 试简单说明文本聚类的作用及意义。
5. 什么是倒排文件? 并简单描述倒排文件搜索的步骤。
6. 请解释什么是信息检索中的相关反馈，并说明相关反馈的意义。
7. 试选择3种现有的搜索引擎，设计不同的查询类型(如文本、图像等)，对比不同搜索引擎的查询结果。

第9章 基于内容的音频检索

9.1 引言

音频,用作一般性描述音频范围内和声音有关的设备及其作用。人类能够听到的所有声音都称为音频,也可能包括噪声等。音频是一种重要的媒体,它的表现形式很多,例如音乐、新闻广播和语音等,它还是视频的重要组成部分。计算机处理音频,传统的方法是采用基于标题或文件名的文本标注方式,需要大量人力,并且由于文件名和文本描述的不完整性和主观性,很难满足人们的查询要求。并且,这种检索方法不能支持实时的音频数据检索。

为了解决这个问题,产生了基于内容的音频检索技术,其一举成为多媒体检索的一个重要分支,是多媒体、数据库等技术前沿的研究方向之一。基于内容的音频检索,主要是指通过对音频的特征分析对音频数据进行分类(语音、音乐和噪声等),然后根据音频数据的不同类型以不同的方式进行处理和索引。用户通过输入音频例子进行查询,该查询也同样地进行分类、处理和索引,然后根据查询索引和数据库中音频索引之间的相似性,得到对音频数据的检索结果。

音频信息的分类和检索技术研究可以追溯到20世纪80年代,人们对音频信号的处理主要集中于音频分割、语音识别、说话人识别等方面。从20世纪90年代起,基于内容的音频检索才渐渐成为较为活跃的研究领域,国内外学者们纷纷开始对音频检索技术进行更为细致的研究,诸如麻省理工学院、南加州大学、浙江大学人工智能研究所、清华大学计算机科学与语音实验室、国防科技大学等高校也都进行了大量的研究工作,主要围绕音频指纹技术、语音音频检索、广播新闻分割、多媒体数据库检索系统等领域展开深入研究。工业界对于音频检索技术的开发也十分积极,像美国 Muscle Fish 公司较早就推出了较为完整的原型系统,实现了对数据分帧、提取主要特征属性、相似度计算到输出检索结果的一系列功能。关于基于内容的音频检索方面的研究已有很多,但仍然需要更进一步的理论和实践工作,从而更好地满足海量数据下用户的音频检索需求。

本章的组织结构和安排如下:9.2节主要介绍音频的时域、频域等主要的音频特征;9.3节对基于内容的音频检索过程进行了描述;9.4节根据音频的类型介绍了音频的分段与分类方法;9.5节主要针对语音类型的音频数据的识别和检索技术进行了详细的说明;9.6节简单介绍音乐的索引与检索;9.7节讲述利用音频和其他媒体之间的关系进行索引和检索。

9.2 音频的主要特征

对音频信号进行特征分析，是音频检索的基础。由于音频信号是变化的，不同的音频频段可能由不同的频率采样得到，每个样本使用的位数也可能不同，对查询样本和存储的音频样本之间直接进行比较的处理方法是不可行的，因此通常采用通过基于一系列抽取得到的音频特征(例如平均振幅和频率分布等)的音频检索方法。

音频信号有许多共同特性，本节我们将会介绍一些最常用的音频特征。音频信号一般可以以时域或频域的形式进行表示，目前音频特征已有很多，一般可以将其分为两类：时域音频特征和频域音频特征。时域特征主要包括短时平均能量、过零率、静音比、线性预测系数等。频域特征主要包括频谱中心、带宽、谐音、音调、线性预测倒谱系数(Linear Predictive Cepstrum Coefficient，LPCC)、Mel倒谱系数(Mel Frequency Cepstrum Coefficient，MFCC)等。一般来说，时域特征计算简单，相对也更容易理解；而频域特征较为复杂，但许多频域特征鲁棒性高，因此常使用频域特征进行音频信号的特征分析。

9.2.1 时域特征

音频信号最直观的表示方法就是时域表示法，即将音频信号表示成随时间变化的幅值。图9.1是一段音频信号的幅值-时间表示。图中横轴表示时间，纵轴表示幅值。假定静音表示成0，若声压高于静音时的平衡气压，则信号值为正，否则为负。

假设现在有连续音频信号 x，对该信号进行采样得到 K 个采样点 $x(n)$，$1\leqslant n\leqslant K$，每个采样点 $x(n)$ 包含这一时刻音频信号的所有信息，可直接从中提取特征。我们将 $x(n)$ 序列看作一个二维数轴，横坐标表示时间(长度为 K)，纵坐标表示 $x(n)(1\leqslant n\leqslant K)$ 的值。考查音频信号在这个坐标轴上的能量幅度，可提取的时域特征有短时平均能量、过零率、静音比、线性预测系数等。

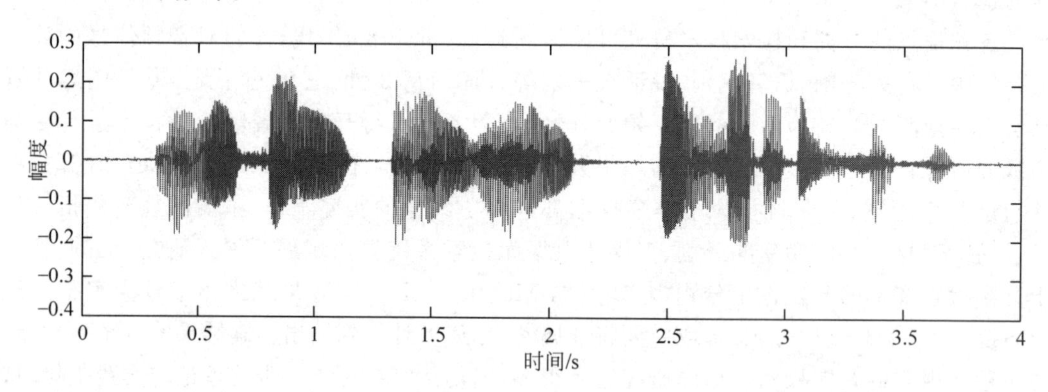

图9.1 音频信号的幅值-时间表示

1. 短时平均能量

短时平均能量指在一个短时帧内采样信号所聚集的平均能量，说明了音频信号的强度。假设某个短时帧对应的时间窗口长度为 N，即包含 N 个信号采样点，则该短时帧的平均能

量 E 可以用下面的公式计算。

$$E=\frac{1}{N}\sum_{n=1}^{N}x^{2}(n)$$

其中,$x(n)$表示该短时帧中第 n 个采样信号值。为了给不同位置的采样信号不同的权值,通常会在短时帧上加上各种不同形状、长度为 N 的窗口函数。窗口函数很多,有矩形窗、巴特立特(Bartlett)窗、三角窗、海明(Hamming)窗等。

短时平均能量不仅能够反映出信号幅度的大小,还能够进行音频信号的静音检测。通过设定适当的能量阈值和持续时间阈值,就可以很容易地把静音信号与其他音频信息区分开,从而检测出音频中的静音部分。另外,利用短时能量能够用来区分语音和噪声,因为语音的能量一般比较大,而噪声的能量比较小。又因为清音的短时能量要比浊音小得多,因此利用短时能量可以用来确定清音和浊音的分界点。

2. 过零率

过零率指音频信号值在单位时间内穿过零点的次数。对于离散时间序列,过零则是指序列取样值改变符号,因此,过零率表明了信号幅值符号改变的频率。在某种程度上,它表示了音频信号的平均频率。一个短时帧的平均过零率由式 9.1 进行计算。

$$Z=\frac{1}{2N}\sum_{n=1}^{N-1}\left|\operatorname{sgn}x(n+1)-\operatorname{sgn}x(n)\right| \tag{9.1}$$

语音信号中,语音的最小组成单位是音素,最小发声单元是音节。一个音节是由元音和辅音构成的,其中元音信号振幅较大,过零率较低,短时能量较高;而辅音信号幅度较小,短时能量也较低,但其过零率较高。辅音出现在音节的前端、后端或前后端,具有调整和辅助发音的作用。在语音信号中,开始或结束部分的过零率将会有显著提高。因此,若将短时平均能量和过零率相结合,能够更好地进行语音信号的端点检测,即判断语音信号的起止位置。当背景噪声比较小的时候,用短时能量来检测端点比较准确,而当背景噪声比较大的时候,用短时过零率则比较好。

而对于大多数音乐类型的音频,其信号多集中在低频部分,其过零率不表现出突然的升高或降低。因此,过零率也可用来区分语音和音乐这两种不同的音频信号。

3. 静音比

静音比表示静音在整个音频片段中的比例。我们把绝对幅值低于某个阈值的时间段定义为静音。定义中有两个阈值,分别是幅值阈值和时间阈值。如果样本的幅值低于幅值阈值,则样本是静音。当相邻静音样本的数量高于某个时间阈值时,这些样本被认为组成了一个静音时段。使用静音比,可以区分一般音乐和独奏音乐。一般音乐的静音比较低;而独奏音乐中可能出现较长时间的静音,从而静音比较高。

4. 线性预测系数

对于一段较长的音频,假设其采样信号序列为$\{x(1),x(2),\cdots,x(N)\}$,如果使用具有有限个参数的线性数学模型近似表示该序列,这些参数就变成刻画音频序列$\{x(n)\}$($1\leqslant n\leqslant N$)的重要特征。由于这个模型是线性的,称这些参数为线性预测系数(Linear

Predictive Coefficient，LPC）。

AR(p)模型是一个常用的线性模型，$x(n)$可以用其之前的 p 个采样信号来进行预测。记预测值为 $x'(n)$，则该模型可以用式 9.2 来表示。

$$x'(n)=\sum_{i=1}^{p}a_i x(n-i) \tag{9.2}$$

其中，$\{a_i\}(1\leqslant i\leqslant p)$为模型参数，即 LPC。LPC 的计算是该模型的关键，一般使用最小均方误差法，即使得所有预测值和实际值之差的平方和最小(具体计算可参考相关文献)。

在实际应用中，考虑到即使是一段音频本身也可能由不同的机制产生，我们并不为某个音频信号序列的全体采样点建立一个全局的线性模型。通常的做法是为每个音频帧建立一个线性预测模型。假如每个短时帧有 p 个系数，这 p 个系数就是这个短时音频帧的特征。

9.2.2 频域特征

音频理论指出，每一个音频信号是由不同时刻、不同频率和不同能量幅度的声波组成的。通过时域表示法表示音频信号时，只能得到信号幅值随时间是如何变化的，而无法知道该信号由哪些频率信号构成，即时域表示法无法显示一个音频信号的频率成分和频率分布，因此，通常还需要以频率的形式表示音频信号。

图 9.2 是音频信号的频域表示(幅值-频率)形式。其横坐标表示不同的频率，纵坐标表示频率所对应的给定时间段内的能量总和，用幅值表示。从频域图可清楚地看出，音频信号在哪些频率带上的能量大，哪些频率带上的能量小。傅里叶变换可分解出音频信号的频率成分。音频信号的时域图经过傅里叶变换可推导出频域图。因此，音频的时域表示和频域表示之间可以通过傅里叶变换及其逆变换相互转换。

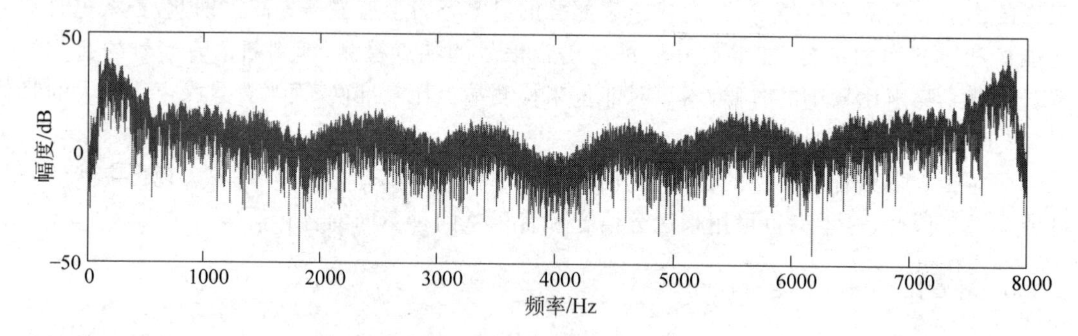

图 9.2 音频信号的幅值一频率表示

信号的频域图也称为信号频谱，根据信号频谱可以提取出音频频域特征，如频谱中心、带宽、谐音、音调、线性预测倒谱系数(LPCC)、Mel 倒谱系数(MFCC)等。

1. 频谱中心

频谱中心，是用来刻画音频所含频率中心点(考虑能量加权)的特征，又可以称为亮度。语音的亮度一般比音乐低。其计算公式如下。

$$FC=\frac{\int_0^{w_0} w\ |F(w)|^2 dw}{\int_0^{w_0} |F(w)|^2 dw} \tag{9.3}$$

其中，w 表示音频信号的某个频率，$|F(w)|^2$ 表示频率 w 对应的能量，w_0 是采样频率的0.5倍。这是根据奈奎斯特采样定理，音频信号数字化时，采样率必须高于输入信号最高频率的2倍，才能正确恢复信号，因此取采样频率的0.5倍一定能够包含所有的频率范围。

2. 带宽

带宽是衡量音频频域范围的指标，最简单的计算方法是取非零声谱中最大频率与最小频率的差。带宽更一般的含义是频谱各成分和频谱中心差值的能量加权平均的平方根，计算公式如下。

$$BW=\sqrt{\frac{\int_0^{w_0} (w-FC)\ |F(w)|^2 dw}{\int_0^{w_0} |F(w)|^2 dw}} \tag{9.4}$$

其中，FC是频谱中心。利用带宽指标，可以对语音和音乐两种类型的音频进行分类。一般来说，语音的带宽范围比较小，为0.3～3.4kHz；而音乐的带宽比较宽，一般为22.5kHz左右。

3. 谐音

音频信号中最低的频率成分称为基频，频率为最低频率倍数的频谱成分称为谐音。音乐通常比其他声音具有更多的谐音。不同的乐器发出同一音调时，基频频率虽相同，但谐音成分相差很大，这就使每种乐器有不同的音色。

4. 音调

音调是人们对音频声音高低的感觉，是一种主观特征。只有乐器以及人声发出来的声音才会给人以音调的感觉。音调和基频相关，但并不完全等价于基频。然而在实际应用中，通常就用基频来作为对音调的近似。

5. 线性预测倒谱系数

倒谱特征是用于说话人个性特征表征和说话人识别的最有效的特征之一。对音频信号先做傅里叶变换，然后取模的对数，接着再求反傅里叶变换，就能得到音频信号的倒谱。在实际应用中，线性预测倒谱系数(LPCC)主要根据它和音频信号的线性预测系数LPC之间的关系递推得到。LPCC参数主要反映声道特性，而且只需十几个倒谱系数就能较好地描述语音的共振峰特性，计算量小，其缺点是对辅音的描述能力较差，抗噪声性能也较弱。

6. Mel倒谱系数

Mel倒谱系数(MFCC)是将各帧的频谱成分经过Mel刻度的滤波器组滤波后形成一组

子带合成频谱能量系数,再经过对数压缩和变换获得的。这个处理过程的特点是:首先,语音的时频演化特性通过观测向量序列各成分的变化表现出来;其次,滤波器组近似地表现了人耳的听觉特性;最后,对数变化压缩了幅度谱的动态范围,均匀了各子带能量对识别的贡献。

求 Mel 倒谱系数的方法是将时域信号做时频变换后,对其对数能量谱用依照 Mel 刻度分布的三角滤波器组做卷积,再对滤波器组的输出向量做离散余弦变换,这样得到的前维向量称为 MFCC。另外,MFCC 与频率(f,单位 Hz)的关系如式 9.5:

$$\mathrm{Mel}(f)=2595\times\lg(1+f/700) \tag{9.5}$$

Mel 特征是目前使用最广泛的语音特征之一,具有计算简单、区分能力和抗噪声能力好等突出的优点,因而常常成为许多实际识别系统的首选。MFCC 充分考虑到人的听觉系统中的非线性特性,可以把音频例子进行更为合理的分段。通常来说,MFCC 比 LPCC 更符合人耳的听觉特征,在有信道噪声和频谱失真情况下能产生更高的识别精度,因此特别适合用于语音辨识。

7. 其他频域特征

除了上面介绍的频域特征外,还有其他频域特征,如熵和子带组合,其中,熵是用来衡量信息复杂度的一个重要指标。熵的计算公式如下。

$$S=-\sum_{i=1}^{N}P(i)\lg p(i) \tag{9.6}$$

其中,

$$P(i)=\frac{|M(i)|^2}{\sum_{i=1}^{N}|M(i)|^2} \tag{9.7}$$

$M(i)$是第 i 个频率子带上的能量,N 是子带的总个数。

人讲话的音频信号总是集中分布在某些频率子带上,而音乐和自然声音可以分布在所有多媒体数据库与内容检索子带上,因此可以将某些子带上的能量组合起来,也就是子带组合特征,从而判断音频信号是语音还是音乐。

9.2.3 频谱图

前面提到了两种最简单的音频信号表示方法,即时域表示法和频域表示法,然而它们的表达能力有限。时域表示方法不能显示信号的频率成分,而频域表示方法不能显示不同频率成分发生的时间。为此,采用一种称为频谱图的组合表示法。它能够说明时间、频率和幅值三者之间的关系,既能表示音频时间信息,又能表示音频频率信息。在频谱中,横轴表示时间,纵轴显示频率内容,不同频率成分的强度能量由标记最大幅值/能量的最暗部分的灰度表示。图 9.3 是一个音频信号的频谱图,从一个音频信号的频谱图中,可以判断一些频率成分出现的规则性。

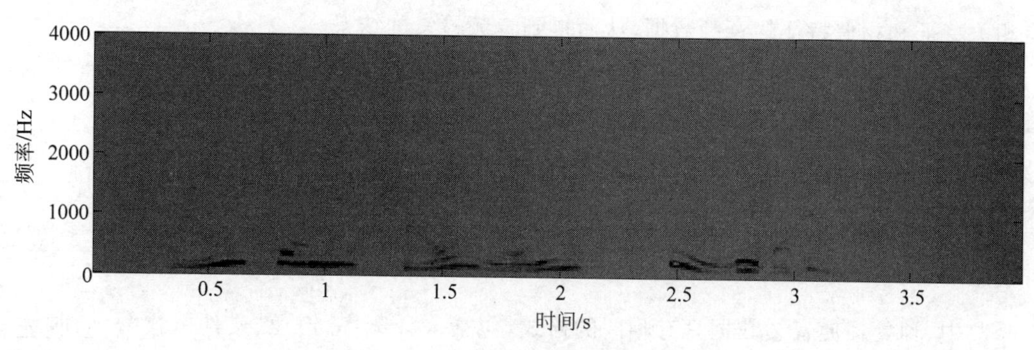

图 9.3 音频信号的频谱图表示

9.2.4 主观特征

音乐的主观特征用来描述人们对音乐的一些主观理解，前面介绍过的时域和频域特征中，也包含主观特征，如亮度、音调等，除此之外还有音色、节奏、响度等。

1. 音色

声源不同，音色就会不同；而音色的不同主要是由声源的不同谐音成分所决定的。音色与声音的质量有关，它包含除音调调度和周期之外的所有不同的声音质量。音色的突出成分包括振幅包络、谐音和频谱包络。音色通常用来区分不同乐器或嗓音的音质，它对音乐的情感效果贡献最大。对于如何对音乐分析中的音色感知建立物理模型的研究已经持续了较长的一段时间。

2. 节奏

节奏是另一种用来刻画音乐的重要特征，它用来衡量音乐的固定周期。它同样也可用来表示音色模式的变化和每个音乐片段的能量。为了能够对节奏进行分析，节拍检测机制必须被建立。目前已有很多关于节拍检测以及节奏分析算法的论文。

3. 响度

响度由对信号进行短时傅里叶变换得到的能量再取平方根得到，其度量单位是 dB。一个更为准确的响度估计常被用来解释人耳的频率响应，人耳能听到响度范围为 0～120dB（也有人认为是－5～120dB）。响度是较常用的感性特征属性，也是判断音频信号有声和静音的基本依据，响度的变化还反映了声音的节奏和周期性等信息。

9.3 基于内容的音频检索过程

基于内容的音频检索，其基本思想是从音频数据中提取出特定的音频特征，然后在对其特征分析的基础上进行音频分类，建立音频数据表示方法和数据模型，采用有效和可靠的查询处理算法，使用户可以在查询接口的辅助下，从大量存储的数据库中进行查找，检索出具有相关特征和相似特征的音频数据，从而得到音频检索的结果。

在基于内容的音频信息检索过程中，需要经过预处理、特征提取、音频分类和音频检索这几个关键步骤，如图9.4所示。

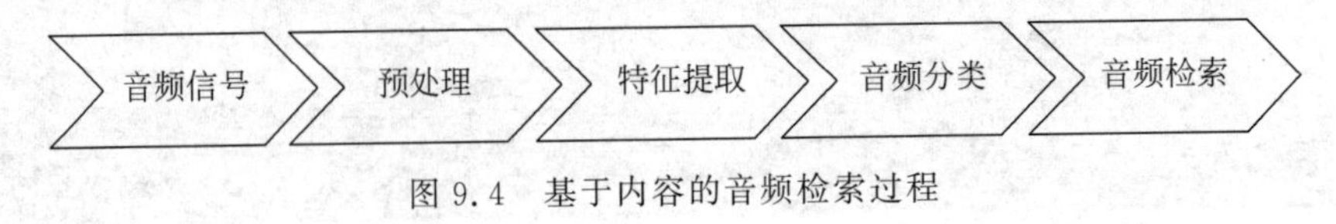

图9.4　基于内容的音频检索过程

其中，预处理使音频数据具有相同的格式，包括采样频率、声道、文件格式等，同时预处理还对音频数据进行滤波处理，尽可能降低其噪声。特征提取是指寻找原始信号表达形式，提取出能代表原始信号的数据形式，用来表征音频数据流。音频分类是根据特征分析对音频进行分类，从而在后续处理过程中针对不同类型的音频数据采取不同的处理方法。最后一步音频检索就是对分类出的音频数据建立索引，进行检索。

在检索中根据不同的检索对象，采用不同的检索技术。目前，研究比较多的是语音检索和音乐检索。语音检索就是采用语音识别等技术，在语音数据（如广播新闻、会议录音等）中搜索关键词，从而完成检索。很多智能终端都带有语音识别模块，可以很方便地进行语音检索。音乐检索可以采用录音、哼唱、节拍拍打、演奏输入、乐谱录入等多种方式提交查询请求进行检索。其中，演奏输入和乐谱录入两种检索方式可以采用文本检索技术很容易实现，但对用户的音乐技能要求较高；基于内容的检索方式由于对用户要求低、实用简便、能比较准确地表达检索要求，是目前最主要的音乐检索方式。

9.4　音频分段与分类

在基于内容的音频检索过程中，无论是何种类型的音频，其处理过程都是类似的，只是在不同的步骤中，才会针对不同的音频采取不同的方法，例如，在音频的特征提取阶段会选择不同的特征，在分类阶段会采取不同的模型等。为了更好地对音频数据进行处理分析，通常需要对音频进行分段和分类。

我们需要处理的音频数据通常是一段连续的时间序列信号，这些信号持续的时间可能非常长，因此需要先将音频进行分段，将其分割成长短不一的音频单元，然后再对各个音频单元进行识别。由于一段音频数据也可能分属不同的音频类别（语音、音乐、环境背景音等），那么可以对各个音频单元再进行分类。通常认为，无论是音频的分段还是分类，都可以看作是对音频的一种分类过程。

对音频分类的意义主要在于两个方面：一方面，对于不同的音频类型，需要使用不同的处理和索引方法，例如用专门的语音识别技术来对语音进行处理；另一方面，查询往往是针对音频的片段而非整段音乐，这也使得分段（又叫分割）成为整个音频内容检索过程的第一步。

9.4.1　不同类型声音的主要特征

语音和音乐是最主要的两类音频，表9.1给出了语音和音乐的主要特征对比。

表 9.1 语音和音乐的主要特征对比

特 征	语 音	音 乐
带宽/kHz	0～7	0～20
频谱中心	低	高
静音比	高	低
过零率	变化大	变化少
韵律或鼓点	无	有

1. 语音

语音信号的带宽通常为100～7000Hz，比音乐的带宽低。由于语音信号主要由低频成分组成，其频谱中心（或亮度）通常比音乐的频谱中心低，而且语音信号中单词和句子之间经常出现停顿，其静音比通常比乐音的静音比高。另外，与音乐相比，语音在过零率上有着更高的可变性。

2. 音乐

音乐的带宽通常为16～20 000Hz，具有较高的频率范围，其频谱中心比语音的要高。与语音相比，除单弦乐器或没有伴奏音乐的歌唱产生的音乐外，其他的音乐具有较低的静音比。音乐有比语音低的过零率可变性，另外，音乐具有可抽取的正常的跳动，语音一般没有。

9.4.2 音频的分类方法

音频的分段是将连续的音频流分割开，以保证每个分段语义相对独立，以便于进一步的分析。为了将音频分段，需要使用某种方法识别出发生突变的音频短时帧。音频的分段和分类所使用的方法是一致的，只不过前者是对音频短时帧的判别，而后者更多的是对音频例子的判别；或者说前者是粗粒度的分类，后者是细粒度的分类。因此，很多地方往往把分段和分类统称为分类。

音频分类主要有两种方法。虽然都是利用音频的特征值来进行分类，但是对特征值使用的不同方式造成了这两种方法的区别：第一种方法是按步判断分类，其中每一个步骤只使用一个单独的特征；第二种方法则将所有的特征集视作一个向量，以此来计算向量间的相似度，从而达到分类的目的。

1. 特征提取

根据语音信号处理理论，音频信号是短时平稳的，而长时间是剧烈变化的，所以在很短时间的音频帧上提取特征，能够使提取出来的音频特征保持稳定。因此，对于给定的一段很长的音频，往往先将其处理成短时帧（短时帧一般为4μs左右，相邻帧之间的叠加为2～3μs），然后在短时帧上提取时域、频域和时-频域等特征。

但是，有时需要对一个较长的音频信号进行特征提取。例如，要对一个几秒钟的音频信号进行分类，用到的就是这个长时间音频例子的特征。这种从长时间音频例子中得到的特征叫作音频例子特征，这种长时间的刻度可以更好地反映语义。音频例子特征多从短时音频特征的统计值得到。具体步骤是：先把音频例子分成含叠加的短时帧，然后提取每个短时帧的特征，形成特征向量，最后把短时帧特征向量的统计值（如均值、方差）作为音频例子特征。例如，某个音频例子被分成 M 个叠加短时帧，分别从每个短时帧提取频谱中心、过零率和静音比三个特征，就得到 $3\times M$ 阶特征矩阵，其每一行数据都是一种特征，每一列数据都是一个短时帧。对该矩阵的每一行计算均值和方差，并用得到的 6 个数据值（分别是频谱中心均值、频谱中心方差、过零率均值、过零率方差、静音比均值和静音比方差）作为该音频例子的特征。当然，其他统计值也可以被用作音频例子特征。

2. 按步判断分类

按步判断分类的具体步骤如下。

首先，计算输入音频片段的频谱中心。如果其频谱中心值比预先设定的阈值高，则认为它是音乐，否则认为它是语音。但由于有的音乐也具有低的频谱中心值，因此也有可能是音乐。

其次，计算静音比。如果它的静音比低，则认为是音乐；否则，认为是语音或独奏音乐。

最后，计算过零率。如果它有着非常高的过零率可变性，则是语音；否则是独奏音乐。

在这种分类方法中，特征判定的顺序是非常重要的，通常由计算的复杂性和特征的差别决定。一般先判定差别性大、复杂性低的特征，这样可减少一个特殊音频片段将要经历的步骤数，同时也可降低所需的整个计算量。许多应用进行音频分类所依据的只是一种特征，而使用多个特征和若干步骤可有效改善分类性能。

3. 特征向量分类

采用这种分类方法时，首先在训练阶段为每类音频找到一个平均特征向量（参考向量），在分类阶段中计算出一个输入音频片段的特征集合的值，将其作为一个特征向量，然后计算输入特征向量和每类参考向量之间的向量距离，通常计算欧几里得距离。输入音频属于距离最小的那类音频，该方法假设同类音频片段间的特征距离很小，而不同类的音频片段间的特征距离较远。

9.5 语音识别与检索

将音频分类为语音和音乐后，就可以使用不同的技术对它们进行单独处理。本节将主要针对语音检索技术进行介绍。语音索引和检索的基本方法是运用语音识别技术将语音信号转换为文本，然后使用信息检索技术进行索引和检索。除实际的发声词汇外，其他包含在语音中的信息（如说话人、说话人的情绪等），都可以辅助进行语音索引和检索。

9.5.1 语音识别

语音识别是一门交叉学科，近年来语音识别技术取得显著进步，也逐渐从实验室走向了市场，进入工业、家电、通信、汽车电子、医疗、家庭服务、消费电子产品等各个领域。很多专家都认为语音识别技术是 2000—2010 年间信息技术领域十大重要的科技发展技术之一，它所涉及的领域包括信号处理、模式识别、概率论和信息论、发声机理和听觉机理、人工智能等。

语音识别技术就是利用语音学和语言学知识，让机器通过识别和理解过程把语音信号转变为相应的文本或命令的技术。一般来说，语音识别是一个模式匹配问题，其目的是从语音信号中自动地提取字词。语音识别的过程可以分为训练和识别两个阶段，其技术主要包括特征提取技术、模式匹配准则及模型训练技术三个方面。在训练过程中，一个语音识别系统收集所有可能的语音单位的模型或特征向量。最小的语音单位可以是音素，也可以是单词或词组。在识别过程中，语音识别系统提取输入语音单位的特征向量，并把它与训练过程中收集到的每个特征向量进行比较，与输入语音单位的特征向量最接近的语音单位被认为是说话人所说的语音单位。

1. 国内外发展历史

语音识别的研究可以追溯到20世纪50年代，世界上第一个能识别10个英文数字发音的实验系统由贝尔研究所Davis等人研究。1960年，英国的Denes等人研究成功了第一个计算机语音识别系统。而真正大规模的语音识别研究是在进入20世纪70年代以后，小词汇量、孤立词的识别方面取得了实质性的进展。进入20世纪80年代以后，研究的重点逐渐转向大词汇量、非特定人连续语音识别。在研究思路上也发生了重大变化，即由传统的基于标准模板匹配的技术思路开始转向基于统计模型的技术思路。此外，再次提出了将神经网络技术引入语音识别问题的技术思路。20世纪90年代以后，在语音识别的系统框架方面并没有什么重大突破。但是，在语音识别技术的应用及产品化方面出现了很大的进展。

中国的语音识别研究起始于1958年，由中国科学院声学所利用电子管电路识别10个元音。直至1973年才由中国科学院声学所开始计算机语音识别。由于当时条件的限制，中国的语音识别研究工作一直处于缓慢发展的阶段。进入20世纪80年代以后，随着计算机应用技术在中国逐渐普及以及数字信号技术的进一步发展，国内许多单位具备了研究语音技术的基本条件。与此同时，国际上语音识别技术在经过了多年的沉寂之后重又成为研究的热点，发展迅速。就在这种形式下，国内许多单位纷纷投入到这项研究工作中。1986年3月，中国高科技发展计划(863计划)启动，语音识别作为智能计算机系统研究的一个重要组成部分而被专门列为研究课题。在863计划的支持下，中国开始了有组织的语音识别技术的研究，并决定每隔两年召开一次语音识别的专题会议。从此，中国的语音识别技术进入了一个前所未有的发展阶段，语音识别技术的研究水平已基本上与国外同步，并达到了国际先进水平，且中文语音识别技术也有其自身的特点和优势。

2. 语音识别分类

语音识别有多种分类方法。

按照识别对象的不同，可分为孤立词识别、关键词识别和连续语音识别。孤立词识别主要是指识别事先已知的孤立的词；关键词识别针对的是连续语音，它并不识别全部文字，而只是检测已知的若干关键词在何处出现；连续语音识别是识别任意的连续语音，如一个句子或一段话。

按照可识别词汇量的多少，可分为小词汇量(几十个词)、中词汇量(100～200个词)和大词汇量(200个词以上)。

按照对发音人的识别要求,可以分为特定人语音识别和非特定人语音识别,前者只能识别一个或几个人的语音,而后者则可以被任何人使用。显然,非特定人语音识别系统更符合实际需要,但它要比针对特定人的识别困难得多。

按照语音设备和通道,可以分为桌面(PC)语音识别、电话语音识别和嵌入式设备(手机、PDA等)语音识别。不同的采集通道会使人的发音的声学特性发生变形,因此需要构造各自的识别系统。

3. 主要问题与研究难点

语音识别主要存在以下问题。

(1) 对自然语言的识别和理解。首先必须将连续的讲话分解为词、音素等单位,其次要建立一个理解语义的规则。

(2) 语音信息量大。语音模式不仅对不同的说话人不同,对同一说话人也是不同的,例如,一个说话人在随意说话和认真说话时的语音信息是不同的。一个人的说话方式随着时间变化。

(3) 语音的模糊性。说话人在讲话时,不同的词可能听起来是相似的。这在英语和汉语中较常见。

(4) 单个字母或词、字的语音特性受上下文的影响,以致改变了重音、音调、音量和发音速度等。

(5) 环境噪声和干扰对语音识别有严重影响,致使识别率低。

语音识别的研究难点主要在于自然语音的特性使其在多个层次上存在差异。例如,不同说话人发出的音素或同一说话人在不同时刻发出的音素在周期、幅值和频率成分上特征都不同,甚至背景或环境噪声可加大上述区别,且不同的音素具有不同的周期,正常的连续的语音很难分离成单个音素。另外,音素随着在单词中位置的不同而不同,如一个元音的频率成分常受到周围辅音的严重影响。还有说话人嗓音的响度、音调、速度等都会随着对话产生变化,也没有两个音节是完全一样的。由于上述因素,早期的自动语音识别(Automatic Speech Recognition, ASR)系统是依赖于说话人的,要求单词之间存在停顿,且只能识别少量的单词。上述因素也说明语音识别是一个统计过程。在这个统计过程中,排序的声音序列与代表它们的音素和词汇的特殊字符串的可能性相匹配。语音识别还需用到语言知识,包括词典和允许的单词序列的语法。不同的技术在使用的特征、音素模型化和使用的匹配方法等方面都有所不同。

4. 数据库

在语音识别的研究发展过程中,相关研究人员根据不同语言的发音特点,设计和制作了汉语(包括不同方言)、英语等各类语言的语音数据库,这些语音数据库可以为国内外有关的科研单位和大学进行汉语连续语音识别算法研究、系统设计及产业化工作提供充分、科学的训练语音样本。例如,MIT Media Lab Speech Dataset(麻省理工学院媒体实验室语音数据集)、Pitch and Voicing Estimates for Aurora 2(Aurora 2语音库的基因周期和声调估计)、Congressional Speech Data(国会语音数据)、Mandarin Speech Frame Data(普通话语音帧数据)、用于测试盲源分离算法的语音数据等。

9.5.2 语音识别系统

自动语音识别系统一般由三个部分组成:声学模型、发音词典和语言模型。声学模型是用来描述构成语音的声学特征描述的模型,发音词典是用来描述构成各词的语音单元序列组合的模型,语言模型是用来描述讲话过程中各种词序的可能性的统计模型。

1. 声学模型

在声学层面上,语音信号随着说话人的生理因素、社会因素、语音的上下文环境、背景和输入通道的差异会产生很大的变化。声学模型通常由获取的语音特征通过学习算法产生。在识别时将输入语音特征同声学模型(模式)进行匹配比较,得到最佳的识别结果。声学模型是读者识别系统的底层模型,并且是其中最关键的一部分。声学模型的目的是提供一种有效的方法计算语音的特征向量序列和每个发音模板之间的距离。声学模型的设计和特定语言发音特点密切相关。声学模型单元大小(字发音模型、半音节模型或音素模型)对语音训练数据量大小系统识别率,以及灵活性有较大的影响。必须根据不同语言的特点、识别系统词汇量的大小决定识别单元的大小。隐马尔可夫模型(Hidden Markov Model,HMM)是目前用来进行声学建模的最主要的方法,它比较有效地符合了语音信号短时稳定、长时时变的特性,并且能根据一些基本建模单元构造成连续语音的句子模型,达到了比较高的建模精度和建模灵活性。声学模型的贡献是,根据可以观测到的声学特征得到拼音串。

2. 发音词典

发音词典详细列出了语音识别器需要输出的单词的有限集合,同时为其中每一个单词只列出了一种发音,换句话说,发音词典给出了从单词到发音的映射。例如,著名的卡耐基梅隆大学发音词典以音素的形式记录单词的发音,他们提供的音素集包含39个音素,例如,对于美国英语的语音识别任务,在现有的系统当中一般使用六万多单词的词典,总共的发音大约是七万多。发音词典的贡献是,通过查阅发音词典,可以把声音和单词联系起来。

3. 语言模型

在语言层面上,语言的歧义性和语言结构的随意性在日常语言中随处可见,自然口语发音中的次序颠倒、重复、修正、非语言信号的插入等不规范现象给语言处理带来很大的困难。语言模型可以是由识别语音命令构成的语法网络或由统计方法构成的语言模型,语言处理可以进行语法、语义分析,对小词汇量语音识别系统,往往不需要语言处理部分。语言模型对中、大词汇量的语音识别系统特别重要。当分类发生错误时可以根据语言学模型、语法结构、语义学进行判断纠正,特别是一些同音字则必须通过上下文结构才能确定词义,从而确定正确的字。语言学理论包括语义结构、语法规则、语言的数学描述模型等有关方面。目前比较成功的语言模型通常是采用统计语法的语言模型与基于规则语法结构命令的语言模型。语法结构可以限定不同词之间的相互连接关系,减少了识别系统的搜索空间,这有利于提高系统的识别效率。

语言模型主要分为规则模型和统计模型两种。统计语言模型是用概率统计的方法来揭示语言单位内在的统计规律，其中，N-Gram 模型简单有效，被广泛使用。N-Gram 模型是基于这样一种假设，一个词的出现只与前面 N-1 个词相关，而与其他任何词都不相关，整句的概率就是各个词出现概率的乘积。这些概率可以通过直接从语料中统计 N 个词同时出现的次数得到。常用的是二元的 Bi-Gram 和三元的 Tri-Gram 统计模型，能很好地解决模糊音和同音词的问题。

语言模型的作用是，利用语言学知识从上一步生成的单词网格图中找到一条最好的路径（即单词序列），得到一个符合语法和语义的句子。

9.5.3 语音识别算法

语音识别过程中的常用算法有基于动态时间环绕（Dynamic Time Warping，DTW）的识别算法、基于统计的 HMM 模型识别和训练算法、基于神经网络的训练和识别算法等。无论采用什么模型和算法，都有一个模型（或模板）的训练问题。从本质上讲，语音识别过程就是一个模板匹配的过程，所以，模板训练的好坏直接关系到语音识别系统识别率的高低。为了得到一个好的模板，往往需要有大量的原始语音数据来训练这个语音模型，特别是对于非特定人的语音识别系统来说，这一点就显得更为重要。因此，在开始进行语音识别研究之前，首先要建立起一个语音数据库，数据库包括具有不同性别、年龄、口音的说话人的声音，并且必须要有代表性，能均衡地反映实际使用情况。否则，用这种数据库训练出来的语音模型（或模板）就很难得到满意的识别结果。

1. 基于动态时间环绕的算法

在识别过程中，输入特征向量和识别数据库中的特征向量之间的距离的最简单的求法，是计算不同特征向量之间的帧与帧之间差值的和。距离最小的匹配是最佳匹配，但这种简单方法实际上是没有用的，因为在对不同说话人讲话和同一说话人在不同时刻讲话的计时时间上存在非线性偏差，因此不可能直接计算帧与帧之间的差值。

动态时间环绕算法能够克服这种简单匹配方法的不足，该算法把语音间隔标准化或尺度化，以便使最可能匹配的特征向量之间的距离和为最小。尽管参考语音和测试语音的发声词汇是相同的，但是这两种语音在时间环绕之前有着不同的时间间隔，很难计算它们之间的特征差值。然而在时间环绕之后，它们变得非常相似，且距离可以通过计算帧与帧之间或样本与样本之同的差值的和来算出。

动态时间环绕算法的一个典型应用是语音信号端点检测。语音信号的端点检测是指检测语音信号中心各种段落（如音素、音节、词素）的始点和终点的位置，从语音信号中排除无声段。在早期，进行端点检测的主要依据是能量、振幅和过零率，但效果往往不明显，而使用动态时间环绕算法可以使检测效果大大提高。

2. 基于统计的 HMM 模型算法

音素是语音中有意义声音的基本单位，每个音素和其他音素都是不同的，即便是同一个因素也不是一成不变的，相同音素的两次发音，可以说它们是相似的，但却不绝对一致。此外，一个音素的发音还受其邻近音素的影响。因此，如何对音素的这些变化建立数学模型，是语音识别的一个难点。

目前使用最广泛、效果最好的是基于统计的 HMM 模型算法。HMM 起源于 20 世纪 60 年代后期的隐藏马可夫链，它属于信号统计理论模型，能够很好地处理随机时序数据的识别与预测，在多媒体处理（如语音、音乐和视频等）和实时监控中得到了很好应用，现已成为语音识别的主流技术，目前大多数大词汇量、连续语音的非特定人语音识别系统都是基于 HMM 模型的。

一个 HMM 包括许多状态，这些状态通常由许多可能的转换点连接而成。每个状态都与许多符号相关，每个符号都有与每个转换点有关的确定的发生概率。当输入一个状态时，便产生一个符号，产生哪个符号由发生概率决定。在 HMM 中，给定一个输出符号序列，可能存在多个状态序列，每个状态序列具有不同的概率，可能具有与输出符号序列相同的长度，观察人员看不到状态序列，只能看到输出符号序列，这就是该模型叫作隐藏马可夫模型的原因。尽管对给定输出符号序列不可能确立唯一的状态序列，但是根据状态转换和符号发生概率，可以计算出哪一个状态序列是最可能产生此输出符号序列的。

在语音识别中，每个音素可以分解成输入状态、中间状态和输出状态这三个发音状态，每个状态可持续超过一个帧的时间（通常为 10ms）。在训练阶段，使用训练语音数据为每个可能的音素构建 HMM。每个 HMM 都具有以上三个状态以及状态转换概率和符号发生概率。这里，符号是根据每个帧计算得到的特征向量。需要注意的是，由于时间只向前流动，因此有一些转换是不允许的，即并不是每个状态之间都可以转移，例如，每个因素可以从输入状态进入中间状态或直接进入输出状态，但是从输出状态进入中间状态这种逆向转移是不允许的。在训练阶段末期，每个因素都由捕获不同帧的特征向量变化的一个 HMM 表示，能够表达出由不同的说话人、时间变化和周围的声音引起的变化。在语音识别阶段，按照帧的顺序计算每个输入音素的特征向量。识别的问题就转换为寻找哪个音素的 HMM 最可能产生输入音素的特征向量序列，该 HMM 对应的音素被认为是输入因素。由于一个单词含有大量的音素，因此通常把音素序列放在一起进行识别。计算 HMM 产生给定特征向量序列的概率有很多算法，如前向算法和 Viterbi 算法等。前向算法主要用于识别孤立单词，而 Viterbi 算法主要用于识别连续语音。

3. 基于人工神经网络的算法

人工神经网络（Artificial Neural Network，ANN）是 20 世纪 80 年代以来人工智能领域兴起的研究热点。它从信息处理角度对人脑神经元网络进行抽象，建立某种简单模型，按不同的连接方式组成不同的网络。多年来人工神经网络的研究工作不断深入，已经取得了很大的进展，其在模式识别、智能机器人、自动控制、预测估计、生物、医学、经济等领域已成功地解决了许多现代计算机难以解决的实际问题，表现出了良好的智能特性。

ANN 在 20 世纪 80 年代末期应用到语音识别中，其强大的分类能力和输入输出映射能力对语音识别来说都很有吸引力。使用 ANN 进行语音识别，包含两个阶段：训练阶段和识别阶段。在训练阶段，训练语音数据的特征向量用于训练 ANN（调整不同链接的权重）。在识别阶段，ANN 将基于输入特征向量识别最可能的音素。然而由于 ANN 不能很好地描述语音信号的时间动态特性，所以常把 ANN 与传统识别方法结合，分别利用各自优点来进行语音识别。目前已有很多将 ANN 和动态时间环绕结合以及将 ANN 和 HMM 结合的方法。

4. 声学-语音学识别

在语音识别技术提出以前,就有对声学-语音学识别(Acoustic-Phonetic Recognition)方面的研究。由于语音知识及该模型本身的复杂性,现阶段没有达到实用的阶段。通常认为常用语音中由有限个不同的语音基元组成,而且可以通过其语音信号的频域或时域特性来区分。该方法只存储语言的音素,分为以下三步实现。

(1) 特征提取。对给定的语音输入进行特征提取。

(2) 分段和标号。把语音信号按时间分成离散的段,每段对应一个或几个语音基元的声学特性,然后根据相应声学特性对每个分段给出相近的语音标号。

(3) 得到词序列。根据第(2)步所得语音标号序列得到一个语音基元网格,从词典得到有效的词序列,也可结合句子的文法和语义同时进行。

9.5.4 语音识别性能

语音识别性能的评价通常用识别误差率来度量,识别误差率越低,语音识别性能就越高。根据影响语音识别系统性能的因素,可以从以下三个方面来看:能识别的语音是孤立词还是连续语音,能识别的单词数量以及该系统是否是和说话人无关的。

1. 孤立词/连续语音识别

孤立词与连续语音的识别是不同的。孤立词语音识别要求语音中单词之间有停顿,识别起来也比较容易。而连续语音识别系统中,单词之间没有停顿,处理这样的语音也更加困难,当然这种语音也更接近实际生活中人们自然的发音形式。具体来说,连续语音识别系统的难度主要体现在以下几个方面。

(1) 词与词之间或者音素与音素之间的边界是未知的,并且每个单词词尾的发音相比较单个单词而言都比较随意,这给单词的正确提取增加了很大的难度。

(2) 连续语音中说话速率变化很大,由于说话人性别、情绪等差异导致说话人差别很大。

(3) 语音信号的质量容易受环境和信道的影响。

2. 单词数量

能够识别的单词数量是评价语音识别性能的另一指标,它对语音识别系统的复杂性、处理需求以及识别准确度都会产生影响。现有语音识别系统能够识别的单词量差异很大,从几个到成千上万个都有。

3. 说话人

说话人的差异性对语音识别是一个非常重要的问题。一个语音识别系统若依赖于说话人,那么该系统可能只能用于特定说话人使用,其他人要使用的话需要在使用之间重新进行训练。而独立于说话人的语音识别系统,能够对使用同一种语言的所有说话人有效,显然,这种系统更加灵活,符合实际需求,更具有实用价值。但是,由于不同说话人之间存在巨大差异,所以建立与说话人独立的语音识别系统难度也更大一些。

9.5.5 说话人识别

说话人识别,又称为话者识别,是一项根据语音波形中反映说话人生理、心理和行为特征的语音参数,自动识别说话人身份的技术,属于生物测定学的范畴。说话人识别技术非常适用于多媒体信息检索,这些信息与语音内容的结合可以极大地改善信息检索性能。

和语音识别技术相似,它们都是在提取原始语音信号中某些特征参数的基础上,建立相应的参考模板或模型,然后按照一定的判决规则进行识别。然而不同的是,说话人识别利用的是语音信号中的说话人信息,而不考虑语音中的字词意思,即力求通过将语音信号中的语义信息平均化,挖掘出包含在语音信号中的说话人的个性因素,强调不同人之间的特征差异;而语音识别的目的是识别出语音信号中的言语内容,并不考虑说话人是谁,尽可能将不同人说话的差异归一化,强调共性;说话人识别技术的核心是通过预先录入说话人的声音样本,提取说话人独一无二的语音特征并保存在数据库中,应用时将待验证的声音与数据库中的特征进行匹配,从而决定说话人的身份。说话人识别能够广泛地应用到各种身份鉴定、安全保密、门警等系统中。

与其他生物识别技术诸如指纹识别、掌形识别、虹膜识别等相比,说话人识别技术有很多优点。首先,识别方式自然,言语是人与人之间进行交流和沟通的最常用手段之一,因此无须记忆并且使用方便;其次,语音的采集设备比较简单、便宜,并能利用网络进行远程传输;另外,具有比较低的用户侵犯性。但是现有的说话人识别技术还不是很成熟,主要的一些挑战包括:语音随时间、健康状态、智力水平、心理因素等变化;设备、信道、声学环境对效果的影响很大;识别率比指纹等生物测定方式低。

说话人识别任务有许多类型。一般来说,可以分为三类:说话人辨认、说话人确认和说话人探测、跟踪。说话人辨认是指从给定用户集中把测试语音所属的说话人区分出来;说话人确认是针对单个用户,即通过用户测试语音来判断其是否是所声明的用户身份;说话人探测是指对一段包含多个说话人的语音,要正确标注在这段语音中说话人切换的时刻。前两个问题在某种程度上是相通的,即如果把说话人确认问题看作一个两类的说话人识别问题,则其基本算法是一致的。

根据识别对象的不同,说话人识别还可以分为这三类:文本有关、文本无关和文本提示型。文本有关的说话人识别技术,要求以说话人发音的关键词和关键句子作为训练文本,识别时按照相同内容发音。文本无关的说话人识别技术,不论是在训练时还是在识别时都不规定说话内容,识别对象是自由的语音信号。文本无关难度大,必须在自由的语音信号中找到能表征说话人的信息的特征和方法,建立其说话人模型困难。文本提示型的说话人识别方法,可避免被系统误识别的情况,每一次识别时,识别系统在一个规模很大的文本集合中选择提示文本,要求说话人按提示文本发音,识别和判断都是在说话人对文本内容正确发音的基础上进行的,防止说话人语音被盗用。文本集合大小跟防盗能力成正比。集合大时,训练困难,采用对有限声元进行训练,然后在识别时通过将基元模型连接组合形成提示文本模型的方法解决问题。

口音识别是语音识别的补充,二者在一定程度上都使用相似的信号处理技术,但也存在一些区别。如果语音识别是独立于说话人的,则需有目的地忽略表示说话人特质的语音特征,集中对语言信息的语音信号部分处理。相反,口音识别必须放大代表个性化的那些说话人特质的语音特征，并压制对个人说话人的识别没有影响的语言特征。

9.6 音乐的索引和检索

音乐检索按检索的查询方式大体可以分为三类：文本音乐检索、音符检索和音乐内容检索。文本音乐检索是利用文本注释，如按歌名、歌手、歌词、作曲者等信息进行检索的一种检索方式。文本音乐检索比较简单，但如果要人工添加文本注释的话，工作量将非常大，并且音乐的旋律和感受并不都是可以用语言讲得清楚的。音符检索针对了解乐理知识的用户，按音符进行查找，可以精确匹配。但是并不是所有的用户都是音乐方面的专业人士，因此需要更为方便的查询方式。通过在查询中出示例子，基于内容的检索技术在某种程度上可以解决上述问题。如果说前两种查询方式得到的结果都是精确的话，那么基于内容的音乐检索得到的结果将是近似的。

和语音相比，音乐检索更为困难，这是因为音乐中含有很多种声音类型和不同的乐器效果。音乐信息最为核心的内容是旋律，这使得旋律成为音乐检索的重要线索。一般而言，各个音乐片段的旋律首先以乐谱或音符的形式被存储在数据库中。用户通过键盘输入一段音符，或者是用乐器弹奏一段，或者是通过麦克风哼唱一段的形式，生成一个旋律查询。输入的查询旋律，通常都是不完整的、不准确的，并且可以从目标旋律的任何位置开始，但是目前数据库中的音乐内容大都是MIDI文件或者是乐谱形式，这些形式都易于表现为符号序列，为了使得基于内容的音乐检索更加实用，数字音频文件诸如WAV和MP3格式的文件，都应该被用来抽取旋律。

9.6.1 音乐的存储类型

音乐就存储类型而言可以分为两类：第一类是基于采样序列的，第二类是基于结构的或者叫合成的。不同的音乐类型在处理上会有所不同，因此先分别介绍这两种类型。

首先，音乐可以基于对声音的采样来存储，就像语音一样存储成原始的音频格式。这种格式可以抓住一个音乐片段以一种特定方式演绎出来的外在的、细节的信息，它能够准确地记录乐器的音色和一些特别的声音。这些元素在现代音乐中很常见，却很难用其他形式把它们记录下来。然而，原始的音频格式也有它的缺点，例如，它不能表示内容的结构，原始音频格式只是描绘了一个片段的一种表现实例，而这个音乐片段本身是可以按多种解释方式来演绎的。显然，这种格式严重阻碍了音乐分析和作曲这样的应用。

音乐的第二种表示方式是结构化表示。结构化的音乐和声音效果由一系列命令或算法来表示，是以符号形式表示的按时间发展的一系列事件。常见的事件包括音符、变奏以及拍子的变化，虽然这种表示方法解决了上一种格式使用中出现的问题，但是缺少对声音和音色的丰富描述，而这会最终影响音乐的表现和传播。MIDI是最为流行的描述音乐的标准，它使用许多音符和控制命令来表示音乐。因为MIDI最早是源自一种硬件接口，它除了可以表示和存储音乐之外，还可以帮助不同音乐设备之间的交流。MPEG-4是一种针对结构化音频（音乐及声效）较新的标准，它使用算法和控制语言来表示声音。相比较而言，结构化的音乐比基于采样的音乐更为紧凑。

9.6.2　结构化音乐和声音效果的索引和检索

结构化音乐和声音效果是由一系列指令或算法来表示的。最常见的结构化音乐是MIDI,它把音乐表示成大量的音符和控制指令。结构化音频(音乐和声效)的新标准是MPEG-4结构化音频,它代表着声音算法和控制语言。

开发这些结构化声音标准和格式的目的是便于声音的传输、综合和产生。虽然它们并不是为索引和检索而专门设计的,但由于结构化音频的简明结构和音符描述的原因,没有必要从音频信号中抽取特征,因此结构化音频更便于检索。

结构化音乐和声音效果非常适合于基于精确匹配的音频查询。用户可指定一个音符序列作为查询条件,尽管可以找到该音符序列的精确匹配,但是由于相同结构化的声音文件可以由不同的设备以不同的方式进行表现,因此检索结果可能不是用户想要的声音文件,检索准确性能不是很高。

对于结构化音乐和声音效果,由于两个音符序列之间的相似性定义的困难性,使得基于相似性的检索很复杂。目前一种可行的方法是基于音符序列的音调变化来检索音乐,其基本思想是查询声音和数据库声音文件中的每个音符(第一个音符除外)都被转换成相对前一个音符的音调变化。音调变化有三种状态:该音符比前一音符高(U)、该音符比前一音符低(D)和该音符与前一音符相同或相似(S)。按这种规则,任意一段旋律可转换为一个包含字母U、D、S的符号序列,检索任务也就变成了一个字符串匹配过程。该方法是针对基于样本的声音检索提出的,也同样适用于结构化声音检索,根据音符音阶可较容易地获得音调变化。

9.6.3　基于样本音乐的检索

对于基于样本的音乐的索引和检索有两种通用的方法:一是基于抽取的声音特征集合,二是基于音乐音符的音调。

1. 基于特征集的音乐检索

在这种音乐检索方法中,首先对每个声音(包括查询输入)抽取声学特征集,并将这些特征表示成一个特征向量,然后通过计算查询音乐和每个存储音乐片段相应的特征向量之间的相似度来表征它们的相似性。该方法可应用于音乐、语音和声音效果等各种一般的声音中,是处理声音的一种通用方法。

根据Muscle Fish LLC完成的一项研究工作表明,该方法能够在音乐检索中取得较好的效果。其中,它共使用了响度、音调、亮度、带宽和谐音5个特征。这些特征随着时间的变化而变化,通过对每个帧进行计算,然后用统计学中的均值、方差和自相关系数这3个参数来表示每个特征,计算查询向量和每个存储的音乐片段的特征向量之间的欧氏距离或Manhattan距离来得到特征向量之间的距离。

该方法可用于前面讨论的音频分类。它基于这样的假设,感觉相似的声音在所选择的特征空间中距离都很近,而感知上不同的声音在所选择的特征空间中距离都很远。该假设的正确与否取决于所选择的声音特征。

2. 基于音调的音乐检索

基于音调的音乐检索方法，其基本思想是由于音乐的每个音符都是由它的音调表示的，因此一个音乐片段或部分可表示成一个序列或音调串。检索是以查询音乐和每个存储音乐片段相应的音调串之间的相似性为基础，音调跟踪和串相似测量是检索过程的关键。音调跟踪是指将一段旋律转换为一系列相对音调转移序列的过程，它把音乐声音转换成符号表示。该方法与基于音调的结构化音乐检索相似，二者之间的主要区别在于基于音调的音乐检索必须抽取或估计每个音符的音调。

音调通常被定义为声音的基本频率。为了找到每个音符的音调，首先必须把输入音乐分割成单个音符。连续音乐，尤其是鼓乐和歌唱的分割是非常困难的。因此通常假定音乐是以计分的方式存储在数据库中，每个音符的音调是已知的。常用的查询请求形式是哼唱。哼唱检索一般是由用户哼唱某一段音乐，然后把这段音乐作为检索条件，与数据库中的音乐进行特征匹配。最早的哼唱检索是采用相邻音符之间的音调关系来进行检索的。

音调表示方法通常有两种。第一种方法，每个音调(第一个除外)都被表示成相对于前一个音符的音调方向(或变化)。音调方向可能是上(U)、下(D)或相似的(S)，因此每个音乐片段都可表示成 3 个符号或字符组成的字符串。第二种音调表示方法是基于选择的参考音符把每个音符表示成一个值。该值是由最接近估计音调的标准音调值集合分配的。如果把每个许可值都表示成一个字符，则每个音乐片段都可表示成字符串，但是在这种情况下，许可符号的数量要比用于前一种方法的 3 个符号数量大。

基于哼唱的音乐检索过程通常是：用户通过一个麦克风哼唱一段音乐，然后这段音乐以音频数据的方式被采集到了计算机里面，然后被分割成一个个片段，这些片段又分别对应了一个个音符。之后就能找出这些片段的基因频率，获得哼唱片段的旋律信息，然后哼唱的旋律信息与音乐库中音乐的旋律信息进行匹配比较，并将相关度最高的几首乐曲作为检索结果返回给用户。

根据上面的讨论可知，在把每个音乐片段都表示成一个字符串后，需要进行字符串之间的匹配。考虑到哼唱不很准确，而且用户不只对一个音乐片段感兴趣而可能对所有相似的音乐片段都感兴趣，通常使用近似匹配而不采用精确匹配。所谓近似匹配问题，就是查询音乐字符串和存储音乐片段的字符串最多可有 k 个不匹配的字符，变量 k 是由系统的用户决定的。目前，研究人员已经设计出了多种解决近似字符串匹配问题的算法。

9.7 利用音频和其他媒体之间的关系进行索引和检索

到目前为止，所讨论的都是在不考虑其他媒体的情况下处理声音的。但在一些应用中，声音是作为多媒体文档或对象的一部分出现的。例如，一部电影是由声音轨道和视频轨道组成的，二者之间存在着固定的时间关系。

多媒体数据是文字、视频和音频等多种形式信息的综合体，每一种形式都表示了丰富的语义信息，如果仅单独使用视觉或听觉特征对音频或视频图像进行分析，将导致部分多媒体信息的丢失。下面的两种方法即使用这种相关性来改善多媒体索引和检索。

1. 使用对一个介质的知识或理解来了解其他媒体的内容

可以通过语音识别使用文本来索引和检索语音，反过来，也可以用音频分类和语音理解力来帮助视频的索引和检索。在一段多媒体信息中，往往视频信息剧烈变化，音频信息却保持平稳，始终表示同一语义。例如，像"枪声""警笛声"等环境背景音的出现往往暗示着重要场景的出现，蕴涵了丰富的语义，成为用户感兴趣的检索目标。因此，可以用音频去标注视频信息。

2. 在检索过程中利用媒体之间的关系进行多媒体检索

用户可使用最具表达力的而又比较简单的媒体来描述一个查询，系统可以不考虑媒体的类型便可检索或显示用户查询的信息。例如，用户可使用语音描述来提交一个查询，然后系统就会进行检索并以文本、音频、视频或其他组合形式来显示相关的信息。另外，用户也可使用一个图像例子作为查询并检索图像、文本、音频和它们的组合的信息。

小结

本章首先对音频的主要特征进行了详细的介绍，包括时域特征、频域特征、频谱图和主观特征，接着简要说明了基于内容的音频检索过程所包含的关键步骤。为了实现基于内容的音频检索，就需要对音频数据进行处理分析，因此对音频的分段和分类是非常必要的。我们介绍了音频分类的两种主要方法，即特征提取和按步判断分类。针对语音类型的音频数据，主要介绍了语音识别的发展历史、语音识别的分类、语音识别存在的主要问题与研究难点等，然后，介绍了语音识别系统的三个组成部分，包括声学模型、发音词典和语言模型，并对语音识别的常用算法做了较为详细的介绍，并给出了影响语音识别系统性能的因素，最后又简单介绍了说话人识别技术。而针对音乐类型的音频数据，重点介绍了音乐的存储类型，结构化音乐和声音效果的索引及检索，以及基于样本音乐的检索。本章最后对利用音频和其他媒体之间的相关性来改善多媒体索引和检索的方法进行了简单的探讨。

习题

1. 试列举常用的音频特征。
2. 试述基于内容的音频检索过程包含的关键步骤。
3. 试描述用于区分语音和音乐的算法。
4. 试简单总结语音识别的过程，及其中涉及的主要技术。
5. 基于内容的音乐检索主要有哪些方法？
6. 举例说明如何利用音频和其他媒体之间的关系改善多媒体索引和检索。

第10章 基于内容的图像检索

10.1 引言

近年来，随着信息化技术的快速发展，数字图像的数量在各个领域都以爆发式的速度增长，且分布非常广泛，如科学、教育、医疗及工业领域等。面对日益增长的图像数据，如何在大规模的图像数据库中准确、快速地查询和访问用户真正需要的图像信息，成为新的研究趋势和热点方向，图像检索技术应运而生。

图像检索，是指在图像库中通过检索图像标注的文本或者视觉特征，为用户提供相关图像资料检索服务的搜索系统。从20世纪70年代开始，数据库系统和计算机视觉就一直推动着图像检索技术的发展，现在它仍然是一个非常活跃的研究领域。图像检索技术主要有两类：基于文本的图像检索（Text-based Image Retrieval，TBIR）和基于内容的图像检索（Content-based Image Retrieval，CBIR）。

基于文本的图像检索是早期的传统图像检索方法，它使用传统的数据库技术存储图像，对每一幅图像添加标注，标注中含有对图像的描述。图像可以根据不同的主题或语义层次进行组织。根据由文本标注图像的关键信息来建立索引，如图像的名称、包含对象、建立日期等，图像检索就可以通过对图像标注的关键词查找来实现。然而，当时的技术无法自动产生对图像的合理描述，只能借助人工标注，但图像的数据量往往很大，人工标注的代价过高，效率很低；另外，人工标注的主观性很强，不同人对同一张图像的解读有所不同，容易引起语义偏差。因此，传统的基于文本的图像检索技术已不能满足人们对图像信息检索日益增高的要求。

直到1992年，美国国家科学基金会举办了一个有关视觉信息管理系统的研讨会，提出图像数据库管理系统中新的发展方向。当时，大家已经形成了一种共识：表示和索引图像信息的最有效的方法，应该是基于图像内容本身的，基于内容的图像检索技术从此发展起来。基于内容的检索技术通过对用户上传或选择的检索图像进行图像分析，自动提取图像内部的基本视觉特征，如颜色、形状、纹理等，并根据这些特征建立索引以进行相似性匹配，根据相似度大小排列进而输出检索结果。现有的很多研究性的和商用的图像检索系统都使用了基于内容的图像检索技术。

基于内容的图像检索方法的特点如下。

（1）通过特征提取算法，直接从图像内容中提取信息线索，无须对图像进行相关文本注释，消除了文本检索方式中人工标注带来的主观性。

（2）特征提取、索引建立、相似性匹配计算等过程均可由计算机自动实现，大大提高了检索效率。

（3）整个检索过程都是透明的，检索接口支持用户上传图像，用户能够直接参与检索过程，交互性很强，用户体验更好。

综上，可以知道，基于内容的图像检索技术因其多方面的优点而有着良好的发展潜力，如今也确实在数据挖掘、模式识别、多媒体视觉内容检查等领域都具有广阔而又重要的应用。然而它也仍然存在着许多问题，值得我们进一步分析、探索和解决。目前，基于内容的图像检索存在的主要问题有以下几个。

1. 图像降维问题

由于图像尺寸的数量级逐渐增大，图像数据库的规模也不断扩大，相应地，图像处理需要消耗大量的时间与存储空间，因此，图像降维处理是基于内容的图像检索实现平民化、商业化的前提与基础。如何提高基于内容的图像检索技术的检索效率，关键在于是否能够尽可能不失真地降维处理图像信息，并对降维后的图像执行进一步不失真处理。

2. 特征提取问题

我们可以在不同层次上使用各种不同的特征来描述图像的内容。

（1）图像低层特征，主要包括颜色、纹理、形状等。

（2）中层特征，主要包括图像内的对象、图像背景、不同对象间的空间关系等。

（3）高层特征，也就是语义特征，如场景、事件、情感等。

对于目前的图像技术而言，能够实现自动提取的主要是中低层特征，如颜色、纹理、形状、空间关系等，而语义特征的自动提取还不成熟。因此，图像检索较多的研究基础仍集中在如何提取图像的低层特征属性信息，即颜色特征、纹理特征、形状特征等信息，并利用图像的一种或多种低层特征属性来实现图像检索。

3. 旋转图像检索问题

旋转图像检索是指当用户输入检索图像时，与检索图像相似的旋转图像也应该可以被检索到。要解决旋转图像检索问题，就需要提出具有旋转不变性的图像特征属性信息。颜色特征属性、形状特征属性在旋转图像后发生变化的情况比较少，因此，提取具有旋转不变性纹理特征属性才是实现旋转图像检索的关键。

4. 相似度匹配问题

图像相似度匹配用来度量检索图像与候选图像之间的相似程度，目前相似度匹配主要考虑的仍然是视觉特征属性，计算公式有余弦距离、Manhattan 距离、Euclidean 距离、Minkkowsky 距离等。若能够综合考虑语义特征，相似度匹配与检索效果也将大大提高，但是让计算机模拟人类语义分析仍是当今研究的一大难点。

本章首先简单介绍了基于内容的图像检索过程，接着对基于颜色、纹理、形状、空间关系特征的图像检索进行了较为详细的介绍，然后简单说明了图像检索过程中的相关反馈技术，最后对基于内容的图像检索系统进行了简单的总结。

10.2 基于内容的图像检索过程

图 10.1 描述了基于内容的图像检索过程，从图中可以看出，其过程一般包括用户查询的特征提取、图像特征数据库预处理、相似性匹配以及相关结果反馈等步骤。对于保存在数据库中的图像，系统先自动提取并用多维向量表示其特征(如颜色、纹理、形状等)。所有图像的特征向量都保存在库中，形成图像特征数据库。用户可通过构造草图、轮廓，选定色彩和纹理样式，选择具有代表性的一幅或多幅示例图像等多种方式提出查询要求。系统先对这些示例图像进行特征提取并构造出相应的特征向量；接着检索图像特征数据库，计算示例图像的特征向量和特征数据库中特征向量的距离；最后找出与示例图像最相似的图像，在检索过程中会用到相应的索引信息。为了提高检索的正确性，现在很多系统提供了反馈机制，用户可以根据反馈信息更改查询要求，进行再次查询，从而获得更精确的查询结果。

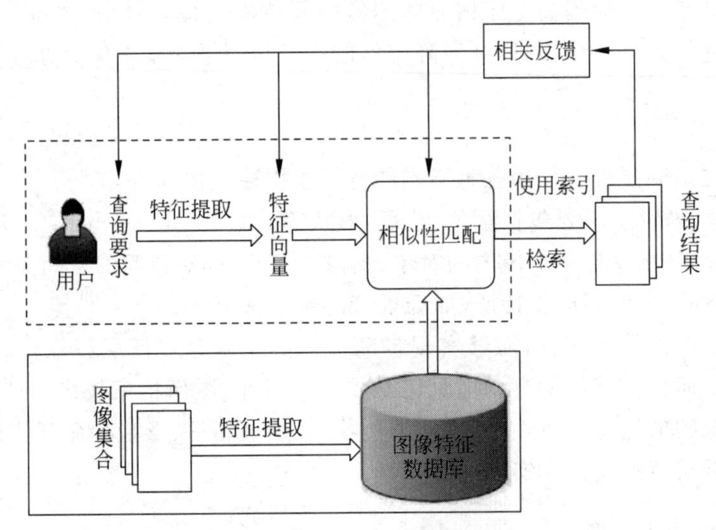

图 10.1　基于内容的图像检索过程示意图

1. 用户查询的特征提取

正如前面提到的，目前通常能够自动提取的主要是图像的中低层特征，包括颜色、纹理、形状、空间关系等。因此，对于特征提取操作可以只是单一地提取颜色特征属性、纹理特征属性或形状特征属性，也可以提取三者中两种特征属性的组合，也可以是三种特征属性的组合，并将提取出的特征或特征组合作为图像的特征向量或者特征矩阵。

2. 图像特征数据库预处理

图像特征数据库预处理其实就是对图像数据库里的所有图像进行一次特征属性提取，其中，特征属性提取的方式(只提取一种特征或是其他特征组合)与待检索图像的特征属性提取方式必须完全一致，并将所有提取出来的特征向量或特征矩阵保存到图像对应的特征库中，最后只保存图像特征数据库而非图像数据库，进而降低空间的消耗。

3. 相似性匹配

这里，相似性匹配主要指的是计算用户查询图像对应的特征向量(特征矩阵)与图像特征库中图像的特征向量(特征矩阵)的相似度。常用的方法有计算余弦距离、Manhattan 距离、Euclidean 距离、Minkkowsky 距离等。例如，若计算余弦距离，其取值范围为 0～1，值越大则说明两个图像越相似。

4. 相关反馈

检索系统首先利用相似性评价函数计算检索图像与图像特征库中每幅图像之间的相似度，然后根据相似度的大小排序并反馈给用户，然后根据反馈信息自动调整查询，最后利用优化后的查询要求重新检索。这也意味着用户不需要人为指定各种特征的权重，而只需要指出他认为的与查询相似或不相似的图像，系统能够自动地调整特征权重来更好地模拟图像的高层语义和感知主观性。

10.3 基于颜色特征的图像检索

颜色是在图像检索中最常用的视觉特征，它和图像中所包含的物体和场景关系很密切。另外，与其他的视觉特征相比，它对图像的尺寸、方向、视角的依赖性较弱，因此具有较高的稳定性。

使用颜色特征进行图像检索时需要解决三个主要问题。首先，针对不同的具体应用，应该根据需要选取合适的颜色空间来描述颜色特征。其次，需要把颜色特征表示成向量的形式，以便建立索引和进行相似性匹配。最后，需要定义不同颜色特征向量之间的距离(即特征向量对应图像间的相似程度)。系统先把用户的查询需求表示成一个特征向量，再根据相似性准则从特征数据库中找出与该特征向量距离最近的那些特征向量，并把这些特征向量对应的图像作为检索结果。

10.3.1 颜色空间模型

RGB 是常用的一种颜色空间，它使用红、绿、蓝三种原色的亮度来定量表示颜色，且任何一种原色都不能由另外两种原色配出。该模型又叫加色混色模型，是以 RGB 三色光互相叠加来实现混色的方法，因而适合于显示器等发光体的显示。RGB 颜色空间是依赖于设备的，这导致显示的颜色不仅依赖于 RGB 值，而且还依赖于设备的特性。此外，RGB 的空间结构并不符合人们对颜色的主观判断。在 RGB 颜色空间中差别很大的两种颜色在感知上可能是相似的，反之亦然。因此，RGB 颜色空间并不很适用于基于颜色的图像索引。

除了 RGB 外，还有 CIE Luv 空间、CIE Lab 空间、HVC 空间和 HSV 空间，它们更符合人们对颜色的主观判断，其中，HSV 空间是最为常用的。HSV 是根据颜色的直观特性由 A. R. Smith 在 1978 年创建的一种颜色空间，该模型中颜色参数分别是：色调(Hue)、饱和度(Saturation)和明度(Value)。HSV 对用户来说是一种直观的颜色模型，所以在许多图像编辑中应用非常广泛。

另外,RGB与HSV空间之间可以互相转换,从RGB空间到HSV空间的转换公式如下。

$$\max = \max(R,G,B)$$
$$\min = \min(R,G,B)$$
$$V = \max(R,G,B)$$
$$S = (\max - \min)/\max$$

如果 $R=\max, H=(G-B)/(\max-\min)\times 60$;

如果 $G=\max, H=120+(B-R)/(\max-\min)\times 60$;

如果 $B=\max, H=240+(R-G)/(\max-\min)\times 60$;

如果 $H<0, H=H+360$。

计算HSV空间中两种颜色的距离有多种方法,其中一种方法如下。

$$a(i,j)=1-(1/\sqrt{5})[(v_i-v_j)^2+(s_i\cos h_i-s_j\cos h_j)^2+(s_i\cos h_i-s_j\cos h_j)^2]^{1/2} \tag{10.1}$$

其中,(h_i,s_i,v_i)和(h_j,s_j,v_j)代表HSV颜色空间中的两种颜色。也可把以上公式看作一个圆柱形颜色空间中的欧氏距离,该空间中的颜色值表示为$(sv\cos h, sv\sin h, v)$。

10.3.2 颜色直方图

颜色直方图是常用的一种颜色特征表示方法,其主要是通过统计各种颜色的像素值在图像中出现的频率作为该图像的特征向量。它所描述的是不同颜色在整幅图像中所占的比例,而不关心每种颜色所处的空间位置,无法描述图像中的对象或物体。直方图比较适合用于描述那些难以进行对象识别且不需要考虑颜色空间位置的图像。

直方图中描述了该图像中关于颜色的数量特征,可以反映图像颜色的统计分布和基本色调;直方图只包含该图像中某一颜色值出现的频数,而丢失了某像素所在的空间位置信息;任一幅图像都能唯一地给出一幅与它对应的直方图,但不同的图像可能有相同的颜色分布,从而就具有相同的直方图,因此直方图与图像是一对多的关系。

1. 颜色量化

颜色直方图可以是基于不同的颜色空间和坐标系。最常用的颜色空间是RGB颜色空间,然而RGB空间结构并不符合人们对颜色相似性的主观判断。因此,有人提出了基于HSV空间、Luv空间和Lab空间的颜色直方图,它们更接近于人们对颜色的主观认识。其中,HSV空间是直方图最常用的颜色空间。

计算颜色直方图时需要将颜色空间划分成若干个区间,每个区间称为一个bin。这个过程称为颜色量化。接着计算图像中落入不同bin的像素数目,即可得到直方图。例如,在RGB颜色空间中,如果每个颜色通道被离散成16个颜色区间,则整个RGB颜色空间被量化成4096个bin。其颜色直方图$H(M)$就是向量$[h_1,h_2,\cdots,h_i,\cdots,h_{4096}]$,其中,元素$h_i$代表图像$M$落入bin i的像素的数量。

颜色量化有多种方法,例如向量量化、聚类方法和神经网络方法。最简单的方法是将颜色空间的各个分量均匀地划分，得到的直方图中每个 bin 的宽度是相等的。对于图像的像素在颜色空间中分布不均匀的情况，这种量化方法的效果不是很理想。相比之下，聚类算法则会考虑像素在整个颜色空间中的分布情况，动态地划分区间，避免某些 bin 中像素过于稀疏或过于密集的情况，改善了量化的效果。另外，如果图像是 RGB 格式而直方图是从 HSV 格式中得到的，则可以预先建立从量化 RGB 空间到量化 HSV 空间的查找表，这样可以加快直方图的计算过程。

对于选定的颜色空间，应该根据具体的应用选择合适的颜色量化方法。一般来说，bin 的数目越多，直方图对颜色的分辨能力越强，但是会增加计算的负担和建立索引的代价。另外，颜色空间划分得过于精细，容易使得检索时错漏相关图像，这对某些应用是不能容忍的。为了减少直方图 bin 的数目，可以选取那些像素分布最密集的 bin 来构造直方图，因为它们包含图像中大部分像素的颜色。实验证明，这种方法并不会降低检索的效果，反而有时还会因为忽略了那些数值较小的 bin，使得直方图对噪声的敏感程度降低，从而获得更好的检索效果。

2. 存在问题

对于用户而言，他们不仅对与检索图像颜色完全相同的图像感兴趣，而且会对感知上与检索图像具有相似颜色的图像感兴趣，所以很多时候用户的要求不是很精确。使用直方图技术进行图像检索时，也希望能够找出感知上与检索图像颜色相似的图像。但上面提到的直方图方法还不能很好地满足这一要求，需要进行改进。

在 RGB 空间中的直方图忽略了不同颜色之间在感知上的相似性。例如，两幅图像的颜色直方图几乎都相同，只是错开了一个 bin，这时如果采用 $L-1$ 距离或者欧氏距离计算两者的相似度，会得到很小的相似度值。这意味着使用 RGB 直方图进行图像检索时，具有感知上相似颜色但没有共同颜色的两幅图像，会被认为是不相同的。在实际应用中由于光照中具有噪声和光照本身的变化，还有图像采集设备的差异等原因，图像的颜色可能会发生轻微的变化，这些变化可能使得不能检索到感知上相似的图像。目前，有很多解决这些颜色相似问题的方法，如累加直方图、感知加权直方图等。

除了以上提到的问题外，颜色直方图还存在一个不足之处：忽略了像素间的空间关系，没有表示出图像中的对象。为了克服这个不足之处，可以在建立直方图时把空间区域信息考虑进去。有两种方法可用于提取图像中的空间区域信息：一种是对图像进行自动分割，提取出图像中所包含的对象或颜色区域，再对这些区域进行颜色特征提取；另一种是对图像进行均匀划分，再对每个规则的子块进行颜色特征提取。第一种方法中由于自动分割技术对于未经过预处理图像的效果不是很好，所以常采用第二种方法，即把每幅图像按一定方式划分成固定数量的子块，并为每个子块计算其直方图。在检索时，可对相应子块的直方图进行比较。

10.3.3 颜色矩

颜色矩是一种简单有效的颜色特征表示方法，由 AMA Stricker 和 M Orengo 提出，它有一阶矩（均值，mean）、二阶矩（方差，variance）和三阶矩（斜度，skewness）等。由于颜色信息主要分布于低阶矩中，所以用一阶矩、二阶矩和三阶矩足以表达图像的颜色分布，颜色矩已证明可有效地表示图像中的颜色分布。

三个低次颜色矩的数学表达式为

$$\mu_i = \frac{1}{N}\sum_{j=1}^{N} f_{ij}$$

$$\sigma_i = \left(\frac{1}{N}\sum_{j=1}^{N}(f_{ij} - \mu_i)^2\right)^{\frac{1}{2}} \tag{10.2}$$

$$S_i = \left(\frac{1}{N}\sum_{j=1}^{N}(f_{ij} - \mu_i)^3\right)^{\frac{1}{3}}$$

其中，f_{ij} 是图像中第 j 个像素的第 i 个颜色分量，N 是图像中像素的个数。

一般来说，CIE Luv 空和 CIE Lab 空间中定义的颜色矩，比 HSV 空间中定义的颜色矩检索的效果要好些。在一阶矩和二阶矩的基础上再使用三阶矩，其性能比单纯使用一阶矩或二阶矩好。由于只需要 9 个分量(3 个颜色分量，每个分量上 3 个低阶矩)就能表示一幅图像的颜色内容，颜色矩与其他颜色特征相比是非常简洁的，但同时它也可能降低对图像的分辨能力。颜色矩经常在其他颜色特征之前使用，以缩小其他颜色特征的搜索空间。

10.3.4 颜色聚合向量

颜色聚合向量是直方图改进算法中一个较为复杂的方法，它主要是在直方图中加入空间区域信息，将直方图中每一个颜色簇划分成聚合的和非聚合的两部分。在彩色图像经过量化后，通过计算连通域对图像中的像素进行分类，若一个连通区域的像素个数超过给定的阈值，那么认为该区域的像素是聚合的，否则是非聚合的。

由于增加了空间区域信息，颜色聚合向量的检索效果会比颜色直方图要好，特别是对于那些含有大片颜色或纹理区域的图像。另外，对于颜色直方图和颜色聚合向量，使用 HSV 颜色空间的效果会比使用 CIE Luv 和 CIE Lab 颜色空间的效果好。

10.3.5 颜色相关图

颜色相关图不仅描述了像素的颜色分布，而且反映了颜色对之间的空间关系。颜色相关图是一个由颜色对索引的表。如果把表看成一个三维(行、列、表的项目值)的柱状图的话，则颜色相关图的第一维、第二维表示图像中所有可能的颜色值，第三维表示两个颜色间的空间距离。表中下标为$\langle i,j\rangle$的表项，其第 K 个分量表示颜色为 $c(j)$ 的像素之间的距离小于 k 的概率。现假设 I 表示整张图像的全部像素，$Ic(i)$表示颜色为 $c(i)$的所有像素，则颜色相关图可表达为：

$$\gamma_{i,j}^{(k)} = \Pr_{P_1 \in I_{c(i)}, P_2 \in I} \left[P_2 \in I_{c(j)} \mid |P_1 - P_2| = k\right] \tag{10.3}$$

如果考虑所有可能的颜色组合，颜色相关图会变得非常复杂和庞大。所有常使用它的简化形式，称为颜色自动相关图。颜色自动相关图只考虑相同颜色间的空间关系，其空间复杂度可大幅降低。

比起颜色直方图和颜色聚合向量，颜色自动相关图检索的效果最好，但同时由于维度较高，它的计算代价也是最大的。所以，在实际应用中应该根据具体情况选择合适的颜色检索方法。

10.4 基于纹理特征的图像检索

纹理是图像的另外一个重要特征，它是物体表面具有的内在特征，包含关于表面的结构安排及周围环境的关系。纹理特征很难描述，而且人们对它的感知具有一定的主观性，且由于纹理只是一种物体表面的特性，并不能完全反映出物体的本质属性，所以仅利用纹理特征是无法获得高层次图像内容的。

纹理的表示方法可以分成两类：结构化的和统计的。结构化的方法包括：形态学算子和邻接图。该方法通过定义结构化的原语和它们的位置规则描述纹理。结构化方法比较适用于处理纹理特征十分规则的图像。统计的方法包括共生矩阵(Co-occurrence Matrix)、Tamura纹理特征、马尔可夫随机场(Markov Random Field，MRF)、小波变换(Wavelet Transform)、Gabor变换、多分辨率的过滤技术(Multi-resolution Filtering Technique)等。这些方法都是通过统计图像强度的分布情况来描述图像的纹理特征的。这些方法已经被有效利用于很多基于内容的图像检索系统中。

与颜色特征不同，纹理特征不是基于像素点的特征，它需要在包含多个像素点的区域中进行统计计算。在模式匹配中，这种区域性的特征具有较大的优越性，不会由于局部的偏差而无法匹配成功。作为一种统计特征，纹理特征常具有旋转不变性，并且对于噪声有较强的抵抗能力。但是，纹理特征也有其缺点，一个很明显的缺点是当图像的分辨率变化的时候，所计算出来的纹理可能会有较大偏差。另外，由于有可能受到光照、反射情况的影响，从2D图像中反映出来的纹理不一定是3D物体表面真实的纹理。

10.4.1 Tamura纹理特征

目前位置最好的纹理规范是由Tamura等人提出的。为了找到纹理描述，他们首先进行了心理实验，使描述尽可能接近人的感知。Tamura纹理特征的6个分量分别对应于心理学角度上纹理特征的6种属性：粗糙度、对比度、方向度、线像度、规整度和光滑度。其中，前三个分量对于图像检索尤其重要，接下来介绍这6个分量的具体含义，同时还给出了粗糙度、对比度和方向度的数学表达式。

1. 粗糙度

粗糙性是相对于细微而言的，它是最基本的纹理特征，图像元素差别越大，则图像越粗糙。

所以，放大了的图像比原始图像更粗糙。粗糙度的计算可以分为以下几个步骤进行：首先，计算图像中大小为$2^k \times 2^k$个像素的活动窗口中像素的平均强度值：

$$A_k(x,y)=\sum_{i=x-2^{k-1}}^{x+2^{k-1}-1}\sum_{j=y-2^{k-1}}^{y+2^{k-1}-1} g(i,j)/2^{2k} \tag{10.4}$$

其中，$k=0,1,2,\cdots,5$，而$g(i,j)$是坐标为(i,j)的像素的强度值。接着对每个像素计算它在水平和垂直方向上互不重叠的窗口之间的平均强度差：

$$\begin{cases} E_{k,h}(x,y) = | A_k(x+2^{k-1},y) - A_k(x-2^{k-1},y) | \\ E_{k,v}(x,y) = | A_k(x,x+2^{k-1}) - A_k(x,x-2^{k-1}) | \end{cases} \tag{10.5}$$

对于每个像素，能使 E 值达到最大(无论方向)的 k 值用来设置最佳尺寸 $S_{\text{best}}(x,y)=2^k$。最后，粗糙度可以通过计算整幅图像中 S_{best} 的平均值得到：

$$F_{\text{crs}} = \frac{1}{mn}\sum_{i=1}^{m}\sum_{j=1}^{n}S_{\text{best}}(i,j) \tag{10.6}$$

粗糙度特征的另一种改进形式是采用直方图来描述 S_{best} 的分布，而不是像上述方法一样简单地计算 S_{best} 的平均值。这种改进后的粗糙度特征能够表达具有多种不同纹理特征的图像或区域，因此更有利于图像检索。

2. 对比度

对比度是通过对像素强度分布情况的统计得到的。对比度计算公式如下。

$$F_{\text{con}} = \frac{\sigma}{\alpha_4^{1/4}} \tag{10.7}$$

其中，σ 是图像灰度的标准方差，α_4 表示图像灰度值的峰态，通过 $\alpha_4=\mu_4/\sigma^4$ 定义：μ_4 是四阶矩均值，σ^2 表示图像灰度值方差。

3. 方向度

计算图像的卷积时，首先需要算出下列两个 3× 3 数组所得的水平分量 Δ_h 和垂直分量 Δ_v，可用式 10.8 表示：

$$\begin{pmatrix} -1 & 0 & 1 \\ -1 & 0 & 1 \\ -1 & 0 & 1 \end{pmatrix},\quad \begin{pmatrix} 1 & 1 & 1 \\ 0 & 0 & 0 \\ -1 & -1 & -1 \end{pmatrix} \tag{10.8}$$

接着计算每个像素处的梯度向量、该向量的模和方向：

$$\begin{cases} |\Delta_G| = (|\Delta_h| + |\Delta_v|)/2 \\ \theta = \arctan(\Delta_v/\Delta_h) + \pi/2 \end{cases} \tag{10.9}$$

当所有像素的梯度向量都被计算出来后，一个直方图 H_d 被构造用来表达 θ 值。该直方图首先对 θ 的值域范围进行离散化，然后统计了每个 bin 中相应的 $|\Delta_G|$ 大于给定阈值的像素数量。这个直方图对于具有明显方向性的图像会表现出峰值，对于无明显方向的图像则表现得比较平坦。最后，图像总体的方向性可以通过计算直方图中峰值的尖锐程度获得：

$$F_{\text{dir}} = \sum_{p=1}^{n_p}\sum_{\phi\in w_p}(\phi-\phi_p)^2 H_d(\phi) \tag{10.10}$$

式 10.10 中的 P 代表直方图中的峰值，n_p 为直方图中所有的峰值，对于某个峰值 p，w_p 代表该峰值所包含的所有的 bin，而 ϕ_p 是具有最高值的 bin。

4. 线像度

线像度与纹理元素的特征有关。

5. 规则度

规则度测量元素位置所呈现的规则变化。一个细微的纹理在感知上通常被认为是有规则的，而不同的元素形状能够降低规则性。

6. 光滑度

光滑度测量纹理是光滑的还是粗糙的，与粗糙性和对比度有关。

10.4.2　灰度直方图的矩

借助于灰度直方图的矩来描述纹理是最简单的一种纹理描述方法，把直方图的边界看作一条曲线，则可把它表示成一个一维函数 $f(r)$，这里 r 是一个任意变量，取遍曲线上所有点。可以用矩来定量地描述这条曲线。

如果用 m 表示 $f(r)$的均值：

$$m=\sum_{i=1}^{L} r_i f(r_i), \tag{10.11}$$

则 $f(r)$对均值的 n 阶矩由式 10.12 表示：

$$\mu_n(r)=\sum_{i=1}^{L}(r_i-m)^n f(r_i) \tag{10.12}$$

这里 μ_n 与 $f(r)$的形状有直接联系，如 μ_2 也叫方差，是灰度对比度的度量，表达了曲线相对于均值的分布情况，描述了直方图的相对平滑程度，进一步说是描述了图像中灰度的分散程度。基于 μ_3 可定义偏度，它表达了曲线相对于均值的对称性，描述了直方图的偏斜度，即直方图分布是否对称的情况，进一步说是描述了图像中纹理灰度的起伏分布。基于 μ_4 可定义峰度，它表示了直方图的相对平坦性，即直方图分布聚集于均值附近还是接近两端的情况，进一步说是描述了图像中纹理灰度的反差，需要注意的是，这些矩与纹理在图像中的空间绝对位置是无关的。

10.4.3　基于共生矩阵的纹理特征

灰度直方图的矩未能考虑到像素相对位置的空间信息，为了充分利用颜色像素值之间的空间分布关系，Haralick 等人提出了建立共生矩阵来提取图像的纹理特征。根据共生矩阵可以计算出惯量、熵、能量、相关性等信息作为图像特征向量的分量，用来表示图像的纹理特征。

以灰度级的空间相关矩阵即共生矩阵为基础进行纹理特征提取是一种有效的方法，因为图像中相距$(\Delta x,\Delta y)$的两个灰度像素同时出现的联合频率分布可以用灰度共生矩阵来表示。若将图像的灰度级定为 N 级，那么共生矩阵为 $N\times N$ 矩阵，可表示为 $M(\Delta x,\Delta y)(h,k)$，其中位于$(h,k)$的元素 m_{hk} 的值表示一个灰度为h 而另一个灰度为k 的两个相距为$(\Delta x,\Delta y)$的像素对出现的次数。

由于纹理尺度的不同，不同图像的共生矩阵差别很大。例如，对于细纹理图像，即有较多细节、纹理尺度较小的图像，其灰度共生矩阵中参数 m_{hk} 值散布在各处，而粗纹理图像，即灰度比较平滑、纹理尺度较大的图像，其灰度共生矩阵中 m_{hk} 值较集中于主对角线附近，因为对于粗纹理，像素对趋于具有相同的灰度。因此可以得出，共生矩阵能够反映不同灰度像素相对位置的空间信息。

10.4.4 自回归纹理模型

马尔可夫随机场(MRF)，又被称为马尔可夫网络或者无向图模型，它包含一组节点，每个节点都对应着一个变量或一组变量。使用MRF模型来表达图像纹理特征已有大量的研究工作，其中，自回归纹理(Simultaneous Auto-Regressive，SAR)模型是MRF模型的一个应用实例。

在SAR模型中，每个像素的强度被描述成随机变量，可以通过与其相邻的像素来描述，如果 s 代表某个像素，则其强度值 $g(s)$ 可以表达为它的相邻像素强度值的线性叠加与噪声项 $\varepsilon(s)$ 的和：

$$g(s)=\mu+\sum_{r\in D}\theta(r)g(s+r)+\varepsilon(s) \tag{10.13}$$

其中，μ 是基准偏差，由整幅图像的平均强度值所决定。D 表示了 s 的相邻像素集；$\theta(r)$ 是系列模型参数，用来表示不同相邻位置上的像素的权值；$\varepsilon(s)$ 是均值为 0 而方差为 σ^2 的高斯随机变量。

参数 θ 和标准方差 σ 的值反映了图像的各种纹理特征，这些参数可以通过式 10.13 用回归法计算，如最小误差法(Least Square Error)、极大似然估计(Maximum Likelihood Estimation)等。另外，SAR的一种变种称为旋转无关的自回归纹理特征(Rotation-Invariant SAR，RISAR)，具有与图像的旋转无关的特点。

定义合适的SAR模型需要确定相邻像素集合的范围。然而，固定大小的相邻像素集合范围无法很好地表达各种纹理特征。为此，有人提出过多维度的自回归纹理模型(Multiresolution SAR，MRSAR)，它能够在多个不同的相邻像素集合范围下计算纹理特征。实验结果表明，MRSAR纹理特征能够较好地识别出图像中的各种纹理特征。

10.4.5 基于小波变换的纹理特征

小波变换是20世纪80年代由Morlet和Arens等人提出的，它能够有效地从信号中提取信息，通过对函数和信号进行伸缩和平移进行尺度分析。目前，小波变换也作为一种常用的纹理分析方法，与傅里叶变换相似，小波变换将信号分解成许多选择的基函数以及被称为小波的变量。

采用二维离散小波变换可将图像分为4个子带：LL、LH、HL和HH。其中，LL为水平和垂直方向低频子带，LH为水平方向低频、垂直方向高频子带，HL为水平方向高频、垂直方向低频子带，HH为水平和垂直方向高频子带。在图像纹理分析中，主要采取两种小波变换：塔式小波变换和树形小波变换。塔式小波变换每次只对低频子带LL做分解，而树形小波变换对每个子带均做下一层次的分解。事实上，塔式小波变换是树形小波变换的一个特例。

1. 塔式小波变换

对图像进行塔式小波变换,假设共分解成 L 层,从而得到 $3L+1$ 个子带(子图)。计算每个子带的均值及标准方差,构造特征向量。最终描述图像纹理的特征向量由$(3L+1)\times 2$个分量构成,对于示例图像与图像库中的图像,以欧氏距离计算特征向量的相似性。

2. 树形小波变换

由于有些纹理图像的重要信息常常包含在 HL 或 LH 频段中,因而采用塔式小波变换容易丢失一些纹理图像的细节信息,为此,常采用树形小波分解方法对图像纹理进行分析,其中可选用图像的能量来判断子带是否继续分解,对于给定的图像 I,其能量 e 由式 10.14 表示:

$$e=\frac{1}{MN}\sum_{i=0}^{M-1}\sum_{j=0}^{N-1}\mid I(i,j)\mid \tag{10.14}$$

其中,$I(i,j)$为图像像素点(i,j)的灰度值,图像的树形小波分解算法可以描述如下。

(1) 计算原始图像的能量,记为 e_0。

(2) 对图像进行小波变换,将图像分解成 4 个子带,并计算各个子带图像的能量 e_{LL},e_{LH},e_{HL},e_{HH}。

(3) 如果子带的能量小于 ce_0,则停止分解,其中,c 为一事先给定的常数。

(4) 如果子带的能量大于 ce_0,则对子带图像按上述步骤继续分解。

对于最终分解得到的各子带,提取其均值和方差来描述纹理,通过对图像实施上述变换,就可以形成两个树状分布的纹理特征向量,这种算法不但保留了小波变换算法的多分辨率特性,而且充分利用了纹理图像丰富的细节信息,以形成有效的特征向量。

10.4.6　基于 Gabor 变换的纹理特征

Gabor 变换最早由 D. Gabor 在 1946 年提出,它不仅有傅里叶变换所有的特点,而且对于信号的整体和局部特征都具有很好的表征能力。利用 Gabor 变换提取纹理图像特征得到了广泛应用,与其他纹理特征提取方法相比,Gabor 函数能从多尺度、多方向上获取纹理信息,具有其他方法不可比拟的优势。二维 Gabor 函数是正弦函数调制高斯函数后的复数函数,人们常将各种图像看作一个二维的离散序列,用二维 Gabor 函数所形成的二维 Gabor 滤波器进行图像纹理特征的提取。Gabor 小波也已广泛用于图像纹理特征的提取,且不仅可以有效提取纹理特征,还能够很好地降低纹理特征的信息冗余度。

10.5　基于形状特征的图像检索

形状特征是图像中最明显的特征,却也是最难以描述的特征,因为计算机无法直接识别图像中物体的形状,而是需要先进行图像分割才能进行下一步操作。通常形状特征有基于轮廓和区域两种描述方法。图像的轮廓特征主要针对物体的外边界,而图像的区域特征则关系到整个形状区域。

各种基于形状特征的图像检索方法都可以比较有效地利用图像中感兴趣的目标来进行检索,但它们也有一些共同的问题,包括:

(1) 目前基于形状的检索方法还缺乏比较完善的数学模型。

(2) 如果目标有变形时检索结果往往不太可靠。

(3) 许多形状特征仅描述了目标局部的性质,要全面描述目标常对计算时间和存储量有较高的要求。

(4) 许多形状特征所反映的目标形状信息与人的直观感觉不完全一致,或者说,特征空间的相似性与人视觉系统感受到的相似性有差别。另外,从 2D 图像中表现的 3D 物体实际上只是物体在空间某一平面的投影,从 2D 图像中反映出来的形状常不是 3D 物体真实的形状,由于视点的变化,可能会产生各种失真。

在基于形状的图像检索中,一种好的形状特征表示方法和相似性度量准则应尽量满足下面两个要求。

(1) 由于人们对物体形状的变换、旋转和缩放主观上不大敏感,同时为了能识别大小不同、位置不同并且方向不同的对象,好的形状特征应满足与变换、旋转和缩放无关。

(2) 相似的形状应具有相似的表示方法,这样就可以根据相似性准则定义形状间的距离,并基于这一距离检索图像。

10.5.1 基于轮廓的形状特征

把图像边缘连接起来就形成景物的轮廓,轮廓可以是断开的也可以是闭合的,闭合的轮廓对应于区域的边界,断开的轮廓可能是区域边界的一部分,也可能是图像的线条特征,例如手写体笔画、图画中的线条等。基于轮廓的纹理描述方法不需要将形状分成子块,而是利用边界对应的特征向量来描述形状。

基于边缘的形状特征属性的提取方法的主要思想是根据边缘检测原理,使用周长、面积、角点、偏心率、兴趣点、矩描述子等特征对物体的形状特征属性进行描述,其主要适用于那些边缘清晰且容易分割的图像。常用的形状特征如下。

1. 简单的形状特征

常用的形状特征有周长、形状参数、偏心率、长轴方向与弯曲能量等。周长指整个边界的长度。长轴指边界上距离最远的两点间的连线,端点落在边界上、与长轴垂直并且距离最长的线段称为短轴。形状参数 F 是根据边界的周长 C 和区域的面积 A 计算得到:

$$F=\frac{C^2}{4\pi A} \tag{10.15}$$

偏心率为边界长轴长度与短轴长度的比值,弯曲能量 B 是由式 10.16 定义:

$$B=\frac{1}{P}\int_0^P |\kappa(p)|^2\mathrm{d}p \tag{10.16}$$

其中,$\kappa(p)$是曲率函数,p 是弧长参数,P 为整条曲线的长度。

2. 傅里叶描述法

傅里叶描述法已被广泛应用于形状的轮廓描述和形状分析中,下面介绍三种不同的傅里叶描述法：常规的傅里叶描述算子、仿射傅里叶描述算子和短时傅里叶描述算子。

1）常规的傅里叶描述算子

对于任何一维形状标识函数 $u(t)$，其离散傅里叶变换式如下：

$$a_n = \frac{1}{N}\sum_{t=0}^{N-1} u(t)\exp(-i2\pi nt/N) \quad (n=0,1,\cdots,N-1) \tag{10.17}$$

可以利用傅里叶序列$\{a_n\}$来描述形状，由于对同一个形状进行旋转、平移和缩放后得到的形状为相似形状，形状描述算子在这些变换下应该是保持不变的，在形状边界上选择不同的起始点得到的 $u(t)$不应该影响形状描述算子，对原始轮廓经过平移、旋转、缩放以及改变起始点后，其傅里叶系数的一般形式为：

$$a_n = \exp(in\tau)\exp(i\phi)sa_n^{(0)} \quad (n \neq 0) \tag{10.18}$$

式中，$a_n^{(0)}$ 和 a_n 分别为原始形状和相似变换形式的傅里叶系数；$\exp(in\tau)$，$\exp(i\phi)$和 s 是由起始点、旋转和缩放变换引起的变化因子。除了直流成分 a_0 外，所有其他系数都不受平移的影响。

考虑下面的式 10.19：

$$\begin{aligned} b_n &= \frac{a_n}{a_0} = \frac{\exp(in\tau)\exp(i\phi)sa_n^{(0)}}{\exp(i\tau)\exp(i\phi)sa_0^{(0)}} \\ &= \frac{a_n^{(0)}}{a_0^{(0)}}\exp(i(n-1)\tau) = b_n^{(0)}\exp(i(n-1)\tau) \end{aligned} \tag{10.19}$$

式中，b_n 和 $b_n^{(0)}$ 分别为相似变换形状和原始形状的归一化傅里叶系数，它们仅相差一个因子 $\exp[i(n-1)\tau]$。如果不考虑傅里叶系数的相位信息而只考虑其幅度信息，则$|b_n|$和$|b_n^{(0)}|$是相同的，即$|b_n|$不随平移、旋转、缩放和起始点的改变而改变。相似变换形状的归一化傅里叶系数的幅度组成集合$\{|b_n|, 0<n<N\}$可作为形状描述算子。

选择 a_0 作为归一化因子的原因是它是信号的平均能量，而且一般来说也是最大的系数。因此，归一化后的傅里叶描述算子取值为 0～1。

2）仿射傅里叶描述(Affine Fourier Descriptor，AFD)算子

AFD 算子是对早期的保持相似变换不变的傅里叶描述算子的一种推广，它是通过复杂的数学分析得到的。

假定形状表示为 $u(t)=(x(t),y(t))$，X_k，Y_k 分别为 $x(t)$，$y(t)$的傅里叶系数。当参数 t 在仿射变换下是线性时，下面的归一化系数式 10.20 是仿射不变的。

$$Q_k = \frac{X_kY_P^* - Y_kX_P^*}{X_PY_P^* - Y_PX_P^*}, \quad (k=1,2,\cdots) \tag{10.20}$$

其中，$*$ 表示复共轭，P 为常数，且 $P\neq 0$。

但是，一般情况下使用的弧长参数在仿射变换下不是线性变化的，而式 10.21、式 10.22 表示的面积参数在仿射变换下是线性变化的。

$$t_{j+1} = t_j + \frac{1}{2}\left| x'_j y'_{j+1} - x'_{j+1} y'_j \right| \quad (j=0,1,2,\cdots,N-1) \tag{10.21}$$

其中：

$$\begin{pmatrix} x'_j \\ y'_j \end{pmatrix} = \begin{pmatrix} x_j - x_c \\ y_j - y_c \end{pmatrix} \tag{10.22}$$

(x_c, y_c)是形状的质心，$\begin{pmatrix} x(t) \\ y(t) \end{pmatrix}$的傅里叶变换式为：

$$\begin{pmatrix} X_k \\ Y_k \end{pmatrix} = \frac{t_N}{(2\pi k)^2} \sum_{j=0}^{N-1} \frac{1}{t_{j+1} - t_j} \begin{pmatrix} x_{j+1} - x_j \\ y_{j+1} - y_j \end{pmatrix} (\phi_{k,j+1} - \phi_{k,j}) [1 - \delta(t_{j+1} - t_j)] + \frac{i}{(2\pi k)^2} \sum_{j=0}^{N-1} \begin{pmatrix} x_{j+1} - x_j \\ y_{j+1} - y_j \end{pmatrix} \phi_{k,j} \delta(t_{j+1} - t_j) \tag{10.23}$$

其中：

$$\phi_{k,j} = \exp\{-i2\pi k t_j / t_N\}, \quad \delta(t_{j+1} - t_j) = \begin{cases} 1, & (t_{j+1} = t_j) \\ 0, & (t_{j+1} \neq t_j) \end{cases} \tag{10.24}$$

应该注意，AFD 算子不同于由面积得到的傅里叶描述算子，它是直接从以面积为参数的边界坐标中得到的。

3) 短时傅里叶描述(Short-Time Fourier Descriptor，SFD)算子

SFD 算子不仅获得了形状边界的全局特征，而且获得了局部特征，但是作为局部形状特征，傅里叶描述算子只是说明了局部特征的幅度而没有说明局部特征的位置，短时傅里叶变换可以定位边界的局部特征。在短时傅里叶变换中，用一个窗函数(称为分析滤波器)和信号相乘，窗函数仅在感兴趣区域内取非零值，短时傅里叶变换定义为：

$$a_{nm} = \frac{1}{T} \int_0^T u(t) g(t - nt_0) \exp(-i2\pi mt/T) \mathrm{d}t \tag{10.25}$$

其中，t_0 为滤波器的步长，事实上，短时傅里叶变换等效于将信号 $u(t)$ 投影到一个依赖 t_0 和 $\omega_0 = 2\pi/T$，参数为 n, m 的基函数族的公式为：

$$g(t - t_0) \exp(-2i\pi mt/T) \tag{10.26}$$

窗函数 $g(t)$ 通常为一个高斯窗或矩形窗。高斯窗和矩形窗的主要差别是高斯窗是无限支撑的而矩形窗是有限支撑的，实验表明，矩形窗更适合于提取形状的边界特征。矩形窗定义如下。

$$\mathrm{rect}(t) = \begin{cases} 1, & (-t_0/2 < t < t_0/2) \\ 0, & \text{其他} \end{cases} \tag{10.27}$$

类似于傅里叶描述算子，对每一个窗内的系数进行归一化，归一化后，得到 SFD 特征集 $\{\mathrm{SFD}_{mn}, n = 0, \cdots, N-1;\ m = 0, \cdots, M-1\}$，这里的 N 为空间分辨率，而 M 为频率分辨率。

10.5.2 基于区域的形状特征

基于区域的形状特征属性提取方法的主要思想是根据区域内的像素分布进行图像分割，进而对图像中的目标对象进行提取，其适用于几何不变矩那些区域易分割、颜色分布均匀的图像。下面以几何不变矩为例说明基于区域的形状描述方法。

几何不变矩常用于图像识别并已用于大量的图像检索系统中，对于一个数字图像 $f(x, y)$，$p+q$ 阶矩定义为：

$$m_{pq} = \sum_x \sum_y x^p y^q f(x, y) \tag{10.29}$$

其中，x, y 是图像中的像素位置，$f(x, y)$是像素强度。

如果 $\bar{x}$ 和 $\bar{y}$ 定义为 $\bar{x}=m_{10}/m_{00}$，$\bar{y}=m_{01}/m_{00}$，则中心矩可表示为：

$$\mu_{pq}=\sum_{x}\sum_{y}(x-\bar{x})^{p}(y-\bar{y})^{q}f(x,y) \tag{10.30}$$

直到第 3 阶的中心矩定义式如下。

$$\begin{aligned}
&\mu_{00}=m_{00},\quad \mu_{10}=0,\quad \mu_{01}=0,\\
&\mu_{20}=m_{20}-\bar{x}m_{10},\quad \mu_{02}=m_{02}-\bar{y}m_{01},\quad \mu_{11}=m_{11}-\bar{y}m_{10},\\
&\mu_{30}=m_{30}-3\bar{x}m_{20}+2m_{10_{x}^{-2}},\quad \mu_{12}=m_{12}-2\bar{y}m_{11}-\bar{x}m_{02}+2y^{-2}m_{10},\\
&\mu_{21}=m_{21}-2\bar{x}m_{11}-\bar{y}m_{20}+2x^{-2}m_{01},\quad \mu_{03}=m_{03}-3\bar{y}m_{02}+2y^{-2}m_{01}
\end{aligned} \tag{10.31}$$

规范化的 $p+q$ 阶中心矩可用 η_{pq} 描述，定义如下。

$$\eta_{pq}=\frac{\mu_{pq}}{\mu_{00}^{\gamma}} \tag{10.32}$$

其中，

$$\gamma=\frac{p+q}{2}+1,\quad (p+q=2,3,\cdots) \tag{10.33}$$

基于以上矩，下列 7 个矩具有变换、旋转、缩放和平移无关性：

$$\begin{cases}
\Phi_1=\eta_{20}+\eta_{02}\\
\Phi_2=(\eta_{20}-\eta_{02})^2+4\eta_{11}^2\\
\Phi_3=(\eta_{30}-3\eta_{12})^2+(3\eta_{21}-\eta_{03})^2\\
\Phi_4=(\eta_{30}+3\eta_{12})^2+(\eta_{21}+\eta_{03})^2\\
\Phi_5=(\eta_{30}-3\eta_{12})(\eta_{30}+\eta_{12})[(\eta_{30}+\eta_{12})^2-3(\eta_{21}+\eta_{03})^2]+\\
\qquad (3\eta_{21}-\eta_{03})(\eta_{21}+\eta_{03})[3(\eta_{30}+\eta_{12})^2-(\eta_{21}+\eta_{03})^2]\\
\Phi_6=(\eta_{20}-\eta_{20})[(\eta_{30}+\eta_{12})^2-(\eta_{21}+\eta_{03})^2]+4\eta_{11}(\eta_{30}+\eta_{12})(\eta_{21}+\eta_{03})\\
\Phi_7=(3\eta_{21}-3\eta_{30})(\eta_{30}+\eta_{12})[(\eta_{30}+\eta_{12})^2-3(\eta_{21}+\eta_{03})^2]+\\
\qquad 3(\eta_{12}-\eta_{30})(\eta_{21}+\eta_{03})[3(\eta_{30}+\eta_{12})^2-(\eta_{21}+\eta_{03})^2]
\end{cases} \tag{10.34}$$

上述 7 个矩量可以用于形状特征描述，两个形状特征描述之间的欧氏距离可用作两个形状之间的距离，然而实验证明：两个形状的几何不变矩相似并不一定表示这两个形状相似，例如视觉上不同的两个形状，它们的几何不变矩可能有部分是相似的，而其他是不同的。因此，基于几何不变矩的形状索引和检索的性能并不高。

10.6　基于空间关系的图像检索

前面所讲的颜色、纹理和形状等特征反映的都是图像的整体特征，但没有体现图像内对象之间的空间关系。所谓空间关系，主要是指图像中分割出来的多个目标之间的相互的空间位置或相对方向关系（如拓扑、方位、距离等），这些关系也可分为连接/邻接关系、交叠/重叠关系和包含/包容关系等。通常空间位置信息可以分为两类：相对空间位置信息和绝对空间位置信息。前一种关系强调的是目标之间的相对情况，如上下左右关系等，后一种关系强调的是目标之间的距离大小以及方位。由绝对空间位置可推出相对空间位置,但表达相对空间位置信息常比较简单。

使用空间关系特征可以加强对图像内容的描述区分能力,但空间关系特征常对图像或目标的旋转、反转、尺度变化等比较敏感。另外,实际应用中,仅利用空间信息往往是不够的,不能有效准确地表达场景信息。为了检索,除使用空间关系特征外,还需要其他特征来配合。

基于空间关系进行图像检索时,首先对图像进行自动分割,划分出图像中所包含的对象或颜色区域;然后定义拓扑、方位、距离等各种空间关系;最后根据这些定义提取出每幅图像的空间关系特征向量,系统还会为这些特征向量建立索引,根据相应的相似性匹配准则进行检索。还有一种方法是,先将图像均匀地划分为若干规则子块,然后对每个图像子块提取特征,并建立索引。

10.6.1 基于图像分割的方法

图像分割是图像分析的第一步,是图像理解的重要组成部分,同时也是图像处理中最困难的问题之一。所谓图像分割是指根据灰度、彩色、空间纹理、几何形状等特征把图像划分成若干个互不相交的区域,使得这些特征在同一区域内表现出一致性或相似性,而在不同区域间表现出明显的不同。简单地说就是在一幅图像中,把目标从背景中分离出来。关于图像分割技术,由于问题本身的重要性和困难性,从20世纪70年代起图像分割问题就吸引了很多研究人员为之付出了巨大的努力。虽然到目前为止,还没有一个通用的完美的图像分割方法,但是对于图像分割的一般性规律则基本上已经达成了共识,已经产生了相当多的研究成果和方法。

目前来说,用于图像分割的算法主要可以分为以下五类。

1. 阈值分割方法

阈值分割是基于区域的分割算法中最常用的分割技术之一,其实质是根据一定的标准自动确定最佳阈值,并根据灰度级使用这些像素来实现聚类。阈值法特别适用于目标和背景占据不同灰度级范围的图。其缺点是只考虑像素点灰度值本身的特征,一般不考虑空间特征,因此对噪声比较敏感,鲁棒性不高。

2. 区域增长细分

区域增长算法的基本思想是将具有相似属性的像素组合以形成区域,即首先划分每个区域以找到种子像素作为生长点,然后将周围邻域与相似属性合并其区域中的像素。

3. 边缘检测分割方法

边缘检测分割方法是指利用不同区域的像素灰度或边缘的颜色不连续检测区域,以实现图像分割。通常不同区域的边界上像素的灰度值变化比较剧烈,如果将图片从空间域通过傅里叶变换到频率域,边缘就对应着高频部分,这是一种非常简单的边缘检测算法。边缘检测具有边缘定位准确、速度快的优点,但由于其不能保证边缘的连续性和封闭性,且高细节区域存在大量的碎边缘难以形成大区域,所以边缘检测只能产生边缘点,而非完整意义上的图像分割过程。因此，通常还需要后续的处理或者其他相关算法相结合才能完成分割任务。

4. 基于聚类的分割

基于聚类的算法是基于事物之间的相似性作为类划分的标准，即根据样本集的内部结构将其划分为若干子类，以使相同类型的类尽可能相似、不同类型的类尽可能不相似。特征空间聚类法进行图像分割是将图像空间中的像素用对应的特征空间点表示，根据它们在特征空间的聚集对特征空间进行分割，然后将它们映射回原图像空间，得到分割结果。其中，K 均值、模糊 C 均值聚类(FCM)算法是最常用的聚类算法。

5. 基于卷积神经网络(Convolutional Neural Network，CNN)中弱监督学习的分割

它指的是为图像中的每个像素分配语义标签的问题，又称语义分割。图像语义分割融合了传统的图像分割和目标识别两个任务，其目的是将图像分割成几组具有某种特定语义的像素区域，并识别出每个区域的类别，最终获得一幅具有像素语义标注的图像。这是目前计算机视觉和模式识别领域非常活跃的研究方向，也是一个非常具有挑战性的问题。

10.6.2 基于图像分块的方法

为了避免准确的图像自动分割的困难，同时又要提供一些有关图像区域空间关系的基本信息，一种折中的方法是将图像预先等分成若干子块(可能是重叠的)，然后分别提取每个子块的各种特征。在图像检索过程中，首先根据特征计算图像的相应子块之间的相似度，然后通过加权计算总的相似度。类似的方法还有四叉树方法，即将整个图看成四叉树的结构，每一个分支都拥有直方图来描述颜色特征。此方法还可以支持对象空间关系的检索。虽然这类方法从概念上来说非常简单，但这种普通规则的分块并不能精确地给出局部色彩的信息，而且计算和存储的代价都比较昂贵。因此，这类方法在实际中应用较少，从而给基于对象空间关系的图像检索带来了困难。

10.6.3 拓扑关系

拓扑关系是指在拓扑变换(旋转、平移、缩放等)下保持不变的空间关系，如对象之间的相离和相交关系。两个空间对象间的拓扑关系可以用 Egenhofer 提出的 9 元交模型中的 512 种可能关系中抽出的 8 种面面关系表示，分别为：相离，相接，交叠，相等，包含，在内部，覆盖和被覆盖。这 8 个关系是互斥的，所以对任意两个区域只有且只有其中的一种关系。图像中对象之间的空间拓扑关系分别用符号表示，其拓扑关系的形式化表达如图 10.2 所示。

假设 T_1，T_2 为两种拓扑关系，若 T_1 不经过任何一个中间拓扑关系就能连续变换成 T_2，就说两种拓扑关系 T_1 与 T_2 是相邻的。按此定义，相离与相接相邻，而相离与交叠就不相邻。因为相离首先要转换为相接，然后才能转换到交叠，拓扑关系的相邻图如图 10.3 所示。形式上，两种拓扑关系 T_1 与 T_2 之间的距离 $d_{\text{top}}(T_1, T_2)$ 定义为相邻图上 T_1 与 T_2 之间最短路径中边的数目。

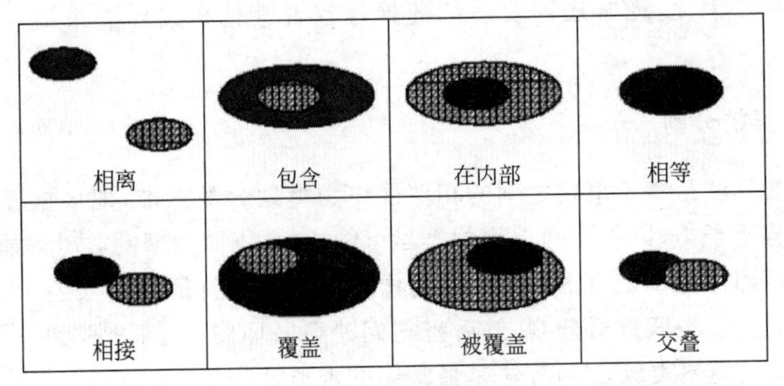

图 10.2 九交模型

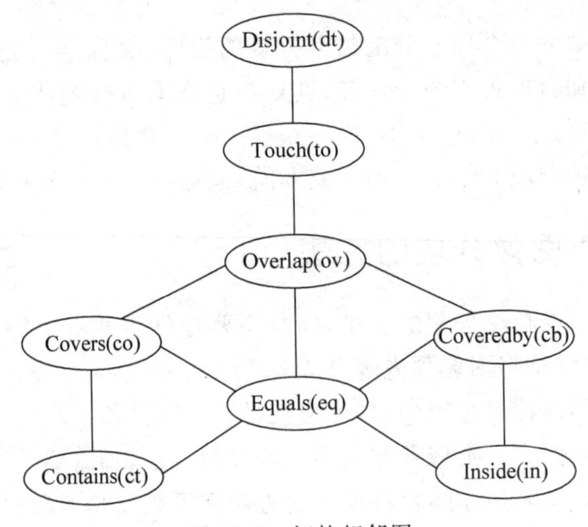

图 10.3 拓扑相邻图

10.6.4 方位关系

类似于拓扑关系作法，可以定义方位关系，8 个所熟知的方位如下：北(N)、西北(NW)、西(W)、西南(SW)、南(S)、东南(SE)、东(E)、东北(NE)。唯一不同的是，对于具有一定空间范围的对象(如多边形等)，很难精确定义它们之同的方位关系，很多时候是采用方位关系的模糊概念方法。

其中一种方法是使用如图 10.4 所示的方位邻近图，图中的实线可以用来计算两个节点之间的距离，虚线则表示两个节点之间的距离为零，两种方位关系 D_1 与 D_2 之间的距离 $D_{\mathrm{dir}}(D_1.D_2)$ 定义为：

$$D_{\mathrm{dir}}(D_1.D_2)=\begin{cases}\text{图上的最短路径，} & D_1 \text{ 和 } D_2 \text{ 用实线连接}\\ 0, & D_1 \text{ 和 } D_2 \text{ 用虚线连接}\end{cases}$$

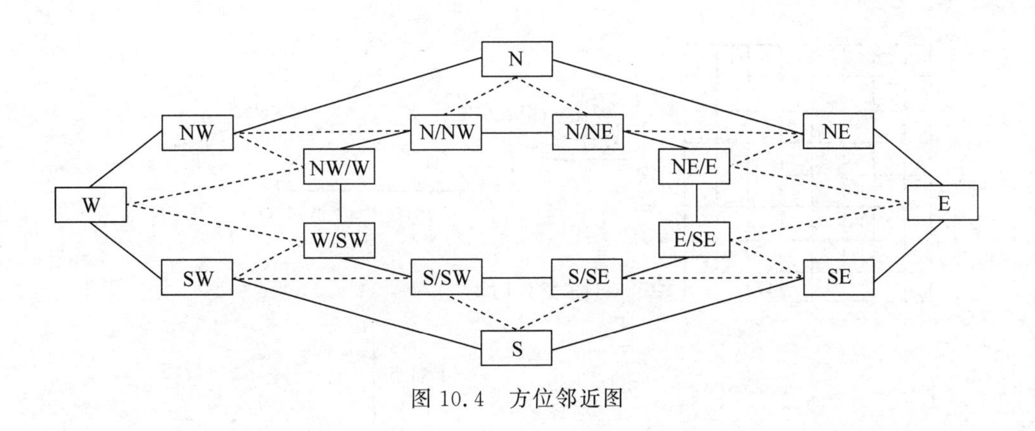

图 10.4 方位邻近图

10.6.5 距离关系

从某种意义上说，基于距离的相似性是三类空间关系（拓扑的、方位的和度量的）中最不重要的，尤其是在拓扑关系和方向关系保持不变的情况下。例如，观察如图 10.5 所示的图像，图像 P 至少在视觉上更相似于图像 Q 而不是图像 R，尽管就距离而言 P 与 R 更靠近。对于距离关系，可以采用对象质心之间的标准欧氏直角距离作为度量准则。

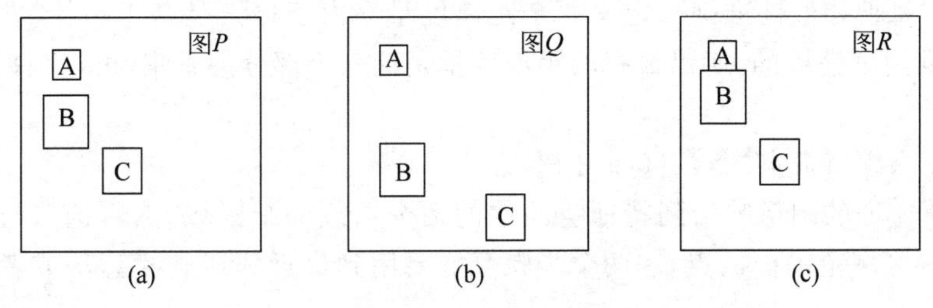

图 10.5 对比距离和拓扑在区分空间关系上的作用

10.6.6 属性关系图

属性关系图(Attribute Relation Graph，ARG)是刻画对象及其空间关系信息的完全连通图。在如图 10.6 所示的图像和它的属性关系图中，ARG 的节点标有对象的标识符，两个节点之间的边标有两个节点间的关系信息。例如，节点 O_1 和 O_2 之间的边标有（相离，61，5.2），这表明岛与岛之间的拓扑关系为相离，它们之间的角度为 61°（随下标递增顺序测量），距离为 5.2 个单位。

创建了每幅图像的 ARG 之后，ARG 被映射到要素空间中的一个多维点，要素空间中的点按照某种预先指定的顺序进行组织。首先是第一个对象，其后是该对象与所有其他对象之间的关系；然后是第二个对象，以及它与随后所有对象之间的关系。在这个阶段，对象之间的方位角度也转换为方位谓词。例如，O_1 与 O_2 之间的角度 61°就映射为西南方位。

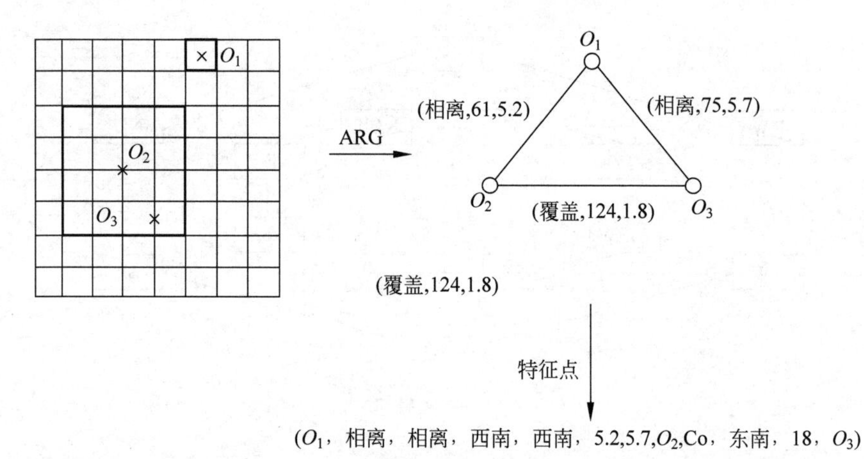

图 10.6 图像和它的 ARG(每个 ARG 被映射为一个 N 维的特征点)

10.6.7 基于空间关系特征检索的步骤

(1) 将图像数据库中的所有图像映射为多维特征空间的点,这种映射是通过最初在数据库中为每幅图像构建一个 ARG 来完成的。

(2) 对应每种相似性准则来定义两个距离度量。由于检索是基于拓扑、方位和距离共三种相似性准则来完成的,所以最终的距离度量是这三个部分的聚集,可以根据情况设置各部分的权重。

(3) 建立多维特征点的索引(如 R 树)。

(4) 将所查询的图像映射到特征空间中的两个点或一个区域,然后选取与查询点靠近或者位于查询区域范围内的点,这两个步骤可能要用到最近邻居查找算法或者范围查询处理算法。

(5) 作为搜索结果,返回选择点所对应的图像。

10.7 不同特征的比较与综合特征检索

前面介绍了四种不同的图像特征,每种特征应用于图像检索时都有其优点和缺点,它们从不同的角度刻画了图像的内容。为了全面地描述图像内容,有效地提高检索性能,现有的很多系统检索时都是结合了多种图像特征,或构建综合特征进行检索。以下总结了颜色、纹理、形状和空间关系特征的特点,并对它们进行了简单的对比,最后介绍了特征的综合使用。

10.7.1 不同图像特征的特点总结

1. 颜色特征

颜色特征的提取是基于像素点的,因此图像区域内的所有像素点对颜色特征都有贡献,由于颜色对图像的方向、大小等变化不敏感,所以颜色特征不能捕捉图像中对象的局部特征。另外,仅使用颜色特征进行检索时,如果图像数据库很大,检索结果中会包含很多用户不需要的图像。

2. 纹理特征

由于纹理需要在包含多个像素点的区域中进行统计计算，所以在模式匹配中，这种区域性的特征具有较大的优越性，不会因为局部的偏差而无法匹配成功。而且纹理还有旋转不变性。但是，纹理只描述物体表面的特性，并不反映物体的本质属性，所以仅利用纹理特征是无法获得高层图像内容的。另外，纹理特征很明显的一个缺点是当图像的分辨率发生变化时，所计算出来的纹理可能会有较大偏差。

3. 形状特征

各种基于形状特征的检索方法都可以比较有效地利用图像中感兴趣的目标来进行检索，但它们也有一些共同的问题，包括：

(1) 目前基于形状的检索方法还缺乏比较完善的数学模型。

(2) 如果目标有变形则检索结果往往不大可靠。

(3) 许多形状特征只描述了对象的局部性质，若要全面描述目标，则需要较大的时间和空间代价。

(4) 许多形状特征反映的目标形状信息与人的直观感觉不完全一致，也就是说，特征空间的相似性与人视觉上感受到的相似性有差别。

4. 空间关系特征

空间关系特征的使用能够更好地描述图像的内容，但空间关系特征常对图像或目标的旋转、反转、尺度变化等比较敏感。另外，在视觉应用中，仅利用空间信息往往是不够的，因为它不能有效准确地表达场景信息，为了保证有较好的效果，除使用空间关系特征外，还需要结合其他特征进行检索。

10.7.2 不同特征的比较

下面对不同的图像特征进行了比较，以便利用它们各自的优点，结合多种特征进行检索。

1. 颜色和纹理

颜色特征充分利用了图像的色彩信息，而纹理特征只利用了图像的灰度信息。颜色特征侧重于图像整体信息的描述，而纹理特征更偏重于局部。

2. 颜色和形状

颜色特征多具有平移、旋转和尺度不整性，而不少形状特征只具有平移不变性。

3. 纹理和形状

通常纹理特征的计算比较容易，而形状特征的计算常比较复杂。

4. 纹理和空间

纹理特征所反映的空间信息与人的直观感觉常常不完全一致，而空间关系特征所表达的信息与人的认知比较吻合。

5. 形状和空间

虽然计算形状特征和空间关系特征都需要对图像进行提取边界、图像分割等处理，但基于形状的图像检索一般是要找到具有某种形状的目标图像，主要侧重于对单个目标进行描述。而基于空间关系特征的图像检索则不考虑单个目标的形状，而是考虑这些目标的相互空间关系。

10.7.3 综合特征检索

综合利用颜色纹理形状和空间关系特征，全面描述图像内容的检索方法，称为综合特征检索。综合特征检索既可使用不同特征的两两结合来完成检索，也可以利用两种以上的特征进行结合来完成。有以下两种进行综合检索的方法。

(1) 在检索中同时使用多种特征，即综合考虑几种特征(如取加权和)共同进行检索。

(2) 综合考虑各特征的特点，设计新特征，实现更深层次的结合。例如，结合颜色特征和空间关系特征的特点可构成基于颜色布局的图像检索方法，而色彩相关直方图则可看作颜色特征与纹理特征结合构成的特征。

综合使用颜色、纹理、形状和空间关系等不同特征进行检索有许多优点，其中较为突出的是以下两点。

(1) 可以达到不同特征优势互补的效果。例如，在颜色特征的基础上加上纹理特征既可弥补颜色特征缺乏空间分布信息的不足，又能保留颜色特征计算简便的优点，在颜色特征的基础上加上形状特征，不仅能描述图像的整体彩色性质，还可以描述目标局部的彩色性质。

(2) 可以提高检索的灵活性和系统的性能，满足实际应用的需求。例如，将颜色特征与纹理特征结合可用于对彩色 B 超图像的检索。在人体组织中含有丰富的纹理信息，而彩色 B 超图像的应用又借助了颜色信息。以肝脏组织彩色 B 超图像为例，由于各种肝脏组织纤维不同，对超声脉冲的吸收、衰减、反射均有差异，反映在颜色和纹理上都会有可用于检索的特点。

10.8 图像检索过程中的相关反馈技术

现在基于内容的图像检索算法的检索精度仍然有限，其瓶颈是底层视觉特征和高层语义特征之间的差异，不同的人对同一幅图像往往有不同的语义解释，甚至同一个人对同一幅图像在不同时间也会有不同的理解。为了打破这一瓶颈，人们把交互式概念引入图像检索领域，就是基于相关反馈的 CBIR 方法，它通过图像检索中的人机交互方式实现：首先接受用户对当前搜索结果的反馈意见，然后根据反馈信息自动调整查询，最后利用优化后的查询要求重新检索。这也意味着用户不需要人为指定各种特征的权重，而只需要指出他认为的与查询相似或不相似的图像，系统能够自动地调整特征权重来更好地模拟图像的高层语义和感知主观性。

由于所有图像都可以表示为向量形式，所以可以把它们看作特征空间中的点，而检索过程实质上是寻找特征空间中离查询向量最近的那些点所对应的图像；从向量模型的角度出发，可以将相关反馈技术分成两大类：查询向量优化算法和特征权重调整算法，本节将简单介绍这两类方法。

1. 查询向量相关反馈

在向量模型中，查询可以表达为特征空间中的一个点，称为查询点，假设用户每次进行查询时，他心目中都有一个理想的查询点恰好能准确地表达他的查询要求，我们称这个点为理想查询点。但实际上，用户必须借助某些其他对象或手段才能表达他的查询请求，例如提交示例图像等，这些示例图像在特征空间中对应的点就是查询点，查询点应该比较接近理想查询点，但在一般情况下两者还是有明显的差距。

查询向量优化算法的本质就是根据用户反馈信息来调整查询点，使之更加接近理想查询点，再用调整后的查询点去重新计算检索结果，在每次相关反馈中，用户都会提交一些他所认为的与查询相关和不相关的例子图像，称为反馈正例和反馈负例。查询向量优化算法的具体做法是移动查询点，使之更加接近理想查询点。实际上，图像检索的查询向量优化算法借鉴了传统文本信息检索领域中的相关反馈技术。

2. 特征权重相关反馈

以调整特征权重为途径的相关反馈方法通过动态地调整图像特征的权重来达到改进检索结果的目的。该方法无须像查询向量相关反馈一样将图像的特征向量转变为权重向量，而是首先由归一化操作来统一不同特征的权重，然后根据相关反馈动态地调整它们的权重以改善检索精度。

除了上述查询向量优化和调整特征权重两大类相关反馈算法外，还有很多其他的相关反馈技术。感兴趣的读者可以去查相关的参考文献。

10.9 基于内容的图像检索系统

基于内容的图像检索自从20世纪90年代早期开始就已成为一个非常活跃的领域。到目前为止，无论是在商业还是在研究领域上，都出现了一些基于内容的图像检索系统。其中大部分的图像检索系统都具有以下一个或几个功能特点。

(1) 随机浏览功能。

(2) 基于示例图像的检索。

(3) 基于草图的检索。

(4) 基于文本的检索(包括关键词和语音)。

(5) 图像的分类浏览。

本节列举一些具有代表性的图像检索系统，并着重介绍它们各自的突出特点。

1. QBIC

QBIC(Query By Image Content)是由IBM公司著名的A1maden实验室在20世纪90年代开发的,该系统建立较早,技术成熟,功能全面,它的设计框架和采用技术对后来的图像检索系统产生了深刻的影响。

虽然QBIC只提供了三种属性的检索功能:颜色特性、纹理特性和形状特性,但它的检索效率非常高。颜色特性的查询包括颜色百分比查询和颜色分布查询,利用颜色百分比查询,用户可以找到具有相似颜色及比率的图像;而利用颜色分布查询可进一步找到不仅颜色相似且颜色分布也相似的图像。纹理特性是对图像中线条的粗糙性、对比性、方向性三者的综合考察。形状属性查询包括对象形状查询和轮廓查询。QBIC除了上面的基于内容特性的检索,还辅以文本查询功能,以便用户能根据图像的高层语义进行检索。

2. Virage图像搜索引擎

Virage图像搜索引擎是Virage公司的产品,它为图像管理提供了一个开放的框架。同QB1C系统一样,它也支持基于色彩、色彩布局、纹理和结构特征(对象边缘)的视觉查询功能。但Virage要比QBIC在技术上向前迈了一步,它支持以上四种基本查询的任意组合后的查询方式。相对于QBIC进步的一点是,用户可以任意组合以上四种基本查询方式构成综合特征查询。进行综合特征查询时,用户可以对每个查询的图像特征设定权值,在结果显示矩阵中可以选择查看3,6,9,12,15或18幅简图。简图根据相似度降序排列,单击简图标题可得到该图像的一些详细说明,包括Viraw计算出的相似比。通过调整四个特征的权值,可显示出不同的检索结果,为了达到最佳搜索结果,用户可以反复进行实验。

在Virage中,用户还可以根据需要来调整一些基本图像特征的权重。它将图像的视觉特征分成两类:一类是通用特征,如颜色、形状和纹理;一类是或针对具体领域的特征,如面部特征和癌细胞特征。根据不同领域的具体需要,各种有用的基本特征就可以加入到这个开放式结构中。

3. VisualSEEK和WebSEEK

这两个系统都是由美国哥伦比亚大学开发的,它们的主要技术特点是采用了图像区域之间的空间关系和从压缩域中提取的视觉特征。VisualSEEK是基于视觉特征的搜索引擎,而WebSEEK是一种面向万维网的文本或图像搜索引,这两个系统所采用的视觉特征是颜色集和基于小波变换的纹理特征。为了加快检索速度,它们采用基于二叉树的索引方法。

VisualSEEK同时支持基于视觉特征的查询和基于空间关系特征的查询。例如,用户要查找有关“日落”的图像,可以通过构造一幅上半部分是橘红色,下半部分是蓝绿色的草图来提出查询要求。

WebSEEK由三个主要部分构成,分别是图像、视频收集器、主题分类和索引器、检索器。WebSEEK提供了40多个一级类目管理图像,用户首先通过关键词检索得到初步结果,然后可以根据初次反馈结果,选中满意的图像作为训练样本进行相关反馈,以选中图像的特征来调整下一次查询的要求。目前,WebSEEK已借助其软件从万维网上收集到多于

650 000 幅图像，并将它们从分类、文字描述和内容特征三个方面进行了标引和整理，用户也可以从这三个方面对图像进行检索。

4. Photobook

Photobook 是由美国麻省理工学院的多媒体实验室所开发的用于图像查询和浏览的交互式工具。它的三个子系统分别用于提取形状、纹理和人脸特征，用户可以分别在这三个子系统中根据相应的特征进行查找，在 Photobook 新的版本 FourEyes 中，Picard 等人提出了让用户参与图像注释和检索过程的想法。更进一步的，由于人的感知是主观的，他们又提出“模型集合”来结合人的因素，实验表明，这种方法对于交互式图像注释非常有效。

5. MARS

MARS (Multimedia Analysis and Retrieval System)是由伊利诺伊大学香槟分校开发的。MARS 与其他图像检索系统最大的差别就是它融合了多学科的知识，包括计算机视觉、数据库管理系统以及传统的信息检索技术。

MARS 在科研方面的最大特点包括数据库管理系统和信息检索技术的结合(如分级的精确匹配)，索引和检索技术的融合(如检索算法如何发挥底层索引结构的优点)以及充分发挥人的作用(如相关反馈技术)等。

6. ImageRover WWW 搜索引擎

ImageRover WWW 搜索引擎是专门用来搜索万维网中图像的。它使用的视觉特征有颜色、边界定向、纹理和形状。ImageRover 和其他系统的主要区别在于它使用了相关反馈，相关反馈可使用户通过相关项目的说明迭代地提炼一个查询。ImageRover 通过向用户反馈搜索结果，以取得更好的搜索性能。

在某种程度上，QBIC 和 WebSEEK 等其他系统也使用相关反馈，即根据用户对前一次检索结果的相关性反馈，自动地调整查询，使调整后的查询更加接近用户的信息需求。但是 ImageRover 使用了一个专门的相关反馈算法，用户可从初始查询中选择多个认为是相关的图像，然后使用这些图像，以该算法计算组合特征矢量，利用组合特征矢量进行新的查询。

近年来，基于内容的检索系统在网络图像搜索领域得到了极大的发展，例如百度、谷歌等都推出了基于样例进行检索的功能。更有淘宝、京东等购物平台推出了以图搜物的功能，对比传统文字搜索购买更加直接快捷，节省了人工筛选时间。国内科研机构及高等院校对该领域也投入了大量精力去研究，如清华大学开发的 ImgRetr 系统，可以支持多元化的检索；浙江大学开发的 PhotoNavigator 系统，以影像图颜色为检索基础，并应用在中国敦煌壁画数据库的研究和开发中；中国科学院旗下智能信息实验室开发的 Mires 系统，在遥感影像图、药植物影像图数据库中得到了一定应用。

小结

本章首先在介绍图像检索的基础上引入了基于内容的图像检索技术，接着对基于内容的图像检索过程进行了具体的说明，然后分别对应用于图像检索的图像特征进行了详细的介绍，主要包括颜色特征、纹理特征、形状特征和空间关系特征。并对这 4 种不同的图像特征进行了比较，给出了利用综合特征检索的检索方法。同时，对图像检索过程中的相关反馈技术做了简单的介绍。最后，列举了一些具有代表性的图像检索系统，并着重介绍了它们各自的突出特点。

习题

1. 为什么传统的基于文本的图像检索技术无法满足如今的图像信息检索要求？
2. 试说明基于内容的图像检索方法的特点及其存在的主要问题。
3. 试描述基于内容的图像检索过程包含的主要步骤。
4. 列举基于颜色特征的图像检索常用的方法，并比较其优缺点。
5. 常用的图像纹理特征主要有哪些？试思考利用纹理特征进行图像检索的缺点是什么。
6. 如何描述图像中对象的形状特征？有哪些方法？
7. 试简单列举说明用于图像分割的算法主要有哪几类。
8. 根据不同图像特征的特点，说明为什么要使用综合特征检索。
9. 试简单总结说明一种图像检索过程中的相关反馈技术。

第11章 视频索引和检索

11.1 引言

在前面的章节里，已经介绍了文本处理与信息检索、基于内容的音频和图像检索，本章将介绍基于内容的视频索引和检索方法。近年来，视频检索已成为一个热点研究方向，这是因为随着数据获取、存储、传输技术的飞速发展，人们可以轻易地查询、获取和产生大量丰富多彩的视频信息。另一方面，现阶段用于描述、组织和管理视频数据的工具和技术仍然有限，远远不能满足广大用户希望能够方便快捷地检索和查询视频信息的需求。

视频数据是指存储声像信息的一类十分特殊的数据，它所传递的信息量远大于静态图像和文字。一般来说，视频数据具有以下特点。

(1) 视频数据有较高的信息分辨率。所谓信息分辨率，是指媒体提供细节的多少，如对于一段描述犯罪现场的视频数据，可从中分辨出犯罪地点、背景、犯罪人、犯罪工具乃至作案手段等细节。

(2) 视频数据之间关系复杂，其数据组织是非结构化的，视频段之间、视频段内的对象之间既有时间上的关系，又有空间上的关系。此外，视频数据还与特定的应用领域有关。

(3) 视频数据解释的多样性及模糊性。视频数据不像字符数值型数据有完全客观的解释，而常常带有个人主观的因素。由于视频数据的模糊性，当对其进行基于内容的查询时，无法像传统的数据库检索那样采用关键词确切查询一个特定记录，常常只能用相似性进行查询。

视频包含的信息非常丰富，一段完整的视频往往包括字幕、声道(语音和非语音的)以及以固定速率连续录制或播放的图像。因此，视频可以被看作文本、音频以及含时间维的图像的集合。此外，视频也可能关联于某一些元数据，例如，视频标题以及作者、制片人、导演等。所以，视频索引和检索有以下的方法。

(1) 基于元数据的方法。这种方法中利用了传统的数据库管理系统，根据结构化了的元数据进行视频的索引和检索。常见的元数据有视频标题、作者、制片人、导演、制作数据以及视频类型等。

(2) 基于文本的方法。视频的索引和检索可利用基于文本的信息检索技术。通常，很多类型的视频包含抄本和字幕，例如新闻节目和电影，这样就避免了人工注释过程。同时，时间信息也应该被包含到相关视频帧的关联文本中。

(3) 基于音频的方法。基于关联音轨对视频进行索引和检索。音频被分为语音和非语音部分：语音部分首先采用语音识别技术转录成文本，然后根据这些文本，采用信息检索技术来对视频进行索引和检索。另外，如果能识别出非语音信号的含义，也可以从中获取一定的视频信息。同样，时间信息也应该被包含到相关视频帧的音频文本中。

(4) 基于内容的方法。基于内容的视频索引和检索通常有两种方法。在第一种方法中，视频被看作一系列相互独立的帧或者图像的集合，于是可以采取第10章介绍的图像内容检索技术来对视频进行索引和检索，这种方法存在的一个很大问题是忽略了视频帧之间的时序关系，而且需要处理的图像数量超乎寻常的大。第二种方法将视频序列分割成由相似的帧组成的组(即镜头)，然后在各组的代表帧上进行索引和检索，这就是基于镜头的视频索引和检索方法。

(5) 综合的方法。将以上的两种或更多的方法结合起来，以达到更高效和多目标的视频索引和检索。

基于内容的视频检索，就是根据视频的内容和上下文关系，对大规模视频数据库中的视频数据进行检索。它提供这样一种算法：在没有人工参与的情况下，自动提取并描述视频的特征和内容。早期的采用人工产生视频信息描述的方法代价昂贵，时间消耗巨大，面对现今庞大的不断增长的视频数据几乎是不可能的，而且，人工方法的结果往往带有主观色彩，难以保证准确性和完整性。

第10章中介绍的基于内容的图像检索技术可以扩展到视频检索中来，但是这种扩展并不是简单的延伸。一段视频由一系列相互间冗余度极高的图像帧组成，哪怕一分钟时间内的帧数也相当多。视频内容以情节和事件组织，包含特定时间和空间内的故事或者特定视觉信息。所以，更应该将视频看作文档，而不是毫无结构的帧序列。视频的索引同样可以认为类似于文本文档的索引。结构化过程中，文本文档首先需要被分解为段、句和词(或字)，再建立索引。相应地，视频同样需要被分解为基本的单元来建立索引。基于镜头的视频索引和检索方法将视频序列分割成由相似的帧组成的组(即镜头)，然后在各组的代表帧上进行索引和检索。

本章的其余部分组织如下，11.2节主要介绍视频的基本知识与视频特征分析，11.3节介绍基于镜头的视频索引和检索，11.4节详细介绍视频镜头的检测和分割技术，11.5节对视频索引和检索的方法进行详细介绍，11.6节讨论如何有效地压缩视频内容和在有限的显示空间里进行显示，最后在11.7节简单讨论视频检索技术的发展趋势。

11.2 视频特征分析

11.2.1 视频基本知识

视频信息可用场景、组、镜头、帧等进行描述。

(1) 帧。组成视频的最小单位，一帧可看作一幅静态的图像。视频流数据就是由连续图像帧构成的。

(2) 镜头。由一系列帧组成的一段视频，它描述同一场景，表示的是一个摄像机操作、一个事件或连续的动作。一般来说,在同一组镜头中的视频帧的图像特征保持不变,因此如果相邻图像帧之间的特征发生了明显变化,则认为发生了镜头变化,需对视频数据进行切分。

(3) 关键帧。代表镜头特征及内容的帧,在一组视频镜头中,一般来说,关键帧的数目远远小于镜头所包含的帧的数目。使用关键帧表示视频镜头简单而有效。

(4) 组是介于物理镜头和语义镜头之间的结构。举例来说,一段采访的录像,关于主持人的镜头属于一组,关于被采访者的镜头则属于另外一组,而整个采访构成了一个场景。

(5) 场景。语义上相关和时间上相邻的若干组镜头组成一个场景,场景描述了一个独立的故事单元(或者说是一个高层抽象概念),它是一段视频的语义组成的单元。

一段视频的典型结构如图 11.1 所示,这是一个 5 层的结构。

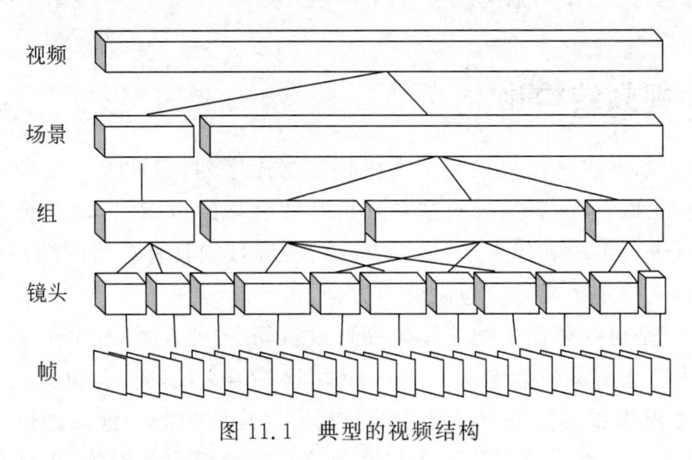

图 11.1　典型的视频结构

11.2.2　视频特征

基于内容的视频索引和检索需利用视频特征来建立索引。常用视频特征如下。

1. 镜头和关键帧

任何视频都是由一个个镜头衔接起来的,镜头是视频检索的基本单元。在视频处理中的核心是镜头的分割。

文本检索通常用关键字作为索引,同样,在视频检索系统中,为了使用户可以快速浏览或检索视频内容,需要用视频流中的一些关键帧来索引视频数据。

使用关键帧为视频建立索引的好处有两个方面：首先,使用若干关键帧对视频进行表征,与使用大量的图像来表征视频数据相比,可以极大地简化视频流的表示；其次,可以通过比较关键帧之间是否相似来有效地比较视频之间是否相似。

2. 镜头切换

视频数据是由一个个镜头衔接起来的,从一个镜头到另一个镜头的转换称为镜头切换。镜头切换有切变和渐变两种。

(1) 切变指一个镜头与另一个镜头之间没有过渡,由一个镜头的瞬间直接转换到另一个镜头。

（2）渐变指一个镜头向另一个镜头渐渐过渡的过程，没有明显的镜头跳跃，包括淡入淡出、融合和擦洗等。

① 淡入淡出：指图像帧间的颜色和亮度等视觉特征发生缓慢的变化，从一种颜色逐渐过渡到另一种颜色。

② 融合：指前一镜头中的图像逐渐模糊，后一镜头中的图像逐渐增强并且产生前后图像的重叠。

③ 擦洗：指后一镜头图像的部分取代了前一图像的部分。

11.3 基于镜头的视频索引和检索

11.3.1 视频结构化

传统的视频表示方法是将视频表示为视频数据流序列，但如果需要利用视频的内容进行索引、浏览、查询、检索等，就需要对视频进行有效合理的组织，自动对视频数据流进行结构化，并通过分析进行组织和建立索引，组织后的视频数据具有合适的结构可用于非线性浏览，而建立索引后进行基于内容的检索就很方便了。

视频结构化就是对视频流中的连续帧序列进行切分，把一个连续视频流按其内容展开的不同，将它分成若干语义段落单元。一般来说，这些语义段落单元包括镜头、组和场景等。图 11.2 描述了对视频数据流进行结构化的过程：连续的视频图像帧通过视频镜头边缘检测被分割成长短不一的镜头单元；然后对每个镜头单独提取关键帧，得到可以表征每个镜头单元的关键帧。其中，由于每个镜头长短不一，所以可以提取的关键帧数目也不一样，接着分析视频关键帧，得到视频组；最后在视频组的基础上，得到视频场景。在这个结构化过程中，就得到了视频目录，用它来作为原始的无结构视频数据流的索引。这样用户就可以通过浏览视频目录，而快速地了解整段视频数据所表达的内容。

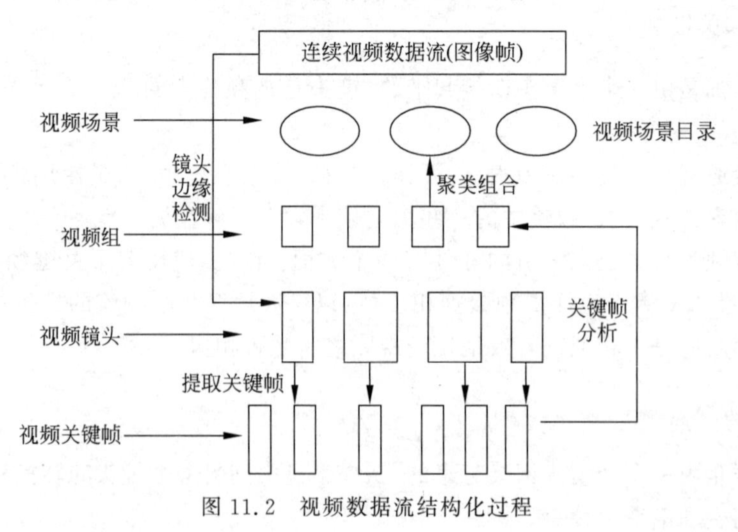

图 11.2 视频数据流结构化过程

11.3.2　基于镜头的视频索引和检索

视频序列包括以某种速率采集的图像序列。一个长时间的视频(超过 30min)包括许多帧。如果对这些帧进行单独处理,则索引和检索的效率会很低。但是一般来说,视频通常是由大量的逻辑单位或分块组成,将这些分块称为视频镜头,镜头是相邻帧的短序列。通过镜头来组织视频,则会具有一定的逻辑关系,因此,镜头是视频结构中很重要的一个语义单元。镜头中的帧具有以下几个特征。

(1) 帧描述的是相同的情景。

(2) 帧表示单一的照相动作。

(3) 帧包括某个对象不同的事件或行为。

(4) 用户选择帧作为单个可索引实体。

图 11.3 描述了基于镜头的视频索引和检索的主要过程。视频首先被分割成各个镜头,并对每个镜头进行运动分析(主要针对摄像机运动和物体运动),基于运动分析,可以提取并跟踪镜头中的对象,同时选择或构造关键帧,来描述视频内容,然后根据提取镜头、关键帧和对象的视觉特征,进行索引。通过视觉特征的相似度计算,镜头被组织成场景。最终,用户可以通过一种简单方便的方法浏览和检索视频。

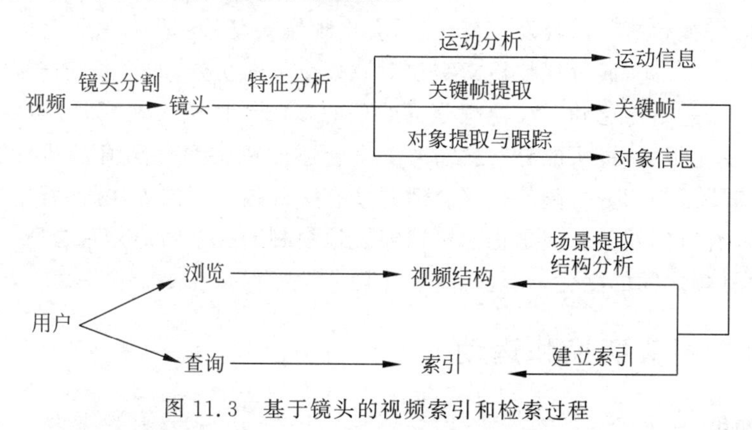

图 11.3　基于镜头的视频索引和检索过程

基于镜头的视频索引和检索的关键技术如下。

(1) 镜头分段。通常视频流中的镜头,是由时间连续的视频帧组成的。它对应着摄像机一次记录的起停操作,代表一个场景在时间上和空间上的连续的动作。镜头之间有多种类型的过渡方式,最常见的是“突变”,表现为在相邻两帧间发生的突变性的镜头转换。此外,还存在一些较复杂的过渡方式,如淡入、淡出等。

(2) 特征分析。基本的特征分析包括颜色、纹理、形状、运动和对象等。前三种是图像和视频共有的,属于数字图像处理中较为成熟的技术,对象提取和跟踪是视频分析中最困难的部分,可利用运动信息进行处理:先将每帧图像分割成具有相似视觉特征(颜色、纹理等)的区域,然后根据各个区域的运动特征,按照一定的约束(例如区域之间的连通性),将它们合并成对象。国际标准 MPEG-4 便是以对象提取和合成作为焦点的,它提出了使用视频对象平面的概念,对视频对象进行索引。MPEG-7 更提出对各种视频对象信息进行描述和查找。特征分析技术将在 11.5 节详细介绍。

(3) 关键帧提取。为了克服基于镜头的方法存在的问题,人们提出了一种基于内容分析的方法。这种方法通过分析视频内容(颜色直方图、运动信息)随时间的变化情况,来选取所需关键帧的数目,并按照一定的规则为镜头抽取关键帧。当然还有其他的方法,如用无监督聚类技术来选择关键帧等。

(4) 视频结构分析。视频结构分析的过程,就是将语义相关的镜头组合、聚类的过程。举例来说,假设有一段两人对话的视频段,在拍摄过程中,摄像机的焦点在两人之间来回切换,用前面所述的镜头分割技术,必然会把这一段视频分割为多个镜头。而这一组在时间上连续的镜头是相关的,因为这一组镜头是一个情节(称为场景)。结构分析的目的,便是使视频数据形成结构化的层次,可以方便用户进行有效的浏览。

11.4 视频镜头检测和分割

视频是一种时间媒体数据,不容易被管理,在视频数据由粗到细的顺序划分为四个层次结构(视频、场景、镜头、帧)中,镜头是视频数据的基本单元,它代表一个场景中在时间上和空间上连续的动作,是摄像机一次操作所摄制的视频图像,任何一段视频数据流都是由许多镜头组成的。

一般来说,在视频情节内容发生变化时,会出现镜头切换,即从一个镜头内容转移到另外一组镜头内容。因此,通过视频检索实现对视频镜头的切分,即将原始连续视频分成长短不一的镜头单元,是结构化和后续视频分析处理的基础。在镜头切换时,切换点前、后两帧通常在内容上变化很大,镜头的分段就需要一个合适的镜头切分阈值来判断是否出现了镜头转换,是否需要镜头切分。阈值是否合适并没有一种很客观的方法,而常常要依靠主观判断,人为地选取合适的阈值。但是仍然可以笼统地去判断一个阈值是否合适,合适的阈值既要能判断出个别帧之间的变化,又能确保整体切分性能保持在一定水平。

11.4.1 镜头切换和运动

1. 镜头切换

由于一个镜头只能拍摄相邻地点连续发生的事情,它的描述能力有限,所以大多数的视频都是由许多镜头通过编辑连接而成的,有的视频切换频繁,镜头的持续时间短,如电视新闻节目、故事片等,这些视频通过镜头的切换来反映不同地点或不同时间发生的事情,也有的视频切换较少,每个镜头的持续较长,例如体育节目的转播。而用于银行保安、交通监管的监控视频几乎没有镜头的切换,对于这些视频人们关心的主要是镜头内物体的运动。

镜头的切换有两种:突变和渐变。突变是指前一个镜头的尾帧被下一个镜头的首帧快速代替,是两个镜头之间最简单的切换;从视频编辑的角度看,渐变主要是通过色彩编辑和空间编辑得到,是指前一个镜头的尾帧缓慢地被下一个镜头的首帧代替,其中包括淡入、淡出、隐现、擦洗等;渐变切换的特征量的变化太小,很难用单个阈值来检测,需要更复杂的办法。

2. 镜头内的运动

镜头内的运动包括由对象运动导致的局部运动和由摄像头运动导致的全局运动。

1) 对象运动

对象的运动根据实际情况的不同千变万化,但又是视频检索的一个重要方面,特别是对于监控视频,例如,用户可能需要检索某个物体被移动的视频片段或汽车发动的视频片段。常见的几种对象运动归纳如下。

(1) 出现：一个对象出现于镜头中。

(2) 消失：一个对象从镜头中消失。

(3) 进入：一个运动的对象出现于镜头中。

(4) 退出：一个运动的对象从镜头中离去。

(5) 运动：一个原本静止的对象开始运动。

(6) 停止：一个原本运动的对象停了下来。

(7) 通过对以上对象运动的分析,可实现对监控视频的基于内容的检索。

2) 摄像头的运动

在视频的拍摄过程中,摄像头可以按不同的方式运动,以达到特定的拍摄效果,摄像头的运动包括以下几种。

(1) 摇镜头：摄像机位置不动,借助于三脚架上的云台,按某一方向水平或垂直转动摄像头所拍摄到的镜头；其画面效果犹如人们转动头部环绕四周或将视线由一点移向另一点的视觉效果。

(2) 推镜头：通过变焦使画面的取景范围由大变小、逐渐向被摄主体接近的一种拍摄方法。

(3) 拉镜头：与推镜头相反,拉镜头是通过变焦使画面的取景范围和表现空间由小到大、由近变远的一种拍摄方法。

(4) 移动镜头：摄像机跟随运动的被摄体一起移动而进行的拍摄,其特点是画面始终跟随一个运动的主体,并且要求这个被摄对象在画框中要处于一个相对稳定的位置上。移动又可分为水平移动和垂直移动。

(5) 组合拍摄：组合拍摄是指在一个镜头中有机结合推、拉、摇、移动等几种不同摄像方式的拍摄方法,用这种方式拍摄的画面也叫综合运动镜头。此时一般只分析主要的运动。

11.4.2　突变镜头检测

两个镜头间的切换是将两个镜头直接连接在一起得到的,中间没有使用任何摄影编辑效果。切换一般对应在两帧图像间某种模式(由场景量度或颜色的改变,目标或背景的运动,边缘轮廓的变化导致)的突然改变。

对镜头切换的检测目前一般都采用类似图像分割中基于边缘的方法,即利用镜头间的不连续性,这类方法有以下两个要点。

(1) 对每个可能的位置检测是否有变化。

(2) 根据镜头切换的变化特点确定是否有切换发生。

镜头边缘检测的方法很多,下面介绍常见的几种。

1. 绝对帧间差法

绝对帧间差法是最直观的镜头边缘检测方法，这种方法通过判断前后相邻两个图像帧之间的特征是否发生了显著变化来判断镜头是否发生了切换，具体实现时，可以将相邻两帧的差别定义为两帧各自对应的所有像素的色彩亮度和之差。

图像帧数目很大，为了避免大量计算，考虑到相邻时刻内图像的特征变化很小，可以采取小数据采样，只处理部分帧。

2. 图像像素差法

当视频从一个镜头转换到另一个镜头时，相邻图像帧中对应像素点会发生变化。判断相邻图像帧中像素点发生变化的多少，可以达到视频镜头边缘检测的目的，这就是基于图像像素差法进行镜头边缘检测的基础。

使用像素差法进行镜头边缘检测的步骤如下：首先统计两帧对应像素变化超过阈值的像素点个数，再比较变化的像素点个数和另一个阈值，如果超过范围则判断为镜头边界，但是这种方法对镜头移动非常敏感，对噪声的容错性较差。

3. 颜色直方图法

基于图像颜色直方图特征进行镜头边缘检测的方法就是颜色直方图法，这种方法最适用于突变和擦洗造成的镜头切换的判断。如果相邻帧的颜色直方图之间出现一个大的差值，则可以确定出现了一个镜头切换点。

假设 $H_i(j)$ 表示第 i 个帧的直方图，其中，j 是颜色可能的灰度级别，则第 i 帧与其后续帧之间的差值可由式 11.1 表示：

$$\mathrm{SD}_i = \sum_j | H_i(j) - H_{i+1}(j) | \tag{11.1}$$

如果 SD_i 大于预定的阈值，则可以判定它是一个镜头边界。

对于彩色视频，可考虑增加颜色成分。一种简单有效的方法是比较根据从 R,G 和 B 成分中推导出的颜色代码而构成的两个直方图。在这种情况下，上述方程中的 j 将表示颜色代码而不是灰度级别。

4. 边界跟踪法

边界跟踪法的思路为：镜头转换导致距离原来边缘很远的位置出现新边缘，而原来的边缘会逐渐消失。因此，镜头转换的判断可以看作两个图像帧中边缘的比较。

比较颜色直方图和颜色比例的镜头边缘检测算法是在边界识别的基础上被提出的。在这种方法中，连续帧被排列成一行，以减少镜头移动造成的影响，然后再比较图像中边的个数和位置。同时计算相邻两帧间进入或者离开图像的边所占百分比，百分比最大的是镜头的切分点。而且，这种方法也可以通过百分比的相关值判断是否出现隐现和淡入淡出，边界跟踪法对运动的敏感度不大。

边界跟踪法中，如果 p_{in} 表示帧 f 和 f' 中最近边中像素点距离超过阈值 r 的像素点数目在 f 中所占百分比，p_{out} 表示帧 f 和 f' 中最近边中像素点距离超过阈值 r 的像素点数目在f'中所占百分比，则相邻帧f和f'的差为$d(f,f')=\max(p_{in},p_{out})$。如果$d(f,f')$超过一定阈值，则认为在$f$和$f'$处，应当进行视频镜头分段。其他比较常见的镜头边缘检测方法还有很多，如矩不变量法、运动向量法等。

11.4.3 渐变镜头检测

渐变是许多镜头切换方式的总称，它们共同的特点是整个切换过程是逐渐完成的，从一个镜头变化到另一个镜头常可能延续十几帧或几十帧。与突变只有一种不同，渐变有许多种，许多突变检测算法也可用来检测渐变，渐变也有自身的特点，所以也有许多专门用于渐变检测的方法。

当渐变发生时，镜头间的相邻帧之间的差值要比镜头内的差值高，但比镜头阈值低很多，表11.1给出了一些典型的渐变类型及特点。

表11.1　一些常见的渐变类型

名称	特　点
淡入	后一镜头的起始几帧缓慢均匀地从全黑屏幕中逐渐显现
淡出	前一镜头的结尾几帧缓慢均匀地变暗直至变为全黑屏幕
隐现	前一镜头的结尾几帧逐渐变暗消失而同时后一镜头的起始几帧逐渐显现
滑动	后一镜头的首帧从屏幕一边(角)拉入，同时前一镜头的尾帧从屏幕另一边(角)拉出
上拉	后一镜头的首帧由下向上拉出，逐步遮挡住前一镜头的尾帧
下拉	后一镜头的首帧由上向下拉出，逐步遮挡住前一镜头的尾帧
擦洗	后一镜头的首帧逐渐穿过并覆盖前一镜头的尾帧
翻页	前一镜头的尾帧逐渐从屏幕一边拉出，显露出后镜头的首帧
翻转	前一镜头的尾帧逐渐翻转，从另一面显露出后一镜头的首帧
旋转	后一镜头的首帧从屏幕中旋转出来并覆盖前一镜头的尾帧
弹进	后一镜头的首帧从屏幕中显露出来并占据整个画面
弹出	前一镜头的尾帧从屏幕中甩离出去并消失
糙化	用暗的模板逐渐侵入屏幕而渐进地覆盖前一镜头的尾帧直至变为全黑屏幕

显然镜头渐变的检测要比镜头突变的检测困难得多。为了捕获到这些镜头边界，必须大幅度降低阈值，但这又有可能产生许多错误的检测。目前镜头渐变的检测的主要方法有以下几种。

1. 双阈值比较法

双阈值比较法设置两个阈值T_b和T_s，当帧差大于T_b时，存在镜头突变；当帧差小于T_b而大于T_s时，存在镜头渐变。当接续帧的帧差开始超过T_s时，这一帧称为镜头渐变的起始帧。然后同时计算两种帧差：一种帧差是上述统称的接续帧的帧差，即相接两帧的帧差$fd_{k,k+1}$；另一种帧差是相隔帧的帧差fd_l，即相隔1帧的帧差，当镜头渐变的起始帧检出后，便开始计算fd_l，即k逐渐增加时，也同时逐渐增加1，显然，相隔帧的帧差随着相隔帧数l的增加而增加，因而相隔帧的帧差是一个累计帧差。当相隔帧的帧差fd_l累计超过T_b，而接续帧的帧差低于T_s时，这一帧便为镜头渐变的终止帧。注意，上述两种帧差是同时计算的，在相隔帧差开始累计后，同时观察接续帧的帧差 $fd_{k,k+1}$，如果 $fd_{k,k+1}<T_s$，则结束该起始帧，接着重新寻找起始帧。

2. 模糊聚类法

模糊聚类法不但可用于检测镜头突变，也可用于检测镜头的渐变。把一段视频进行模糊聚类后便得到各帧属于明显变化(SC)和非明显变化(NSC)两类场景的隶属度。如果某帧属于 SC 的隶属度大于属于 NSC 的隶属度，则该帧属于明显变化类，并用“1”表示，反之用“0”表示，这样便可以把这段视频表示成二进制序列，例如 00110001001111011…。

视频序列中镜头突变和渐变具有一定的模式，因此，可对视频二进制序列进行模式判别，检测镜头突变和渐变。例如，010 模式表示镜头突变，而 011 或 110 模式表示镜头渐变。该方法对由灰度帧差特征和直方图帧差特征组成的线性特征空间进行模糊聚类，为了提高模糊聚类的精度，建议当隶属度为 0.4～0.6 时采用对由灰度帧差特征和直方图帧差特征相乘组成的非线性特征空间进行模糊聚类，这可拉大两类的差别，从而提高模糊聚类的精度。

3. 淡入淡出和隐现的检测

实际中，虽然渐变的方式类型很多，但 99%以上的镜头编辑方法都可归属于三类，即突变、淡入淡出和隐现，所以渐变镜头检测主要为对淡入淡出和隐现的检测。淡入淡出和隐现都是借助像素的亮度(颜色)变化来平滑连接不同镜头的，下面具体介绍两种典型方法。

1) 利用差值直方图

前面介绍的通过比较两相邻帧图像颜色直方图来判断是否有突变的方法，可以推广到对渐变的检测，同时，相比双阈值比较法使用较大的 T_b 来检测突变和较小的 T_s 来检测渐变，步长为 N 的帧间直方图差值判定算法在检测渐变切换时也做了进一步的推广，在计算相邻帧间差值的同时，在适当的位置还计算步长为 N 的帧间差值。

步长为 N 的帧间直方图差值判定算法对视频进行两次扫描，并设置三个阈值 $T_1>T_2>T_3$。第一次扫描与突变镜头检测单阈值判定算法一致，首先计算帧间直方图差值，并以 T_1 为阈值判定突变切换。然后，步长为 N 的帧间直方图差值判定算法在完成第一次扫描的基础上，进行第二次扫描，在第一次扫描过程中已划分的镜头内部再搜索出可能存在的变化稍缓的突变切换及所有的渐变切换。第二次扫描以 N 帧间直方图差值为依据，计算每一个已判定镜头的内部帧和与之相距 N 的后续帧之间的差值，如果这个差值超过阈值 T_2 且这一帧与本身所处镜头的起始帧和结束帧相距均大于步长 N，则判定此帧为新镜头的起始帧。如果此帧和与之相距 N 的后续帧之间的差值小于阈值 T_2，但大于阈值 T_3，则考察下一帧和与之相距 N 的后续帧之间的差值，如果下一帧的 N 帧间差值也大于阈值 T_3，而且它们与本身所处镜头的起始帧和结束帧相距均大于步长 N，则同样可判定此帧为新镜头的起始帧。显然，计算 N 帧间差值可以有效地跳过渐变过程本身，摆脱在渐变过程中相邻帧差值不明显的困扰，从而准确判断出镜头分割点。对于步长 N，可取 4,6,8,10,12 等值。步长为 N 的帧间直方图差值判定算法具体如表 11.2 所示。

表 11.2 步长为 N 的帧间直方图差值判定算法

算法描述
计算帧间直方图差值 $SD_i = SD(i, i+1)$
对帧间直方图差值 SD_i 的每一个值,如果有 SD_l 同时满足以下条件:
(1) $SD_l \geqslant T_1$,其中,T_1 为突变切换阈值。
(2) $l > e + N$,其中,e 为前一镜头结束帧号,N 为算法步长。
则判定第 l 帧为新镜头的起始帧。
从每一个镜头的第一帧起,计算 N 帧间直方图差值 SD_i,$SD_{i,N} = SD(i, i+N)$。
对 N 帧间直方图差值 $SD_{i,N}$ 的每一个值,如果有 $SD_{l,N}$ 满足以下条件其中之一:
(1) $SD_{l,N} \geqslant T_2$,且 $s + N < l < e - N$,T_2 为渐变切换阈值,s 为所处镜头的开始帧帧号,e 为所处镜头的结束帧帧号。
(2) $D_{l-1,N} \geqslant T_3$,$D_{l,N} \geqslant T_3$ 且 $s + N < l < e - N$,T_3 为渐变切换阈值,s 为所处镜头的开始帧帧号,e 为所处镜头的结束帧帧号。
则判定第 l 帧为新镜头的起始帧。

2) 借助产生式模型

淡入淡出和隐现的检测也可以借助建模来进行,考虑 $f(x,y,t)$ 是一个灰度序列,长度为 L,那么在渐变过程中产生的序列 $g(x,y,t)$ 可以表示为:

$$g(x,y,t) = f(x,y,t)(1 - t/L)$$

其中,$t \in [t_0, t_0 + L]$。考虑表 11.1 中列举的淡入淡出特点,可理想地分别模型化:

$$g_i(x,y,t) = B(x,y) + f_i(x,y)(t/L), g_0(x,y,t) = f_0(x,y)(1 - t/L) + B(x,y) \tag{11.2}$$

其中,$B(x,y)$ 代表黑色图像,当 $f_i(x,y)$ 代表淡入时 $f(x,y,t)$ 的最后一帧,$f_0(x,y)$ 代表淡出时 $f(x,y,t)$ 的最前一帧,上述模型假定在淡入淡出的过程中原始序列本身不随时间变化,可用一帧 $f(x,y)$ 代替。

通过对上面的式子进行微分,可以得到一阶差图像,这是一幅正比于淡入或淡出速率的常数图像。于是通过对一阶差图像是否为常数图像的检测就可以判断是否发生了淡入或淡出,隐现可以看作是一个淡出后面跟着一个淡入,所以可以模型化的公式如下。

$$g(x,y,t) = f_0(x,y)(1 - t/L_0) + f_i(x,y)(t/L_i) \tag{11.3}$$

其中,L_i 和 L_0 分别是隐现中两个镜头各自的长度。一般来说,隐现里淡入各帧和淡出各帧中的亮度分布是不一样的,并且其中一个常能盖住另一个。

需要注意的是,在实际情况下,上述理想模型并不一定成立,这时一阶差的图像将不是常数图像,通过判断一阶差图像是否为常数进行检测淡入淡出的方法会受到影响。

11.4.4 其他镜头检测技术

在理想的情况下,用于镜头检测的相邻帧之间的距离的分布应该接近于 0 并在镜头内几乎没有什么变化,而且应比镜头间的距离小得多,使用这种分布将不会存在镜头误检测。但是由于对象和摄像机的活动以及相邻帧之间的渐变转换,普通视频的相邻帧之间的距离并不具有这种理想的分布。为了改进镜头检测性能,研究人员提出使用滤波器消除对象和摄像机活动的影响以便使相邻帧之间距离的分布接近理想分布。

尽管大多数镜头检测方法直接以颜色或强度直方图为基础，但是在研究人员提出的一种镜头边界检测方法中，对每个图像帧实施边界检测。在进行了某些规范化后，可计算相邻两帧间进入和离开图像的边所占百分比，当百分比超过一个预定的阈值时，可宣布存在镜头边界。通过查看进入和离开边界的百分比的相对值也可判断是否为融合或淡入淡出，这种方法对运动的敏感度不大。研究者认为这种方法在检测镜头切分点方面比基于颜色或强度直方图的检测方法更准确。

11.5 视频索引和检索

将视频序列分割成镜头后，需要对视频进行索引，实现视频流的表征与相似性度量，这是视频结构化的关键过程，文本检索中通常会采用词和短语作为语句、段落以及文献的索引。而在视频系统中则常采用一个或者多个关键帧来索引镜头、场景或者整个视频，用户可以使用这些索引结构快速浏览或检索视频内容。

11.5.1 关键帧提取

关键帧是从原始的视频序列中抽取出的最能表示镜头内容的静态图像。这是因为每个镜头都是在同一个场景下拍摄的，同一个镜头中的各帧图像有相当多的重复信息，实际运用中，由于场景中目标的运动或拍摄时对摄像机的操作(如变焦、摇镜等)，一个关键帧常常不能很好地表达镜头的内容，这时就需要几个关键帧。表达镜头所需关键帧的多少取决于该镜头中视频序列信息变化的大小，如果视频内容发生了较大的变化，则需要比较多的关键帧，反之亦然。

关键帧提取有以下几种比较常见的方法。

1. 基于颜色特征法

在基于视频图像颜色特征提取关键帧的方法中，将镜头中的帧顺序处理，比较当前帧及之前一个关键帧的颜色直方图，如有较多特征改变，则当前帧被认为是一个新的关键帧。在实际中，可以将镜头的第一帧取为关键帧，然后通过依次对后面的帧进行比较逐渐得到后续关键帧。这种方法对不同的视频镜头提取出的关键帧数目不同，而且各关键帧之间的颜色差别很大。但基于颜色特征的方法对摄像机的运动很不敏感，无法量化地表示运动信息的变化，造成关键帧提取的不稳健。

2. 基于运动分析法

在视频摄影中，摄像机运动造成显著运动变化是产生图像变化的重要因素，因此也是提取关键帧的一个依据。这种方法将摄像机运动造成的图像变化分为两类：一类是摄像机焦距变化，这种情况下选取首尾两帧为关键帧；另一类是摄像机角度变化，此时比较当前帧与上一关键帧的重叠范围，低于某一数值(如30%)时，则当前帧选取为关键帧。

3. 基于聚类的方法

设某个镜头 S_i 包含 n 帧图像，$S_i=\{F_{i_1},\cdots,F_{i_n}\}$，其中，$F_{i_1}$ 为首帧，F_{i_n} 为尾帧，相邻

两帧之间的相似度定义可以采用这两帧的颜色直方图相似度，预先定义一个阈值 δ 控制聚类密度。

对当前帧 F_{i_i}，计算它与现存聚类质心之间的距离，如果大于阈值 δ(即相似度小于 δ)，则认为当前帧与该聚类之间距离较大，不能加入到该聚类中。如果 F_{i_i} 与所有现存聚类质心的相似度均小于 δ，则形成一个以 F_{i_i} 为质心的新聚类；否则将 F_{i_i} 加入到与之相似度最大的聚类中，并相应调整该聚类质心。

$$d'_c = d_c \times \frac{F_n}{(F_n+1)} + \frac{1}{(F_n+1)} * F_i \tag{11.4}$$

其中，d_c，d'_c 和 F_n 分别是聚类群原有质心、聚类更新后质心和该聚类群的帧数。

将镜头 S_i 所包含的 n 个图像帧分别归类到不同聚类后，选择每个聚类中距离聚类质心最近的帧作为这个聚类的代表帧，所有聚类的代表帧就构成了镜头 S_i 的关键帧。聚类算法中的 δ 选取的越大，形成的聚类数目越少，镜头 S_i 划分越粗，关键帧越少；反之，δ 越小，形成的聚类数目越多，镜头 S_i 划分越细，关键帧越多。

这种基于聚类的关键帧提取方法不仅计算效率高，还能有效地获取视频镜头的显著视频内容，对于低活动型镜头，一般只提取出少量的关键帧；而对于高活动型镜头，则会根据镜头的视觉复杂性自动提取多个关键帧。聚类算法本质上是一个非监督过程，用户只需要提供聚类参数 δ，聚类和关键帧提取等其他过程就可以自动完成，效率较高。

另外还有一些比较特殊的关键帧提取方法。其中一种利用了图论思想，在这种方法中，镜头被映射到邻接图，而每帧映射为图的顶点，这样关键帧提取问题就变换为顶点覆盖问题。特别地，我们希望找到一个顶点的最小覆盖，使覆盖中的顶点与其邻近点的特征距离最小，这是一个 NP 完全问题。对这个问题，提出了基于贪心算法和失真率性能的次优解法。

11.5.2　运动特征提取与索引

采用关键帧对视频进行索引和检索，可以方便地对视频数据进行不同对象、不同场景的检索，由于视频数据量巨大，在存储容量有限的情况下，通常仅存储镜头关键帧，可以收到数据压缩的效果。最关键的一点是，用关键帧来代表镜头，使得对视频镜头可以用基于内容的图像检索技术来进行检索。

但是由于关键帧是静态图像，在提取过程中丢失了运动信息，无法表示运动内容，所以有一定的局限性。而视频中除了包括从每幅图像中可得到的视觉特征(如颜色、纹理、形状和空间位置关系等)外，还有运动的信息。运动是对序列图像进行分析的一种基本元素，它直接与空间实体的相对位置变化或摄像机的运动相联系，运动信息是视频数据所独有的，可用一组参数值或表示空间关系如何随时间变化的符号串来表示，运动信息表示了视频图像内容在时间轴上的发展变化，它对于描述理解视频内容具有相当重要的作用。基于运动特征可对视频内容进行索引和检索。

1. 运动信息提取

在视频信息检索中，目前获得运动信息的方法主要有在图像序列上计算光流，或者从 MPEG 视频流中直接提取运动向量，如光流估算法、运动向量估算法。

2. 运动特征的描述

如何对运动特征进行表示是运动分析最根本的问题之一，它要考虑如何使运动特征的表示符合检索需求，并且具有一定的语义。

1）相机运动

相机运动体现为视频中的全局性运动，只需对运动向量进行统计分析就可以得到相机的运动类型，由此来索引视频。一个简单的做法是根据运动向量方向的优势分布将相机运动标注为8个主要运动方向（上、下、左、右及四个斜方向）之一。另外，还可根据运动向量是否有向焦点汇聚的特性来检测相机是否在做缩放运动。

相机运动的优点是它具有相当直观的意义，检索要求容易提交；同时也很好评价相机运动的检索效果，但它的缺点是对运动特征的表达能力较弱，所包含的语义信息较少，这使得用户较难进行有意义的运动检索。

2）参数化运动

这里对运动信息的表示是将运动看成图像到图像的一个变换，当前图像的坐标是前一图像的坐标通过变换而成，即$(x',y')=(g_1(x,y),g_2(x,y))$，其中，$G=(g_1,g_2)$是坐标变换函数，根据选取的变换函数不同，就得到了不同的参数运动模型。常见的参数模型有仿射模型和投射模型：

$$(x',y')=(a_1x+a_2y+a_3,a_4x+a_5y+a_6) \quad \text{（仿射模型）} \tag{11.5}$$

$$(x',y')=\left(\frac{a_1x+a_2y+a_3}{a_7x+a_8y+a_9},\frac{a_4x+a_5y+a_6}{a_7x+a_8y+a_9}\right) \quad \text{（投射模型）} \tag{11.6}$$

仿射模型相对简单，而投射模型则较好地反映了景深的透视效果，其他的还有双线性模型和双二次模型等，由于形式过于复杂，一般不采用。

参数化运动的好处是它将运动特征数学模型化了，因此可以为后续的各种处理带来方便。其中之一就是能够根据参数模型重构运动场，这在运动分析的其他方面（如根据运动特征的物体分割）有潜在的应用价值，但想直接将参数化运动作为特征检索视频还有一定困难，所以在应用上，它常常作为运动特征分析的中间过程，为进一步的分析做准备。

3）运动活跃程度

运动活跃程度主要捕捉视频中运动的强度，以及运动强度在空间上的分布情况，如运动是强还是弱，是集中还是分散等。在MPEG-7标准中，运动强度根据人的主观感觉被划分为五个等级，划分标准可以是运动向量模值的均值，也可以是运动向量模值的标准差。统计结果表明，采用运动向量模值的标准差来划分运动强度的等级与人对运动强弱的主观感觉更加相符一些。所以MPEG-7标准采用运动向量模值的标准差来描述运动强度。

除了运动强度，还要考虑运动的空间分布，从直观上说，运动的空间分布描述的是运动在图像中的离散程度，例如，一个面部的特写镜头可能包含一大块连续的运动区间，而从空中拍摄的繁忙城市街道则包含许多分散细小的运动区间，这就对应了不同的运动空间分布。运动的空间分布在实现上是以宏块为单位，根据运动向量的模值大小对其分布情况进行分类统计得到的。

运动活跃程度具有明确的语义，同时在检索上也有相当重要的意义，和其他运动特征的表示方法相比，运动活跃程度精简且有效，能很好地符合人主观上所表达的概念，因此不失为一种较为理想的检索特征。

3. 基于运动特征的视频信息检索原理

1）运动信息的可靠性分析

由于对运动向量编码的初衷并不是为了反映视频中的运动信息，运动向量中有相当一部分会对运动分析起到干扰作用，所以在实现上，对运动向量的过滤对于接下来的运动分析过程具有非常重要的意义。

对于利用运动向量获得的运动信息的情况，首先要排除那些未能真实反映运动情况的运动向量，以免给进一步的分析带来不必要的干扰。有效的方法是采用空域和时域上的滤波器对运动向量进行平滑，其中一种方法是将图像的运动向量场划分为若干个区间，分别统计运动向量的均值和方差，对于方差大于某一阈值的区间，将被认为是不规则的，不再进一步考虑。在时域上也要做类似的筛选。

对于参数模型的运动特征表示，与之相结合的一种消除不可靠运动向量的方法是“迭代求精”，即在每一轮求解模型的参数后，根据参数模型重构运动向量场，从而可以计算出每个运动向量与重构的运动向量之间的误差，对于误差超过某一阈值的运动向量，在下一轮重新求解参数的过程中将被排除。如此经过若干轮迭代，可以很好地消除不相干的运动向量的干扰，使得最终计算出来的参数模型更为精确地反映全局运动信息。另外，迭代求精的方法在光流分析中也可以使用，只要运动特征是通过参数模型来表达的。

最后，对于相机运动分析的应用，一般假设相机在一定时间内的运动是稳定的，所以对于相机运动分析的结果，可以采用时域窗口进行平滑，以消除在个别帧上不连续的相机运动类型。

2）运动特征的相似度定义

因为存在多种运动特征的表达方式，所以运动特征的相似度定义也有多种。如果将运动特征作为一个向量，则可简单地采用绝对值距离和欧氏距离。可以将运动特征表达为直方图，相似度就定义为直方图间的距离，为了更符合人的主观感觉，还可以进一步定义相似度矩阵，它考虑了直方图不同槽之间的相关性影响。总之，对相似度的定义依赖于所采用的运动特征表达方式，同时相似度的定义应该尽量符合人的主观感觉。

3）运动特征的聚类

在某些应用环境下，例如在体育比赛的视频中，运动信息有其特殊的语义，一般的体育比赛（例如篮球、足球比赛等），往往由为数不多的几类镜头组成，像远距离的全场镜头、中距离的局部镜头以及近距离的运动员特写镜头等，通过它们运动特征的特定模式，就可以很好地区分这几类镜头。另外，通过对运动特征的分析，还可以监测特定事件的发生，例如进攻、得分等。所以对于像体育比赛这种运动特征较有特定意义的视频，根据运动特征将视频镜头进行聚类通常能将视频镜头合理归类。

另外，对运动特征的聚类也是实现视频分类的重要手段之一。相比于颜色、纹理等静态图像的特征用于视频分类，运动特征往往能给出更为有效的结果。同时，运动特征还可以与其他特征相结合用于视频分类，以达到更为理想的效果。

11.5.3 基于对象的索引和检索

基于镜头的视频索引和检索存在的一个主要缺点是，虽然从电影学的角度看镜头是视频序列的最小单位，但是它并没有直接使用基于内容的表示。可能在单个镜头里的内容不断地发生改变，也有可能在一系列连续的镜头中内容却几乎保持不变。如何判定“内容的变化”，是基于内容的索引和检索方法所要解决的关键问题。

任何给定的情景都是部件或对象的复杂集合。一个对象的位置和物理性质及与其他对象的交互关系决定了情境的内容。基于对象的索引和检索方法，就是从视频流中分割出所有对象并利用每个对象的信息进行索引，这种索引策略应能够捕获整个视频流中内容的变化。把视频分割成不同对象或者把运动对象从背景中分离出来，是实现基于内容的视频索引、检索和交互式多媒体应用的前提条件。视频对象分割涉及对视频内容的分析和理解，这与人工智能、图像理解、模式识别和神经网络等学科有密切联系。

进行视频对象分割的一般步骤是：先对原始视频数据进行简化以利于分割，这可通过低通滤波、中值滤波、形态滤波来完成；然后对视频数据进行特征提取，可以是颜色、纹理、运动、帧差、位移帧差乃至语义等特征；再基于某种均匀性标准来确定分割决策，根据所提取特征将视频数据归类；最后是进行相关后处理，以实现滤除噪声及准确提取边界，但由于视频对象分割问题的病态特征，至今还未有完善的解决方法，目前进行视频对象分割的主要方法有以下几种。

1. 利用运动场模型进行分割

运动信息是运动对象的一个重要特征，因此可以根据运动的一致性来分割各个对象，也可以结合颜色、纹理、边沿等特征。因各特征在对象的分割中的重要程度不同，常常对各特征采用不同的加权系数进行聚类，或采用一些简单的推理规则融合多种分割的结果，从而得到最终的运动对象。对运动一致性好的对象，可以建立二维运动场模型，在上面介绍的仿射模型和投射模型中，经过适当地选择映射参数，可以区分不同的三维运动和表面结构之间的特征。

该方法有较好的分割效果，缺点是只适合刚体运动对象，此外，计算运动场所需的运算量也很大。

2. 利用变化检测模型进行分割

这种方法先通过帧间变化检测得到运动区域，然后进一步分割得到运动对象。此方法避免计算运动场，因此简单快捷，具有很好的实时性，但变化检测模型受噪声的影响较大，而且对于存在部分运动的对象的分割效果也不是很好，提高算法对噪声的鲁棒性是此方法的关键。

3. 利用概率统计模型进行分割

贝叶斯概率统计模型是分割算法中的一种常用方法。根据前一帧中对象特征的概率分布，如颜色、纹理、边沿、位置或形状等特征，并认为这些特征互不相关，从而可以得到多个特征的联合概率密度函数。利用贝叶斯规则通过最大后验概率来分割当前帧中的运动对象，采用贝叶斯法可以同时完成运动场的计算和对象的分割，但运算量也较大，不适用于实时处理。

4. 利用对象三维模型进行分割

利用对象的三维模型是一种准确且利于对象恢复的分割方法，首先利用前两帧得到对象的初始模型，并在随后的处理中不断更新模型。根据二维图像序列恢复出对象的三维形状模型和位置深度信息，在随后的分割与跟踪中可以通过简单的纹理映射等完成多个对象的分割。尽管这种方法在分割效果上有一定的改进，且有利于对象的编码，但是即使只计算几帧，计算量也相当大，运算非常复杂，实时性差。

5. 利用对象轮廓模型进行分割

基于轮廓的对象分割方法是最近研究的一个重要方向。由于语义级的对象通常包含多个不同颜色、纹理，甚至不同的运动区域(对非刚体运动对象)，因此形状信息成为一个重要的分割特征，通常可以采用基于 Hausdoff 距离匹配法、广义 Hough 变换、变形模板、Level Set 等方法。使用空间变换的网格模型也是目前一个主要的研究方向，因为采用网格的运动估计较准确，而且网格结构可以较好地反映对象的结构特性。

6. 利用运动跟踪模型进行分割

利用当前帧中已分割对象的特性，采用基于帧间跟踪的方式对下一帧进行分割，是一种高效的分割方式。常用的方法有基于 Hausdoff 距离的跟踪、基于区域的跟踪、基于网格的匹配跟踪、基于变形模板的跟踪等。

11.5.4 基于注释的索引和检索

基于特征匹配的视频检索的主要缺点是特征缺乏语义信息，使得用户在说明对视频数据的查询时感到不方便。为此，有研究人员提出了基于注释的检索。使用 IR 技术可对视频进行基于注释的索引和检索。注释就是与特定视频段相关的语义属性集，可捕获视频的高级内容。注释可用如下 3 种方式获得。

(1) 用手工对视频进行结束和注释。这是一项耗时的工作，但是现在仍然广泛使用这种方法，因为目前的技术还不能对高级视频内容进行自动描述。手工注释过程的简化可从两方面进行，一是为人工输入项提供一个确定的框架，二是充分利用具体视频类型的领域知识来使注释半自动化。

(2) 许多视频具有可以直接用于视频索引和检索的相关副本和副标题。

(3) 如果得不到副标题，可对声道运用语音识别来抽取发声词汇，然后利用这些发声词汇进行序索和检索。但该方法仍然存在不少困难，因为语音和非语音通常汇合在声道中，而且语音信号中有背景音乐和噪声，所以识别率较低。

11.5.5 视频索引和检索的综合方法

一段视频是由成千上万的图像帧序列流组成的，但它并不单纯是图像帧视觉内容的简单累加，重要的是随着图像变化所体现的情节发展。视频包含丰富的信息，既有高层语义的特点，又有底层图像帧的视觉特点，还有时间、空间发展的情节特性，因此视频检索在定义和实现上有很大的难度。由于视频巨大的数据量和丰富的表现内容等特点，单一的特征或技术很难捕获视频的所有内容，实际应用系统中应使用上述技术的综合方法。进一步说，索引和检索系统很可能是依赖于应用的，根据应用要求而强化某些方面。

另一个经常使用的视频检索技术是浏览，为了便于浏览和显示索引结果，应使用一些结构和抽象来表示视频。

11.6 视频表现和抽象

视频序列的信息非常丰富，需要较大的存储空间并要求具有时间维。视频信息能否被高效地运用，关键问题是如何用有效的视频表现和抽象工具来压缩视频内容以及如何在有限的显示空间里显示视频的主要内容。视频表现和抽象工具需要具有以下的功能特性。

1. 视频浏览

浏览是判定视频是否相关并定位相关的视频剪辑的最有效的方法之一。传统的用于浏览的视频操作(如播放、快进、快退)都是按顺序进行的，非常耗时。而视频的压缩表示可以使用户无须按顺序浏览就可以快速了解视频的主要内容。

2. 显示视频检索结果

对用户的查询，检索系统常常返回大量的视频或镜头，视频压缩表示能够在有限的显示窗口中显示查询结果，并使用户不需要浏览整个返回列表就可以快速地确定他需要的视频或者镜头。

3. 降低网络带宽要求和时延

很多访问视频数据库和视频服务器的用户都是通过互联网访问的远程用户，在下载或者播放视频之前，用户常常需要了解视频内容来进行选择，视频压缩表示比视频本身小很多倍，采用视频压缩表示不仅能够达到快速浏览的目的，而且能够降低网络带宽要求和时间延迟。

视频分析和表现的初期主要集中在分析视频帧的低层特征上，例如颜色、形状、纹理等；而目前的研究则主要集中在分析更加接近直观内容的高层特征上。其中一个重要的研究内容就是如何从原始视频中提取视频片段，同时保留比较完整的视频内容以及如何实现对视频的快速浏览和检索，这就是目前数字视频技术的一个研究热点和难点——视频摘要。

11.6.1 视频摘要

视频摘要的概念是从文本摘要延续而来的，一篇文章的摘要，是对文章的简要总结，而视频摘要则是用计算机分析处理数字视频数据，获取其中“有代表性”的内容，以简明扼要、用户可读的浓缩形式再现，用尽可能低的代价(网络传输带宽、时间、存储)供用户查询预览视频数据库。

视频摘要应保留原始视频的基本内容，以便能够实现对原始视频进行快速浏览和检索。视频摘要主要应用在以下领域。

1. 视频数据的存档和检索

多媒体个人计算机和工作站的普及以及因特网和多媒体数据压缩技术的发展，使越来越多的视频信息被数字化存档，庞大的数据量造成检索十分不便，因此需要利用视频摘要技术来改进视频数据的存档。视频摘要是视频数据库的重要索引，依靠视频摘要，用户可以快速找到自己感兴趣的视频内容。

2. 影视广告行业

在电影院里正片开播之前，常常会播放另一部电影的精彩剪辑(也称为片花)，这样的剪辑一般由原始视频中的精彩画面组成，而且不包含故事的结局，以达到吸引观众，为另一部电影作广告宣传的目的。这是一类比较特殊的视频摘要，在电影、电视和广告等传媒行业应用广泛。目前，这种视频摘要的制作不仅昂贵，而且耗时费力，如果能够采用较好的自动视频摘要生成系统，那么就可以根据观众的喜好，快速便捷地制作这种电影剪辑。

3. 家庭娱乐业

视频摘要的一个重要应用就是视频点播业务，用户可以快速浏览视频摘要，并通过视频摘要来轻松选取自己中意的电影。如果只记得电影中的某一段情节，而不知道片名或者演员，就可以通过视频摘要迅速找到想要找的电影。

根据表现形式的不同，视频摘要可以分为静态的视频摘要和动态的视频摘要。静态的视频摘要，又称为视频概要，是以静态的方式来表现视频的内容，如标题、关键帧、故事板、幻灯片 STG 图等，它是从视频流中抽取或生成的有代表性的图像。动态的视频摘要，又称为缩略视频，是图像序列及其伴音的集合，它本身也是一段视频，但比原视频要短得多。相比缩略视频，视频概要通常只考虑视觉信息，不考虑音频和文本信息，以及与时间同步问题，因此它的构建与表现都相对简单。缩略视频由于含有丰富的时间以及音频信息，因而更加符合用户的感知。图 11.4 显示了视频摘要的分类结构。

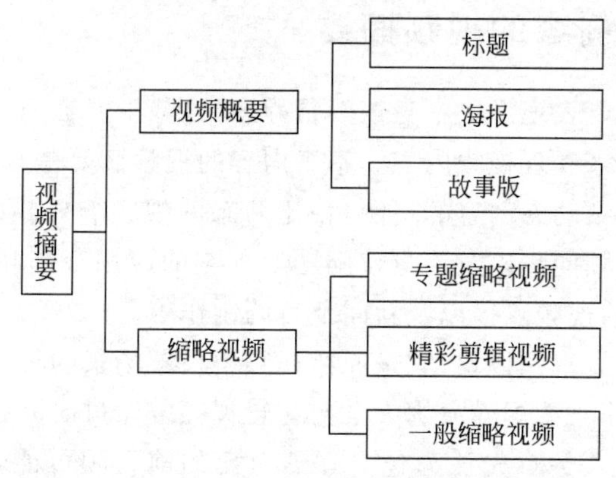

图 11.4　视频摘要的分类

11.6.2 基于图像的视频摘要

视频摘要是最能代表视频内容的静止图像集合，因此，关键帧的提取是视频概要实现的主要技术。目前，关键帧提取的方法按帧、镜头、场景的视频层次结构划分，主要有基于镜头的和基于场景的关键帧提取方法两类。

1. 基于镜头的关键帧提取方法

既然镜头被定义为一个连续的视频帧序列，那么在这个序列中就不存在场景或者摄像机运动的突变，因此一个很简单自然的方法就是把每个镜头的第一帧作为关键帧，如果镜头内的内容变化不大，则一个关键帧就足够了；否则就应该提取多帧关键帧。但是，提取镜头中的哪些帧作为关键帧呢？在目前计算机语义理解还很困难的情况下，大多以低层视觉特性为衡量标准来抽取多帧关键帧，如基于颜色、运动分析、图像拼接等方法。

2. 基于场景的关键帧提取方法

基于场景的关键帧提取法主要考虑的是基于更高一层的视频单元的关键帧提取。这里的场景比视频层次结构中的场景更广泛、更丰富，它可以是一幕情景、一个事件，甚至是整个视频序列。

基于场景的关键帧提取方法中比较有名的是 FX Palo Alto 实验室的漫画书。这种漫画书就是一种特殊的故事板。在该研究项目中，研究人员首先把所有视频帧聚类成预定数目的类，然后根据一段连续帧属于哪一类来对视频进行分割。对于每一分割段，再根据它的长度和出现频率计算一个衡量值，如果这个值小于某一阈值，这个视频分割段就会被忽略。接着提取剩余分割段的关键帧，并通过关键帧的连接可以回放原始视频段。这里，最特别的是关键帧的显示，即比较重要的也就是衡量值较大的关键帧显示较大的图像，而不是很重要也就是衡量值较小的关键帧显示较小的图像，这样即得到一种类似漫画书形式的视频摘要。漫画书中的图像帧是从分割的场景中提取的，且在关键帧的显示上也别具特色，即它能从空间顺序上来表示关键帧的重要程度，但是，聚类的数目如何定义，场景的重要程度如何衡量，阈值如何选取，这都是值得进一步深入研究的问题。

11.6.3 基于内容的视频摘要

基于图像的视频摘要表现形式本身依然是静态的，基于内容的视频摘要则不同，它通过播放而不是浏览的方式来展现视频内容。基于内容的视频摘要是对原始视频、音频的提炼，它提供了一种保留原视频动态内容的机制，相比静态的视频摘要，它需要考虑的问题更多，包括时间信息、视频、音频同步以及连贯性问题等。它的应用范围相当广泛，可用于电影预告片的制作、交互电视的视频点播以及新闻节目的制作等。

视频剪辑是这样一类视频摘要，它是原始视频中精彩场景的集合，但是并不包含故事的结局，通俗的称呼是片花。德国曼海姆大学对剪辑视频曾做过研究，其研究焦点就是精彩场景的探测和选取。研究人员首先认为包含强烈对比的前后帧可能包含重要对象的重要事件；然后他们把表示整个视频段的基本颜色基调的场景也包括在视频摘要中；最后，把所有选取的场景按照时序组织起来。

1. 专题缩略视频的实现技术

专题缩略视频是一种针对某一特定领域视频数据的缩略视频，对于专题缩略视频，一般可结合该领域的专题知识，采用特殊的方法来生成视频摘要。很多情况下，专题缩略视频是从专题知识出发，更多的是采用基于模型，而不是基于内容的方法来生成摘要。

2. 一般缩略视频的实现技术

事实上，选取整个视频中最精彩的图像帧往往是由人主观确定的，而且如何把人的认识与计算机匹配起来是一件非常困难的事情。基于以上原因，目前缩略视频的重点集中在一般缩略视频的研究上。

一般缩略视频实现的一个最直观的方法就是通过压缩原始视频来加速视频回放的速度。从目前视频摘要技术的发展来看，一般缩略视频的实现主要采用多特征融合的方法，也就是结合文本、音频和视频等媒体的特征来生成视频摘要。其中比较有名的是卡内基·梅隆大学的研究，研究人员致力于从原始视频中提取最有代表意义的音频和视频信息，以创建一段简短的缩略视频，即首先从一些文字说明中提取关键词，同时从视频中探测字幕；然后根据这些关键词创建语音摘要；接下来就是抽取代表帧，主要包括以下几类：包含关键台词或者文本的帧、表明摄像机运动的帧、视频场景中的开头帧，由于以上这几类图像帧提取的优先级是依次降低的，因此这些提取出来的帧不一定按照时间顺序排列，但是从视觉效果上讲，这样的缩略视频更加合适；最后，按照文本、音频和帧的匹配关系来生成缩略视频，这种方法对于那种有附加语音或者文本信息的视频非常有效，例如纪录片等，而对其他的视频效果则不是很好。

11.6.4 基于结构的视频摘要

对于视频来讲，浏览是与有明确目的的检索同样重要的工作。浏览需要视频具有在高层语义层次上的表示，对于高层语义层次上视频的表示，需要对视频进行结构上的分析，得到基于结构的视频摘要，它已成为基于内容视频检索的新的重要研究方向。

场景转换图(Scene Transition Graph，STG)通过将视频分割成场景，用一种简洁可视的方式来表现视频数据。它是一个有向图，节点代表场景的聚类，两个节点之间的关系用边来描述，表示时间上的转换，节点与边共同构成了场景图，反映视频内容的场景转移。通过对 STG 的化简，可以去掉不重要的镜头，并得到视频的紧凑表示。用 STG 的组织方式来支持视频浏览，同时结合限时聚类的方法将 STG 分割成故事单元，并且根据分割后子图的不同特点分析该场景是对话场景还是动作场景；通过选取视频中的重要帧的方法，获得视频摘要。

场景转移图提供了视频的一种简洁表示，可以对视频进行层次化的非线性的浏览，STG 方法与图像拼接法的共同点在于可以得到视频的时间动态。另外，通过分析 STG 的转移标志也可以探测一些视觉句法，如对话等。该类方法的缺陷与图像拼接法一样，仅提供了对整个视频内容的静态快照。虽然转移图的边能够表明聚类间的时间关系，但它们通常难以解释，假如用户对图所表达的语义不太熟悉的话，往往无法有效地理解整个视频的内容。

11.7 视频检索技术的发展趋势

随着网络技术的飞速发展和大容量存储技术的提高，视频信息的获取、传播和存储也变得越来越容易，并且视频信息的质量也得到了极大的提高。信息的传播方式也渐渐由最初的文字到图像，发展为图像到视频的转变，短视频、微视频已成为人们交流的常态。

传统的视频信息检索技术是通过对视频整体添加文字描述或者对视频的多帧图像添加文字描述构建一个类似文本集的关键字检索库，然后在对其检索时根据用户输入文字与关键字检索库的匹配程度进行查询结果返回，这种方法实现简单，但不能满足对大量视频检索的需求，主要原因在于对视频或帧图像的文字标注，需要人为的标注，在大量视频的数据库上将耗费极大的工作量，而且效率很低；其次，由于视频本身所含信息的丰富性，简单的文字描述很难完整地表达一段视频的内容，并且不同的标注者带有不同的主观思想，存在对视频语义描述的差异，所以这种检索方案不是很理想。

视频检索技术是信息检索技术中的一个重要研究领域，如何有效地提高检索效率是视频检索技术的一个巨大挑战。目前，视频检索系统主要包含两大类：基于文本的视频检索和基于内容的视频检索。前者发展较为成熟，大多数互联网商业搜索引擎采用此种方式。后者由于相关技术不完全成熟，实际使用较少，但基于内容的视频检索是视频领域的研究热点。目前，国外比较成功应用的视频检索系统有 IBM 开发的图像和视频检索系统 QBIC，哥伦比亚大学开发的 VideoQ 系统。国内在视频检索系统研究上起步较晚，大多数搜索引擎还是基于文本的形式，百度识图近几年推出了一款基于内容的搜索引擎，通过用户上传图片或者输入网络图片地址，对相应图片进行图像特征提取并进行检索，从互联网上找寻相同或相似的其他图片。

基于内容的视频检索技术通过设计有效的检索算法、完整的系统结构，自动提取视频内容的视觉特征，对视频形成更高级、更接近视频内容本质的描述。近年来，以基于内容的视频检索为基础，开始向基于对象的视频检索方向发展。基于对象的视频查询更贴近于人们搜索视频的方式，对所感兴趣的目标进行查找，其主要研究包括对视频中对象提取研究和基于对象的图像检索研究，前者查找视频中存在的对象信息，后者判断检索样本与视频中所出现对象的相似度，最后根据相似度高低进行结果返回。基于对象的视频检索在信息检索领域上具有重大的意义，特别是在智能监控、社会安全上具有远大的应用前景，如在各类视频监控大数据集的系统上，能加快浏览速度，筛选定位视频中相似的目标信息所出现的位置和时间信息。

目前视频检索技术已经得到了快速发展，提升了视频检索产品的应用准确率及效率，在完善核心算法的同时，将进一步与云计算、物联网、人工智能等新一代技术相结合，扩展应用范围。视频检索技术的发展为进行海量视频数据挖掘提供了强有力的支持。

小结

本章首先简单地对视频数据的特点、视频索引和检索的方法，以及基于内容的视频检索进行了介绍，然后介绍了视频的基本知识与视频特征分析，接着对基于镜头的视频索引和检索技术做了具体的说明。为了实现对视频数据的索引和检索，需要用到视频镜头的检测和分割技术，因此对镜头切换和运动、突变镜头检测、渐变镜头检测和其他镜头检测技术进行了详细的介绍。在视频索引和检索方法部分，依次对关键帧提取、运动特征提取与索引、基于对象的索引和检索、基于注释的索引和检索、视频索引和检索的综合方法分别进行了说明。为了有效地压缩和显示视频内容，我们对视频表现和抽象工具应具有功能特性进行了说明，并分别介绍了基于图像的视频摘要、基于内容的视频摘要和基于结构的视频摘要技术。最后，简单分析和总结了视频检索技术的发展趋势。

习题

1. 视频数据有什么特点？典型的视频结果包含哪些层？
2. 常用的视频特征有哪些？试解释视频结构化的含义及过程。
3. 基于镜头的视频索引和检索主要涉及的关键技术有哪些？
4. 突变镜头检测有哪些方法？并简单解释。
5. 试考虑为什么渐变镜头检测比突变镜头检测困难？渐变镜头检测的主要方法有哪些？
6. 试列举说明目前进行视频对象分割的主要方法。
7. 视频摘要的作用是什么？分为哪几类？
8. 查阅资料及文献，分析当前视频检索的主流研究方向及热点难点问题。

参考文献

[1] 苗夺谦,李道国. 粗糙集理论、算法与应用[M]. 北京：清华大学出版社,2008.

[2] 陈庆璋. 多媒体技术教程[M]. 杭州：浙江科学技术出版社,1998.

[3] 威廉·德雷尔. 数据管理[M]. 高复先,译. 大连：大连海事大学出版社,1988.

[4] John Corrigan. Computer Graphics Secrets & Solutions[M]. SYBEX Inc,1994.

[5] Stere Rimmer. Multimedia Programming for Windows[M]. McGraw Hill,1994.

[6] 岛津泰彦. Photoshop 一目了然[M]. 日本东京：ビー・ェヌ・ェヌ社,1994.

[7] 单志广,戴琼海,林闯,等. Web 请求分配和选择的综合方案与性能分析[J]. 软件学报,2001,12(3)：355-366.

[8] Lee, Mo, Jin, et al. Price of Simplicity under Congestion[J]. IEEE Journal on Selected Areas in Communications (JSAC),2012,30(11)：2158-2168.

[9] Dubin core metadata element set：version1. 1 [EB/OL]. (2012-06-14) [2014-06-11]. http://dublincore.org/documents/dces/.

[10] 马修军. 多媒体数据库与内容检索[M]. 北京：北京大学出版社,2007.

[11] 郑继明,魏国华,吴渝. 有效的基于内容的音频特征提取方法[J]. 计算机工程与应用,2009,45(12)：131-137.

[12] 张雪源,贺前华,李艳雄,等. 一种基于倒排索引的音频检索方法[J]. 电子信息学报,2012,34(11)：2561-2567.

[13] 蔡梦玲,基于 OAIS 的音视频数据库分层元数据模型[J]. 图书馆杂志,2019(1)：24-29,35.

[14] 吴志强,祝忠明,刘巍,等. 基于 LireSolr 的机构知识库图像检索[J]. 图书馆学研究,2016(14)：58-63,69.

[15] 俞鹏飞. 基于内容的音频检索系统关键技术及其实现[D]. 上海：复旦大学,2013.

[16] Li X R,Uricchio T,Ballan L,et al. Socializing the semantic gap：A comparative survey on image tag assignment,refinement,and retrieval[J]. ACM Computing Surveys,2016,49(1)：14.

[17] Zhou W G,Li H Q,Hong R C,et al. BSIFT：Towards data-independent codebook for large scale image search[J]. IEEE Transactions on Image Processing,2015,24(3)：967-979.

[18] 周文罡,李厚强,田奇. 图像检索技术研究进展[J]. 南京信息工程大学学报(自然科学版),2017,9(6)：613-634.

[19] 王立,陈军峰. Hadoop 分布式的海量图像检索[J]. 现代电子技术,2018,41(9)：62-67.

[20] 朱华东. 基于内容的图像检索研究[D]. 无锡：江南大学,2015.

[21] Zhou W G,Yang M,Li H Q,et al. Towards codebook-free：Scalable cascaded hashing for mobile image search[J]. IEEE Transactions on Multimedia,2014,16 (3)：601-611.

[22] 孙洪飞. 基于小波变换的图像特征提取方法研究[D]. 南京：南京邮电大学,2015.

[23] 金铭. 基于内容的图像检索算法研究[D]. 北京：北京工业大学,2016.

[24] Alzubi A,Amira A,Ramzan N. Semantic content-based image retrieval：A comprehensive study[J]. Journal of Visual Communication and Image Representation,2015(32)：20-54.

[25] Cai J J,Zha Z J,Wang M,et al. An attribute assisted reranking model for web image search [J]. IEEE Transactions on Image Processing,2015,24(1)：261-272.

图书资源支持

感谢您一直以来对清华版图书的支持和爱护。为了配合本书的使用，本书提供配套的资源，有需求的读者请扫描下方的"书圈"微信公众号二维码，在图书专区下载，也可以拨打电话或发送电子邮件咨询。

如果您在使用本书的过程中遇到了什么问题，或者有相关图书出版计划，也请您发邮件告诉我们，以便我们更好地为您服务。

我们的联系方式：

地　　址：北京市海淀区双清路学研大厦 A 座 714

邮　　编：100084

电　　话：010-83470236　010-83470237

客服邮箱：2301891038@qq.com

QQ：2301891038（请写明您的单位和姓名）

资源下载：关注公众号"书圈"下载配套资源。

资源下载、样书申请

书圈

获取最新书目

观看课程直播